Fossilien der Erdgeschichte

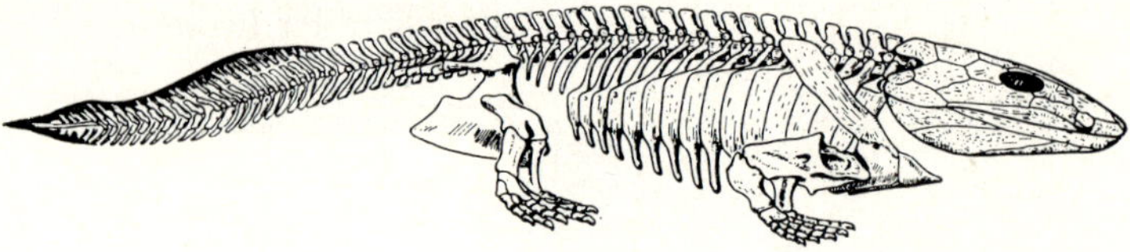

FOSSILIEN DER ERDGESCHICHTE

Von Dr. rer. nat. Günter Krumbiegel
und Dipl.-Biol. Brigitte Krumbiegel

Mit 338 Bildern,
davon 167 Schwarzweiß- und 27 Farbfotos
und 17 Tabellen

Lieber Dieter,
unseren "paläontologischen Freunden" zufolge,
ist "der Krumbiegel" das Buch, wenn es
darum geht, den Anfängen des Lebens auf
unserer Erde nachzuspüren.
Möge es Dir bei Deiner Suche nach den
Geheimnissen der Welt ein wertvoller
Begleiter sein.
Nürnberg, den 21.2.1994
Christian

Ferdinand Enke Verlag Stuttgart 1981

CIP-Kurztitelaufnahme der Deutschen Bibliothek

Krumbiegel, Günter

Fossilien der Erdgeschichte
von Günter Krumbiegel und Brigitte Krumbiegel
[Ill. d. Textes: Heinz Kutschke] – Stuttgart: Enke 1981
ISBN 3-432-91351-6
NE:Krumbiegel, Brigitte

Lizenzausgabe für den Ferdinand Enke Verlag, Stuttgart
Printed in the German Democratic Republic
Illustration des Textes: Heinz Kutschke
Druck: Offizin Andersen Nexö, Graphischer Großbetrieb, Leipzig III/18/38
Redaktionsschluß: 10.12.1979

Vorwort

Die Entwicklung der Technik hat es mit sich gebracht, daß heute alle unsere Lebensbereiche in mehr oder minder starkem Maße von ihr beherrscht werden. Dies hat zu einer Wandlung unseres Bewußtseins und unserer Bedürfnisse geführt, wohl aus der Erkenntnis heraus, daß durch die weitgehende Technisierung unseres Lebens das Wechselverhältnis zwischen Mensch und Natur ins Ungleichgewicht gekommen ist und, um nur ein Beispiel zu nennen, die Naturressourcen nicht unerschöpflich sind. So hat das Interesse an der Natur und allen ihren Erscheinungen gerade auch in Laienkreisen ständig zugenommen, und der Bedarf an einschlägiger Literatur ist in stetigem Anwachsen.
„Fossilien der Erdgeschichte" erörtert die Fossilien unter historischem Aspekt. Die Stoffülle, die diese geschichtliche Betrachtung in sich birgt, ist so umfangreich, kompliziert und problemträchtig, daß sie hier keineswegs vollständig abgehandelt oder ausdiskutiert werden könnte. Das vorliegende Buch kann also lediglich in allgemeinverständlicher Form und anschaulicher Darstellung einen einführenden Überblick über den geschichtlichen Ablauf der vorzeitlichen Lebewelt in den verschiedenen geologischen Systemen der Erde vermitteln. Es soll Freunden der Geowissenschaften, insbesondere denen der Paläontologie, Denkanstöße geben und damit anregen, weiter in die Materie einzudringen. Gleichzeitig wird es für diejenigen eine Informationsquelle sein, die sich erstmalig mit der Geschichte der vorzeitlichen Organismen unserer Erde befassen und sich die Welt der Fossilien erschließen wollen.
Für die wohlwollende Unterstützung der Arbeiten, insbesondere die Möglichkeit teilweiser Nutzung von Fossilmaterial der Sammlungen des Geiseltalmuseums, danken wir dem Direktor der Sektion Geographie der Martin-Luther-Universität Halle-Wittenberg, Herrn Professor Dr. sc. E. Mücke.

Besonderer Dank gebührt den Fachkollegen, die uns durch Hinweise und Bereitstellung von Bildmaterial und Literatur unterstützten:

Hofrat Prof. Dr. F. Bachmayer, Wien (Österreich);
Doz. Dr. M. Barthel, Berlin;
Fotomeister D. Brandt, Halle;
Prof. Dr. R. Daber, Berlin;
Dr. J. Helms, Berlin;
Dr. E. Herrig, Greifswald;
Dipl.-Geol. O. Meyer, Wülfrath (BRD);
Mrs. A. C. Milner, London (Großbritannien);
Dr. T. Nötzhold, Berlin;
Dr. H. Rast, Leipzig;
Doz. Dr. M. Reichstein, Halle;
Dr. D. E. Russell, Paris (Frankreich);
Prof. Dr. G. Steinich, Greifswald;
Dr. V. Toepfer, Halle;
Universitätsbibliothek der Justus-Liebig-Universität, Gießen (BRD)
Geolog.-Ing. G. Urban, Karl-Marx-Stadt;
Prof. Dr. E. Voigt, Hamburg (BRD);
Prof. Dr. F. Westphal, Tübingen (BRD).

Die Zeichenarbeiten besorgte in dankenswerter Weise Herr Kutschke.

Wir bitten die Leser freundlichst um Hinweise zur Beseitigung von Mängeln, die erfahrungsgemäß jedem neuerschienenen Titel anhaften, sowie um hilfreiche Kritik.

Die Autoren

Inhaltsverzeichnis

I. Paläontologie – die Lehre von den vorzeitlichen Lebewesen

Die Entwicklungsgeschichte der Pflanzen- und Tierwelt vergangener erdgeschichtlicher Zeitabschnitte wird von der Paläontologie, der „Lehre vom Altseienden", „von den alten Wesen" (griech. palaios = alt, ehemalig; on = seiend; logos = Lehre) oder „Lehre vom alten Leben" erforscht. Als historische Naturwissenschaft arbeitet sie vorwiegend mit Fossilien, den wesentlichen Dokumenten der geologischen Vorzeit. Die Fossilien, die seit altersher von Fachwissenschaftlern und von vielen Laien gesammelt worden sind, erlauben die Rekonstruktion der Entwicklungsgeschichte unserer heutigen Lebewelt. Die Paläontologie ist mit Geologie, Petrographie und Mineralogie eng verbunden, und sie stellt für die Biowissenschaften das historische Grundlagenmaterial bereit. In jüngster Zeit wird deshalb von einigen Wissenschaftlern für Paläontologie der Begriff „Geobiologie" eingesetzt. Analog zur Biologie unterteilen die Paläontologen ihre Wissenschaft in Paläozoologie und Paläobotanik. Die Paläozoologie umfaßt die Teildisziplinen Paläontologie der wirbellosen Tiere (Invertebraten) mit enger Bindung an die Geologie, insbesondere die Fossilisationslehre (Biostratonomie) und die Erdgeschichte (Biostratigraphie), und weiter die Paläontologie der Wirbeltiere (Vertebraten) in Anlehnung an die rezente Zoologie. Die Paläobotanik beschäftigt sich mit den fossilen Pflanzen. Die Phytopaläontologie bzw. Paläophytologie berücksichtigt demgegenüber mehr die botanisch-biologische Richtung bei der Betrachtung fossiler pflanzlicher Reste.

Die ständig zunehmende Menge an geborgenen Fossilien machte es notwendig, sie übersichtlich zu ordnen und zu beschreiben. Diese Gliederung und Klärung der Verwandtschaftsverhältnisse der Organismen ist das Aufgabengebiet von Systematik oder Taxionomie. Es ist eine Ordnungswissenschaft, die durch strenge internationale Nomenklaturregeln der Zoologie und Botanik entsprechende Voraussetzungen und Grundlagen für die Forschungsarbeit schafft. Hierbei werden die Methoden der experimentellen Paläontologie (morphologisch beschreibend, anatomisch vergleichend) angewandt: Aktuopaläontologie und Aktuogeologie (Aktualismus, Aktualitätsprinzip von CH. LYELLE).

Das geordnete und beschriebene Fossilmaterial wird zur weiteren Bearbeitung unter vielfältigsten Fragestellungen ursächlich betrachtet. Der individuelle Entwicklungsgang fossiler Einzelorganismen vom befruchteten Ei bis zum Tode wird von der Ontogenie beobachtet und ausgedeutet. Die Palökologie bzw. die Paläobiologie behandelt die Beziehungen der fossilen Organismen untereinander und zu ihren einstigen Lebensräumen (Biotopen) und den dortigen Lebensbedingungen und der Lebensweise. Zahlreiche Teilgebiete, wie Paläogeographie, Paläoklimatologie, Paläophysiologie, Paläoneurologie, Paläotaxiologie (Verhaltensforschung an fossilen Organismen), Paläoanthropologie, versuchen hierbei mit den unterschiedlichsten Methoden Details der vorzeitlichen Organismenwelt zu klären.

Die Paläobiogeographie versucht die Verbreitung der fossilen Organismen auf der sich ständig verändernden Erdoberfläche innerhalb der einzelnen geologischen Systeme zu rekonstruieren und gibt Aufschluß über den Verlauf der Evolution.

Die Entwicklungsgeschichte der Lebewelt im zeitlichen Ablauf der Erdgeschichte wird von der Phylogenie oder Stammesgeschichte untersucht. Sie baut auf biologischen Betrachtungen auf und bildet das Kernstück der paläontologischen Forschung. Auf diesem Teilgebiet der Paläontologie gibt es noch sehr große Probleme.

Die genannten Teildisziplinen der Paläontologie beziehen sich im wesentlichen auf die Bearbeitung von Großfossilien (Makrofossilien oder Megafossilien), sie lassen sich jedoch auch auf mikroskopisch kleine fossile Pflanzen- und Tierreste unterschiedlicher systematischer Zugehörigkeit anwenden. Allerdings ist dafür eine spezielle und diffizile Arbeitsmethodik mit oft hohem technischem Apparateaufwand erforderlich. Dieses Forschungsgebiet, die Mikropaläontologie (Kleinfossilien; Objekte im Millimeterbereich und darunter), entwickelte sich aus den praktischen Bedürfnissen der Erdöl- und Erdgasindustrie und -geologie, der Kohlenpetrographie (Palynologie, Sporen- und Pollenanalyse), der Moorgeologie, der Meeresgeologie und der Vorgeschichte heraus. So entstand ein besonderer Forschungszweig der Paläontologie, die „angewandte Paläontologie“.

Zwischen reiner und angewandter Paläontologie gibt es jedoch keine echten Grenzen, sondern es bestehen viele Zusammenhänge und Übergänge. Insgesamt dient die Paläontologie der Erkundung und Erforschung der Lebensgeschichte der Erde.

2. Fossilentstehung

2.1. Fossilbegriff

Fossilien sind die Reste vorzeitlicher Pflanzen und Tiere, einschließlich ihrer Lebensspuren wie Fährten, Fraßspuren usw. und chemisch nachweisbare organische Substanzen, die sog. Chemofossilien (Chlorophyll, Ovoporphyrin, Koproporphyrin). Alle diese Überreste gestatten es, die Entwicklung des Lebens auf der Erde zu verfolgen und zu belegen. Fossilien sind also Urkunden, die jeweils einen bestimmten Zeitabschnitt der Evolution der Organismen erkennen lassen. Der Begriff „vorzeitlich" betrifft alle Organismenreste, die aus der Zeit vor dem Holozän, der geologischen Gegenwart (Beginn vor etwa 10000 Jahren), stammen.
Fossilien werden im allgemeinen Sprachgebrauch als „Versteinerungen" bezeichnet, während sie in der älteren Literatur unter dem Begriff „Petrefakt" abgehandelt sind.
Die Bezeichnung „Fossil" in der Bedeutung von „Bodenschatz" führte Georgius Agricola (1494 bis 1555) in seinem Werk „De natura fossilium" 1546 ein. Er verstand darunter alles das, was aus der Erde gegraben wurde; hierzu gehörten nicht nur Fossilien, sondern auch Gesteine, Mineralien und frühgeschichtliche Gerätschaften. Die Lehren des griechischen Naturphilosophen Aristoteles von Stagira (384 bis 322 v.d.Z.) beeinflußten die Wissenschaftler im Mittelalter noch sehr stark. So stammt der Name „Orykta" für alle aus der Erde durch Graben gewonnenen Stoffe ursprünglich von Aristoteles, und „Fossil" im Sinne von Agricola ist lediglich die lateinische Fassung dieses Begriffes (lat. fodere = (aus-)graben).
Der „Vater der Versteinerungskunde", der Schweizer Gelehrte Conrad Gesner (1516 bis 1565), benutzte in seinem Buch „De rerum fossilium" 1565 „Fossil" für vorzeitliche Pflanzen- und Tierreste. Während man international den Begriff in diesem Sinne verwendete, wurden damals in Deutschland bis zur Mitte des 19. Jahrhunderts vielerorts unter „Fossilien" Mineralien

verstanden. Die vorzeitlichen Organismenreste erhielten die Bezeichnung „Petrefakt". Erst zu Beginn des 20. Jahrhunderts wurde auch in Deutschland der Begriff „Fossil" für die Reste vorzeitlicher Pflanzen und Tiere allgemein eingeführt (Bild 2.1).

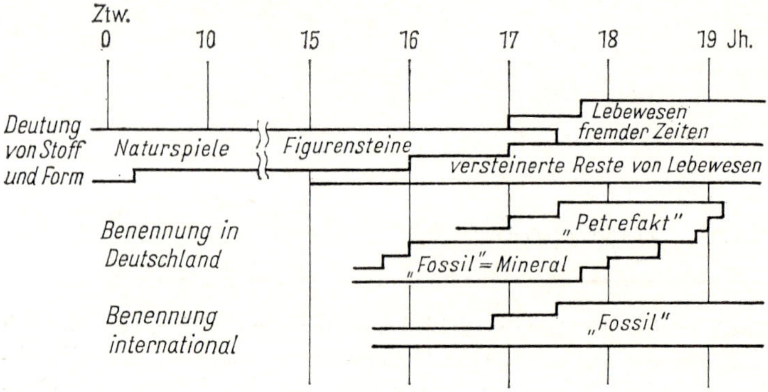

Bild 2.1. Deutung und Benennung von „Versteinerungen" im Verlaufe der Jahrhunderte (nach SIMON)

Fossilien treten in den unterschiedlichsten Erhaltungszuständen auf, dabei kann es sich um ausgestorbene, aber auch um heute noch lebende Arten handeln. Sie können aus allen Systemen der Erdgeschichte stammen. „Fossil" sagt also nichts über einen bestimmten Erhaltungszustand oder das genaue geologische Alter der Organismenreste aus. Es ist ausschließlich ein zeitlicher Begriff, dem die Bezeichnung „rezent" für die gegenwärtig lebenden Pflanzen und Tiere gegenübersteht.

2.2. Erhaltungszustände der Fossilien

Grundsätzlich ist von einem Lebewesen alles erhaltungsfähig, jedoch sind optimale Fossilerhaltungen seltene Ausnahmefälle und begegnen uns z. B. als Bernsteininklusen, Salz-, Erdwachs- und Eisfunde. Meist sind nur die Hartteile fossiler Organismen aufzufinden, wie tierische Gehäuse, Panzer, Zähne, Skeletteile sowie Früchte, Samen, Stammreste von Pflanzen. Von der organischen Substanz, den Weichteilen und -körpern wird etwa 1 % im Sediment eingelagert und bleibt dort als Kohle oder Bitumen erhalten. Ein ähnlich geringer Prozentsatz wird auch für die Einbettung und Erhal-

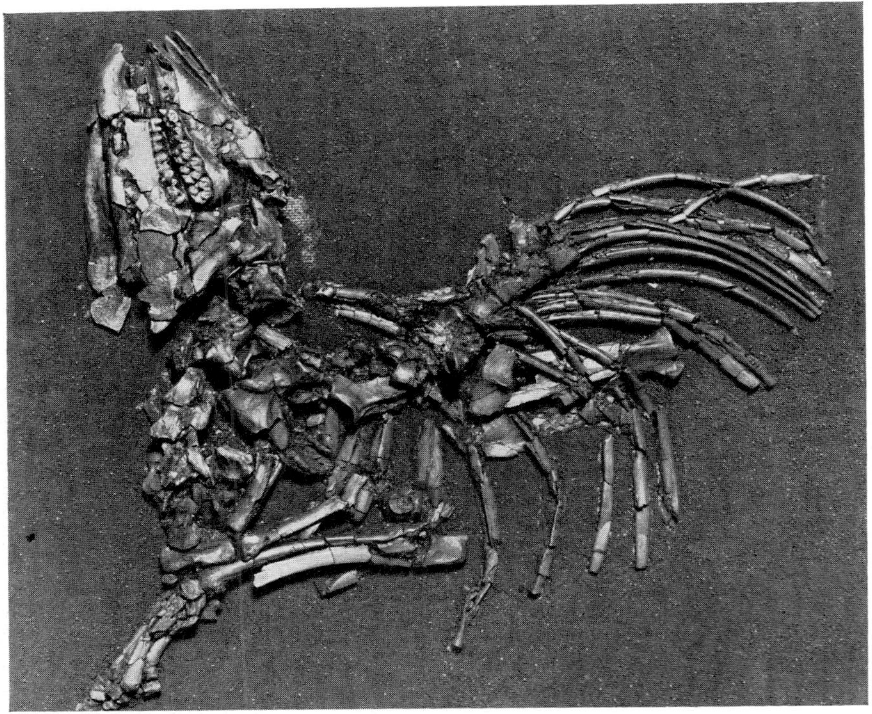

Bild 2.3
Skelett eines Altpferdes (Körperfossil), *Lophiotherium voigti* (Palaeotheriidae) aus der mitteleozänen Braunkohle des Geiseltales bei Merseburg/DDR (Tagebau Braunsbedra). Die Nackensehnen der Wirbelsäule sind infolge Austrocknung geschrumpft, so daß der Schädel zurückgezogen ist. Dieser Vorgang geschah vor der Einbettung des Skelettes in das Sediment. Länge des Fundes etwa 40 cm

tung der Hartteile veranschlagt. Nach der Einbettung bewirken physikalisch-chemische und biologisch-chemische Prozesse bestimmte Veränderungen des Organismus, die als Fossildiagenese (griech. dia = durch, hindurch, genesis = Entstehung) bezeichnet werden (Bild 2.2, s. Beilage). Je nach dem Ablauf der Fossildiagenese entstehen Fossilien verschiedenster Erhaltungszustände. Wenn ein Lebewesen unmittelbar körperhaft überliefert ist, dann spricht man von einem Körperfossil. Im erweiterten Sinne gilt diese Bezeichnung auch für Skelette, Einzelknochen, tierische Zähne, Schalen und Gehäuse oder Zapfen, Samen und Früchte von Pflanzen, sehr selten können auch Blätter dazu gehören (Bild 2.3).

Bild 2.4. Abdruck von *Tylototriton primigenius*, ein fossiler Schwanzlurch (Amphibia, Urodela), aus dem Obermiozän von Öhningen bei Wangen, Kreis Konstanz/BRD. Die Öhninger Fossilfundstätten am Untersee/Bodensee gehören zu den klassischen jungtertiären Fossillagerstätten Mitteleuropas. Die Fundschichten sind sarmatische Kalke, Mergel, Tone und Tuffite der Oberen Süßwassermolasse, in denen zahlreiche Tier- und Pflanzenfossilien erhalten geblieben sind. Es handelt sich um Stillwasserablagerungen eines Süßwassersees. Neben über 20 fossilen Riesensalamandern, *Andrias scheuchzeri*, fanden sich die kleineren *Tylototriton*-Arten, die zu den rezenten ostasiatischen Krokodilmolchen morphologische Beziehungen aufweisen. Länge des Schädels 27 mm, Breite 33 mm

Abdrücke gehören zu den häufigsten Fossilerhaltungszuständen. Es handelt sich um Hart- und Weichteile von Tieren und Pflanzen, die als Negative des ehemaligen Lebewesens oder eines Teiles von ihm im Sediment abgeformt wurden. Während der Fossildiagenese ist der ursprünglich vorhandene Körper meistens zerstört worden (Bild 2.4). Je feinkörniger ein Sediment ist, um so mehr Einzelheiten der Organismenoberfläche bleiben erhalten. Einige Beispiele hierfür sind feinste Nerven von tertiären Laubblättern (Bild 2.5) oder zarteste Skulpturen bei jurassischen und kretazischen Ammoniten. Einmalige Besonderheiten fossiler Erhaltungen sind die Quallenabdrücke *(Rhizostomites admirandus)* in den oberjurassischen Plattenkalken von Solnhofen/BRD.

Bild 2.5. Blattabdrücke in einer Blätterkohle aus der mitteleozänen Braunkohle des Geiseltales bei Merseburg/DDR, mit lagenweise eingeschalteten Blättern von altertümlichen subtropischen Eichenkastanien (Fagaceae) der Art *Dryophyllum album*. Die etwa 6 bis 8 cm langen Blätter sind mit einem weißen Kalküberzug versehen, der die Zufuhr kalkhaltiger konservierender Wässer aus dem Muschelkalk von Freyburg-Querfurt andeutet.

Ein echter Steinkern ist der Erhaltungszustand eines Körperhohlraumes, der ursprünglich entweder mit der Außenwelt in Verbindung stand oder sich im Laufe der Diagenese durch Zersetzung der organischen Substanz bildete (Bilder 2.6 und 2.7). Dieser Hohlraum wurde während der Fossilisation mit Sediment ausgefüllt. Steinkerne von Muscheln geben also den inneren Abdruck der Schale in Abhängigkeit von der Feinkörnigkeit des Sediments mit mehr oder weniger Einzelheiten wieder. Marksteinkerne z.B. von permokarbonischen Calamiten und karbonischen Lepidodendren und Sigillarien bildeten sich, wenn die Markhöhlen der Pflanzenstämme mit sedimentärem Material ausgefüllt wurden. Auch die fälschlich als „Goldschnecken" bezeichneten Jura-Ammoniten sind Steinkernbildungen. Sie entstanden dadurch, daß Minerallösungen die Fossilhohlräume ausfüllten, und durch Kristallbildung entstanden Steinkerne. Weitere Sonderformen der Steinkerne sind die Prägesteinkerne und die sogenannten Pseudomorphosen.

Sind die Organismen von Minerallösungen umgeben, so kann es zur Ausfällung von Mineralien kommen, dabei schlägt sich das Mineral äußerlich an dem Fossil nieder, so daß eine „Versteinerung" oder Inkrustation (lat. incrustare = überziehen) entsteht. Das Fossil wird eingekieselt (durch SiO_2), eingekalkt (durch Kalzit, $CaCO_3$), eingekiest (durch Pyrit oder Markasit, FeS_2) oder limonitisiert (durch Eisenhydroxid, $Fe(OH)_3$; Brauneisenerz, Roteisenerz), also mehr oder weniger eingehüllt. Es können auch knollenförmige Bildungen, Konkretionen oder Geoden entstehen, die innen häufig ein Fossil enthalten, das als Niederschlagszentrum diente (sog. „Klappersteine"). Es kann aber auch zur Umkristallisation von Hartteilen, wie Schalen, kommen. Dabei wird der als Aragonit vorliegende kohlensaure Kalk ($CaCO_3$) in Kalzit mit anderer Kristallgitterstruktur umgewandelt.

Bild 2.6. Tertiärer Melanienkalk mit Steinkernen der Schnecke *Turritella* aus dem Miozän des Mainzer Beckens/BRD. Höhe 2 bis 2,5 cm

Bei der Intuskrustation (lat. intus = von innen) tritt eine Metasomatose (griech. meta = nach, soma = Körper) ein. Die ausgefällte Mineralsubstanz ersetzt die pflanzlichen oder tierischen Körper teilweise, und die Hohlräume werden ausgefüllt. „Versteinerndes" Mineral ist häufig die Kieselsäure (SiO_2), wie beispielsweise bei dem „Versteinerten Wald" des Unterrotliegenden von Karl-Marx-Stadt/Hilbersdorf/DDR. Kalk ($CaCO_3$) ersetzte die Pflanzensubstanz z. B. der „verkalkten" Baumstämme *(Taxodioxylon)* aus der eozänen Braunkohle des Geiseltales bei Merseburg im Geiseltalmuseum in Halle/Saale/DDR. Andere Versteinerungsminerale und -erze sind Phosphorit, Dolomit, Gips, Schwerspat, um nur einige zu nennen. Besonderheiten sind die „Frankenberger Kornähren" (Bild 2.8)

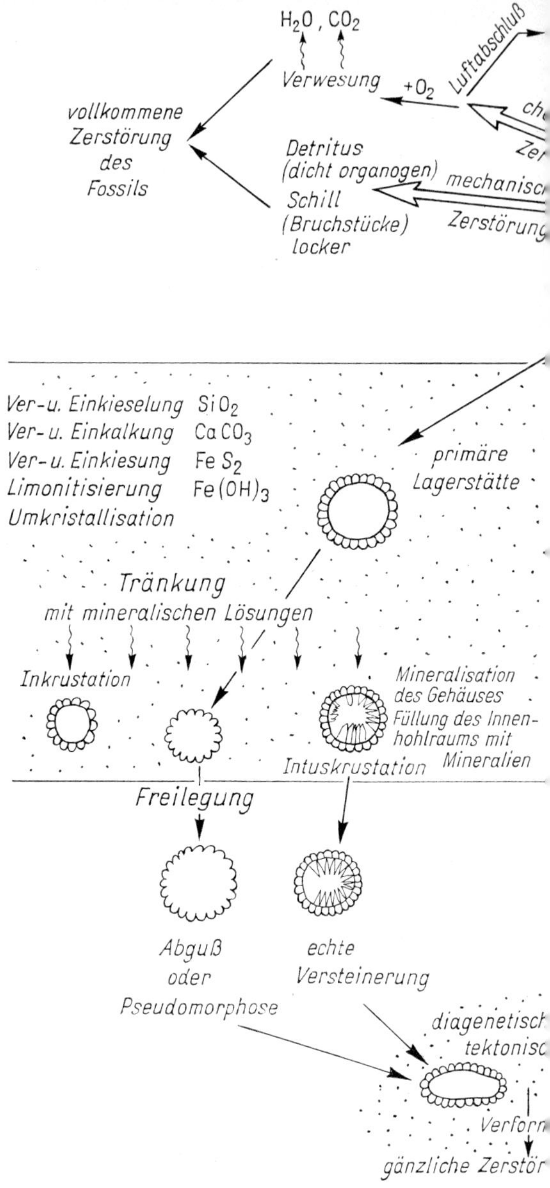

Bild 2.2. Fossilisationsschema; Entstehung einer „Verstein

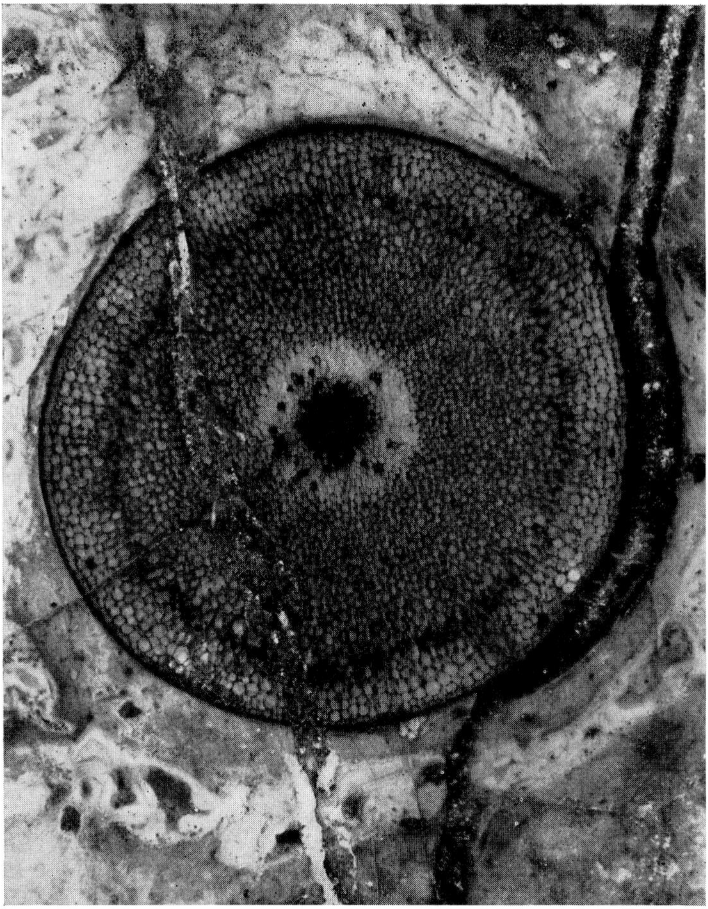

Bild 2.9. Sproßquerschnitt einer *rhynia*-artigen Pflanze (Urlandpflanze) in einem Hornstein (polierter Anschliff) aus dem Dorfe Rhynie in Aberdeenshire/Schottland, etwa 17fach vergrößert. Zentral gelegener, dunkelgefärbter Holzkörper, umgeben von zartlumigem, saftleitendem, sehr hellem Gewebe (Phloëm) sowie einer inneren und äußeren Zone von Rindengewebe. Die Epidermis wird nach außen von einer Kutikula abgeschlossen. Bei dem hier vorliegenden Fossilisationszustand handelt es sich um eine Intuskrustation

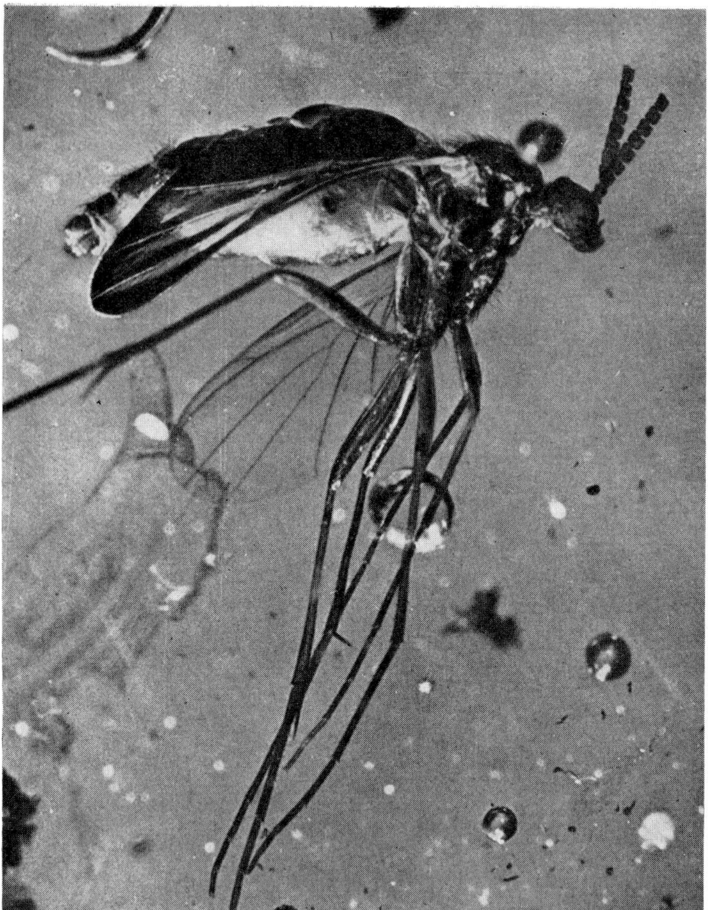

Zweiflügler (Diptera) aus der Familie der Mycetophilidae (sog. Pilzmücken oder Fungivoriden)

Bild 2.10. Bernsteineinschlüsse (Inklusen, S. 20 und S. 21) im oligozänen Bernstein der „Blauen Erde" des Baltikums. Größe der Organismen etwa 1 bis 2 mm

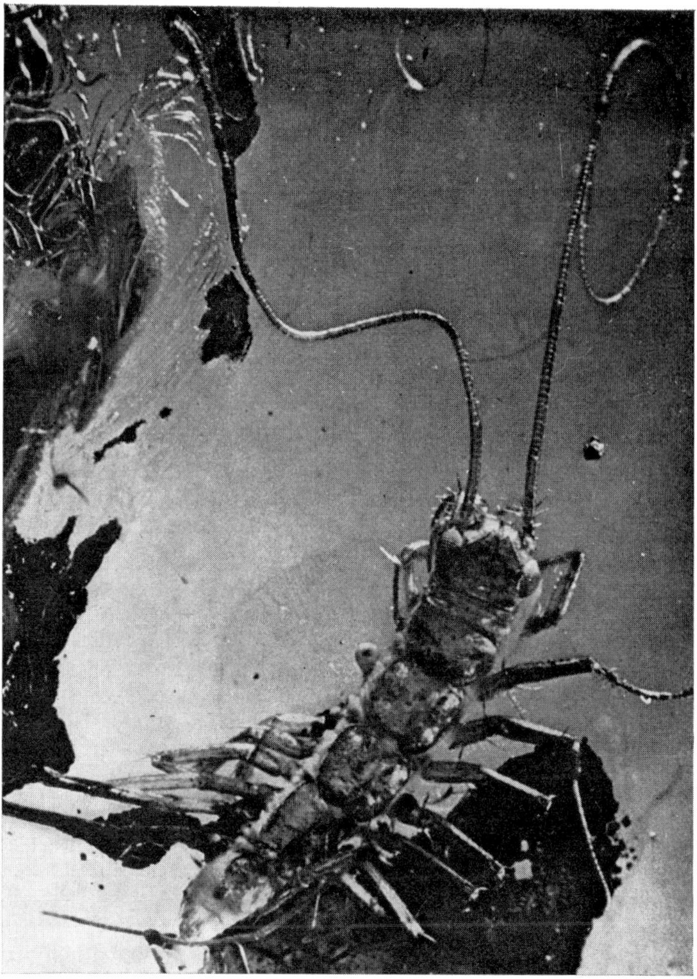

Tausendfüßer (Myriopoda) aus der Ordnung der Symphilae

Spurenfossilien sind die verschiedensten Lebensspuren vorzeitlicher Tiere.
Bewegungsspuren sind Fährten (z. B. Relieffährten von *Chirotherium barthi* aus der Trias von Hildburghausen/DDR), Kriech- und Grabspuren (z. B. die als *Thalassinoides saxonicus* bezeichneten wulstartigen Grabspuren im Kreidesandstein des Elbsandsteingebirges/DDR). Fraßspuren, Mageninhalte (Gastrolithen) und Exkremente (Koprolithen) gelten als Ernährungsspuren. Fraßspuren fand man z. B. bei Bernsteininklusen in Form starker Verstümmelungen, die z. T. auf den Todeskampf der Tiere im zähflüssigen Harz zurückzuführen sein mögen, anderseits aber auch Fraßspuren von Vögeln sein können, die die Insekten fressen wollten. Bohrgänge von Rüsselkäfern (Familie Anthribiden) wurden an tertiären Holzarten (z. B. Miozän von Schipkau/DDR) beobachtet.
Mageninhalte lassen wichtige Rückschlüsse auf die Ernährungsweise des Tieres zu, beispielsweise fand man im Mageninhalt eines fossilen Haies (*Hybodus hauffianus*, s. Bild 4.217) aus dem Posidonienschiefer (Unterer Jura, Lias ε von Holzmaden/BRD) zahlreiche Reste von Belemniten. Viele Fischsaurier (Ichthyosaurier) der gleichen Fundstelle hatten außerdem noch Ammoniten im Magen. Der Mageninhalt eines Mammuts (*Mammuthus primigenius*, s. Bild 4.295) von der Beresowka/UdSSR enthielt 15 kg Futterpflanzen, die so gut erhalten waren, daß zahlreiche Gräser und Blütenpflanzen einer Frühlingsflora bestimmt werden konnten.
Koprolithen sind in den unterschiedlichsten Ablagerungen im allgemeinen nur selten zu finden. In den Fossilfundstellen der Braunkohle des Geiseltales bei Merseburg/DDR traten sie in großen Mengen in Erscheinung.
Zu den Wohnbauten gehören Grabgänge, Erdbauten und auch die mechanisch von Kopffüßern oder Schnecken oder die durch ätzende Wirkungen (CO_2-Ausstoß) fossiler Bohrmuscheln erzeugten Löcher auf kalkigem Gestein.
Fortpflanzungsspuren sind z. B. fossile Eigelege von Dinosauriern aus der Kreide der Mongolischen Volksrepublik und Südfrankreichs (St. Victoirekette bei Aixen-Provence).
An Hand eines guterhaltenen Ichthyosaurierskelettes aus dem Unteren Jura Württembergs/BRD (Holzmadener Schiefer), bei dem ein Jungtier den mütterlichen Körper verläßt, konnte der Beweis erbracht werden, daß diese Saurier lebendgebärend (vivipar) waren.
Weiterhin rechnen zu den Lebensspuren auch fossile Lebens- und Totengemeinschaften wie Symbiosen, Parasitismus usw. und pathologische Erscheinungen (Knochenbrüche, Rachitis, Karies u. a.).
Einige der fossilen Lebensspuren haben innerhalb der erdgeschichtlichen Gesteinsabfolgen palökologische und stratigraphische Bedeutung. Hier wären nennenswert unter anderem:

Skolithos im *Skolithos*-Sandstein; es sind Kriechfährten und Wohnbauten; Vorkommen von Unterkambrium bis Ordovizium.
Phycodes, z.B. im Phycoden-Quarzit des Ordoviziums; wurmartige Freß- oder Wohnbauten; Liegespuren von Trilobiten, Vorkommen von Kambrium bis Jura.
Cruziana, Ruhespuren von Trilobiten; Vorkommen vom Oberen Präkambrium bis Devon und in der Trias.
Nereïtes, z.B. Nereïten-Quarzit; mäandrierende Weidespuren von Wirbellosen: Anneliden (?) oder Gastropoden (?); Vorkommen von Ordovizium bis Tertiär.
Rhizocorallium, z.B. im Muschelkalk; U-förmiger Spreitenbau; Vorkommen von Kambrium bis Tertiär.

2.3. Chemofossilien

Organische Substanzen ehemaliger Organismen (Aminosäuren, wie Glyzerin, Alanin, Glutaminsäure, Asparaginsäure und organische Farbstoffe, wie Porphyrine) sind Chemofossilien, die bereits in präkambrischen Sedimenten nachgewiesen wurden. In 3,2 Milliarden Jahre alten Schichten stellte man 12 Aminosäuren fest, in solchen, die eine Milliarde Jahre alt waren, bereits 18 Aminosäuren. Man leitet davon ab, daß im Präkambrium eine chemische Evolution stattgefunden hat.

2.4. Pseudofossilien

Pseudofossilien, auch Scheinfossilien genannt, sind natürliche anorganische Gebilde, die beim flüchtigen Betrachten den Eindruck echter Fossilien erwecken. So werden beispielsweise Dendriten (griech. dendron = Baum) auf Solnhofener Plattenkalken oder auf Kluftflächen von Eruptivgesteinen häufig irrtümlich als Abdrücke fossiler Pflanzen gedeutet. Diese zart verästelten Bildungen entstanden durch Infiltrationen, d.h. Ausscheidungen zuvor eingedrungener eisen- oder manganoxidhaltiger Lösungen auf Kluftflächen der Gesteine.

2.5. Fossilfälschungen

Im Gegensatz zu den Pseudofossilien sind Fossilfälschungen von Menschen hergestellte Objekte oder Ergänzungen echter Fossilien. Großangelegte Fossilfälschungen sind relativ selten. Jedoch gibt es einige zu zweifelhafter Berühmtheit gelangte Fälle. Zu den bekanntesten Fälschungen gehören die „Würzburger Lügensteine". Sie wurden 1726 von J. BEHRINGER in einer Monographie „Lithographica Wirceburgensis" beschrieben und sind dadurch auch als „BEHRINGERsche Lügensteine" weltweit bekannt geworden.

In großem Ausmaß wurden zu Beginn des 19. Jahrhunderts Fälschungen von Öhninger Fossilien hergestellt und verbreitet.

Eine besonders spektakuläre Fossilfälschung wurde 1953 erkannt, als man feststellte, daß es sich bei dem sog. „Piltdown-Menschen" *(Eoanthropus dawsoni)* um ein Falsifikat handelt, was Anfang des 20. Jahrhunderts in Südengland hergestellt und „entdeckt" worden war.

1978 wurden an jurassischen Belemniten aus Holzmaden/BRD Fälschungen von „versteinerten Weichteilen" bekannt, die vollständig erhaltene Belemniten-Exemplare (Tintenfische) vortäuschten. Bei mikroskopischer Untersuchung stellte sich heraus, daß sich zwischen Weichteilen und Gehäuse der „Phantombelemniten" eine Kunstharznaht befand (vgl. Farbtafel XIII, Bild 15).

Als Fossilfälschungen müssen auch künstliche Bernsteininklusen betrachtet werden, die heute noch in relativ großem Umfang hergestellt und beispielsweise zu Modeschmuck verarbeitet werden, sog. „Polybern".

3. Geochronologie – Methoden der Zeitmessung

Die Geologie verfolgt als historische Wissenschaft die Entwicklung der Erde zurück bis in die Zeit ihrer Entstehung oder zumindest bis in die Zeit, in der sich die feste Erdkruste bildete.
Sie bedient sich bei der Zeitrechnung und der Zeiteinteilung der Geochronologie, die gleichzeitig Biochronologie ist, da sowohl erd- als auch lebensgeschichtliche Forschung auf die gleiche Art von Urkunden bzw. Dokumenten zurückgreifen. Die Geochronologie gliedert sich in Stratigraphie (geologisch-paläontologische Methoden; Schichtenfolgen als Chronik erfüllter Erdzeit), in Chronographie (geologische und astronomische Methoden; Schichten als Abbild periodischer Zeitabläufe) und in Chronometrie (physikalisch-chemische Methoden; die der relativen und absoluten Zeitbestimmung dienen). Diese Wege kommen nur zu Teilergebnissen, die sich ergänzen und gemeinsam zu einer vollständigen Zeitbestimmung führen.

3.1. Relative Zeitbestimmung

Stratigraphische Zeitmessung

Das stratigraphische Prinzip, daß die jüngere Schicht auf der älteren lagert und das räumliche Aufeinander dem zeitlichen Nacheinander entspricht, auch als Lagerungsgesetz oder „Stratigraphisches Grundgesetz" bezeichnet, wurde von dem dänischen Arzt Nikolaus Steno (Niels Stensen, 1638 bis 1687) erstmalig 1669 erkannt und gilt als Beginn und Grundlage für die Stratigraphie. Steno entdeckte gleichzeitig, daß Schichten beträchtliche horizontale Ausdehnung haben können und damit die Möglichkeit gegeben ist, Schichtenfolgen in verschiedenen Aufschlüssen auf Grund gleicher oder ähnlicher lithologischer Ausbildung zu vergleichen und ihrem Alter nach in Beziehung zu bringen (Lithostratigraphie, Bild 3.1). Jedoch ist dieser lithologisch altersmäßige Schichtenvergleich nur in einheitlichen oder räumlich gering ausgedehnten Sedimentationsgebieten annähernd möglich, da in weiter voneinander entfernt liegenden Aufschlüssen die „Fazies“ wandern kann, d.h. lithologisch gleichartige Gesteine zu verschiedenen Zeiten entstanden sein können.

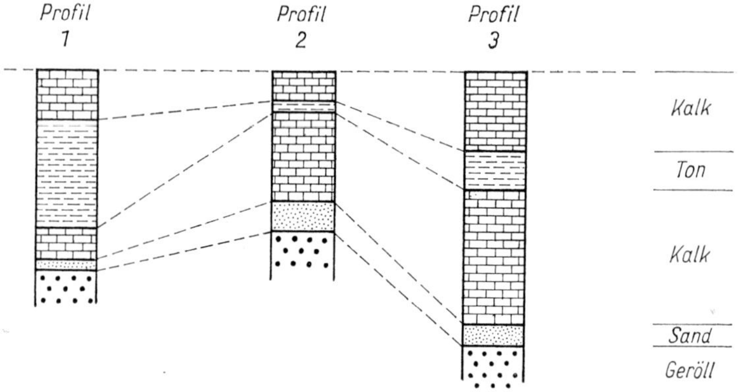

Bild 3.1. Relative Altersbestimmung durch lithologischen Schichtenvergleich (Lithostratigraphie)

Der relativen Zeitbestimmung dient auch die Biostratigraphie (Bild 3.2). Der Rudolstädter Arzt und Naturforscher Georg Christian Füchsel (1722 bis 1773) erkannte bei der geologischen Bearbeitung der Schichten

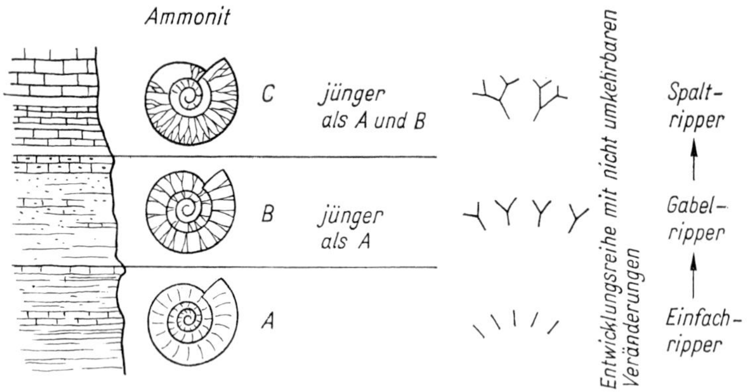

Bild 3.2. Relative Altersbestimmung durch Fossilienvergleich (Biostratigraphie)

des Thüringer Beckens, daß eine Parallelisierung von Schichtenfolgen möglich ist, weil bestimmte Fossilien an bestimmte Schichtenkomplexe gebunden sind. Allerdings baute er auf dieser Einsicht nicht weiter auf.
Unabhängig von Füchsel stellte der Ingenieur William Smith (1769 bis 1839) in Mittelengland fest, daß in den geologischen Zeiten zahlreiche unterschiedliche Faunen existiert haben und jede durch charakteristische Lebewesen ausgezeichnet ist. Er wurde damit zum Begründer der biostratigraphischen Arbeitsweise in der Geologie. Die weitere Entwicklung ergab, daß die Fossilien wertvolle Zeitmarken darstellen. Mit ihnen wurden die Mängel der lithostratigraphischen Arbeitsweise ausgeschaltet. Durch die Aufeinanderfolge fossiler Floren und Faunen konnte die biostratigraphische Methode die zeitliche Schichtenparallelisierung auch über größere Räume verbessern. Stratigraphie ist daher gleichzeitig Biostratigraphie bzw. Biochronologie. Schichten mit gleichartigen Fossilien dürfen als geologisch altersgleich angesehen werden.
Das wichtigste Hilfsmittel für die relative Altersbestimmung sind die Leitfossilien. Der Begriff „Leitfossil" wurde von Leopold von Buch (1774 bis 1852) geprägt. Leitfossilien sind kurzlebige Tier- und Pflanzenarten mit flächenhaft weiter Ausdehnung und relativ großer Häufigkeit. Als Leitfossilien dienen solche Arten, die sich in einer raschen und formenreichen stammesgeschichtlichen Entwicklung befinden. Die Lebensdauer eines Leitfossils wurde von A. d'Orbigny (1807 bis 1857) und A. Oppel (1831 bis 1865) in der Mitte des 19. Jahrhunderts als Zone bzw. Biozone („Zonenart") bezeichnet. Fossilien können als Zeitmarken nur dann dienen, wenn sie im primären Schichtenverband liegen und nicht umgelagert sind, die Ausbreitung einer Art von ihrem Ursprungsgebiet hinsichtlich ihres geologischen Zeitmaßes rasch erfolgte und die Organismen sich derart entwickelt haben, daß im Laufe der Erdgeschichte niemals gleiche Formen wiederkehrten.

3.2. Absolute Zeitbestimmung

3.2.1. Chronographische Zeitmessung

Dabei wird das Phänomen genutzt, daß sich der erdgeschichtliche Zeitablauf in den Sedimenten (z.B. als Bänderung) oder in den Organismen (z.B. als Zuwachszonen) letztenendes selbst abbildet. So wurde auf Grund der Bändertonbildungen 1912 die Warvenchronologie von dem schwedischen Forscher G. de Geer entwickelt und von ihm ein Kalender für die letzten

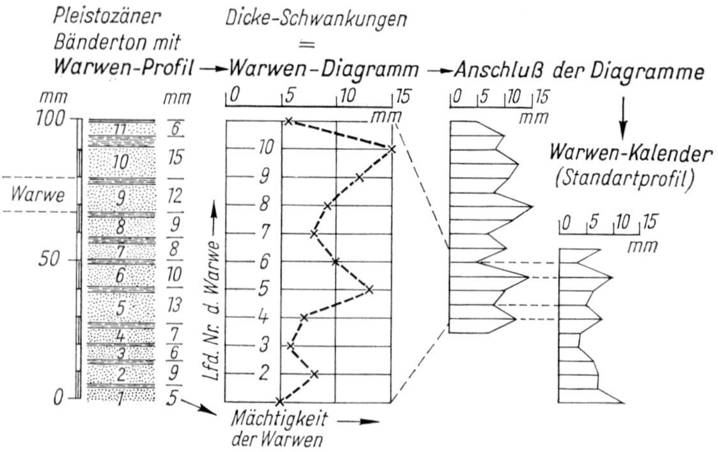

Bild 3.3. Sogenannter „Warvenkalender" nach G. DE GEER; absolute Altersbestimmung in postglazialen Bändertonen (ergänzt nach SIMON)

12000 Jahre der Erdgeschichte aufgestellt. Als Berechnungsgrundlage dienten die beim Abschmelzen der Inlandeismassen des Pleistozäns in großen Becken sedimentierten Bändertone. In diesen Bändertonen wechseln mächtigere, helle, gröbere, sandige Sommerlagen mit dünnen, dunklen, tonigen Winterlagen, die von jahreszeitlich unterschiedlichen Schmelzwasserzuflüssen des Inlandeises abgesetzt wurden und daher eine Jahresschichtung anzeigen (Bild 3.3). Sommer- und Winterschicht bilden eine Warve (schwed. warv = Schicht).

Durch Auszählung der Warven und ihre Parallelisierung von Aufschluß zu Aufschluß innerhalb des nordeuropäischen Vereisungsgebietes kann auf die Dauer der einzelnen Kaltzeiten geschlossen werden. Auf diesem Wege läßt sich die seit dem Höchststand der letzten Großvereisung bis zur Gegenwart verflossene Zeit auf etwa 25000 Jahre datieren. Ähnliche Arbeiten auf Grund von Jahresschichten wurden u.a. von dem sowjetischen Geologen A.D. ARCHANGELSKI in rezenten, feingeschichteten Sedimenten des Schwarzen Meeres durchgeführt und auf tertiäre Ablagerungen des Kuban-Gebietes/UdSSR übertragen, deren Ablagerungsdauer vom Mitteloligozän bis Mittelmiozän er auf 7,25 Millionen Jahre berechnete.

Jahres- bzw. feingeschichtete Sedimente aus älteren Erdperioden gibt es seit dem Präkambrium, z.B. im nordwestlichen Ontariogebiet Kanadas. Gelegentlich sind solche Serien mit Hilfe von Jahresrhythmen ausgewertet worden. Auf diese Weise bestimmte man für oberdevonisch-unterkarbonische Ablagerungen Thüringens ein Alter von 800000 Jahren, das jedoch mit dem Ergebnis physikalischer (radioaktiver) Altersbestimmungen nicht im Einklang steht. Auch der salinare Warvenkalender („Jahresringe") permischer Salzlagerstätten Norddeutschlands und Nordamerikas ergibt eine viel zu niedrige Sedimentationsdauer, so daß man größere Sedimentationslücken annehmen muß. Die absolute Zeitbestimmung warvenschichtiger Sedimente älterer Sedimentabfolgen ist also nur bedingt bzw. nicht möglich, da sich durchaus andere jahreszeitliche Rhythmen abgebildet haben könnten.

Die Dendrochronologie oder Jahresringanalyse bei Holzgewächsen (Bäumen) wurde durch A.E. Douglass (1909) in Nordamerika und B. Huber (1940) im mitteleuropäischen Raum entwickelt. Sie beruht auf der Erkenntnis, daß Bäume der gleichen Holzart unter der Voraussetzung, daß sie in einem einheitlichen Klimagebiet heranwachsen, einen ähnlichen und damit vergleichbaren Verlauf ihres Dickenwachstums zeigen. Die Wachstumsringe ermöglichen das Errechnen des Alters der Bäume und erlauben Rückschlüsse auf Klimaveränderungen während ihres Wachstums.

Jahresringanalysen an sogenannten „Mooreichen" aus holozänen Flußschottern ermöglichen Klimaanalysen und die absolute Altersbestimmung geologischer Schichten. Die jahresringchronologische Auswertung solcher subfossiler Eichenlagerstätten reicht mit Unterbrechung bis etwa 9000 Jahre vor der Zeitenwende zurück.

Zuwachszonen an Hartteilen von Tieren sind ebenfalls chronologisch auswertbar, z.B. Muschel-, Brachiopodenschalen, Korallen, Fischschuppen, Otolithen. In den meisten Fällen handelt es sich um Jahres- und Tageszuwachsringe, aus denen man auf unterschiedlich große Anzahl der Tage im Jahr in den verschiedenen Erdzeitaltern schließen kann. Devonische Tetrakorallen haben 396, silurische um 402 Tagesringe. Diese Werte passen sich ein zwischen derzeit 365 Tage/Jahr und 424 Tage/Jahr im Kambrium.

Zur Schätzung der Ablagerungsdauer organischer Sedimente, z.B. von Kohleflözen, zieht man ebenfalls die Feinbänderung dieser Ablagerungen heran und vergleicht sie mit den jährlichen Zuwachswerten des Torfes in rezenten Mooren.

Für die Gesamtablagerungsdauer beispielsweise des Geiseltalflözes bei Halle/Saale/DDR mit einer mittleren Mächtigkeit von 60 m wurde auf der Grundlage der Bänderung eine Bildungsdauer von 120000 bis 230000 Jahre angenommen. Jedoch muß eine wesentlich längere Mindestablagerungsdauer des Gesamtflözes auf Grund sporenpaläontologischer Untersuchungen mit etwa 2 Millionen Jahren angenommen werden.

Ferner liefern palynologische Untersuchungen (Palynologie, Pollenanalyse) in pleistozänen und holozänen Ablagerungen absolute Alterswerte und ermöglichen z.B., die spät- und postglaziale Waldgeschichte zu datieren.

Sie erfassen damit einen Zeitraum von etwa 12000 bis 15000 Jahren der jüngeren Erdgeschichte.
Mehrfach wurde versucht, die Durchschnittsdauer der Ablagerungs- bzw. Abtragungsvorgänge von Gesteinen für die Altersbestimmung auszuwerten. Es liegen hier jedoch Schätzungen vor, die mit großen Unsicherheiten behaftet sind. Immerhin ordnen sie sich der Größenordnung nach mitunter durchaus in die mit anderen Methoden gewonnenen Zahlenwerte ein.

Astronomische Methoden; Strahlungskurven

Die Hypothese der Strahlungskurven des Belgrader Astronomen M. Milankovitch, die von W. Köppen, A. Wegener, R. Grahmann und W. Soergel weitergeführt worden ist, basiert auf langperiodischen Schwankungen der Sonneneinstrahlung auf die Erde, hervorgerufen durch die periodisch schwankende Neigung der Erdachse (Schiefe der Ekliptik), die Exzentrizität der Erdbahn und die Präzession der Tag- und Nachtgleiche (Umlauf des Perihels).
Die Zeitzahlen dieser astronomisch gewonnenen Kurve dienten der Gliederung des Pleistozäns (650000 Jahre; Dauer, Beginn und Ende einzelner Abschnitte der Inlandvereisungen) und wurde zunächst als gesichert in die geologische Zeitrechnung übernommen. Jedoch hat diese Methode in neuerer Zeit hinsichtlich ihrer geologischen Ausdeutung schwerwiegende Kritik erfahren, so daß man anderen Datierungsmethoden, die sicherere zeitliche Parallelisierungen ermöglichen, den Vorzug gibt.

3.2.2. Chronometrische Zeitmessung

Mit der Entdeckung der Radioaktivität durch H. Becquerel am Ende des 19. Jahrhunderts eröffneten sich für die absolute Altersbestimmung der geologischen Systeme neue Wege. Die radioaktiven Methoden versuchen das absolute Alter physikalisch zu bestimmen.
Erste absolute Altersbestimmungen gehen auf J. Rutherford (1904) in England und B. B. Boltwood (1907) in den USA zurück, die die radioaktiven Umwandlungen in ihrer Bedeutung für die absolute geologische Zeitmessung erkannten. Das Erdalter wurde damals auf mindestens 2 Milliarden Jahre bestimmt. Diese Zeitmeßmethoden wurden später weiter entwickelt und verfeinert.
Eine zweite Konsequenz der Radioaktivität für die Geologie lag in der damit verbundenen Wärmeproduktion. Radioaktive Umwandlungen sind exotherme Prozesse: Ein Gramm Uran setzt pro Jahr etwa 0,74 cal ($\approx$ 3,10 J) frei. Diese neu entdeckte Wärmequelle führte zur Bestimmung des richtigen Alters der Erde mit 4,5 bis 5 Milliarden Jahren.

Die physikalischen Altersbestimmungen beruhen auf dem radioaktiven Zerfall bestimmter instabiler Elemente, die sich fortlaufend und gesetzmäßig über Zwischenstufen oder unmittelbar in ein stabiles Element umwandeln (Bild 3.4).
Die Radioaktivität ist eine Eigenschaft fast aller Elemente mit den Ordnungszahlen zwischen 81 (Thallium) und 92 (Uran), außerdem der künstlich herstellbaren Transurane (Ordnungszahlen zwischen 93 bis 107) sowie weniger schwach radioaktiver Stoffe im Bereich kleinerer Ordnungszahlen, wie Kalium und Rubidium. Von den 327 auf der Erde natürlich vorkommenden Isotopen sind 55 radioaktiv.

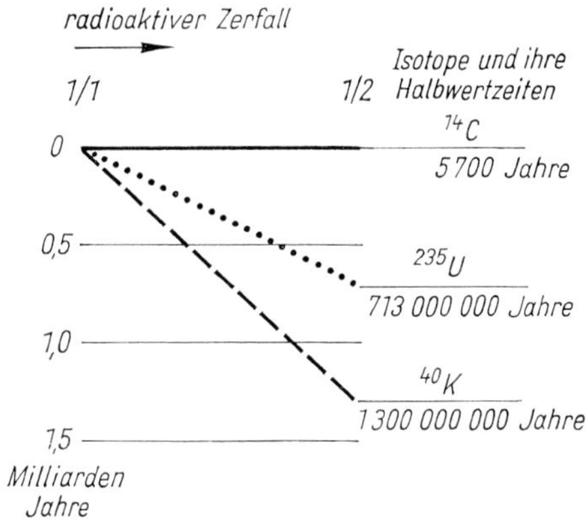

Bild 3.4. Absolute Altersbestimmung mit Hilfe physikalischer Methoden durch radioaktiven Zerfall bestimmter Elemente (Chronometrie)

Alle Gesteine, insbesondere helle, saure Magmatite und Metamorphite, enthalten Spuren radioaktiver Isotope verschiedener Elemente. Beim Zerfallsprozeß senden sie α-Strahlen (Heliumatomkerne), β-Strahlen (Elektronen) und γ-Strahlen (kurzwellige elektromagnetische Strahlen) aus. Der Zerfallsprozeß erfolgt in genau definierten, konstanten Zeitabschnitten, den Halbwertszeiten (Zerfallsgeschwindigkeit).
Aus dem Gehalt an Zerfallsprodukten, die sich in den Gesteinen vorfinden, läßt sich auf die Zeit, die seit der Entstehung der Gesteine vergangen ist, und damit auf das Alter des geologischen Systems schließen, dem das Gestein angehört.
Eine zuverlässige Altersbestimmung von Gesteinen ist nur dann erreichbar, wenn mehrere, voneinander unabhängige Methoden übereinstimmende Werte liefern.

Eine wichtige Methode, die sich besonders für die Altersbestimmung geologisch junger Gesteine und solcher mit hohem Gehalt an organischen Stoffen eignet, ist die 1946 entwickelte Radiokarbon-Methode von W. F. LIBBY, die sich des Kohlenstoffisotopes ^{14}C bedient. ^{14}C zerfällt nach einer Halbwertszeit von 5730 Jahren in das Stickstoffisotop ^{14}N. Kohlenstoff-14 oder Radiokohlenstoff entsteht bei Einwirkung der kosmischen Höhenstrahlung in der Lufthülle der Erde. Dabei bildet sich ein $^{12}C/^{14}C$-Verhältnis von $10^{12}:1$. Der ^{14}C reagiert mit dem Sauerstoff der Luft und bildet $^{14}CO_2$. Durch den Assimilationsprozeß wird CO_2 von den Pflanzen aufgenommen und gelangt über die pflanzliche Nahrung auch in die tierischen Organismen, in denen es sich anreichert. Nach Absterben der Organismen ist die Aufnahme beendet, ^{14}C gelangt in den natürlichen Kreislauf der Atmosphäre zurück oder wird mit den organischen Resten in den Boden eingelagert. Aus der Aktivität der Probe läßt sich das Alter bestimmen. Infolge der geringen Halbwertszeit ist die C14-Methode nur für den Zeitraum bis zu rund 50000 Jahren vor der Gegenwart, maximal bis um 70000 Jahre anwendbar. Ihre Nutzung liegt daher hauptsächlich in der Altersbestimmung pleistozäner und holozäner Schichten, z.B. in der Datierung von Knochen, Holz und Grundwasser sowie in der Archäologie.

Fluor-Uran-Stickstoff-Test

J. MIDDLETON erkannte 1847, daß fossile Knochenreste mit zunehmendem Alter aus dem Grundwasser Fluor aufnehmen und als Fluorapatit in sich anreichern.

Knochen und Zähne bauen ihre organischen Stoffe nach Einlagerung ins Sediment ab und lagern Mineralstoffe an. Die Restmenge der organischen Substanz kann durch den Stickstoffgehalt erfaßt werden. Noch vorhandene Aminosäuren sind chromatographisch meßbar. Hydroxylapatit geht durch Fluoraufnahme in Fluorapatit über. Die Poren und Hohlräume von Knochen und Zähnen werden durch Kalk und Eisenoxid ausgefüllt.

Das Uran wird ebenfalls von Apatit aufgenommen. Kalziumionen werden durch die Uranionen ersetzt. Diese Vorgänge sind altersabhängig und werden ferner durch die örtlichen hydrogeologischen Gegebenheiten beeinflußt.

Aus den Fluor-Uran-Stickstoff-Gehalten in den Fossilresten lassen sich also nur relative Schlüsse hinsichtlich des Alters ziehen. So kann man einmal die Altersbeziehung eines Fossilfundes zum umgebenden Sediment feststellen, zum anderen das relative Altersverhältnis verschiedener Funde zueinander, die unter vergleichbaren Umständen an einem oder an benachbarten Orten auftreten. Mit den Messungen läßt sich auch die Herkunft der Fundobjekte einengen.

Die Anwendung des Fluortestes ist besonders wichtig in der Paläontologie und in der Archäologie. Mit Hilfe dieser Methode lassen sich Fossilfälschungen entdecken, z.B. der Schwindel mit dem Piltdown-Schädel. Weiterhin hat sich der Fluortest bei der Beurteilung verschleppter Fossilfunde bewährt.

Durch Vergleich der Funde und die zeitliche Parallelisierung mit schon bekannten Schichten ist mit dem Fluortest eine chronologische Korrelation möglich, während absolute Alterszahlen nicht ablesbar sind.

4. Die Entwicklung des Lebens in der Erdgeschichte – Fossilien in den erdgeschichtlichen Systemen

4.1. Präkambrium – die Anfänge des Lebens

Das Präkambrium (lat. prae = vor; Vor-Kambrium), „Zeit des verborgenen Lebens", ist die vor dem Kambrium liegende Zeitspanne der Erdgeschichte von vor 570 Millionen Jahren zurück bis etwa vor 4000 Millionen Jahren, dem Zeitpunkt des Entstehens der ersten irdischen Erstarrungskruste. Es umfaßt etwa $^7/_8$ des Gesamterdalters. Man stellt es der Gesamtheit der jüngeren erdgeschichtlichen Systeme (Kambrium bis Quartär), dem Phanerozoikum („Zeit des erschienenen Lebens"), gegenüber:

Phanerozoikum („Zeit des erschienenen Lebens")			$570 \cdot 10^6$ a
Präkambrium („Zeit des verborgenen Lebens")	Proterozoikum („Frühzeit des Lebens")	Jüngst-	680
		Jung-	1900
	Archäozoikum („Urzeit des Lebens")	Mittel-	2500/2700
	Azoikum („Zeit ohne Leben")	Alt-	3500/3750
		Ältest-	$4000 \cdot 10^6$ a

Das Präkambrium ist weltweit verbreitet und bildet auf den Kontinenten im Bereich der alten Schilde, dem Kanadischen (Laurentia), Brasilianischen (Urnord- und Ursüdbrasilia), Afrikanischen (Urafrika), Asiatischen (Barentsia, Angaria, Sinia, Urindia), Australischen (Uraustralia) und Baltischen (Fennoskandia) Schild, den Sockel, das Grundgebirge („basement"), das von den jüngeren Schichten überlagert wird. Zunächst fehlten aus diesen präkambrischen Schichten Fossilreste, und man glaubte, das Präkambrium sei fossilleer. Im letzten Jahrzehnt vollzog sich jedoch eine faszinierende Entwicklungsphase in den Geowissenschaften, insbesondere in der Paläontologie, die diese Meinung revidierte. Es wurden in präkambrischen Sedimenten fossile Reste frühester, äußerst primitiver Organismen entdeckt, die während des Präkambriums die Erde bewohnten. Diese uralten „Versteinerungen" tragen dazu bei, eine bedeutende Lücke im Verständnis der biologischen Geschichte zu schließen. Ob es jedoch jemals gelingt, durch Fossilien bis an den eigentlichen Ursprung des Lebens vorzudringen, ist bis heute noch ungeklärt, eine Frage.

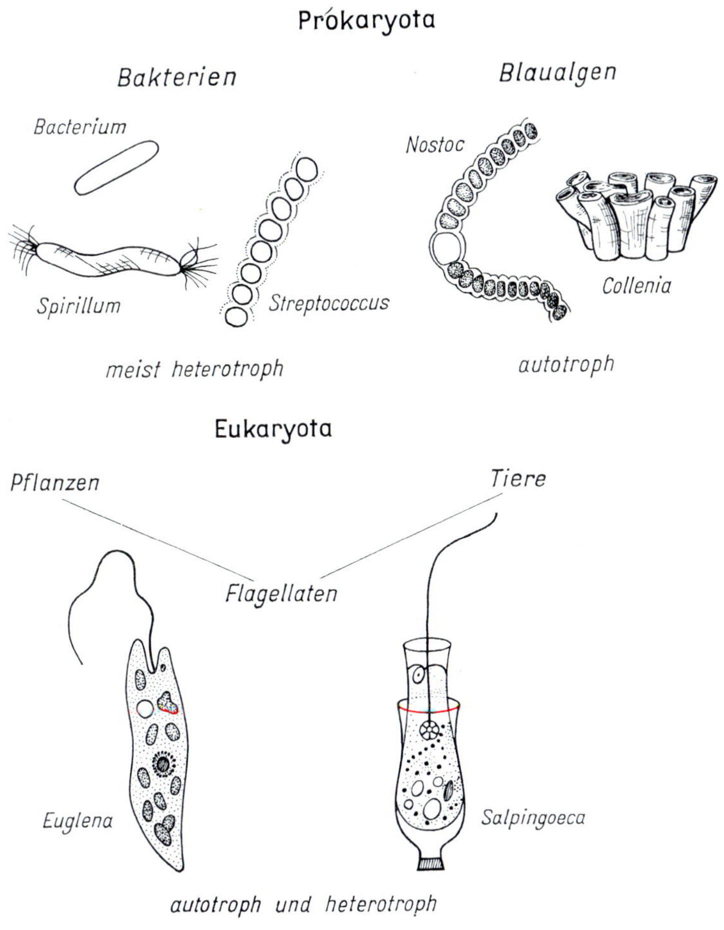

Bild 4.1. Prokaryota und Eukaryota (nach KUHN-SCHNYDER)

Bei den derzeit ältesten Fossilien handelt es sich vor allem um Spurenfossilien, die als Mikrofossilien ausgedeutet werden, weiterhin um Strukturen organischer Herkunft (Chemofossilien) und um Makrofossilien des jüngsten Präkambriums. Erst die Entwicklung und Anwendung komplizierter, zeitaufwendiger mikropaläontologischer Laboratoriumsmethoden, wie z.B. Elektronen- und Fluoreszenzmikroskopie, ermöglichten die Entdeckung dieser Mikrofossilien. So kann man das Präkambrium, im Gegensatz zur jüngeren geologischen Vergangenheit, auch als das „Zeitalter des mikroskopischen Lebens" bezeichnen.

Bemerkenswert für die systematische Gliederung der ältesten strukturierten Fossilien ist der Charakter ihrer Zellen, d.h. ob sie einen Zellkern besitzen oder zellkernlos sind. Danach unterscheidet man zwei scharf voneinander abgegrenzte Gruppen (Bild 4.1):

- Prokaryota (anukleobionte = „kernlose" Organismen)
  Es sind Organismen ohne Zellkern, jedoch mit Kernäquivalenten. Hierzu gehören Bakterien und Blaualgen. Sie sind meist älter als etwa 2000 Millionen Jahre.
- Eukaryota (nukleobionte = „kernbesitzende" Organismen)
  Die Zellen dieser Organismen besitzen einen echten Zellkern. Hierzu zählen die Protisten, die Pflanzen, die Pilze und die Tiere. Vermutlich älteste eukaryote Organismen lebten vor etwa 1900 Millionen Jahren (Gunflint-Mikroflora in Ontario/Kanada).

Offenbar gibt es aber noch eine dritte Gruppe von Organismen, die sich sowohl von den Prokaryota als auch von den Eukaryota grundlegend unterscheiden. Wegen ihrer mutmaßlichen Urtümlichkeit werden sie „Archaeobakterien" genannt, und sie werden durch methanbildende Bakterien repräsentiert. Ihre verschiedenen Arten kommen in Stäbchen-, Kugel- oder Schraubenform vor.

Diese „Methanbildner" unterscheiden sich gegenüber den Prokaryota und Eukaryota in der Struktur einer bestimmten, für die Eiweißsynthese benötigten Nukleinsäuresorte (16 S- bzw. 18 S-Ribosomen – RNS), im Besitz bestimmter Enzyme und Koenzyme, im Wandaufbau und in der Struktur der Transport-RNS. Die Entdecker dieser „Archaeobakterien", C.R.Woese und G.E.Fox von der Universität Illinois/USA (1978), halten diese Urorganismen möglicherweise für die direkten Nachkommen der ersten Lebensformen auf unserer Erde.

Als derzeit älteste Fossilien gelten über 3350 Millionen Jahre alte prokaryote Mikroorganismen (bzw. „Organismen-ähnliche" Gebilde) aus schwarzen Kieselschiefern des Swaziland-Systems im Baberton-Bergland des östlichen Transvaal (Südafrika). Diese sphärisch geformten, 0,001 mm großen, kernlosen fossilen Zellen ähneln in ihrer Struktur derjenigen heute lebender blaugrüner Algen (Cyanophyceen) (Bild 4.2).

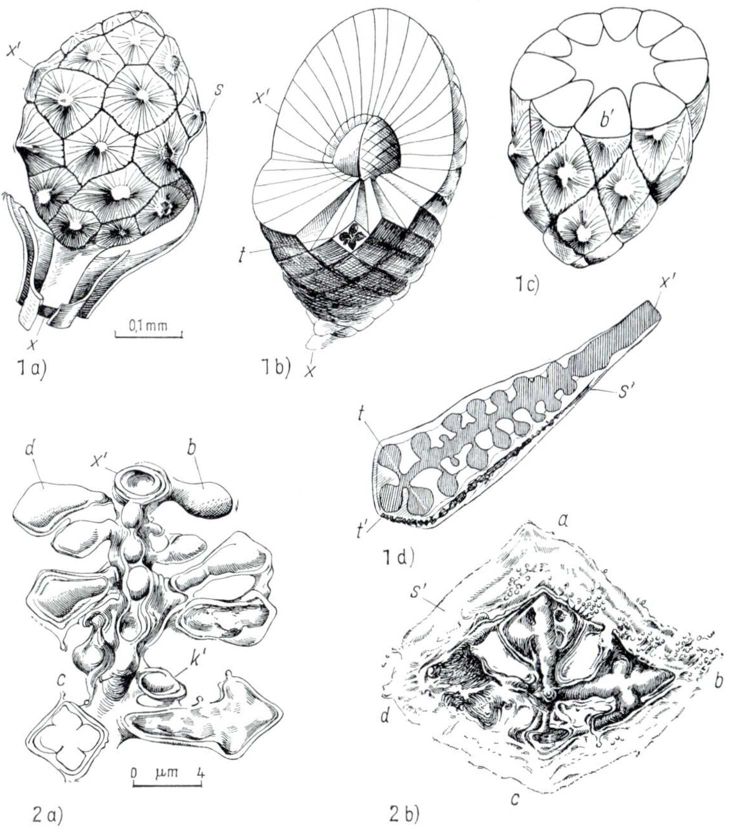

Bild 4.2. Älteste Mikrofossilreste aus dem Swaziland-System (Onverwacht-Gruppe) im Barberton-Bergland des östlichen Transvaal/Südafrika; Alter der Fundschichten über 3350 Millionen Jahre (nach PFLUG)
1 Aufbau der Megasphäre der organischen Strukturen
a) Außenansicht, b) Innenstruktur einer aus Tetrafibrillen zusammengesetzten Megasphäre, c) Querschnitt durch eine Megasphäre mit Mikrosphären (b′), d) Tetrafibrille aus der Megasphäre
2 Teil einer Tetrafibrille
a) Längsschnitt, b) Querschnitt, *x* Hauptachse der Megasphäre, *x′* Hauptachse der Tetrafibrille, *t-t′* Tetra-Verzweigungen in der Tetrafibrille, *a – b – c – d* Triebe der Tetrazeilen, *s* Scheide der Megasphäre, *s′* Scheide der Tetrafibrille mit Nannosphären (schwarz), *b′* Mikrosphäre, *k′* unterentwickelte Sprosse

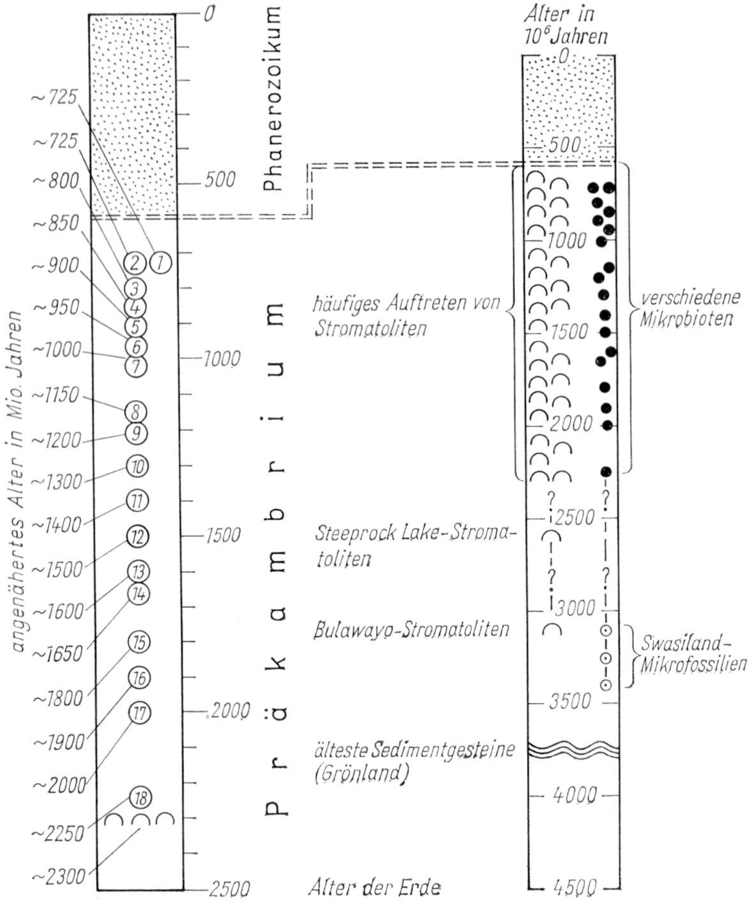

◠ Stromatolithen

① Lfd. Nr. der Mikrofossil-Vergesellschaftungen

● Mikrofossil-Vergesellschaftungen

Bild 4.4

Bild 4.3. Zeitliche Verbreitung von 18 Mikrobioten aus proterozoischen Sedimenten (nach SCHOPF). Fossilführende Formation (*1–18*) und ihre geographischen Vorkommen: *1* Hector-Formation (Alberta/Kanada); *2* Tindir-Group (Alaska); *3* Chuar-Group, Kwagunt-Formation (Arizona); *4* Chuar-Group, Galeros-Formation (Arizona); *5* Bitter Springs-Formation (Zentralaustralien); *6* Myrtle Springs-Formation (Südaustralien); *7* Skillogallee-Dolomit (Südaustralien); *8* Blyth-Dolomit (Südaustralien); *9* Dismal Lakes

Aus den nur wenig jüngeren, nicht metamorphen Ton- und Hornschiefern der Fig Tree-Serie (3100 bis 3200 Millionen Jahre) stammen globulare (kugelige) und filamentöse (fädige) wahrscheinliche Mikrofossilien, in deren Wänden noch Reste des ursprünglichen organischen Baumaterials (Kohlenwasserstoffe) nachweisbar sind. Diese Funde erinnern ebenfalls an noch heute lebende Blaualgen.

Das aus Kohle bestehende *Corycium enigmaticum* (aus dem Bottnium Finnlands; etwa 1,7 bis 1,8 Mrd. Jahre alt) ist nach dem Kohlenstoff-Isotopen-Verhältnis C^{12}/C^{13} ebenso organischen Ursprungs – es entspricht den gleichen rezenten Geweben – wie die Schungit-Kohle, die im Jatul Kareliens sogar bergbaulich gewonnen wurde.

Erste fossile Einzeller mit erkennbaren Zellkernen fanden 1966 die amerikanischen Wissenschaftler P.E. Cloud, Licari, H.E. Wright und E. Troxel der Universität von Kalifornien/USA, und zwar Thallophyten (Lagerpflanzen) in feuersteinartigen schwarzen Kieselschiefern des San Bernardino-Gebietes in Kalifornien. In diesem Gestein entdeckte man eine Mikroflora fossiler zellkernloser Blaualgen (Cyanophyceen) und kerntragender Grünalgen (Chlorophyceen). Ihr geologisches Alter betrug 1,3 Milliarden Jahre, ihre Größe 7/1000 bis 8/1000 mm Durchmesser. Wahrscheinlich gehören diese Algen zur heute lebenden Familie der Chlorococcaceae, die damit als die älteste lebende Familie der Organismenwelt gilt.

Es gibt kaum Zweifel, daß diese urtümlichen Strukturen Reste echter Lebewesen sind und diese Funde an den Anfang einer organismischen Evolution gehören. Mit dieser Feststellung und aufgrund heute bekannter weiterer Daten der frühen und frühesten Erdgeschichte scheint es möglich und glaubhaft, daß das Leben unmittelbar auf der Erde entstanden und nicht extraterrestrischen Ursprungs ist.

In den letzten zehn Jahren wurden insgesamt 18 Mikrobioten (griech. bios = Leben, mikros = klein; Kleinlebewesen) aus präkambrischen Schichten bekannt (Bilder 4.3 und 4.4). Eine überraschend große Bedeutung unter den präkambrischen Organismenresten erlangten die Stromatolithen

---

◄ Group (Kanadische Arktis); *10* Beck Spring-Dolomit (Kalifornien); *11* Cuddapah Group, Vempalle-Formation (Südindien); *12* Bungle Bungle-Dolomit (Nordaustralien); *13* Amelia-Dolomit (Nordaustralien); *14* Paradise Creek-Formation (Nordaustralien); *15* Belcher Group (Hudson Bay/Kanada); *16* Gunflint Iron-Formation (Ontario/Kanada); *17* Pokegama-Quarzit (Minnesota); *18* Transvaal-Dolomit (Südafrika); (älteste regional verbreitete Stromatolithen). (linke Profilsäule)

Bild 4.4. Zeitliche Verbreitung von Stromatolithen, Mikrobioten und anderen fossilartigen Mikrostrukturen aus Sedimenten des Archaikums (3750 bis 2500 Millionen Jahre) und des Proterozoikums (2500 bis 600 Millionen Jahre) (nach Schopf). (rechte Profilsäule)

Bild 4.5. Rezentes Stromatolithenriff von Shark Bay in Westaustralien (nach Raup und Stanley)

(griech. stroma = Decke, Ausgebreitetes; lithos = Stein). Diese sog. „Algenkalke“ sind Rückstände der Lebensäußerungen von verschiedenen kernlosen blaugrünen Algen unter Mitwirkung von Bakterien. Es sind biogene extrazelluläre Kalkfällungen, die riffartige Körper (Bild 4.5) bildeten und deutliche Wachstumsrhythmen erkennen lassen. Sie weisen säulenförmige, flachgeschichtete und knollenförmige Strukturen auf. In diesem Netz von Algenfäden ist zerfallenes Organismenmaterial eingelagert. Die ältesten dieser Spurenfossilien sind zwischen 3,2 und 2,5 Milliarden Jahre alt (Bulawayo-Stromatolithen Simbabwe und Steeprock Lake-Stromatolithen Kanadas) (Bild 4.4). In präkambrischen Schichten der Sowjetunion, in Australien und in Afrika eignen sich die Stromatolithen-Vergesellschaftungen zu biostratigraphischen Vergleichen als Zonenfossilien (zu „Formgattungen“ geordnet) und geben Aufschluß über damalige Biotope (Bild 4.6). So waren im Mittleren Präkambrium Algenriffe in den Seichtwasserbereichen mit photosynthetisierenden prokaryotischen Mikroorganismen vorhanden und an den Küsten weltweit verbreitet, planktonische Algen waren örtlich häufig. Im Jungpräkambrium herrschten die Blaualgen noch vor, aber daneben traten auch Eukaryoten in Form von Grünalgen (Chlorophyceae) und wahrscheinlich auch als Pilze auf. Der Erwerb des Zellkerns ist daher als markanteste Errungenschaft anzusehen. Er befähigte die Lebewesen zum genetischen Austausch auf dem Wege der geschlechtlichen Fortpflanzung, einer Fähigkeit, die der Evolution zu höherem Leben neue Impulse verlieh. Außerdem erlangten diese Lebewesen die Fähigkeit zur Kalkabscheidung, wodurch die Voraussetzung für die Fossilerhaltung langsam erworben wurde. Tabelle 4.1 zeigt die „Hauptzeitmarken" der präkambrischen Evolutionsgeschichte, wie sie sich heute auf der Grundlage bekannter Tatsachen darbietet.

Tierische Fossilien treten im Präkambrium erst mit Sicherheit in dessen jüngsten Schichten vor um 700 Millionen Jahren auf. Die ersten fossilen

Tabelle 4.1. Zeitmarken der Evolution im Präkambrium (nach J. W. SCHOPF 1975)

Ungefähres Alter in 10^6 Jahren	
600/570	Grenze Kambrium/Präkambrium; Faunenwende
700	Beginn makroskopischen Lebens: Ediacara-Fauna, Vendotaenia-Flora
800	Entwicklung heterotropher Einzeller
1000	Entwicklung der meiotisch-sexuellen Fortpflanzung
1500	Erstes Auftreten mitosefähiger Zellen mit echtem Kern
2000	Entwicklung einer sauerstoffhaltigen Atmosphäre
2300	Sauerstoffproduzierende Mikrobioten breiten sich aus
3100	älteste bekannte Stromatolithen
3300	Beginn mikroskopischen Lebens
3750	älteste bekannte Organismen (asporogenen Hefepilzen nahestehend)
4500	Entstehung der Erde

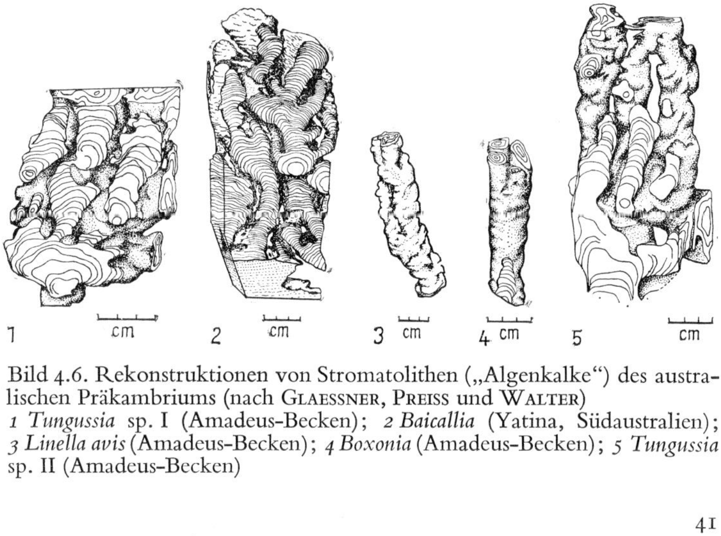

Bild 4.6. Rekonstruktionen von Stromatolithen („Algenkalke") des australischen Präkambriums (nach GLAESSNER, PREISS und WALTER)
1 Tungussia sp. I (Amadeus-Becken); *2 Baicallia* (Yatina, Südaustralien); *3 Linella avis* (Amadeus-Becken); *4 Boxonia* (Amadeus-Becken); *5 Tungussia* sp. II (Amadeus-Becken)

Vielzeller (Metazoen), Tiere ohne Schale und ohne Skelett, fanden sich im Zeitabschnitt vor 600 bis 700 Millionen Jahren. Er wird nach dem Fundort Ediacara in Südaustralien „Ediacarische Formation" und „Ediacarisches Übergangsfeld" genannt. Die Bezeichnung „Übergangsfeld" charakterisiert die Fauna als ein Entwicklungsstadium zwischen primitiven Tierkolonien und höheren Tieren (Am Beginn stehen koloniebildende, gabelig (dichotom) verzweigte Stöckchen. Sie schließen sich zu „Tierkolonien" zusammen und bilden Individuen höherer Ordnungen.). Diese Funde gehören zu den bemerkenswertesten Neuentdeckungen der paläontologischen Forschung.

Die biologischen Entwicklungsprozesse im Ediacarischen Übergangsfeld stehen aller Wahrscheinlichkeit nach in sehr engem Zusammenhang mit der Lebensentfaltung im Kambrium und sind generell von außerordentlicher Bedeutung für die weitere Entwicklung des Lebens auf der Erde. Sie verliefen in drei morphologischen Entwicklungsschritten. Zunächst gingen die gabeligen Verzweigungen in ein achsenbetontes Verzweigungssystem über, d.h., sie bildeten einen Sproß ohne durchgehende Hauptachse. Anschließend traten die einzelnen Sproßglieder seitlich miteinander in Kontakt und verwuchsen zu einer Spreite, so daß geschlossene Körper mit sekundären Körperhöhlen entstanden. Diese Organelemente gliedern sich in drei größere systematische Formengruppen, die möglicherweise die Wurzeln für die sich im Kambrium entfaltenden Vielzeller bilden. Es treten pteridinoide Formen *(Pteridinium, Rangea, Charnia, Arborea)*, spriggingoide *(Spriggina)* und medusoide Formen *(Mawsonites, Beltanella, Ediacara)* auf (Bilder 4.7 und 4.8).

Die Typusfundstellen dieser Vielzellerfauna liegen wie gesagt in Australien. Die bisher entdeckten über 1600 Exemplare verteilen sich auf 30 Arten von Hohltieren (Coelenteraten), besonders Medusoiden und Pennatulaceen (67 %), Glieder- und Ringelwürmern (Anneliden) (25 %) und Gliederfüßern (Arthropoden) (5 % der Fossilien). Das Fossil *Tribrachidium* ist möglicherweise eine Echinoderme. Inzwischen sind in Südwestafrika (Kuibis), in der Sowjetunion und in Kanada weitere gleichaltrige Funde gemacht worden (s. Bild 4.7).

Die australische Ediacara-Fauna enthält keine hartschaligen Organismen, sondern ist weichkörperig. Sie besteht neben den Körperfossilien noch aus etwa sechs Spurenfossilien. Es sind Weidespuren und Spuren von Sedimentfressern, letztere lassen einen hohen Nährstoffgehalt des Bodens und des Sediments vermuten. Als Sedimente treten Quarzite mit Kreuzschichtung und dünnen Tonlinsen auf, die auf starke Strömungen in seichtem Wasser hinweisen. Die Wassertiefe liegt bei etwa 25 m. Daher sind nur selten und örtlich günstige Fossilisationsbedingungen vorhanden gewesen.

Die zweite bedeutende Fundstelle ediacarischer Faunen liegt in Südwestafrika (Kuibis-Quarzit der Nama-Formation). Die besonders gute Fossilerhaltung, die auf Einkieselung während der Sedimentation zurückzuführen ist (Quarzitbildung), gab Aufschluß über die Anatomie dieser ediacarischen Organismen, die vor $650 \cdot 10^6$ Jahren existierten. Auch die in Sibirien/UdSSR weitverbreitete Vend-Formation ist außerordentlich aufschlußreich. Hier herrschen als tierische Reste vor allem Medusen vor, eine Fauna, die möglicherweise auf einen noch anderen Lebensraum hindeutet. Ebenfalls sehr häufig ist in Sibirien eine Algenflora (Stromatolithen), die sich durch großen Formenreichtum an Kalkalgen auszeichnet.

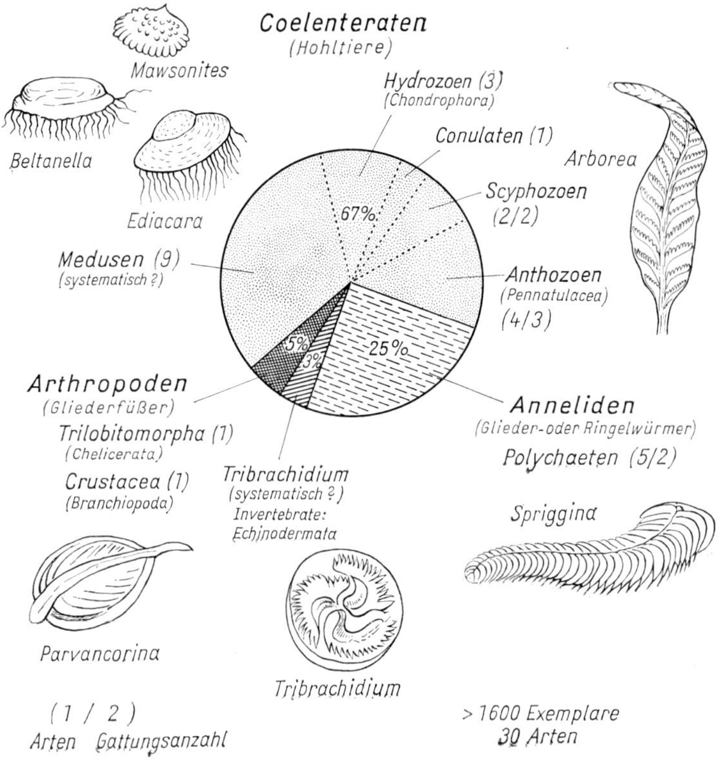

Bild 4.7. Zusammensetzung der Ediacara-Fauna nach ihren hauptsächlichen Tiergruppen (zusammengestellt nach GLAESSNER)
Die Fauna umfaßt mehr als 1600 Exemplare, die sich auf etwa 30 Arten verteilen. Die Ziffern in den runden Klammern geben die Anzahl der Arten (1. Ziffer) und Gattungen (2. Ziffer) an.

Bild 4.8. Jungkambrische Fossilien der Ediacara-Fauna der Bitter-Springs-Formation in Zentralaustralien (nach GLAESSNER und DAILY)
Obere Reihe: *Spriggina floundersi*, ein Polychaete (Borstenwürmer); mittlere Reihe von links nach rechts: *Tribrachidium heraldicum*, möglicherweise eine Echinoderme; *Parvancorina minchami*, ein Gliederfüßer; untere Reihe: ein Problematikum, Siphonophore eine Holothurie? Sämtliche Figuren stark verkleinert

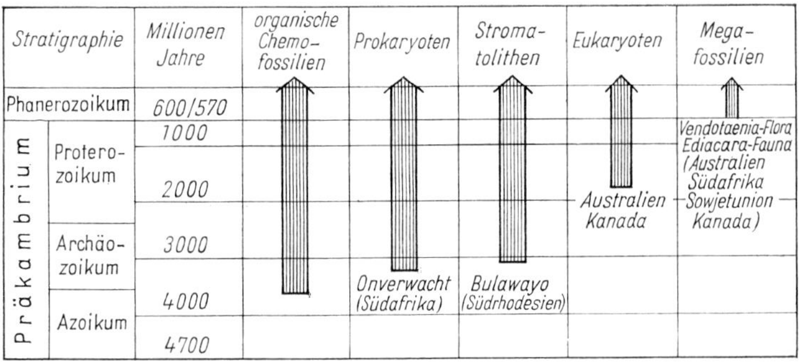

Bild 4.9. Stratigraphische Verbreitung der Fossilien im Präkambrium (nach KUHN-SCHNYDER)

Da ältere als die hier genannten Vielzeller-Faunen nicht bekannt sind, kann man annehmen, daß die Wurzeln der verschiedenen Tierstämme im mittleren bis älteren Präkambrium zu suchen sind. Die eigentlichen Anfänge des Lebens lassen sich in den noch älteren metamorphen Gesteinen nicht nachweisen.
Eine zusammenfassende Übersicht über die präkambrischen Fossilien zeigt Bild 4.9.

4.2. Paläozoikum – das Erdaltertum und seine Systeme

Das Paläozoikum (griech. palaios = alt, zóon = Lebewesen) umfaßt einen Zeitraum von etwa 350 Millionen Jahren. Viele der hier auftretenden Tiergruppen sind biostratigraphisch auf diese Ära beschränkt. Es sind dies: von den Coelenteraten: Tabulaten (Bödenkorallen) und Rugosen (Tetrakorallen);
von den Echinodermen: Cystoideen, Blastoideen und camerate Crinoideen;
von den Mollusken: Palaeoammonoideen („Goniatiten“);
von den Arthropoden: Trilobiten;
von den Hemichordaten: Graptolithen;
von den Wirbeltieren: Panzerfische.
Eine in der späteren Erdgeschichte nicht wieder erreichte Formen- und Individuenmannigfaltigkeit besitzen Brachiopoden, Nautiloideen, Gigantostraken, Crossopterygier und Amphibien. Höhere Fische, Reptilien,

Ammonoideen und Seeigel erscheinen erst im jüngeren Paläozoikum; Säugetiere und Vögel fehlen noch.
Nach der Verteilung und dem Vorherrschen der Faunen (und Floren) wird das Paläozoikum auch in die drei folgenden Abschnitte gegliedert:

- Zeitalter der marinen Invertebraten (Wirbellosen) (Kambrium bis Silur)

  Wichtigste Leitformen:

  Kambrium/Trilobiten, Archaeocyathiden
  Ordovizium/Trilobiten, Graptolithen, Conodonten, Nautiloideen
  Silur/Graptolithen, Korallen, Brachiopoden, Fische
  erste Gefäßpflanzen (Beginn einer neuen Epoche der Pflanzenentwicklung)

- Zeitalter der Fische (Devon)

  Wichtigste Leitformen:
  Fische, Paläoammonoideen, Brachiopoden, Korallen
  primitive niedere Landpflanzen (Gefäßkryptogamen)

- Zeitalter der Amphibien und Gefäßkryptogamen (Karbon bis Perm)

  Wichtigste Leitformen:
  Karbon/Goniatiten, Brachiopoden, Korallen, Großforaminiferen, Knochen- und Knorpelfische, Amphibien
  Farne und Lepidophyten
  Perm/eine ähnliche Fauna wie im Karbon; thermomorphe Reptilien, primitive Ammonoideen,
  erste Nadelbäume (Coniferen)

4.2.1. Kambrium

Das Kambrium ist nach „Cambria“, der römischen Bezeichnung für Nordwales (England) bekannt und umfaßt den Zeitraum von etwa 570 bis 500 Millionen Jahren vor unserer Gegenwart. Das Liegende des Kambriums bilden die weithin fossilfreien Schichten des Präkambriums oft mit einer unklaren Grenze, repräsentiert durch eine Schichtlücke (Sedimentationspause) oder Diskordanz (ungleichsinnige Lagerung), so daß eine genaue Grenzziehung schwierig ist. Die Hangendgrenze ist faunistisch gegeben mit dem Erscheinen typischer ordovizischer Faunenelemente, wie Graptolithen, Conodonten, neuer Trilobiten, Brachiopoden u.a.
Das Kambrium wird nach dem Auftreten wichtiger Trilobitengruppen in drei Abteilungen (Serien) gegliedert:

—————————————————— $500 \cdot 10^6 a$

Oberkambrium (Oleniden-Serie)
Mittelkambrium (Paradoxiden-Serie)
Unterkambrium (Olenelliden-Serie)

—————————————————— $570 \cdot 10^6 a$

Trilobiten dienen gleichermaßen als Leitfossilien für eine Zonengliederung der kambrischen Schichten. In der karbonatischen Fazies des Unterkambriums haben die Archaeocyathiden („Urbecher") Leitcharakter, die jedoch sehr bald wieder ausstarben.

Mit Beginn des Kambriums ist eine sprunghafte Entfaltung der Lebewelt und damit ein erstaunlicher Fossilreichtum in den geologischen Schichten zu beobachten. Das Erscheinen von hochkomplexen Organisationen in der Lebewelt stellt an dieser Zeitgrenze einen bedeutenden qualitativen Sprung in der biologischen Entwicklung dar: das „Fossilien-Zeitalter" beginnt. Diese „Explosion" der Fossilfunde an der Wende Präkambrium – Kambrium hängt entscheidend mit dem Erwerb der Fähigkeit der Organismen zusammen, fossil erhaltungsfähige Skelette bzw. andere Hartteile zu bilden. Ferner ist der qualitative Unterschied des Faunenwechsels mit Beginn des Kambriums gegenüber anderen weltweiten Faunenwenden, z.B. an der Grenze Perm/Trias oder Kreide/Tertiär deshalb so gravierend, weil sehr hohe systematische Einheiten, wie neue Tierstämme, erscheinen. Im Unterkambrium verdreifachte sich die Anzahl der Stämme. Es waren nun fast sämtliche Wirbellosen vertreten. Den Coelenteraten (Hohltiere), Anneliden (Ringelwürmer) und Arthropoden (Gliederfüßer) des Präkambriums folgten jetzt im Kambrium Protozoen (Urtiere), Spongien (Schwämme), Archaeocyathiden („Urbecher"), Brachiopoden (Armfüßer), Mollusken (Weichtiere) und Echinodermen (Stachelhäuter). Es fehlten nur noch die Vertebraten (Wirbeltiere). Die insgesamt bisher weit über 3000 beschriebenen Arten des Kambriums verteilen sich auf Trilobiten (60%), Brachiopoden (etwa 30%), Archaeocyathiden (etwa 5%), alle übrigen Gruppen sind nur mit etwa 5% beteiligt. Sämtliche Tiere besaßen eine marine Lebensweise. Süßwasser-, Brackwasser- und auf dem Festland lebende Organismen fehlen bisher. Diese individuenreiche und taxionomisch vielfältige Fauna von Körper- und Spurenfossilien des Kambriums erweckt, wie gesagt, den Eindruck einer unvermittelten „explosiven" Entfaltung. Die Entwicklung der unterkambrischen Fauna vollzog sich jedoch allmählich, d.h. stufenweise in einem Zeitraum von 25 Millionen Jahren. Zunächst herrschte noch eine ausgesprochene Artenarmut. Auch der Skeletterwerb erfolgte stufenweise: Die Entwicklung chitiniger Schalen im jüngsten Abschnitt des Präkambriums (Vendium) erreichte zwar im Kambrium einen Höhepunkt, war aber erst im tieferen Ordovizium abgeschlossen.

Die häufigsten, höchstorganisierten und biostratigraphische Zeitmarken bildenden Tiergruppen der kambrischen Fauna sind, wie gesagt, die Trilobiten. Wegen ihrer morphologischen dreigeteilten Quer- und Längsgliederung nennt man sie auch „Dreilapperkrebse". Da sie im älteren Paläozoikum den Hauptanteil der Tierwelt bilden, bezeichnet man diesen Zeitabschnitt auch gelegentlich als das „Zeitalter der Trilobiten". Die meisten kambrischen Trilobiten sind Formen mit primitiven Entwicklungsmerkmalen, und sie unterscheiden sich von den erdgeschichtlich späteren Formen durch die große, aber wechselnde Anzahl der Rumpfsegmente, fehlendes Einrollvermögen, meist kleines Pygidium (Schwanzschild), gegliederte Glabella und fehlende bzw. primitive Augen. Erste körperlich erhaltene Trilobiten stammen aus der Atdaban-Stufe der Sibirischen Tafel. Spuren weichhäutiger Trilobiten traten bereits im tiefsten Kambrium auf. Es sind Rastspuren, und sie werden *Rusophycus* genannt. Später kommen Abstoßmarken, Lauf- und Grabspuren hinzu. Es wird erwogen, daß diese Erscheinung mit dem Übergang der Trilobiten vom Leben im freien Wasser zum Bodenleben zusammenhängt. Parallel dazu erwarben sie mit anderen Tiergruppen Außenskelette, die ihre fossile Erhaltung erleichterten. Nach den charakteristischen Trilobiten-Leitformen wird im Kambrium Europas und des östlichen Nordamerikas eine orthochronologische Gliederung angewendet, und danach die *Olenellus*- oder *Holmia*-Stufe, *Paradoxides*-Stufe und die *Olenus*-Stufe unterschieden (s. S. 50).

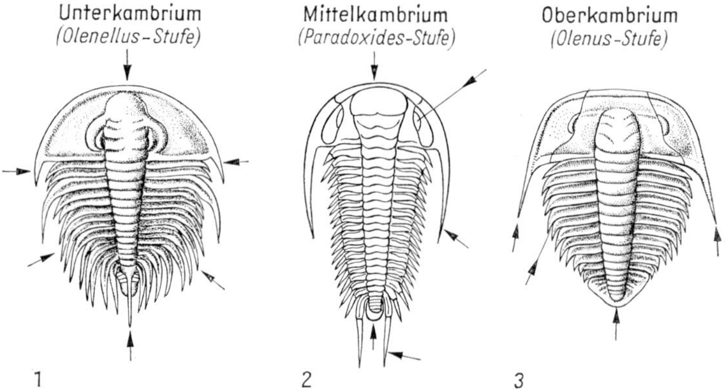

Bild 4.10. Die Leittrilobiten für die Stufengliederung des Kambriums (zusammengestellt aus v. Bubnoff und A.H. Müller)
1 Olenellus thompsoni; Vermont/Appalachen/USA; *2 Paradoxides gracilis;* Böhmen/ČSSR; *3 Olenus truncatus;* Andrarum/Schweden
Die Pfeile deuten auf die charakteristischen Körpermerkmale dieser Leitgattungen hin

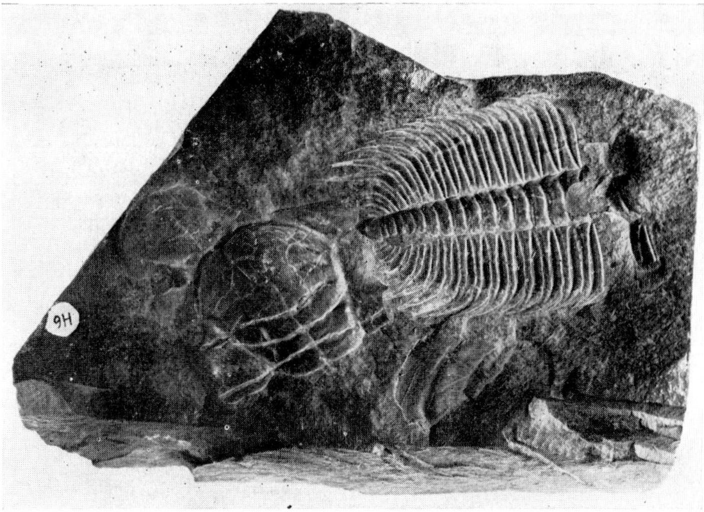

Bild 4.11. *Paradoxides tessini*, ein mittelkambrischer Trilobit der acado-baltischen Provinz Nordeuropas, einzelne Glabella sowie Thorax mit Pygidium in einem Sandsteingeschiebe der Insel Rügen/DDR, Spindellänge 8 cm

Olenellus: großer Kopfschild mit langen Kopfstacheln; zylindrische, weit nach vorn reichende Glabella; zahlreiche Rumpfsegmente (15), ungleichmäßige Pleurenstacheln; sehr kleines Schwanzschild mit langem Endstachel (Bild 4.10).
Paradoxides: großer Kopfschild mit sehr langen Kopfstacheln; kugelförmig aufgeblähte Glabella; kleine Augenwülste mit deutlicher Augennaht; Rumpfsegmente (16–21) tief gefurcht mit Stacheln, die nach hinten länger werden, letztes Rumpfsegment meist mit zwei langen Stacheln; kleines Schwanzschild deutlich abgetrennt, unbestachelt (Bild 4.10).
Zonar und provinziell sind bedeutend die Arten: *P. spinulosus*, *P. bohemicus*, *P. gracilis:* Kambrium Böhmens/ČSSR. (*P.* als Leitgattung des acadobaltischen Mittelkambriums.) (Farbtaf. I, Bild 1; Bild 4.11)
Olenus: kleines halbkreisförmig bis vierseitiges Kopfschild mit spitzen Wangenstacheln; abgestutzte Glabella mit 2 bis 3 Seitenfurchen; Rumpfsegmente (13–15) unbestachelt bzw. spitz endend; halbkreisförmiges oder dreieckiges kleines, abgetrenntes Schwanzschild mit erhabenem Randsaum und oft unbestachelt (Bild 4.10).
Tabelle 4.2 nennt und Bild 4.12 zeigt weitere für die Stufen und Zonen des Kambriums wichtige Leitformen (Gattungen).

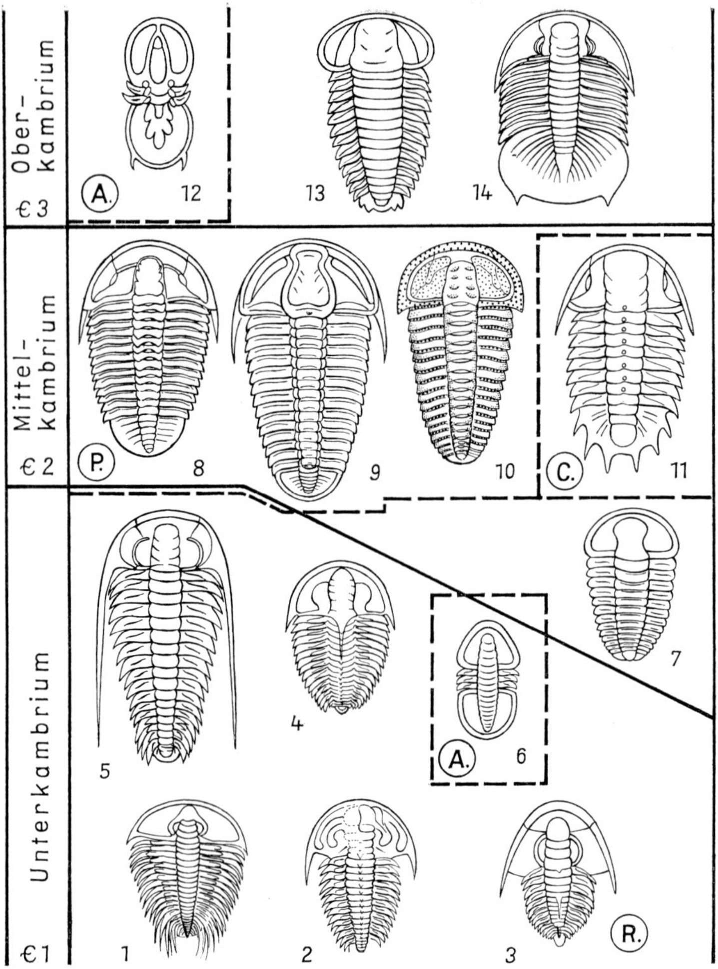

Bild 4.12. Wichtige Leitformen der Trilobiten für die Stufen und Zonen des Kambriums (zusammengestellt nach v. BUBNOFF, BRINKMANN und KRÖMMELBEIN, A.H. MÜLLER)
Die durchgezogenen Linien deuten die biostratigraphische Gliederung des Kambriums nach den Leittrilobiten *Olenellus* (ε 1), *Paradoxides* (ε 2) und Olenus (ε 3) an. Die gerissenen Linien weisen auf die Zugehörigkeit der Trilobiten zu gemeinsamen systematischen Ordnungen hin.
A. Agnostida; *R.* Redlichiida; *C.* Corynexochida; *P.* Ptychopariida
Die Trilobitenarten nach stratigraphischer Anordnung und bedeutenden weltweiten Fundorten im Unterkambrium (ε 1)

Die weite regionale Verbreitung der verschiedenen Trilobitenarten führte zu einer detaillierten Zonengliederung im Kambrium und zur Ausgliederung bestimmter Trilobitenprovinzen bzw. -fazies. Das sind Gebiete mit unterschiedlichen Lebensbedingungen infolge differenzierter lithologischer und biologischer Voraussetzungen.

So unterscheidet man auf der Grundlage von Faunengemeinschaften

1. eine acado-baltische oder atlantische Provinz	Europa, Nordafrika, östliches Nordamerika *Holmia, Callavia, Paradoxides, Olenus*
2. eine appalachische, früher pazifische Provinz = nordamerikanische Provinz	größter Teil Nordamerikas, Arktis, Nord-Schottland *Olenellus, Bonnia, Dikelocephalus, Crepicephalus, Saukia*
3. die sibirische Provinz	Sibirische Plattform und angrenzende Geosynklinal-Regionen *Redlichia, Protolenus, Saukia*
4. die orientalische oder *Redlichia*-Provinz = südasiatisch-australische Provinz	*Redlichia*

Die Ursachen für die räumliche Aufgliederung dieser Provinzen sind unterschiedlich. Palökologische (vorhandene Schwellen als Trennung innerhalb von Besiedlungsgebieten), fazielle, paläoklimatische und paläogeographische Faktoren auf Grund der Plattentektonik können verantwortlich sein (Bild 4.17, s. S. 54).
Neben den Trilobitomorpha (Trilobitoidea und Trilobita) treten im Kambrium noch weitere Gliederfüßer auf, z.B. Chelicerata, Mandibulata (= Branchiata und Tracheata), Onychophora. Die berühmte, von C.D. Walcott (1850 bis 1927) entdeckte Fossilfundstätte in den Burgess-

---

◄ *1 Nevadia weeksi;* Nevada/USA; *2 Holmia kjerulfi;* Estland/UdSSR; *3 Redlichia manchuriensis;* VR China; *4 Callavia broeggeri;* Nordeuropa; *5 Protolenus lusaticus;* Lausitz/DDR; *6 Eodiscus speciosus;* Lausitz/DDR
Mittelkambrium (ε 2)
7 Ellipsocephalus hoffi; Horvice/Prag/ČSSR; *8 Ptychoparia striata;* Jince/ČSSR; *9 Conocoryphe sulzeri;* Böhmen/ČSSR; *10 Sao hirsuta;* Tyřovice/ČSSR; *11 Olenoides curticei;* Alabama/USA
Oberkambrium (ε 3)
12 Agnostus pisiformis; Västergötland/Schweden; *13 Peltura scarabaeoides;* Schweden; *14 Dikelocephalus minnesotensis;* Wisconsin/USA

Bild 4.13. *Ellipsocephalus hoffi* aus dem Mittelkambrium von Jince/Böhmen/ČSSR, Gesamtlänge des linken Trilobiten etwa 2,7 cm

Bild 4.14. Verschiedene Altersstadien von *Ellipsocephalus hoffi* aus dem Mittelkambrium von Jince/Böhmen/ČSSR, Gesamtlänge des Trilobiten in der Bildmitte 1,7 cm

Bild 4.15
Conocephalus striatus
aus dem Mittelkambrium
von Jince/Böhmen/ČSSR,
Gesamtlänge des Trilobiten
4,5 cm

Tabelle 4.2. Trilobiten-Leitformen des Kambriums

Unterkambrium	Mittelkambrium	Oberkambrium
Nevadia	*Ellipsocephalus*	*Agnostus*
(ältester Trilobit)	(Bilder 4.13 und 4.14)	(Bild 4.16)
Holmia	*Ptychoparia*	*Dikelocephalus*
Redlichia	*Jincella*	*Peltura*
	Sao (Farbtaf. II, Bild 2)	
Protolenus	*Solenopleura*	*Parabolina*
Callavia	*Solenopleuropsis*	*Saukia*
Lusatiops	*Conocoryphe*	*Crepicephalus*
	(blinder Trilobit)	
Serrodiscus	(Farbtaf. III, Bild 3)	
Eodiscus		

Schiefern am Mt. Burgess-Paß in Britisch-Kolumbien/Kanada, lieferte neben zahlreichen sonst fast völlig unbekannten Tierarten, wie Würmer, Seegurken u.a., auch eine Vielzahl gut erhaltener Arthropoden. Von dieser Fossillagerstätte stammt, wenn auch nicht die älteste, so aber eine erste wirklich umfassende Fauna der ältesten Erdgeschichte in ausgezeichneter Erhaltung. Es sind außer Skeletten hier weichhäutige Organismen mit allen ihren Feinheiten erhalten geblieben (Bild 4.18).

Bild 4.16. Kopf- und Schwanzschilder von *Agnostus pisiformis*, das Exemplar links unten hat einen Durchmesser von 4 mm

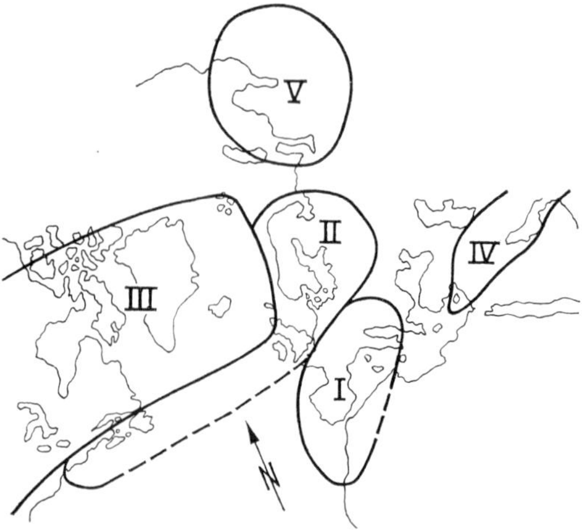

Bild 4.17. Trilobiten-Provinzen (Faziesbereiche) im Unterkambrium von Europa, Nordafrika, Nordostamerika, der Arktis und Nordasien. Diese Provinzen blieben vom Kambrium bis zum Ordovizium in ihrer Lage und Ausdehnung konstant, sog. Permanenz der Faunenprovinzen. Möglicherweise handelt es sich um Klimagürtel während des Altpaläozoikums (ergänzt nach Sdzuy)
I Mediterrane Provinz; II Acado-baltische Provinz (atlantische Provinz); III Appalachische Provinz (pazifische Provinz); IV Orientalische oder *Redlichia*-Provinz; V Sibirische Provinz

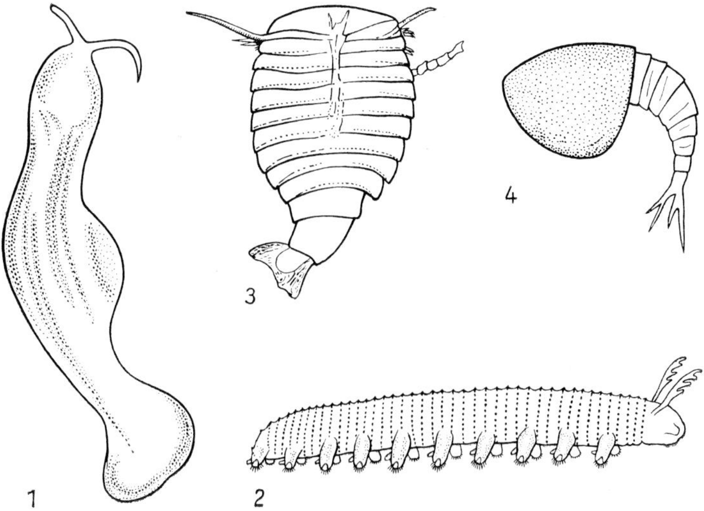

Bild 4.18. Kambrische Chaetognatha (Pfeilwürmer) und Arthropoda (Gliederfüßer) aus den Burgess-Schiefern von Britisch-Kolumbien (Kanada) (nach SCHUCHERT und WALCOTT)
1 Amiskwia sagittiformis (Chaetognatha); *2 Aysheaia pedunculata* (Onychophora, Proarthropoda), eine phylogenetisch bedeutende, zwischen den Anneliden (Würmer) und Arthropoden vermittelnde Tierform (Rekonstruktion nach HUTCHINSON); *3 Sydneyia inexpectans* (Merostomoidea, Chelicerata); *4 Hymenocaris* (Malacostraca, Phyllocarida = Blattfüßer, Mandibulata)

Ein sehr formenreicher Tierstamm, dessen Gattungen bevorzugt im Unterkambrium bedeutende Leitfossilien lieferten, die aber im Mittelkambrium bereits wieder aussterben, sind die Archaeocyathiden (griech. archaios = uranfänglich, alt; lat. cyathus = Becher). Sie spielen in den Meeresgebieten die gleiche Rolle wie später in der Erdgeschichte Schwämme und Korallen. Die Archaeocyathiden bilden neben den ältesten Stromatoporen (s. S. 60 u. 80) die ältesten Riffgemeinschaften. Die einzelnen Gattungen sind bedeutungsvoll für eine interkontinentale Parallelisierung der Gesteinsschichten, in denen sie angetroffen werden. Die konischen auf der Gehäusespitze stehenden doppelwandigen Kalkskelette haben 1,5 bis 60 mm Durchmesser und 15 bis 30 mm (max. 100 mm) Höhe (Bild 4.19). Systematisch ordnet man sie zwischen die Schwämme (Porifera) und die Hohltiere (Coelenterata) ein. Es sind kalkschalige Organismen von becher- oder kelchartiger Gestalt, daher werden sie auch „Urbecher“ genannt (Bild 4.20). Während des Unterkambriums waren sie weltweit in den seichten, wärmeren Meeresgebieten verbreitet. Sie traten innerhalb eines die Erde umziehenden, breiten Gürtels auf, der von Nordamerika über Mittel- und Südeuropa, Nordafrika, Mittelasien und Sibirien bis nach Australien hin reichte. Ihre Kommensalen (Mitbewohner) sind Kalkalgen, Brachiopoden und Trilobiten. Unterkambrische Kalksteine in der Lausitz (Görlitzer Schiefergebirge) und von Delitzsch haben in der DDR Archaeocyathidenreste geliefert.

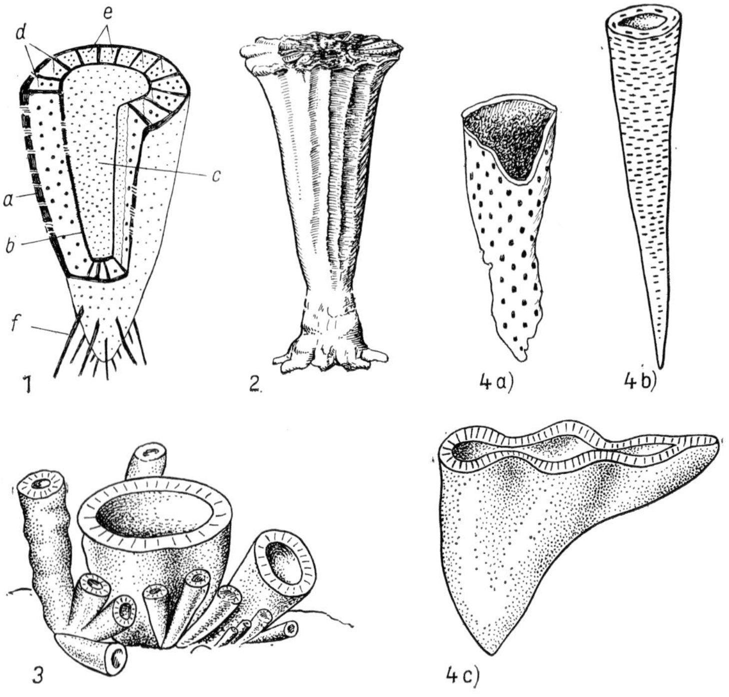

Bild 4.19. Archaeocyathiden („Urbecher") des Kambriums
1 Schematische Darstellung eines Archaeocyathiden mit z. T. aufgeschnittenem Kelch
a) äußere Wand, b) innere Wand, c) zentraler Hohlraum, d) Pseudosepten (parties), e) Intervallum, f) lamellenartige exothekale Auswüchse (nach A. H. Müller und Okulitch)
2 *Archaeocyathus*, ältere Rekonstruktion (nach Bornemann)
3 Archaeocyathiden-Stock, moderne Rekonstruktion (nach Brauner)
4 einzelne Gattungen der Archaeocyatha (nach Okulitch)
a) *Monocyathus porosus* (4×), ε 1 Südaustralien; b) *Tunkia incerta* (6×), ε 1 Südaustralien; c) *Pluralicyathus heterovallum* (2×), ε 2 Mittelasien

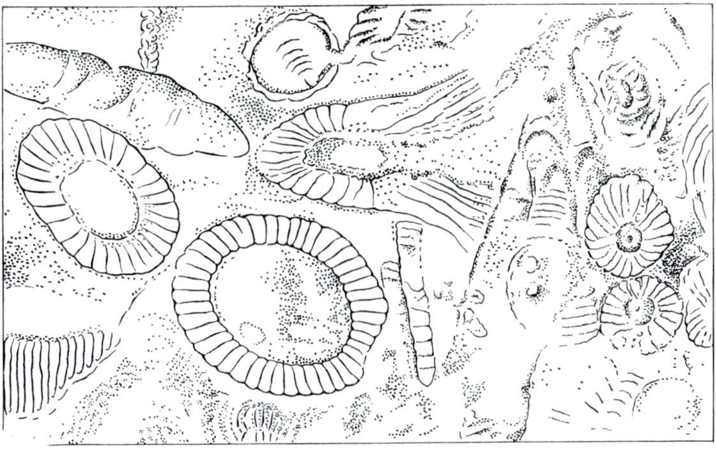

Bild 4.20. Angewitterte Schichtfläche eines typischen kambrischen Archaeocyathidenkalkes. Sichtbar sind in verschiedenen Ebenen und Winkeln angeschnittene Kelchbruchstücke verschiedener „Urbecher"-Gattungen. Der Kalk stammt aus dem oberen Unterkambrium des Altaj-Sajan-Faltengebietes/UdSSR

Eine weitere Tiergruppe, die während des Kambriums einen Höhepunk- ihrer Entfaltung hatte, sind die schloßlosen, chitinophosphatischen Brat chiopoden (Armfüßer; Inarticulata). Diese weisen noch primitive Entwicklungsmerkmale auf. Es sind die Gruppen der Linguliden (mit den Gattungen *Lingulella* und *Obolus*), der Acrotretida (mit *Acrothele* und *Botsfordia*), der Paterinida (mit *Micromitra* und *Mickwitzia*) und den bereits hochdifferenzierten Kutorginida (mit *Kutorgina*).

Die schloßtragenden, kalkschaligen Brachiopoden (Kalkschaler) standen erst am Anfang ihrer Entwicklung und wurden durch die sehr einfach gebauten Orthiden repräsentiert (Gattungen sind *Billingsella*, *Nisusia*, *Otusia*). Sie besitzen alle noch kein verkalktes Armgerüst. Als Nachfolger der Orthiden spalten sich im Mittelkambrium von diesen die ältesten Pentameriden ab (Porambonitacea: *Cambrotrophia*).

Diese Brachiopoden-Gattungen spielen in den Schelfmeergebieten und auch in den Geosynklinalräumen als geologische Zeitmarken eine wichtige Rolle. In den lithostratigraphischen Schichtbezeichnungen kommt dies zum Ausdruck: *Mickwitzia*-Sandstein und Linguliden-Sandstein in Zentralschweden (Västergötland) sowie den *Lingula*-Flags in Wales/Großbritannien.

Die Mollusken haben im Gesamtfaunenbild des Kambriums bereits eine große Bedeutung. Die ältesten Amphineura („Käferschnecken") stammen aus dem Oberkambrium. Die mützenförmigen Gehäuse der Monoplacophoren sind bereits reich differenziert.
Primitive Napfschnecken, wie *Helcionella*, haben lokal Leitcharakter.
Muscheln sind dagegen noch sehr selten, die ältesten wurden aus dem höheren Unterkambrium bekannt.
Die ältesten Kopffüßer (Cephalopoda), die Nautiloideen, gruppieren sich um die oberkambrische Gattung *Plectronoceras* (Ellesmerocerida). Es sind leicht eingekrümmte Tütchen (cyrtokone Gehäuseform) von 2 cm Länge. Sie haben ein durch enggestellte Septen gekammertes Gehäuse mit randständigem Sipho (Bild 4.21). Vermutlich bewegten sich die Bewohner dieser kleinen Schalenträger noch schneckenartig kriechend auf dem Meeresboden ohne Auftrieb und Schwebefähigkeit. Die unter- bis mittelkambrische, weltweit verbreitete *Volborthella tenuis*, deren höchstens 20 mm langen, konischen Gehäuse oft massenweise auf den Schichtflächen des estländischen (UdSSR) Volborthellen-Sandsteins (Unterkambrium, ε 1) auftreten, galt lange Zeit als Stammform der Cephalopoden. Jedoch haben neuere Untersuchungen gezeigt, daß *Volborthella* vielmehr als ein

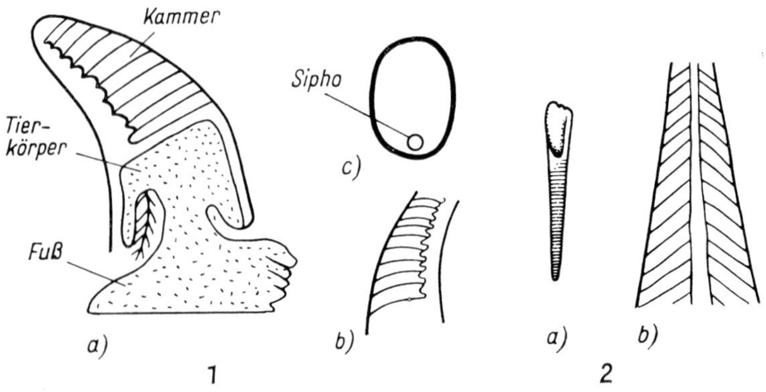

Bild 4.21. Die ältesten Kopffüßer, Nautiloideen, der Erdgeschichte im Kambrium (nach v. BUBNOFF, LEHMANN, A.H. MÜLLER)
1 Plectronoceras, VR China
a) Rekonstruktion, Tierkörper punktiert, Fuß noch als Kriechsohle ausgebildet, Größe etwa 1 cm; b) schematischer Längsschnitt durch das Gehäuse, mit Kammerung; c) Querschnitt durch das Gehäuse mit randständigem Sipho
2 Volborthella tenuis, Baltikum
a) Gehäuse, Größe etwa 1 cm; b) Querschnitt mit Kammerscheidewänden

frühes kurzlebiges „Modell" (Vor-, Versuchs- oder „Vorpostenform") der Cephalopodenentwicklung anzusehen ist, das sich aber evolutiv nicht durchsetzen konnte.

Der Stamm der Echinodermata befindet sich während des Kambriums noch in einem primitiven Entwicklungsstadium. Die kambrischen Vertreter lebten meist sessil (seßhaft). Sie waren zeitweise oder gänzlich mit einem Stiel am Meeresboden verankert, z.B. die Eocrinoidea, oder fest aufgewachsen, wie die Edrioasteroidea. Zunächst war beim Skelettbau die spätere fünfstrahlige Symmetrie noch unvollkommen entwickelt, teilweise gab es unregelmäßig bilateral-symmetrische Formen, z.B. die Homalozoa. Die älteste Echinodermen-Gattung *(Ceratocystis)* stammt aus dem Mittelkambrium Böhmens/ČSSR.

Für die Faunenverteilung des Kambriums haben die paläogeographischen Verhältnisse der damaligen Erde eine entscheidende Bedeutung. Die Grundtypen der marinen Tierwelt wurzelten in den permanenten Geosynklinalgebieten (Kaledonische, Mitteleuropäische, Mediterrane, Nordamerikanisch-appalachische und Felsengebirgische Geosynklinale) an den Rändern der großen Schilde (s. S. 34). Von hier aus gelangten die Organismen der Faunen durch weite Transgressionen (Vordringen des Meeres über ein epirogenetisch, d.h. weiträumig absinkendes Festlandsgebiet) auf die Schelfe (Russische Tafel und Baltoskandia, Sibirische Tafel, Great Basin/Nordamerika). Hier erfolgte eine Anpassung an die Verhältnisse dieser Flachmeergebiete. Es entstanden die verschiedenen Faunenprovinzen (vgl. S. 51 und 54).

Die Pflanzenwelt des Kambriums hatte sich gegenüber der Tierwelt seit dem Präkambrium nur unwesentlich weiterentwickelt. Nach wie vor dominierten die marinen Lagerpflanzen (Thallophyten) und die Spaltpflanzen (Schizophyten), kalkabscheidende Blau- und Grünalgen herrschten vor und spielten auch weiterhin, örtlich als Gesteinsbildner, eine wichtige Rolle. Die Stromatolithen befinden sich eindeutig im Rückgang.

4.2.2. Ordovizium

Der Begriff Ordovizium wurde erst 1879 durch den britischen Geologen und Paläontologen C. Lapworth eingeführt. Er leitete ihn von den Ordoviziern ab, einem walliser Keltenstamm, der in Nordwales und im Powistal (Ostwales) ansässig war. Ursprünglich stellte man diese Schichtenfolge teils zum Kambrium, teils zum Silur oder auch zu beiden Systemen. Die lithologischen und besonders faunistischen Eigenheiten dieser geologischen Abfolgen rechtfertigten es aber, sie heute zu einem eigenständigen System zu erheben. Das Ordovizium umfaßt etwa 70 Millionen Jahre und gliedert sich in sechs Stufen, deren Bezeichnungen von englischen Ortsnamen abgeleitet sind.

	$430 \cdot 10^6 a$
Ashgillium (Ashgill)	
Caradocium (Caradoc)	
Llandeilium (Llandeilo)	
Llanvirnium (Llanvirn)	
Arenigium (Arenig)	
Tremadocium (Tremadoc)	$500 \cdot 10^6 a$
	($470? \cdot 10^6 a$)

Eine Gliederung dieser Stufen in 16 Zonen beruht hauptsächlich auf dem Vorkommen von Graptolithen und stützt sich weiterhin auf Trilobiten, Conodonten und Brachiopoden. Das Liegende des Ordoviziums ist durch eine kurzzeitige Regression (Meeresrückzug) gekennzeichnet. So hebt sich die Entfaltung vieler schon im Kambrium auftretender Tiergruppen nunmehr besonders deutlich durch ihren Formenreichtum ab: z.B. Kieselschwämme, Stromatoporen, Rugosen, Tabulaten, Muscheln, kalkschalige Brachiopoden, Nautiloideen, Graptolithen, Crinoideen, Ostracoden und Conodonten. Erstmalig erscheinen jetzt auch die Vertebraten (Wirbeltiere), vertreten durch die Kieferlosen (Agnathen). Die Entwicklung des pflanzlichen Lebens ist charakterisiert durch eine auffällige Entfaltung der Kalkalgen.

Die Hangendgrenze zum Silur, gekennzeichnet durch eine Schichtlücke, wird von einigen Tiergruppen nicht oder nur unwesentlich überschritten: z.B. Endoceraten (Nautiloideen), den Asaphiden unter den Trilobiten, den ästigen und mehrzeiligen Graptolithen.

Da die ordovizischen Schichten die kambrischen meist konkordant, d.h. ungestört, überlagern, sind beide Schichtenkomplexe gleichenorts verbreitet. Die paläogeographische Lage der großen Geosynklinalen blieb im wesentlichen unverändert.

Klassische Gebiete mit ordovizischen Ablagerungen sind die Britischen Inseln (Wales, Schottland), die Ostseeländer und die Umrandung des nordamerikanischen Kratons (Kanadisch-Grönländische Plattform).

Für die faunistische Entwicklung im Ordovizium spielt eine ausgeprägte Klimadifferenzierung die entscheidende Rolle. Mild-warmes Klima entlang einem äquatorialen Gürtel führte zur Entfaltung zahlreicher neuer Wirbellosen-Gruppen, vor allem unter den Kalkschalern. Die nordamerikanische und sibirische Plattform waren bevorzugte Entwicklungs- und Ausbreitungszentren dieser Tiergruppen.

Das Ordovizium weist ganz allgemein zwei Faziesgebiete auf:

1. eine Stillwasserfazies mit dunklen Schiefern und
2. eine sandig-kalkige Flachwasserfazies.

Die Fazies- und Leitfossilien (Zonengliederung in 16 Graptolithenstufen) der Stillwassergebiete sind die Graptolithen („Schriftsteine"), die übrige Fauna zeigt eine spärliche Zusammensetzung.
In den Flachwasserbereichen herrschte ein reiches Benthos (vorwiegend am Boden der Gewässer lebende Organismen) vor. Hier ist auch eine stärkere provinzielle Differenzierung zu beobachten.

4.2.2.1. Die Stillwasser- oder Graptolithenfazies

In den uferfernen Meeresregionen waren die Graptolithen (Branchiotremata, Hemichordata) z.T. am Boden oder an Tangen seßhaft (sessil), oder sie schwebten mehr an Blasen (vagil) und lebten einzeln oder stock- und koloniebildend. Bereits seit dem Mittelkambrium auftretende und als Konservativformen bis ins Unterkarbon verbreitete korbartig bis buschförmig verzweigte Formen (Dendroidea mit der Gattung *Dictyonema*) verbreiteten sich weltweit, weil sie von der sessilen zur pseudoplanktonischen Lebensweise übergingen (Indem sie sich an im Wasser treibenden anderen Lebewesen oder Gegenständen festhafteten, konnten sie nun mittelbar im Wasser schweben und sich entsprechend weit in den Meeren ausbreiten.). Sie wurden zur Ahnengruppe der Graptoloidea, die sich im Verlauf der weiteren Entwicklung zu selbständigen Formen mit Schwebeblasen ausbildeten. Einzeilig-vielästige Graptolithen (Anisograptiden mit der Gattung *Bryograptus*) entwickelten sich zu einzeilig- zwei- bis mehrästigen Formen. Diese Dichograptiden mit den Gattungen *Tetragraptus*, *Phyllograptus*, *Didymograptus* gingen über in die im mittleren und höheren Ordovizium nachfolgenden zweizeilig-einästigen Diplograptiden mit den Gattungen *Diplograptus*, *Climacograptus*, *Orthograptus*. Die daraus hervorgehenden Einzeiler (Monograptiden) sind auf das spätere Silur beschränkt (Bild 4.22).
Der bisher längste Graptolithenfund ist ein 1,20 m langes Rhabdosomen-Bruchstück von *Monograptus priodon flemingii*. Es stammt aus den Unteren Graptolithenschiefern des Silurs (oberstes Wenlock, Zone 31) vom Lerchenhügel bei Ronneburg/Thür./DDR.
Diese zeitlich so gut festlegbaren Veränderungen in der mit relativ hoher Evolutionsgeschwindigkeit ablaufenden stammesgeschichtlichen Entwicklung machten die Graptolithen zu wertvollen Zeitmarken im Verlauf des Ordoviziums und des nachfolgenden Silurs.
Deutlich erkennbar ist auch eine räumliche Gliederung der Graptolithenverbreitung. Eine pazifische Provinz läßt sich von einer atlantischen (europäischen) Provinz unterscheiden, sie überlappen sich stellenweise, verwischen sich aber im oberen Ordovizium.

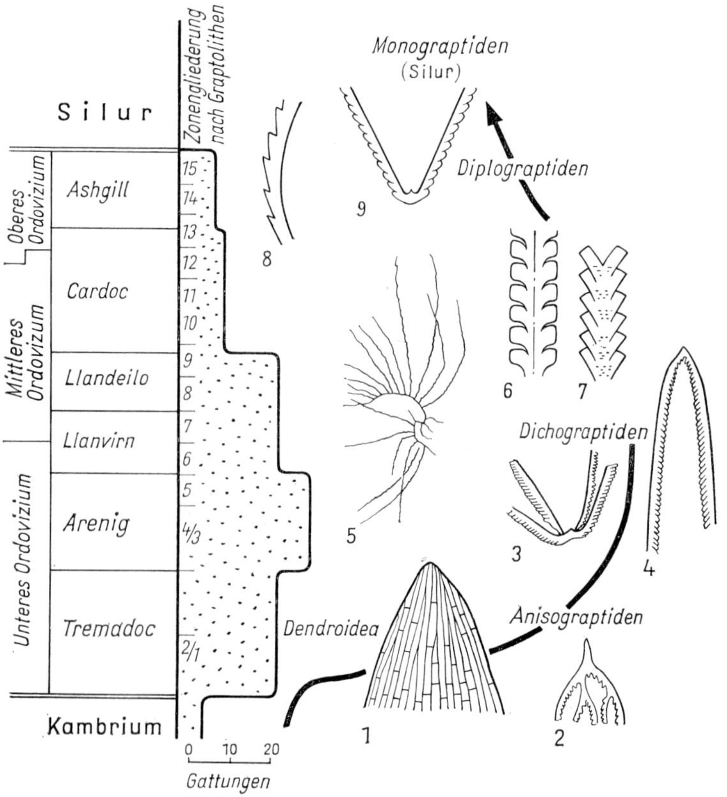

Bild 4.22. Zonen-Graptolithen der Stillwasserfazies des Ordoviziums. Die punktierte Fläche zeigt die ungefähre zahlenmäßige und zeitliche Verbreitung von 128 Graptolithen-Gattungen.
1 Dictyonema flabelliforme (Basis ε/o); *2 Bryograptus kjerulfi* (Zone 1/2); *3 Tetragraptus serra* (Zone 3); *4 Didymograptus murchisoni* (Zone 7); *5 Nemagraptus gracilis* (Zone 9); *6 Climacograptus wilsoni* (Zone 11); *7 Orthograptus truncatus* (Zone 12/13); *8 Pleurograptus linearis* (Zone 13); *9 Dicellograptus complanatus* (Zone 14) (verändert und ergänzt nach v. Bubnoff, A. H. Müller)

4.2.2.2. Die Flachwasserfazies

Sediment und Lebewelt der Flachwasserfazies sind wesentlich mannigfaltiger ausgebildet als die Stillwasserfazies des Ordoviziums. Trilobiten und Brachiopoden beherrschen diese Meeresgebiete.

Die Trilobiten erreichten im älteren Ordovizium den Höhepunkt ihrer Formenvielfalt und Körpergröße (Bild 4.23). Einer der größten Vertreter, *Uralichas ribeiroi*, aus dem mittleren Ordovizium Portugals, wird insgesamt etwa 70 cm lang. Die Anzahl der Rumpfglieder der neuen Trilobitentypen wurde geringer, dagegen vergrößerte sich das Pygidium durch

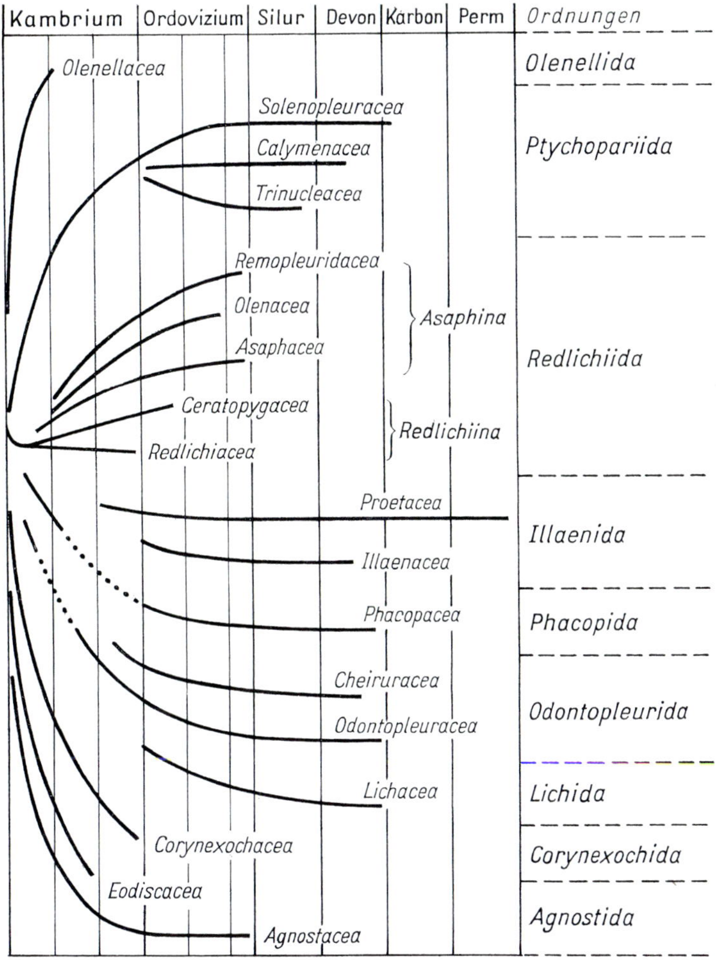

Bild 4.23. Die höheren systematischen Einheiten (Ordnungen) der Trilobiten und ihre phylogenetischen Verwandtschaftsbeziehungen (nach Bergström)

Bild 4.24
Illaenus crassicauda, ein kosmopolitischer Trilobit des Ordoviziums von Ostgotland/Schweden. Cephalon und Pygidium dieser Gattung sind annähernd gleich groß. Der Thorax besteht aus 10 deutlich abgesetzten Spindelringen. An der Cephalon-Thorax-Grenze ist das Stück 4 cm breit.

Einbeziehung weiterer Thoraxsegmente, im Umriß wird es dem Cephalon (Kopfschild) ähnlich. Fast alle ordovizischen Formen konnten sich einrollen. Die Augen waren höher entwickelt, und nach ihrer Stellung ist zu schließen, daß diese ordovizischen Trilobiten frei bewegliche (vagile) nur selten blinde Bodentiere und Schwimmer gewesen sind.
Die Skulpturierung der Trilobiten war uneinheitlich, neben glatten Formen *(Illaenus)* (Bild 4.24) kommen beknotete *(Staurocephalus)* und bestachelte *(Cryptolithus)* vor (Bild 4.25).

Bild 4.25. Wichtige Leitformen der Trilobiten für die Flachwasserfazies des Ordoviziums (zusammengestellt nach Bachmayer, v. Bubnoff, A.H. Müller)
Die durchgezogenen Linien deuten die biostratigraphische Gliederung des Ordoviziums an. Die gerissenen Linien weisen auf die Zugehörigkeit der Trilobiten zu gemeinsamen systematischen Unterordnungen hin.
A. Asaphina; *J.* Illaenina; *T.* Trinucleina; *Ch.* Cheirurina; *Ca.* Calymenina; *P.* Phacopina; *Pt.* Ptychopariina; *H.* Harpina
Unteres Ordovizium
1 Euloma ornatum; Schweden; *2 Asaphus expansus; 3 Megalaspis limbata;* Fennoskandia; *4 Symphysurus crofti; 5 Niobe* sp.; *6 Ceratopyge forficula;* Schweden; *7 Pricyclopyge prisca;* Osek/Böhmen/ČSSR
Mittleres Ordovizium
8 Illaenus oblongatus; Böhmen/ČSSR; *9 Cryptolithus goldfussi;* Nordostamerika; *10 Ampyx nudus*; Fennoskandia; *11 Staurocephalus murchisoni;* England; *12 Calymene tristani;* Zahřany/Böhmen/ČSSR
Oberes Ordovizium
13 Dalmanites socialis; Prager Mulde/ČSSR; *14 Chasmops odini; 15 Harpes ungula;* Beroun/Böhmen/ČSSR

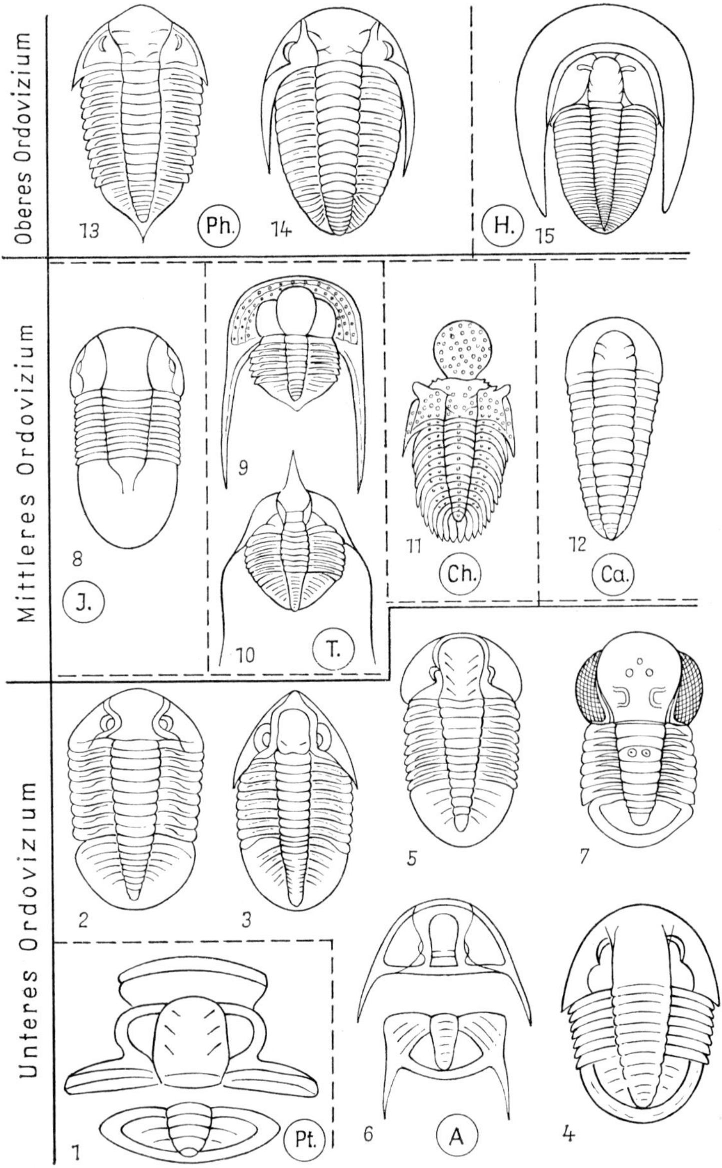
Oberes Ordovizium
Mittleres Ordovizium
Unteres Ordovizium
13
Ph.
14
H.
15
8
J.
9
10
T.
11
Ch.
12
Ca.
2
3
5
7
1
Pt.
6
A
4

Bild 4.26
Onnia ornata, ein in Mitteleuropa häufiger Trilobit der Unterordnung Trinucleina, aus dem oberen Ordovizium von Böhmen/ČSSR. Die Glabella ist kugelförmig aufgebläht und das Kopfschild mit außerordentlich langen Wangenstacheln versehen. Das Cephalon trägt eine doppelt sichelförmige, perforierte Auflagefläche (Siebplatte), die ein Einsinken des Tieres in den Bodenschlamm verhinderte. Länge des Tribobiten 2 cm, Breite am Wangenstachelansatz 2,7 cm

Bezeichnend sind folgende Unterordnungen, deren Gattungen Leitcharakter haben:

Ptychopariina:	*Euloma*
Asaphina:	*Asaphus, Isotelus, Megistaspis, Ogygiocaris, Nileus, Niobe, Symphysurus, Pricyclopyge*
Illaenina:	*Stygina, Illaenus*
Trinucleina:	*Cryptolithus, Trinucleus, Tretaspis, Ampyx* (Bild 4.26)
Cheirurina:	*Ceraurus, Placoparia, Staurocephalus*
Calymenina:	*Flexicalymene, Synhomalonotus, Calymene*
Phacopina:	*Dalmanitina* (Bild 4.27; Farbtaf. IV, Bild 4)

Bei den ordovizischen Trilobiten lassen sich, wie im Kambrium, ebenfalls paläobiogeographische Provinzen feststellen, darin wird eine teils klimatisch gesteuerte, teils durch Ausbreitungsschranken kontrollierte Faunenverteilung ausgedrückt. Insgesamt gliedern sich vier Provinzen aus.
Auf der Norderde liegen:

- □ eine Bathyuriden-Provinz: Nordamerikanisch-Sibirische Plattform; *Asaphus, Illaenus, Calymene*
- □ eine Asaphiden-Provinz: Umrandung des Baltischen Schildes; *Asaphus, Megalaspis, Illaenus, Ampyx, Chasmops, Harpes, Lichas* (Bild 4.28) *Cryptolithus*

und auf der Süderde liegen:

- □ eine *Solenopeltis*-Provinz: Teile der Britischen Inseln, Florida, Spanien, Tethys bis Himalaya;
Calymene, Cryptolithus, Euloma, Niobe, Dalmanites

□ eine Hungaiiden-Provinz: Südamerika, Australien, Südchina und Himalaya;
ähnliche Trilobiten wie in der Bathyuriden-Provinz.

Neben den Trilobiten spielen in der Flachwasserfazies des Ordovizium die Brachiopoden eine wichtige Rolle. Sie sind hier weit verbreitet und haben örtlich stratigraphische Bedeutung als Leitformen. Ihre Arten sind meist über mehrere Stufen vertikal anzutreffen. Es überwiegen nunmehr die Kalkschaler gegenüber den kambrischen Hornschalern, die nur noch im Tremadoc Bedeutung hatten *(Obolus)*.
Eine sehr intensive Entwicklung ist unter den Articulaten (schloßtragende Brachiopoden) bei den Orthida *(Orthis)*, Strophomenida *(Plectambonites, Strophomena, Rafinesquina)* und Pentamerida *(Porambonites, Clitambonites)* zu verzeichnen (Bild 4.29, s. S. 70).
Die übrige Fauna ist viel reicher als im Kambrium und erlangte ihre Blütezeit im mittleren Ordovizium. Nach dem Aussterben der Archaeocyathiden entfalteten sich mit Beginn des Ordoviziums die Kieselschwämme, vor allem die Lithistida („Steinschwämme") mit den Gattungen *Astylospongia*

Bild 4.27. Cephalon von *Dalmanitina (Dalmanitina) socialis socialis* aus dem mittleren Ordovizium (Llandeilo), den Letná-Schichten (d ε 1 b) der Prager Mulde (Fundort: Veselá). Breite des Kopfschildes etwa 5 cm

Bild 4.28. Ein Vertreter der Lichida, *Hoplolichas* ex gr. *ornata*. Diese Trilobiten haben eigenartige, charakteristische Kopf- und Schwanzschilder mit z.T. bizarren Verzierungen, Stacheln und Knötchen. Das Fundstück stammt aus dem Dolomit der Kegelschen Schicht (Mittleres Ordovizium, Caradoc, D II), Moloskowizy bei Leningrad/UdSSR. Abdrucklänge 4,5 cm

(Bild 4.30) und *Aulocopium*, die in den Flachmeerablagerungen häufig erhalten geblieben sind (Bild 4.31).
Im älteren Ordovizium erschienen von den Hohltieren die ersten sicheren Tabulata auf der nordamerikanischen und sibirischen Tafel, denen im mittleren Ordovizium die ersten Rugosa in Nordamerika folgten. Sie wanderten sehr schnell bis in die Umrandung des Baltischen Schildes, von wo aus sich ihre weitere Ausbreitung fortsetzte.
Unter den Mollusken sind die Schnecken individuen- und artenreicher als im Kambrium; es sind jedoch kambrische Nachläufer, z.B. die Bellerophontina, Macluritina und die mit Schlitzband versehenen Pleurotomariina *(Raphistoma)* (Bild 4.32). Es entfalten sich nun die spiralig aufgewundenen Formen.
Ab dem Ordovizium werden auch die Muscheln häufiger. Die größte Formenfülle unter den Cephalopoden erreichten unvermittelt die Nautiloidea, die Endoceratoidea und die Actinoceratoidea. Diese Gruppen erlangten den Höhepunkt ihrer Entwicklung noch während des Ordoviziums, ihre Formenvielfalt nahm im Silur bereits wieder ab.
Die Cephalopoden sind dickschalig, ihre Kammerscheidewände (Septen) sind uhrglasförmig gewölbt, und sie haben einen zentralen oder ventralständigen Sipho. Verzierung und Einkrümmung gestalteten die Gehäuseform mannigfaltiger.
Die wichtigsten Vertreter sind die gestreckten Formen, z.B. der bis zu 3 m lang werdende *Michelinoceras* („*Orthoceras*"), das „Geradhorn". Enger, zentral gelegener Sipho ist typisch für ihn (Bild 4.33, Bild 4.34). Bei anderen Gattungen der Klasse der Actinoceratoidea ist der Sipho perlschnurartig ausgebildet *(Actinoceras*, Farbtaf. V, Bild 5). Der kurzlebigere leitende *Endoceras* entwickelte meist gerade gestreckte Gehäuse, die im Extremfall 9 m lang werden konnten (Bild 4.32). Sein Sipho liegt in der Regel randlich. Weiterhin kommen Formen vor mit anfangs in der Ebene eingerollten (2 bis 3 Umgänge) Gehäusen und einem sich anschließenden gestreckten Gehäuseabschnitt (Bilder 4.35, 4.36), sog. frühe Spiralstadien. Hierzu gehört der bischofsstabförmige *Lituites* („Bischofsstab"), der auf der Insel Öland/Schweden als *Lituites*-Kalk gesteinsbildend ist.
Die Echinodermen (Stachelhäuter) entwickelten sich im Ordovizium sehr rasch und erschienen mit zahlreichen neuen Taxa (Bild 4.37). Sie bildeten ein sehr charakteristisches Faunenelement innerhalb der ordovizischen Meere. Örtlich sind sie sogar leitend und haben biostratigraphische Bedeutung, z.B. im Echinosphäritenkalk mit dem Beutelstrahler *Echinosphaerites aurantium*, den sog. „Kristalläpfeln" des Baltikums (Bild 4.38). Typisch für diese paläozoischen Cystoideen ist ihr Aufbau aus zahlreichen kleinen polygonalen Platten, kugelig bis beutelförmigem Körper, der entweder direkt oder auf kurzem Stiel am Boden festgewachsen ist.

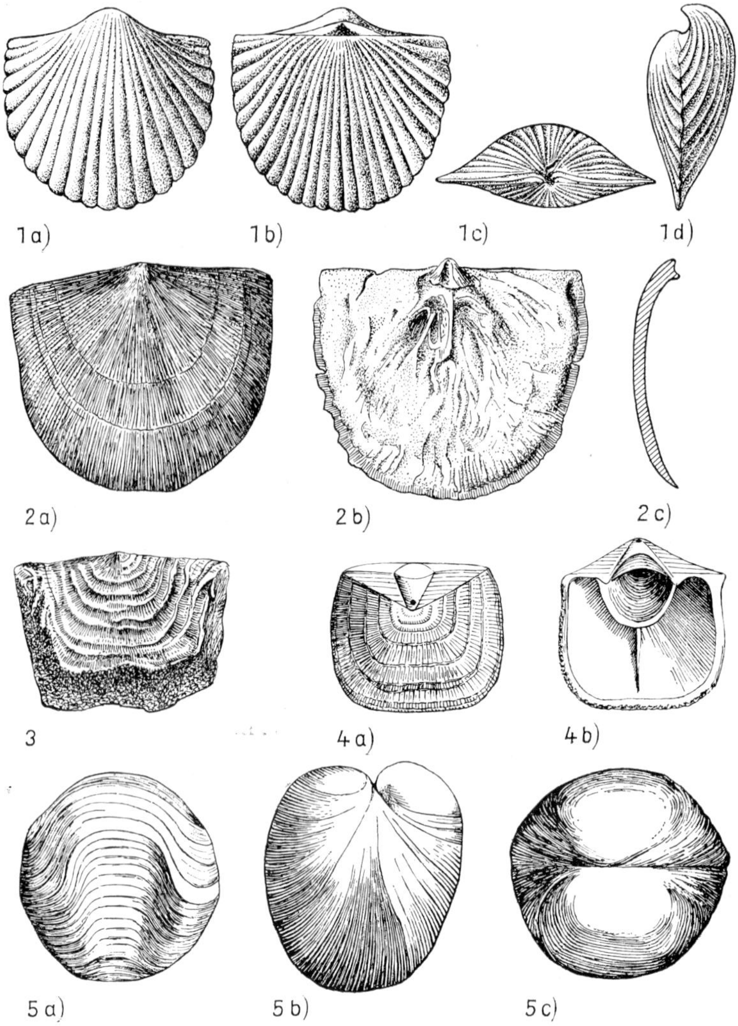

Bild 4.29. Brachiopoden des Ordoviziums
Orthida:
1 Orthis calligramma; Leningrad/UdSSR
a) Stielklappe, b) Armklappe, c) Schale von hinten, d) Schale von der Seite; Vergr. 2× (nach ROGER)
Strophomenida:
2 Raphinesquina tretonensis; Cincinnati/USA

Bild 4.30. *Astylospongia praemorsa*, ein im Ordovizium weltweit verbreiteter, kugeliger, mit den Basalnadeln angehefteter Kieselschwamm. Er findet sich häufig auf sekundärer Lagerstätte in pleistozänen Geschiebemergeln Nordeuropas. Deutlich erkennbar sind die meridional verlaufenden Furchen und das Osculum (Öffnung) auf der Oberseite. Oberes Bild: Aufsicht mit Osculum, unteres Bild: Seitenansicht mit Meridionalfurchen, Durchmesser 4,5 bis 5 cm

---

◄ a) Stielklappe, b) Armklappe von innen, c) Längsschnitt; natürl. Größe (nach ROGER)

3 Leptaena rhomboidalis; Dudley/Wales/Großbritannien, Armklappe von außen; Vergr. etwa 1,5 × (nach ROGER)

Pentamerida:

4 Clitambonites adscendens; Südostschweden

a) Ventralklappe von außen mit langem, geradem Schloßrand und dreieckiger Area, b) Ventralklappe von innen mit deutlicher Mittelleiste; natürl. Größe (nach H. SCHMIDT)

5 Porambonites aequirostris; Leningrad/UdSSR

a) Schale von vorn, b) von der Seite, c) von hinten; Vergr. 2 × (nach v. ZITTEL)

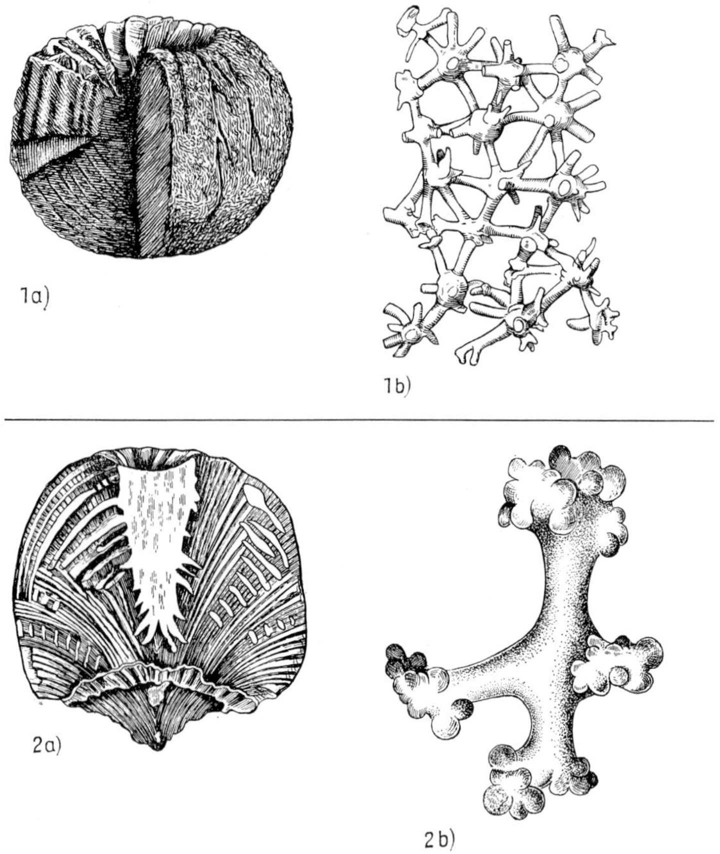

Bild 4.31. Lithistide Kiesel- oder Steinschwämme des Ordoviziums. Zwei typische Vertreter, die häufig in Pleistozängeschieben im nordeuropäischen Flachland gefunden werden (nach STEINMANN)

1 *Astylospongia praemorsa*

a) Schwammkörper von etwa 4 cm Durchmesser, b) Teil des Kieselskelettes, stark vergrößert (100 ×), aufgebaut aus verwachsenen Skleren

2 *Aulocopium aurantium*

a) aufgeschnittener Schwammkörper mit der durch ein Kanalsystem bestimmten Innenstruktur, b) Tetraclon-Sklere (Stützskelett), Vergr. 24 ×

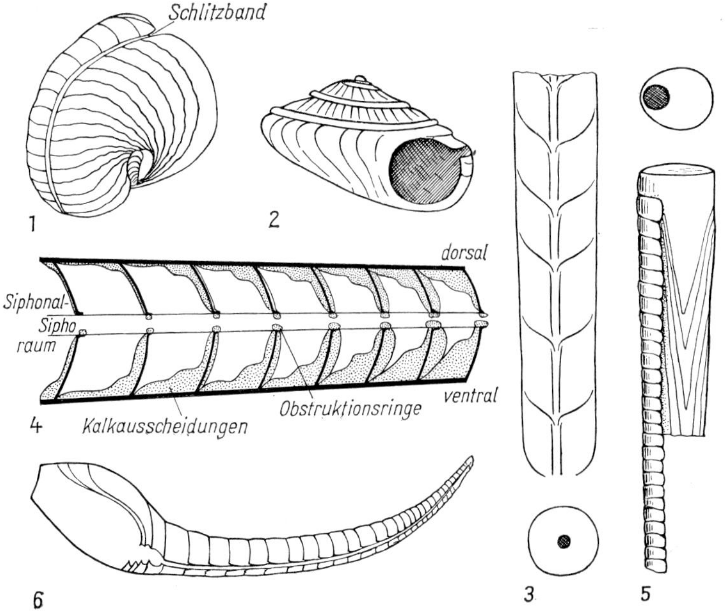

Bild 4.32. Mollusken des Ordoviziums (unmaßstäblich)
Schnecken:
1 Bellerophon sp.; involut aufgerollt mit typischem Schlitzband
2 Rhaphistoma sp. (*1* und *2* nach Vangerow)
Nautiloideen:
3 Michelinoceras michelini, das „Geradhorn"; oben: Längsschnitt, unten: Querschnitt mit zentral gelegenem orthochoanitischem Shipo (nach Basse)
4 Michelinoceratina: dorsoventraler Längsschnitt durch den gekammerten Teil mit erkennbarem Innenbau (nach Flower)
5 Endoceras longissimum; oben: Querschnitt durch den Sipho, unten: Längsschnitt mit randständigem, holochoanitischem Sipho (verändert nach Brinkmann und Krömmelbein)
6 Ascoceras sp.; Längsschnitt mit breviconem Altersstadium (links) und schwach cyrtoconem, holochoanitischem Jugendstadium (rechts) (nach A. H. Müller)

Bild 4.33. Grauer Orthocerenkalk mit parallel zur Strömung eingeregelten, gestreckten Nautiloideen, sog. „Orthoceren-Schlachtfeld“, von *Michelinoceras michelini* aus dem Silur (Kopaniner Schichten, Budnanien) von Lochkov/Böhmen/ČSSR. Im Längsschnitt sind deutlich die Kammerscheidewände und der Sipho mit den Siphonalhüllen sichtbar. Länge des Exemplars in Bildmitte etwa 18 cm.

Außer den paläozoischen Orthoceren bilden im Jura und in der Kreide die Belemniten (Verwandte der heutigen dibranchiaten, zweikiemigen Tintenfische) mit ihren keulenförmigen Rostren, die wie Kalkspieße aussehen, manchmal massenweise Ansammlungen im Gestein. Hier spricht man von „Belemnitenschlachtfeldern“.

Der Paläontologe F. A. Quenstedt (1809 bis 1889) nannte wegen des kriegerischen Aussehens dieser „zu Massen gedrängten Spieße“ z. B. diejenigen Stellen im Gelände Belemnitenschlachtfelder, wo herausgewitterte Rostren wie abgebrochene, zerschellte Wurfspieße (bélemnon = Wurfspeer, Blitz) und „verstümmelt wie auf einem Schlachtfeld“ im Ackerboden steckten oder auf kahlen Mergelplätzen herumlagen. Mit Hilfe solcher Schlachtfelder von eingeregelten Nautiloideen und Belemniten sind biostatische und paläobiologische Aussagen (s. S. 10) über das Biotop und die Lebensbedingungen, unter denen diese Tiere lebten, möglich (Biostratonomie).

Bild 4.34
Roter Orthocerenkalk des Ordoviziums mit *Endoceras* cf. *duplex*, Länge 4 cm; pleistozänes Geschiebe vom Dornbusch bei Kloster/Hiddensee/DDR

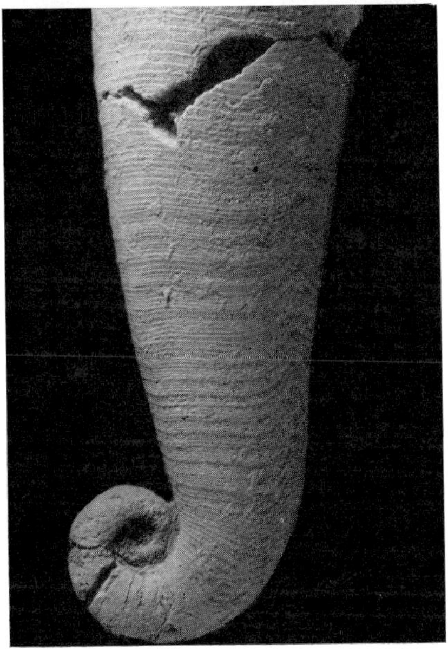

Bild 4.35
Ordovizischer Nautiloide *(Ancistroceras undulatum)* aus einem Geschiebe (Oberer grauer Orthocerenkalk) von GroßZicker/Rügen/DDR. Der Nautiloidee besitzt ein anfangs eingerolltes Gehäuse, das später bei rasch zunehmendem Gehäusequerschnitt gestreckt ist. Deutliche Anwachsstreifung, die anfänglich sichtbare Kammerung setzt sich durch das ganze Stück fort (Rückseite). Länge 7 bis 8 cm

Bild 4.36. *Discoceras antiquissimum* (links) und *Discoceras danckelmanni* (rechts), Nautiloideen von gyroconer Gehäusegestalt aus dem Ordovizium von Südschweden. Die Windungen zeigen eine feine, schief verlaufende Anwachsstreifung. Durchmesser der Gehäusespiralen 4,2 und 3,5 cm
Die Gattung *Discoceras* gehört zu den ordovizischen nautiloiden oder nautiloconen Vertretern der Unterordnung Tarphyceratina (Ordnung Nautiloidea). Die Einrollung des Gehäuses ist gekennzeichnet durch einander berührende oder umfassende Umgänge und einer mehr oder weniger weiten Nabellücke. Diese Gruppe besitzt eine stammesgeschichtliche Bedeutung, da sich vermutlich eine Reihe weiterer nautiloconer Unterordnungen, z. B. Barrandeoceratina, Rutoceratina, Centroceratina, von ihr ableiten.

Bild 4.37. Die Entwicklung von Schutzmechanismen bei den Echinodermen (Stachelhäuter) (übersetzt und verändert nach C.R.C. Paul) ▶
Beachtenswert sind die Veränderungen der beweglichen Theken im Unterkambrium (*4*, *10*) in solche mit marginalen Randplatten (*1* bis *3*) oder mosaikartigen Platten (*11* bis *17*), begleitet von einer Reduktion der Theken bei den Crinozoa (18 bis *22*). Spinnulae (Dornen, Stacheln) erscheinen erstmals bei den Asterozoa (*23*), sind aber meist selbstverständlich bei den Echinoidea (*7*).
1 Chauvelicystis; 2 Ctenocystis; 3 Trochocystites; 4 Heliocoplacus; 5 Volchovia; 6 Isorophus; 7 Bothriocidaris; 8 Lepidopsolus; 9 Holothuria; 10 Kinzercystis; 11 Lichenoides; 12 Gogia; 13 Rhopalocystis; 14 Aristocystites; 15 Eucystis; 16 Lepadocystis; 17 Orophocrinus; 18 Ecmatocrinus; 19 Aethocrinus; 20 Platycrinites; 21 Homalometra; 22 Ilycrinus; 23 Villebrunaster; 24 Asterias; 25 Ophiothrix

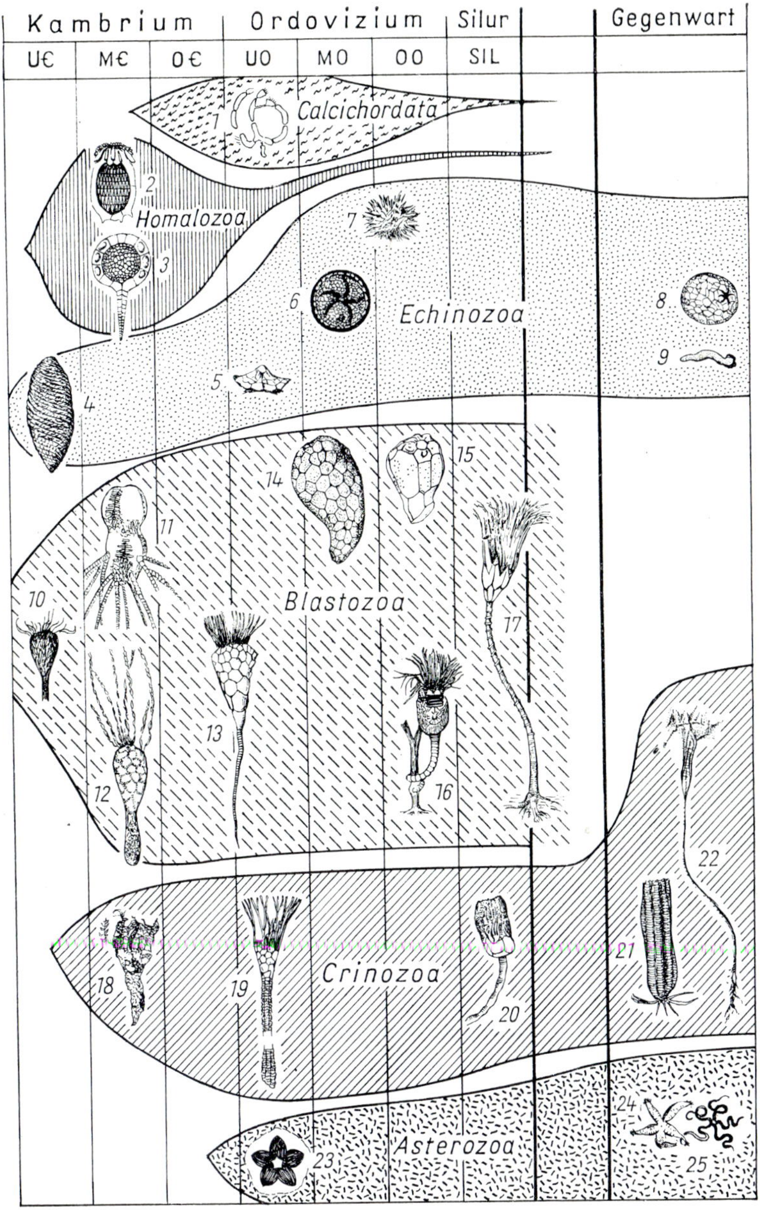
Kambrium
Ordovizium
Silur
Gegenwart
U€
M€
O€
UO
MO
OO
SIL
Calcichordata
Homalozoa
Echinozoa
Blastozoa
Crinozoa
Asterozoa
1
2
3
4
5
6
7
8
9
10
11
12
13
14
15
16
17
18
19
20
21
22
23
24
25

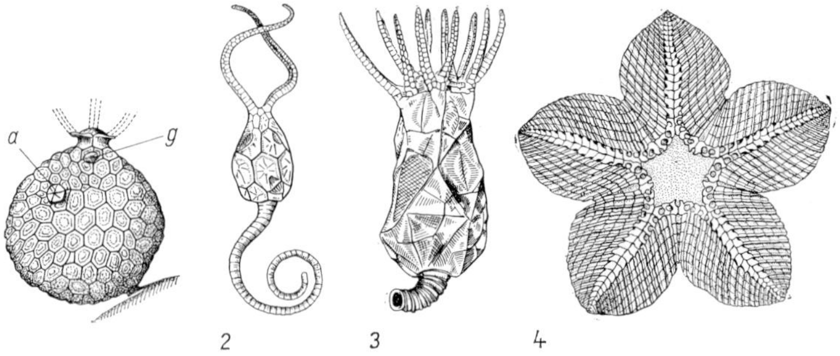

Bild 4.38. Ordovizische Stachelhäuter (nach CUENOT, MOORE, SPENCER, VANGEROW)
1 Echinosphaerites aurantium (Cystoidea) Platten mit erhaltener Epithek
a) Blättchenpyramide über der Afteröffnung, g) Gonopore mit drei Verschlußplatten
2 Pleurocystites sp. (Cystoidea)
3 Homocystites sp. (Cystoidea)
4 Villebrunaster thorali (Somasteroidea) Rekonstruktion der Oralseite

Andere Gattungen der Cystoideen, wie *Pleurocystites* (Bild 4.38), *Homocystites, Glyptosphaerites* erreichten ihre Blüte im Umkreis des Baltischen Schildes. Einige Gruppen der Crinoideen, noch klein und selten, blieben sogar nur auf das Ordovizium beschränkt, z.B. Paracrinoidea und Edrioblastoidea.

Die Somasteroidea mit *Villebrunaster* (Bild 4.38) sowie die Seesterne (Asteroidea) und Schlangensterne (Ophiuroidea) traten erstmalig im Tremadoc in Erscheinung.

Besonderes Interesse erregte 1962 der rezente Nachweis eines „Urseesternes", *Platasterias latiradiata,* (Somasteroidea) eines „lebenden Fossils" des frühen Erdaltertums, im Pazifischen Golf von Tehuantepec in Mexiko.

Im Ordovizium erschien nun auch der noch fehlende Tierstamm der Vertebraten (Wirbeltiere). Es fanden sich isolierte Schuppen von „Fischartigen" in Süßwasserablagerungen des Ordoviziums von Estland/UdSSR und Colorado/USA. Es sind die Agnathen, früher auch Ostracodermen genannt. Sie lebten zunächst marin, in Küstennähe, und stellen das Ende einer vermutlich noch älteren Vertebratenentwicklungdar. Die Agnathen sind kieferlose und flossenlose Wirbeltierformen mit Saugmund ohne knöchernes Innenskelett. Sie gehören in die Verwandtschaft der heutigen Rundmäuler oder Cyclostomen (panzerlose Agnathen).

Floristisch gehörte das Ordovizium noch ganz zur Thallophytenzeit. Jedoch begannen die Pflanzen bereits in das Süßwasser küstennaher Gebiete

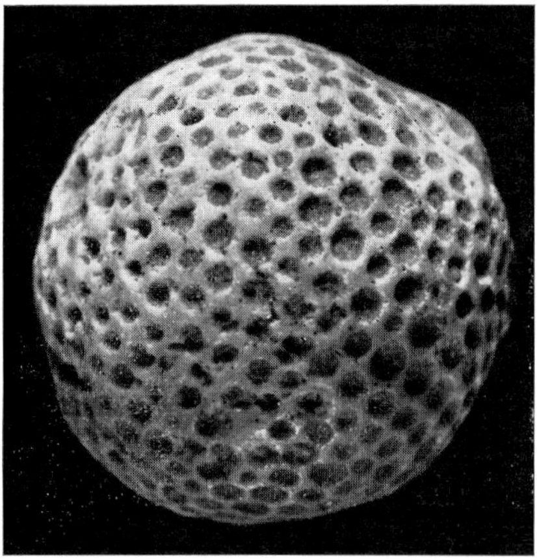

Bild 4.39
Verkieseltes und herausgewittertes Exemplar einer kugeligen Kalkalge, *Coelosphaeridium cyclocrinophilum*, aus dem ordovizischen Coelosphaeridiengestein (kieselig, graugrünes Kalkgestein) Estlands/UdSSR, Durchmesser 10 mm; Geschiebe vom Dornbusch bei Kloster/Hiddensee/DDR

vorzudringen. Neben Cyanophyceen und Chlorophyceen sind die Kalkalgen nun reichhaltiger vertreten. Es traten aber auch bereits erste Gefäßsporenpflanzen in den Flachmeeren auf, z.B. *Boiophyton pragense*. Diese Pflanzen eroberten sehr bald im Obersilur das Festland (Bild 4.39). Im

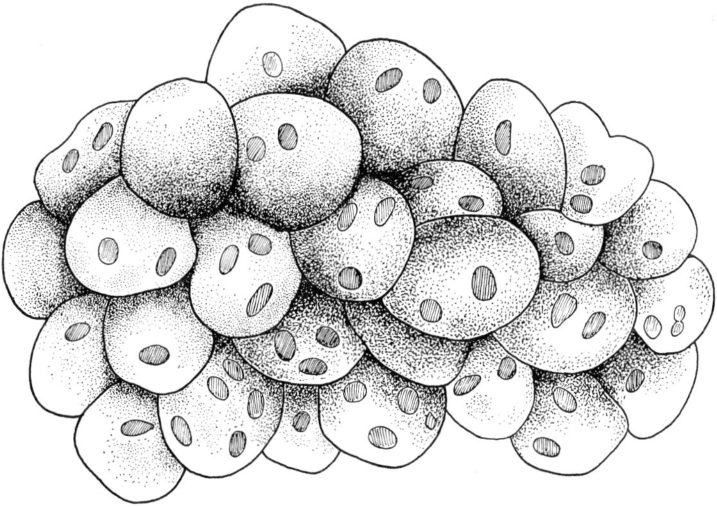

Bild 4.40. Algenkolonie der mittelordovizischen Cyanophycee *Gloecapsomorpha prisca* aus dem Kuckersit, einem fossilreichen Bitumenmergel (Ölschiefer) in der Estnischen SSR/UdSSR. Vergr. etwa 350× (nach Zalessky)

baltischen und britischen Ordovizium waren Blaualgen sogar gesteinsbildend. Die skelettlosen kugeligen Cyanophyceen der Gattung *Gloecapsomorpha* (Bild 4.40) sind die Grundlage des Bitumengehaltes des Ölschiefers Kuckersit; er besteht bis zu 54 % aus Algensubstanz (Farbtaf. VI, Bild 6). In jüngster Zeit wird allerdings vermutet, daß es sich bei diesen Cyanophyceen um Grünalgen (Chlorophyceen) handeln könnte.

4.2.3. Silur

Die Bezeichnung Silur für das dem Ordovizium nachfolgende System stammt aus England und wurde 1835 durch R. J. MURCHISON eingeführt, der sie von den Silurern, einem keltischen Volksstamm, ableitete. Der Eingrenzung des Silurs – zu den ordovizischen Schichten nach dem Liegenden hin und zu den devonischen Schichten zum Hangenden – gingen langjährige Erörterungen voraus. Das System weist nun in sich eine Dreigliederung mit vier Stufen bzw. Serien auf:

		$405 \cdot 10^6$a
Obersilur	Pridolium (Přidoli) (n. d. Ort in Böhmen/ČSSR) Ludlowium (Ludlow) (n. d. Ort in Wales-Shropshire)	
Mittelsilur	Wenlockium (Wenlock) (n. d. Gebirge Wenlock Edge in Shropshire)	
Untersilur	Llandoverium (Llandovery) (n. d. Distrikt in Süd-Wales-Carmarth)	
		$440 \cdot 10^6$a

Über die Bezeichnung der jüngsten Stufe (Pridolium) gibt es noch keine international verbindliche Übereinkunft. Das Silur umfaßt einen Zeitraum von etwa 35 bis 40 Millionen Jahren. Die häufigsten Gesteine sind Graptolithen-Schiefer, Brachiopoden-Mergel und Korallen/Stromatoporen-Kalke, d. h., sie sind biogenen Ursprungs. Daraus ergeben sich im Silur, ähnlich dem Ordovizium, noch deutlich eine schiefrige, pelagische, landferne Graptolithenfazies (Geosynklinalfazies) und eine kalkig-sandige, neritische Schelfmeerfazies (Flachwasserfazies), wobei letztere besonders stark differenziert ist, z. B. Riffzonen der Schwellen und Ufersäume. Tektonogenetisch ist das Silur gekennzeichnet durch anfängliche transgressive Vorgänge infolge epirogenetischer (weitspannige Auf- und Abbewegungen der Kruste) Bewegungen im Zusammenhang mit der beginnenden kaledonischen Gebirgsbildung. Die gegen Ende des Silurs vor sich gehende Hauptfaltung der kaledonischen Gebirgsbildung zog in Europa große Meeresrückzüge (Regressionen) nach sich. Dabei wurden altpaläozoische

Sedimentationsgebiete aufgefaltet und versteifte Krustenteile schildförmig herausgehoben. Auf den Plattformen (Nordamerikanische, Baltische, Russische und Sibirische Plattform) traten karbonatische Abfolgen mit übereinstimmenden Faunenfolgen auf. Es stellte sich örtlich trockenes Klima ein. Weite Festlandsgebiete entstanden, die zum Besiedlungsraum für Skorpione, Tausendfüßer und vor allem für die Gefäßpflanzen wurden. Panzerfische, die sich nun entfalteten, bevorzugten diese landnahen Gewässer.

Auch die silurischen Ablagerungen liegen meist konkordant auf den ordovizischen Schichten, mitunter jedoch sind kurzzeitige Schichtlücken zu beobachten. So weisen beide Systeme – Ordovizium und Silur – gleiche bzw. ähnliche Verbreitungsgebiete auf, stellenweise greifen aber die silurischen Verbreitungsräume transgressiv über die ordovizischen hinaus. Das Silur ist hauptsächlich im Ostseeraum, den Britischen Inseln, in Thüringen/DDR und Böhmen/ČSSR verbreitet. Außerhalb Europas sind bedeutende Vor-

Bild 4.41. Untersilurischer Graptolithenschiefer (Zone 15) von Weinberg bei Hohenleuben/Thür./DDR mit den Arten *Monograptus (Spirograptus) turriculatus* und *Monograptus undus*. Länge des Graptolithen am unteren Bildrand 13 cm

Bild 4.42. Graptolithenschiefer mit dem spiraligen *Monograptus (Spirograptus) spiralis* und dem gestreckten *Monograptus subconicus* aus dem Silur (Zone 16) von Grobsdorf bei Ronneburg/Thür./DDR. Die silbrig seidenglänzenden Graptolithen liegen in Gümbelit-Erhaltung (Tonerdesilikat) vor. Durchmesser des spiraligen Rhabdosoms des Graptolithen am unteren Bildrand 3 cm

kommen silurischer Ablagerungen in Nordamerika, auf der Russischen Plattform in Podolien/UdSSR und sehr vollständige Abfolgen in Australien anzutreffen. Die Graptolithenschieferfazies des Silurs ist eine Stillwasserfazies. Sie wird faunistisch, wie der Name sagt, durch ein gehäuftes Auftreten der Graptolithen gekennzeichnet. Danach lassen sich 21 Zonen unterscheiden.

Die Graptoloidea (s. S. 61) setzten ihre Entwicklung zu immer einfacheren Rhabdosomformen weiter fort. Die achsenlosen Arten sind ausgestorben, die Dendrograptidae sind nur noch selten. Es folgte nunmehr eine Blütezeit der Monograptinen mit einfachen Rhabdosomen *(Monograptus, Rastrites)* oder zusammengesetzten Rhabdosomen *(Cyrtograptus, Abiesgraptus)* (Bilder 4.41 und 4.42). Daneben erreichten die aus dem Ordovizium persistenten zweizeiligen Diplograptiden *(Diplograptus, Climacograptus, Orthograptus)* ebenfalls eine Blütezeit in ihrer Entwicklung (Bild 4.43). Auch die zartmaschigen Retiolitiden *(Retiolites)* zeigen eine große Vielfalt.

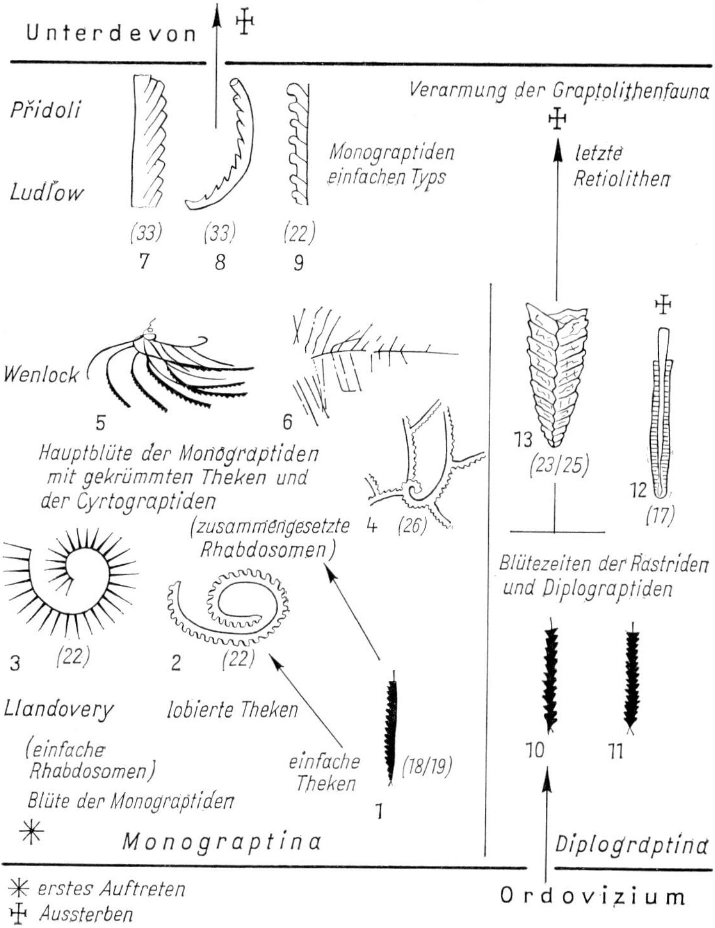

Bild 4.43. Zonengraptolithen des Silurs (Auswahl) (Die eingeklammerten Zahlen geben die Nummer der Graptolithenzone an, in der die Gattungen bzw. Arten stratigraphisch verbreitet sind und Leitcharakter haben.)
1 Monograptus sp. sp.; *2 Monograptus spiralis; 3 Rastrites linnaei; 4 Cyrtograptus murchisoni; 5 Cyrtograptus* sp.; *6 Abiesgraptus* sp.; *7 Monograptus colonus; 8 Monograptus bohemicus; 9 Monograptus runcinatus; 10 Climacograptus* sp.; *11 Diplograptus* sp.; *12 Orthograptus vesiculosus; 13 Retiolites geinitzianus*

Die Gattung *Monograptus* überschreitet die Silur/Devongrenze bis weit in das Unterdevon.
Die Theken sind zunehmend gekrümmt (sigmoid, gekrümmt, lobiert) und sind immer stärker isoliert, bis sie schließlich freistehen. In den jüngsten Graptolithenzonen kommen jedoch wieder einfachere Typen mit zylindrischen Theken vor.
Im allgemeinen verarmt die Graptolithenfauna zum Unterdevon hin.
In der sandig-kalkigen Fazies der silurischen Schelfmeere sind vor allem Trilobiten, Brachiopoden, Mollusken, Korallen und Ostracoden von besonderer Bedeutung.

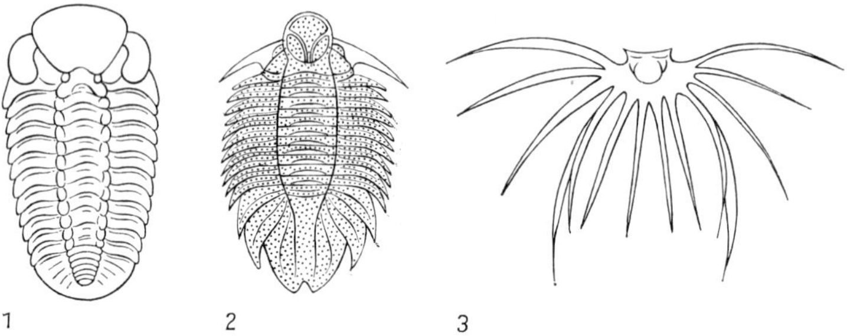

Bild 4.44. Die für die Stammlinien der silurischen Trilobiten namengebenden Gattungen (zusammengestellt nach v. BUBNOFF und HARRINGTON)
1 Phacops elegans; 2 Lichas (Trachylichas) scaber; 3 Odontopleura ovata (Pygidium)

Die Trilobiten bilden zwar eine reiche, auch durch neue Typen gekennzeichnete Faunengemeinschaft, sind jedoch nunmehr auf wenige Stammlinien begrenzt, die einen im jüngeren Paläozoikum einsetzenden Verfall dieser Tiergruppe andeuten. Im Vordergrund stehen hauptsächlich die Phacopida, Lichida und die Odontopleurida (Bild 4.44; Tabelle 4.3).

Tabelle 4.3. Stammlinien silurischer Trilobitenordnungen und einige wichtige Gattungen

Phacopida	Lichida	Odontopleurida
Cheirurus	*Lichas*	*Odontopleura* (Bild 4.46)
Encrinurus	*Terataspis*	*Leonaspis*
Calymene		
Homalonotus		
Phacops		
Dalmanites (Bild 4.45)		
Acaste		

Bild 4.45. Kopfschild (Cephalon) des Trilobiten *Dalmanites caudata* und Bruchstücke von Bryozoen auf einer Schichtfläche des ordovizischen Kukkersits der Estnischen SSR/UdSSR. Breite des Kopfschildes in Nähe des Nackenringes 6 cm

Die Formen sind morphologisch durch eine vermehrte Bestachelung *(Terataspis grandis, Acidaspis dufrenoyi, Cheirurus insignis)* und stärkere Körnelung des Panzers *(Dalmanites, caudatus Encrinurus punctatus)* gekennzeichnet (Bild 4.47). Hochspezialisierte Formen sind oft lokal von besonderem Leitwert (Bild 4.48).

Außer den Trilobiten spielten bei den Arthropoden im Silur die mit zweiklappiger Schale ausgebildeten Ostracoden (Muschelkrebse) eine besondere Rolle. Sie sind an die flachen Regressionsmeere des Obersilurs gebunden und erlangten hier beträchtliche Formenvielfalt und Gehäusegröße. Sie traten so häufig und massenweise auf, daß sie ganze Gesteinskomplexe bildeten, wie z. B. den Leperditien- und Beyrichien-Kalk von Gotland/Schweden. Namengebend sind die Gattungen *Leperditia* mit glatter Schale (Bild 4.49) und *Beyrichia* mit stark wulstiger, verzierter und punktierter Schale (Bild 4.50). Beide Formen wurden bis mehrere Zentimeter groß und sind markante Leitformen für die Zonierung der Schichten und für die interkontinentale Parallelisierung derselben. Unter ähnlichen Milieubedingungen wie die Ostracoden lebten die zu den Cheliceraten (Gruppe der Spinnenartigen) gehörenden Riesenkrebse (Gigantostraken), die Eurypteriden. Es sind Verwandte des noch bis heute überlebenden Molukkenkrebses

Bild 4.46. Isolierter Mittelkopf (Cranidium) mit Körnelungsskulptur des Trilobiten *Odontopleura ovata* aus einem Silurgeschiebe (grünlich-graues Graptolithengestein) von Greiffenberg bei Angermünde/DDR. Gesamtlänge des Cephalons mit Stacheln 1,2 cm

(Limulus). Am verbreitetsten sind die Gattungen *Eurypterus* (Bild 4.51) und *Pterygotus* (Bild 4.52). Im Ordovizium lebten sie vollmarin, im Obersilur wanderten sie in die Brackwasserbereiche ein und drangen auch in lagunäre Habitate vor.

Eurypteriden, zusammen mit Skorpionen (Arachnoiden) und neu erscheinenden Myriapoden (Tausendfüßer) auf dem trockenen Lande bildeten gemeinsam mit den Ostracoden und ältesten Fischen eine auffallende und sehr charakteristische Faunengemeinschaft, die bis ins Devon reichte. Es begann sich eine Besiedelung der festländischen Lebensräume anzubahnen. In den obersilurischen Meeren gelangten die räuberischen Nauti-

loideen zu reicher Differenzierung und entwickelten bis 4 m lange Großformen. Noch traten große gerade „Orthoceren“ auf (s. Bild 4.33), daneben aber schwach gekrümmte Formen, wie *Cyrtoceras* und in lockerer Spirale eingerollte *(Sphyradoceras, Ophiodoceras, Discoceras)* oder völlig eingerollte Arten *(Nautilus)*. Typisch sind auch kolbenförmig aufgeblähte Arten wie *Gomphoceras* mit T-förmiger Mündung, der breit-hornförmige *Phragmoceras* sowie der ebenfalls kolbenförmige *Ascoceras*.
Von den Nautiloideen sind sogar farbige Muster an den Gehäusen überliefert.

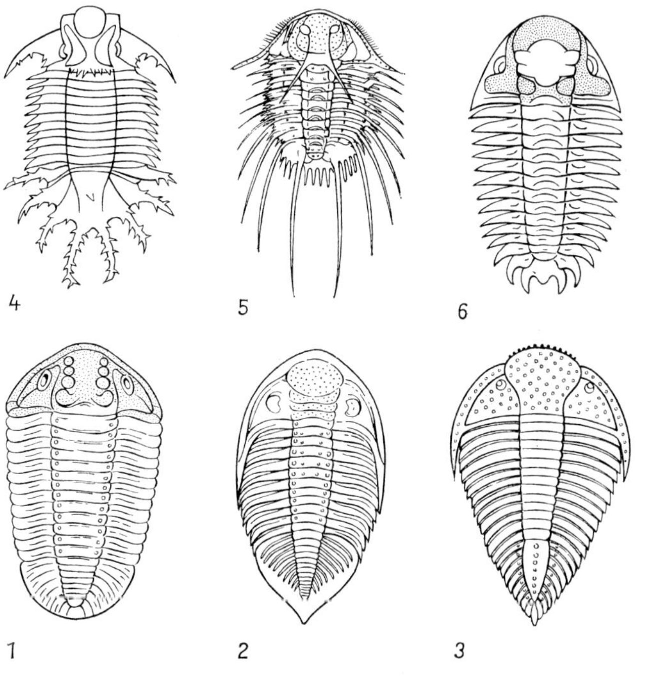

Bild 4.47. Silurische Trilobiten mit typischen morphologischen Merkmalen, einer vermehrten Bestachelung und starker Körnelung des Panzers (zusammengestellt nach v. Bubnoff und Jordan)
Gekörnelte Formen der Phacopida:
1 *Calymene blumenbachi;* kosmopolitische Form des frühen Silurs;
2 *Dalmanites caudatus; 3 Encrinurus punctatus*
Bestachelte Formen der Phacopida und Lichida:
4 *Terataspis grandis; 5 Acidaspis dufrenoyi; 6 Cheirurus insignis*

Bild 4.48
Harpes ungula, ein silurischer Trilobit mit Einrollungsvermögen, dessen Cephalon eine breite „Siebhaube" besitzt, die in lange, breite Fortsätze ausläuft. Bei dem abgebildeten Exemplar aus dem Obersilur von Dlouhá Hora bei Beroun/Böhmen/ČSSR ist das Pygidium umgeschlagen. Länge 1,9 cm, größte Breite 2,8 cm

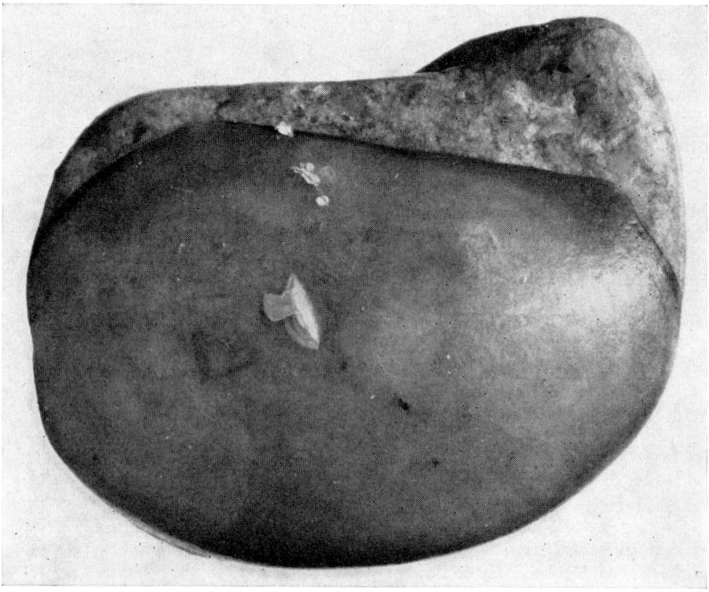

Bild 4.49. *Leperditia baltica*, namengebende Ostracode (Muschelkrebs) für die silurischen (Wenlock) Leperditiengesteine. Es sind meist erbsen- bis bohnengroße Krebse mit glatten, glänzenden Schalen. Gesamtlänge 2 cm

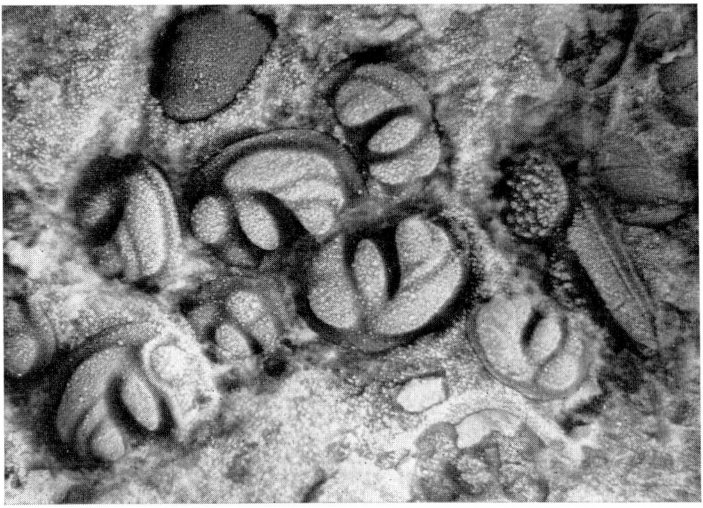

Bild 4.50. Verbackene Ansammlung von Steinkernen der Häutungsstadien (Jugendstadien) obersilurischer Muschelkrebse (Ostracoden) der namengebenden Art *Nodibeyrichia tuberculata* aus dem Beyrichienkalk. Geschiebe von Parchim/DDR, Vergr. 14×

Die Schnecken veränderten sich während des Silurs nur wenig. Schlitzbandformen (*Bellerophon, Pleurotomaria, Ecculiomphalus;* Bild 4.53) und die bereits das Ordovizium kennzeichnenden Formenkreise herrschten weiterhin bis ans Ende des Devons vor. Auch die Muscheln veränderten sich nicht wesentlich, wurden allerdings häufiger, indem sie in den Flachmeerbereichen die Brachiopoden verdrängten.

Die Litoralgebiete (Küstenzonen) der warmen Silurmeere sind gekennzeichnet durch Riff-Komplexe voll von einem üppigen Leben unterschiedlichster Organismen wie Schwämme, Korallen, Bryozoen, untergeordnet Brachiopoden und zahlreiche Echinodermen (Bild 4.54, s.S. 92).

Von den Porifera sind vor allem Stromatoporen in großer Formenfülle am Aufbau der Riffe beteiligt. Sie bildeten am Meeresgrund hohe, sackförmige oder kugelige Stöcke. Bryozoen oder Moostierchen waren besonders in den nordamerikanischen Plattform-Karbonaten des Silurs weit verbreitet. Eine häufige Gattung des gotländischen Silurs ist *Ptilodictya.*

Die Brachiopodenfauna trug Übergangscharakter. Manche ordovizische Formen waren erloschen, neue Gruppen, wie Pentameraceen *(Pentamerus, Stricklandia)*, fast alle Spiriferen-Familien, einige Familien der Terebratuliden und die Camarotoechiidae (Rhynchonelliden), traten erstmals in Er-

Bild 4.51. *Eurypterus lacustris*, ein zu den Eurypteriden (Gigantostraken) gehöriger Gliederfüßer des Silurs in einem Süßwasserkalk von New York/USA. Gesamtlänge 24 cm

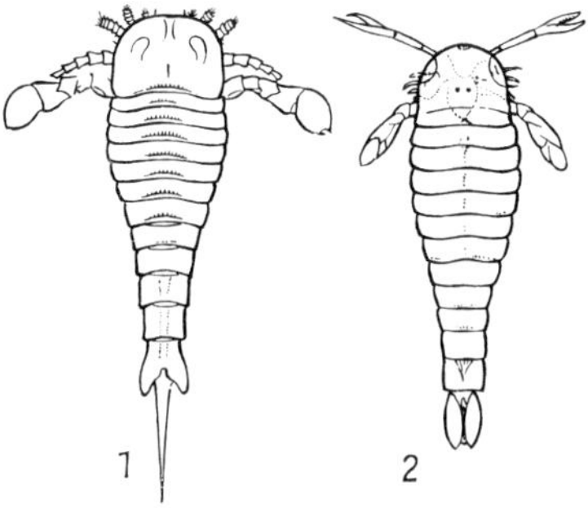

1 Eurypterus fischeri, kleinwüchsige Form mit vier Paar Kaufüßen und einem Paar mächtigen, klobigen Schwimmfüßen am Kopf; langer, spitzer Endstachel;
2 Pterygotus osiliensis, Riesenform bis 2 m; ein Paar Körperanhänge mit kräftigen Scheren, 3 Paar Kaufüße, 1 Paar kürzere Schwimmfüße am Kopf; flacher, herzförmiger Endstachel

Bild 4.52. Riesenkrebse (Gigantostraken) spielten in den silurischen Meeren als gefürchtete Räuber eine große Rolle (nach v. BUBNOFF und BRINKMANN)

Bild 4.53. Eine zu den Archaeogastropoda, der Oberfamilie Euomphalacea gehörige, fast planspiral aufgerollte Schnecke aus dem Obersilur der Insel Gotland/Schweden. Die vorwiegend schwimmend lebende Schnecke besitzt einen weit geöffneten Nabel und auf der Oberfläche des scheibenförmigen Gehäuses einen schmalen Kielwulst. Durchmesser etwa 6 cm

scheinung. Eine Blütezeit erlebten die Chonetacea *(Chonetes)*, das sind breite niedrige Formen mit feiner radialer Berippung und Stacheln am Schloßrand (Bild 4.55).
Viele Brachiopoden haben leitenden Charakter, so die Pentameriden und Spiriferiden.

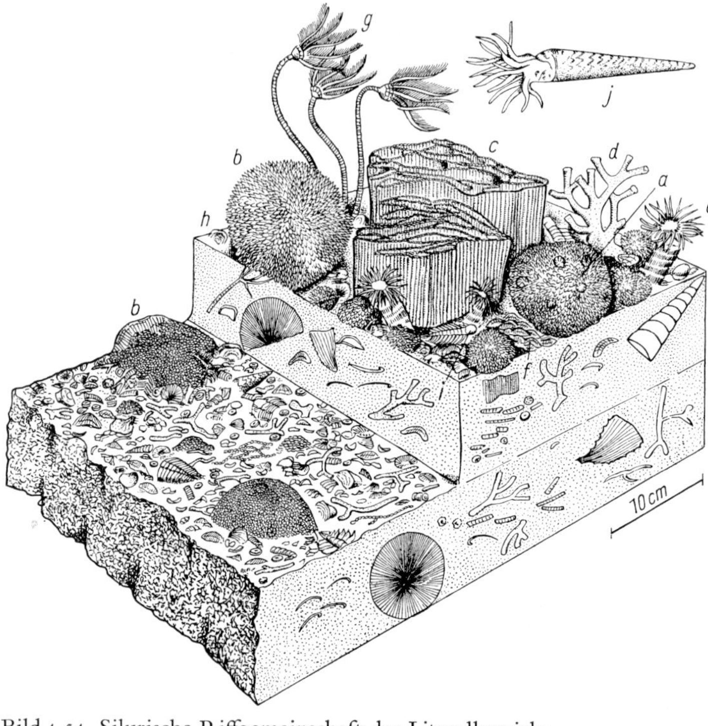

Bild 4.54. Silurische Riffgemeinschaft der Litoralbereiche (nach Mc Kerrow)
a) Stromatoporen-Stock, b) Korallen-Stock-*Favosites*, c) Kettenkoralle-*Halysites catenularia*, d) Einzelkoralle, e) Einzelkoralle – *Omphyma*, f) Brachiopoden – *Orthis*, g) Crinoiden – *Scyphocrinites excavatus*, h) Brachiopode – *Leptaena rhomboidalis*, i) Trilobit, j) Nautiloide – *Michelinoceras aemulus*

Die an Formenreichtum, Häufigkeit und regionaler Verbreitung bedeutsamsten Riffbewohner waren die Korallen. Die längsgegliederten Röhren und Kelche der Rugosen (Septenkorallen) bildeten neue Familien aus, die teils Leitwert haben, wie *Cystiphyllum*, *Acervularia* und *Omphyma*. Auch die quergegliederten Tabulaten (Bödenkorallen) erlebten eine Blütezeit ihrer

Entwicklung mit Leitformen, wie die aus eng aneinanderschließenden, quergegliederten Röhren bestehende *Favosites*, sog. „Orgelkorallen" (Bild 4.56) oder der lose verwachsenen *Halysites* (Bilder 4.57 und 4.58), der Kettenkoralle.

An das Riff-Habitat angepaßt waren auch die Echinodermen (Stachelhäuter). Bei ihnen hatte sich seit dem Ordovizium eine Wandlung vollzogen. Die primitiven, kurzstieligen, mit embryonalen Armen versehenen Beutelstrahler (Cystoidea) gingen zurück. Sie wurden von den Seelilien (Crinoidea) abgelöst. Diese erreichten eine bis ins Perm andauernde Artenmannigfaltigkeit. Ihr morphologischer Bau war gekennzeichnet von schweren, aus festverbundenen Platten aufgebauten Kelchen mit kräftigen langen Armen (Paläocrinoiden), z.B. *Cyathocrinus*. Sie besaßen sehr lange gegliederte Stiele. Die massenweise Anreicherung von Crinoidenstielgliedern (Bilder 4.59, s. S. 96 und 4.60, s. S. 97), meist mit fünfstrahliger Symmetrie, führte am Meeresboden zur Ablagerung von Trochitenkalken. Dies ist ein Hinweis, daß die Crinoiden ausgedehnte Rasen am Meeresboden bildeten.

Bild 4.55. Silurischer Beyrichienkalk mit den Brachiopoden *Chonetes striatellus* (vollständiges, radial beripptes Exemplar, Breite 16 mm) und *Camarotoechia („Rhynchonella") micula*. Pleistozänes Geschiebe, Dornbusch bei Kloster/Hiddensee/DDR

Bild 4.56. Die weltweit verbreitete stockbildende Bodenkoralle (Tabulata) *Favosites („Calamopora") gotlandica* tritt u.a. im Gotländer Korallenkalk, einem grauen bis weißen, teilweise zuckerkörnigen silurischen Gestein Nordeuropas auf. Breite des Stückes 10 cm, oberes Bild: Oberflächenaufsicht auf die Polypare des Stockes, unteres Bild: Längsbruch, die Querböden der Polypare zeigend

Die ältesten Wirbeltiere, die Agnathen, wurden nun im Silur, besonders zur Grenze des Devons hin, häufiger. Die älteste Gruppe bildete die Ordnung der Heterostraci (griech. östracon = Scherbe, Panzer) (Pteraspides). Die Ordnungen der Osteostraci mit *Trematapsis* und *Hemicyclaspis* und der Anaspida (griech. aspis = Schild) mit *Lasania* und *Birkenia* bildeten im jüngeren Silur, die Thelodonti mit *Thelodus* im älteren Silur wichtige Elemente der Fischfauna (Bilder 4.61 und 4.62, s. S. 98 u. 99).
Neben den Agnathen traten die ältesten Gnathostomata, kiefertragende Fische, auf. Es sind die etwa 10 bis 20 cm großen Acanthodii („Stachelhaie"), gute Schwimmer mit schlanken Körpern, die von feinen Schuppen bedeckt sind. Eine weitere Gruppe bilden die Actinopterygii (Strahlenflosser).
Der Lebensraum der silurischen Fische waren lagunäre und limnische (Süßwasser) Wasserbereiche. Hier konnten sie sich im Laufe der ausgedehnten Verlandungen infolge Meeresregressionen um die Wende Silur/Devon ausbreiten.

Bild 4.57. Querschnitt durch eine Kolonie der Kettenkoralle *Halysites catenularia*, eine stockbildende Tabulate (Bodenkoralle) des Silurs. Durchmesser des Stückes 11 cm

Bild 4.58. Querschnitte durch die Polypare von *Halysites catenularia*. Zwischen zwei normalen Polyparen eingeschaltet liegt ein im Querschnitt kleineres Mikropolypar. *Halysites* war vom Ordovizium bis zum Silur weltweit verbreitet. Fundort Silur von Dudley/England, Durchmesser der einzelnen Röhrchen etwa 1 mm

Bild 4.59
Ausgewitterte Bruchstücke von Seelilienstielen aus einem grauen bis gelben silurischen Krinoidenkalk, sog. silurischer Bergkalk. Solche Krinoidenkalke finden sich in den Schichtenfolgen der Insel Gotland/Schweden. Linkes Stielstück: *Scyphocrinites rugosus*, Länge 3 cm, Durchmesser 2,1 cm; rechtes Stielstück mit Wurzelbruchstück: *Crotalocrinites* sp., Länge 7 cm, Durchmesser 2,7 cm

Am Ausgang des Silurs vollzog sich ein entscheidender Entwicklungsschritt in der Pflanzenwelt. Die bisher vorherrschenden marinen Thallophyten breiteten sich weiter aus. Daneben traten nunmehr die ältesten

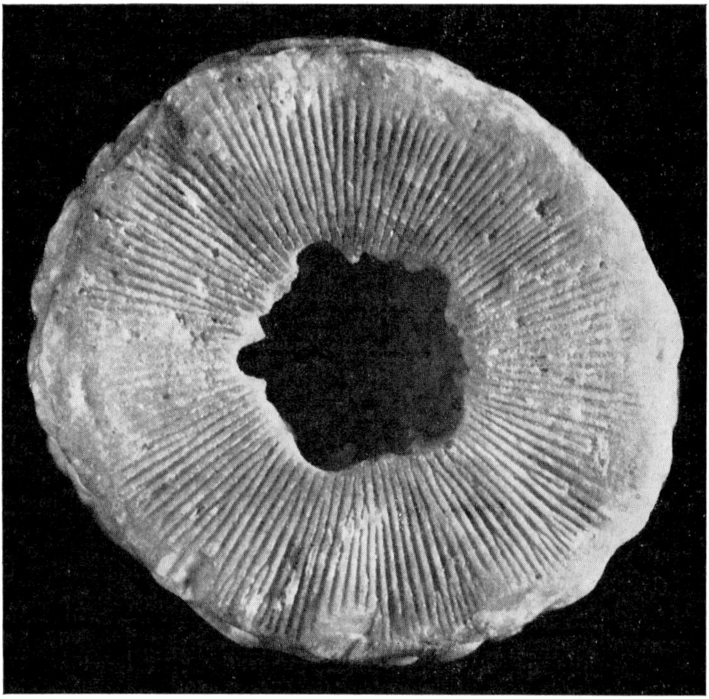

Bild 4.60. Gelenkfläche eines Stielgliedes der Seelilie *Scyphocrinites rugosus* (vgl. Bild 4.59). Das Stielglied (Columnalia) ist aus einem silurischen Krinoidenkalk der Insel Gotland/Schweden herausgewittert. Die Fünfstrahligkeit des Zentralkanals ist angedeutet. Die Crenellae, feine, radial verlaufende Rippen auf den Berührungsflächen der Columnalia, sind deutlich erkennbar. Durchmesser 2,1 cm

Landpflanzen, die Gefäßpflanzen, in Erscheinung und zwar die Psilophytales (Nacktpflanzen) mit der Ordnung Rhyniales. Lebensraum dieser Urlandpflanzen sind noch die küstennahen Überflutungsgebiete, Sümpfe und Moore.

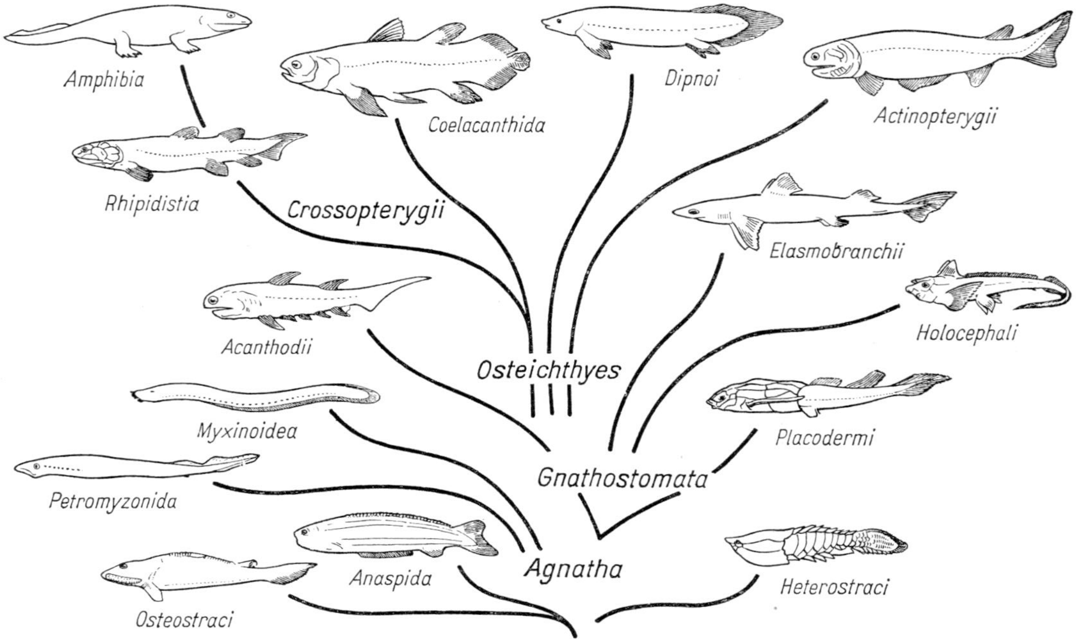

Bild 4.61. Stammbaum der niederen Wirbeltiere (Fische und Fischartige) (nach KUHN-SCHNYDER)

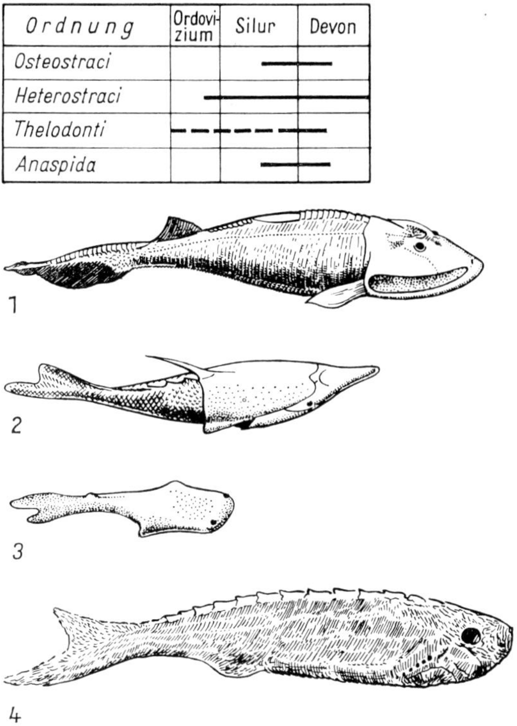

Bild 4.62. Einige Kieferlose (Agnatha) des Silurs, die bis ins Devon fortlebten (nach v. Bubnoff und Colbert)
1 Hemicyclaspis sp. (Osteostraci); Länge etwa 22 cm; *2 Pteraspis* sp. (Heterostraci); Länge etwa 16 cm; *3 Thelodus* sp. (Thelodonti); Länge etwa 8 bis 20 cm; *4 Birkenia* sp. (Anaspida); Länge etwa 9 bis 10 cm

4.2.4. Devon

Den Namen Devon führten R. J. Murchison und A. Sedgwick 1839 für das sog. „Übergangsgebirge" in SW-England, in Devonshire und Cornwall ein. Namengebend für diesen Schichtenkomplex wurde die Grafschaft Devonshire im Süden Englands mit ihren Typuslokalitäten. Die devonische Gesteinsserie von etwa 55 Millionen Jahre Dauer umfaßt die Schichten zwischen den fossilreichen silurischen Serien Englands und dem Kohleflöze führenden karbonischen System Süd- und Mittelenglands.

Ferner wurden faziell völlig anders ausgebildete, sehr mächtige Schichten mit faunenarmen, roten Sandsteinen (Old-Red-Sandstein) Nordeuropas zum Devon hinzugeordnet. Mitte des 19. Jahrhunderts erfolgten dann grundlegende Untersuchungen in den devonischen Schichten des Rheinischen Schiefergebirges/BRD und in den Ardennen/Belgien, aber auch im Barrandium Böhmens/ČSSR über die lithologische Gliederung und den Fossilinhalt dieser Schichten. Einfachere Lagerung und Fossilreichtum erwiesen sich bald in den deutschen Devon-Gebieten als wichtiger für ihre biostratigraphische Gliederung als in den klassischen Verbreitungsgebieten in England und Schottland.

Das Devon selbst gliedert sich in:

$350 \cdot 10^6 a$

Oberdevon	Fammenium (n. d. Ort in Belgien)	Wocklum Dasberg Hemberg Nehden	(n. Orten im Rheinischen Schiefergebirge/BRD)
	Frasnium (n. d. Ort im franz. Jura)	Adorf	(n. d. Ortsch. Adorf/Waldeck/BRD)
Mitteldevon	Givetium (n. d. Ort in d. franz. Ardennen) Eifelium (n. d. Eifel)		
Unterdevon	Emsium (n. d. Ort im Westerwald/BRD) Siegenium (n. d. Ort im Rhein. Schiefergeb./BRD) Gedinnium (n. d. Ort in Südbelgien)	Zlichovium Pragium Lochkovium	(n. Orten in Böhmen/ČSSR)

$405 \cdot 10^6 a$

Die Abgrenzung des Devons zum Liegenden und Hangenden war lange Zeit schwierig und umstritten, ist heute jedoch befriedigend international festgelegt. Der Schnitt Silur/Devon liegt in der ausgehenden Graptolithen-

Entwicklung der Zonen *Monograptus transgrediens* und *Monograptus uniformis*. Trilobiten und Conodonten deuten ebenfalls diese Grenze an. Die Entfaltung der karbonischen Pflanzenwelt grenzt das Devon zum Hangenden hin ab.
In den Grundzügen blieb während des Devons die Verteilung von Land und Meer gegenüber dem Silur erhalten. Die vorangegangene kaledonische Tektonogenese hatte jedoch eine paläogeographische Umwandlung

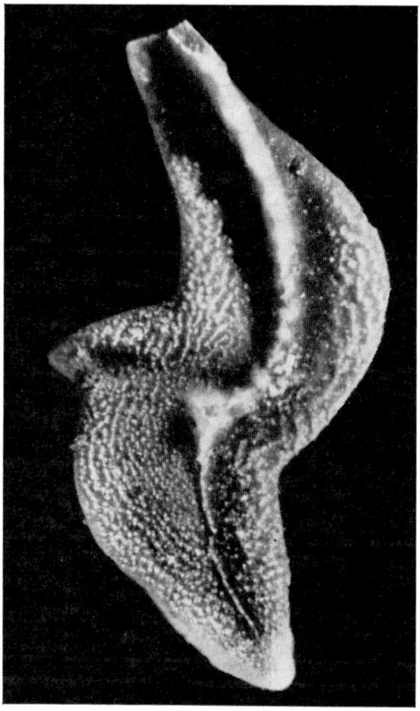

Bild 4.63
Palmatolepis ex gr. *rugosa*, ein Leitfossil des Oberdevons, mit 3 mm Länge ist dieser Plattformtyp einer der größten Conodonten. Fundorte sind die Ufer der Kija nordöstlich Aktjubinsk im Südural/UdSSR

dahingehend verursacht, daß der Nordatlantische Kontinent (Old Red Kontinent) herausgehoben worden war und sich der Abstand von Nord- und Süderde verringerte. Diese paläogeographische Umprägung der Erdoberfläche brachte auch für die Entwicklung der pflanzlichen und tierischen Organismen entscheidende Veränderungen mit sich. Die neu entstandenen Kontinentalbecken wurden die Entwicklungsstätten der Landpflanzen, Fische und Amphibien. Kühles Klima herrschte in den Südpolarbereichen, warmes auf der Nordhalbkugel, wo sich eine Riff-Fazies entwickeln konnte. Die Old-Red-Sedimente sprechen sogar für einen weiteren Wärmeanstieg im Laufe des Devons. Aus den devonischen Fischen entwickelten sich die ersten Tetrapoden (Vierfüßer). Gemeinsam mit primitiven Gefäßpflanzen besiedelten Tiere die Landgebiete. Mit der Inbesitznahme ökologischer Nischen verband sich eine schnelle Evolution ihrer Bewohner. So trug im Hinblick auf die Organismenentfaltung das Devon eigene Züge. Es ist die Pionierzeit der Besiedlung des Festlandes während der Erdgeschichte durch Fauna und Flora; das Zeitalter der Fische und der Gefäßsporenpflanzen setzte ein. Es vollzogen sich revolutionäre Umwandlungen von Bauplänen entsprechender Stammformen in der Tier- und in der Pflanzenwelt, die neue Klassen hervorbrachten: Amphibien, Farne (Filicinae), Schachtelhalme (Articulatae), Bärlappgewächse (Lycopodiinae), Armleuchtergewächse (Charophyta). Als Leitfossilien dienen im Unterdevon noch die Graptolithen (Monograptidae), Brachiopoden, insbesondere Spiriferen sowie Tentakuliten (zu den Weichtieren gehörende Lebewesen). Im höheren Devon werden sie durch Cephalopoden (Goniatiten und Clymenien) abgelöst. Über die Dauer des gesamten Systems stellen Conodonten (Bild 4.63), Trilobiten und Korallen wichtige und markante Leitformen, und Ostracoden (Entomozoidae) dienen im Oberdevon als Leitfossilien. Die biochronologische Gliederung der festländischen Old-Red-Fazies (rot gefärbte klastische Sedimente und gelegentliche lagunäre Einschaltungen) beruht auf den Fischen (Agnatha und Gnathostomata) und den Gefäßkryptogamen.

4.2.4.1. Die Pflanzenentwicklung im Devon

Einer der markantesten Schritte der Organismenentwicklung des Devons ist die rasche Entfaltung der urtümlichen Gefäßpflanzen in den kontinentalen Bereichen, die zunächst im Küstensaum der Festlandsgebiete vor sich ging, sich aber sehr bald auf dem festen Land abspielte. Floristisch und stratigraphisch werden drei Stufen unterschieden:

Oberdevon: *Archaeopteris*-Flora (Harz, Thüringer Wald, Vogtland/DDR; Bäreninsel/Norwegen)
Mitteldevon: *Hyenia*-Flora (Elberfeld/BRD; Böhmen/ČSSR)
Unterdevon: *Psilophyton*-Flora (Wahnbachtal b. Bonn/BRD; Aberdeenshire/Schottland).

Die Zeit der ersten Landpflanzen heißt Psilophytenzeit (griech. psilos = nackt; phyton = Pflanze), Zeit der Nackt- oder Urlandpflanzen. Diese kleinwüchsigen, niederen Gefäßpflanzen sind dadurch gekennzeichnet, daß die Algengestalt mit dichotomer Gabelung vorherrscht, Blätter i. e. S. sind noch nicht entwickelt. Diese Pflanzen waren echte Landbewohner, bei

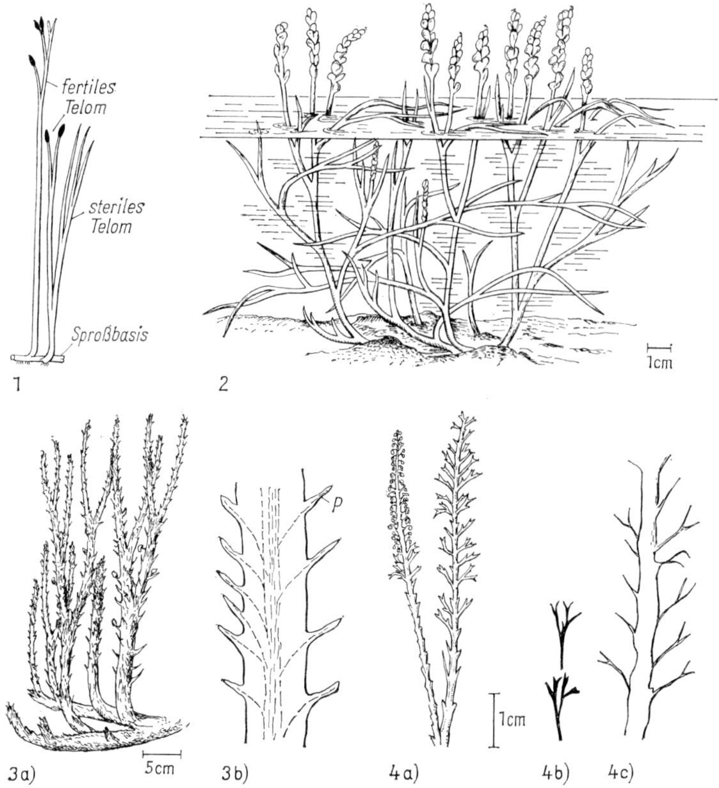

Bild 4.64. Blattlose und „kleinblättrige" Gefäßpflanzen des Unter- und Mitteldevons

1 Rhynia gwynne-vaughani aus dem Mitteldevon Schottlands von Rhynie bei Aberdeen/Großbritannien (nach KIDSTON und LANG)

2 Zosterophyllum rhenanum aus dem Unterdevon, eine flutende Urlandpflanze mit aus dem Wasser herausragenden Sporangien (nach KRÄUSEL und WEYLAND)

3 Drepanophycus spinaeformis aus dem Unterdevon des Rheinischen Schiefergebirges/BRD. Es ist eine der weitverbreitetsten und ältesten Vertreter der „Kleinblättler"

a) Rekonstruktion (nach GOTHAN und WEYLAND), b) Schema des Gefäßverlaufes in den 1 bis 2 cm starken Achsen und Phylloiden (P), den dornenartigen Assimilationsgebilden

4 Hyenia elegans, ein Farnvorläufer aus dem Mitteldevon (Givet) von Elberfeld/BRD. Eine bereits höher entwickelte Form der Urlandpflanzen, die zwischen Psilophytales und Schachtelhalm-Gewächsen vermittelt

a) Rekonstruktion (nach MÄGDEFRAU), b) „Blätter", schmallineale, dichotom gegabelte Assimilationsorgane, c) Sproß mit „kleinblättrigen" Anhängen

1 und *2* sind nackte oder „blatt"lose, *3* und *4* mikrophylle oder „kleinblättrige" Psilophytales (Nackt- oder Kahlpflanzen)

denen die altertümlichen Algenmerkmale schrittweise durch neue, dem Landleben angepaßte Eigenschaften verdrängt wurden.
Die Anpassung an das Landleben bedingte einen Wandel in der bisherigen Lebensweise. Als Fortpflanzungskörper bildeten sich widerstandsfähige Sporen in endständigen Sporenkapseln (Sporangien) aus. Die Pflanzen entwickelten eine Epidermis mit Spaltöffnungen und zentrale Leitbündel.

Man unterscheidet bei den Psilophytales drei Gruppen:

- □ nackte oder „blatt"lose Formen (*Rhynia*, Bild 4.64), *Sciadophyton*, *Zosterophyllum* (Bild 4.64)
- □ mikrophylle, klein„blättrige" Formen oder solche mit wenigstens dornartigen Sproßachsenanhängseln (*Psilophyton*, Farbtaf. VII, Bild 7), *Drepanophycus* (Bild 4.64), *Hyenia* (Bild 4.64)
- □ makrophylle Formen mit größeren Blättern (*Duisbergia*, *Aneurophyton*, *Pseudosporochnus*).

Bild 4.65
Cyclostigma hercynicum, ein oberdevonisches Bärlappgewächs (stratigraphische Charakterart) aus dem Gommernquarzit bei Gommern/DDR in *Knorria*-Erhaltung mit spiraligen, parallel zum Sproß stehenden Leitbündelstützen. Länge des Stückes 9 cm

Im Mitteldevon erscheinen dann erste Bärlappgewächse (*Archaeosigillaria* und *Cyclostigma* (Bild 4.65). Die ältesten Nacktpflanzen waren klein und bärlappartig *(Drepanophycus)*, ab Mitteldevon haben sie teils baumartigen Charakter *(Duisbergia)*. Eine zwischen Psilophytales und Farnen (Filicales, Filicophyta) vermittelnde Form ist *Hyenia* mit der Art *Hyenia elegans* (s. Bild 4.64). Im Oberdevon traten neben der krautigen Articulate *Sphenophyllum* baumförmige Gattungen, wie *Pseudobornia*, hervor.
Die Farne (Filicophyta) entwickelten sich ebenfalls im Mitteldevon mit dem Baumfarn *Aneurophyton*, im Oberdevon erreichten sie eine größere Verbreitung; es traten auch bereits früheste baumbildende Progymnospermen, wie *Archaeopteris*, auf. Die eigentliche, volle Entfaltung der Samenfarne erfolgte jedoch – ebenso wie die der Schachtelhalm- und Bärlappgewächse – erst im nachfolgenden Karbon.
Stellenweise, wie in der Eifel/BRD, bildeten die Nacktpflanzen kleine Kohleflözchen, sie tragen aber hauptsächlich brandschieferartigen Charakter. Dagegen sind die 1,5 m mächtigen oberdevonischen Kohleflöze der Bäreninsel/Spitzbergen/Norwegen auch von wirtschaftlichem Wert.

4.2.4.2. Die Devonfauna

Erste Wirbeltiere, belegt durch isolierte Schuppen von „Fischartigen", stammten bereits aus Süßwasserablagerungen des Ordoviziums von Estland/UdSSR und aus Colorado/USA. Sie lebten zunächst marin und in Küstennähe, und erst am Ende des Silurs eroberten sie den brackischen und limnischen Lebensraum in seichten Flüssen und Seen. Es waren die Kieferlosen oder Agnathen, die das Ende einer alten Vertebratenentwicklung darstellten.
In den kontinentalen Bereichen des Devons, auf dem „Altrotkontinent" (Old-Red-Kontinent) Nordeuropas haben diese Fische als fossile Leitformen eine große Bedeutung. Vertreten durch Agnathen und Gnathostomen waren sie, wie gesagt, seit dem älteren Paläozoikum (Ordovizium – Silur) mit einer Vielzahl an Bauplänen vorhanden. Jetzt, im älteren Devon, herrschte die größte Vielfalt. Die Agnathi, früher auch Ostracodermen genannt, erreichten im Unterdevon den Höhepunkt ihrer Entwicklung. Ab Emsium nimmt die Zahl der Taxa beträchtlich ab, sie starben dann am Ende des Devons aus. Typisch für die Kieferlosen ist ein gut entwickelter, schwerer äußerer Panzer (Kopf- oder Kopfbrust-Panzer) aus Knochenplatten oder Schuppen. Es dominieren zunächst die Pteraspiden und Cephalaspiden. Mit etwa 191 Arten umfassen sie 60% der unterdevonischen Wirbeltierfauna, z.B. die Gattungen *Pteraspis*, *Cephalaspis*, *Drepanaspis*. Zu Beginn des Devons setzten sich in immer stärkerem Maße die Gnathostomata, die direkten Ahnen der Wirbeltiere, durch. Ihnen war es möglich, die Ge-

wässer zu erobern; sie lebten räuberisch und konnten aktiv schwimmen, im Gegensatz zu den ortsständigen Agnathen.
Die Gnathostomata gliedern sich in „Knorpelfische“ (Chondrichthyes) und „Knochenfische“ (Osteichthyes). Die ältesten, obersilurischen und unterdevonischen primitivsten Gnathostomen wurden früher mit den gepanzerten Agnathen zu den Placodermen zusammengefaßt. Die ursprüngliche Bezeichnung Placodermi ist heute auf die Ordnung der Arthrodira, auch Panzer- oder Nackengelenkfische genannt, eine sehr vielgestaltige Gruppe von frühen Knochenfischen, beschränkt. Es sind Fische mit einem plattigen Hautknochenskelett und kleinen rhombischen Schuppen. Sie bilden eine heterogene Gruppe und keine genetische Einheit, da sie sich vermutlich auf unterschiedlichen und divergenten Linien in frühen und mittleren paläozoischen Zeiten entwickelten. Sie werden als „alte Experimente“ in der Evolution der Wirbeltiere angesehen, deren Entwicklung fehlschlug. Sie erlebten im Devon ihre Blütezeit und besaßen die Vorherrschaft unter den spätdevonischen Wirbeltieren (102 mitteldevonische und 201 oberdevonische Arten). Es waren gefährliche und ansehnliche Räuber, die zum Teil über 5 m lang wurden. Ein typischer Arthrodire ist *Coccosteus* (Bild 4.66)

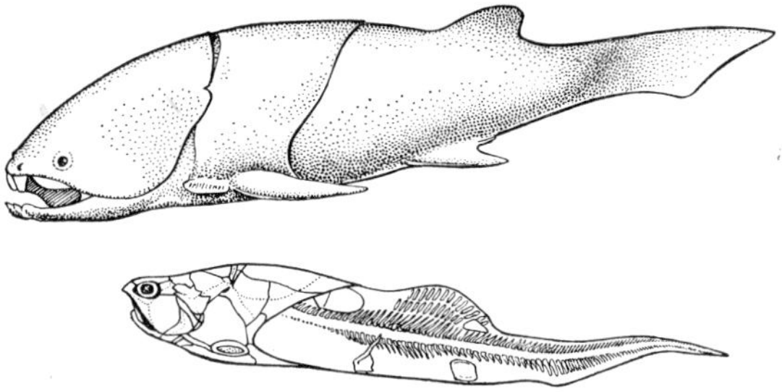

Bild 4.66. *Coccosteus*, ein devonischer Arthrodire aus dem Old Red-Sandstein Nordenglands und Schottlands, mit schwer gepanzertem Körper. Der Schädel besteht aus einer Reihe von Knochenplatten, die fest miteinander durch Suturen verbunden sind. Oben: Rekonstruktion (nach Colbert), unten: Skelettbau (aus Kuhn-Schnyder) Länge: etwa 40 cm

aus dem Altrotsandstein von Nordengland und Schottland, der aber auch in der übrigen Welt, wie in Nordamerika, in der Arktis, in Afrika und in der Antarktis verbreitet war. Er besaß eine schwer gepanzerte Kopf-Brust-Region, der rückwärtige Körper war oft völlig nackt. Freistehende, zahnähnliche Knochenplatten, die am Vorderende des Schädels angefügt waren, funktionierten als Zähne, z.B. bei *Dinichthys* (Bild 4.67) (Farbtaf. IX, Bild 10). *Dinichthys* gehörte zu den Giganten während des Gipfels der

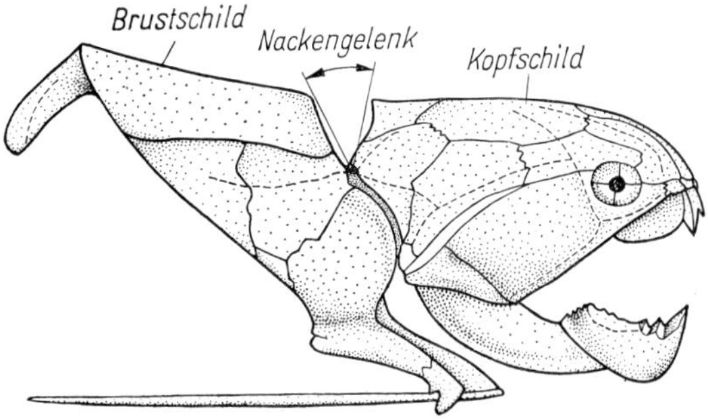

Bild 4.67. Der gigantische Arthrodire *Dinichthys* aus dem Oberdevon von Cleveland in Ohio/USA wurde bis 8 m lang. Er gehörte zu den sog. Nackengelenkfischen. Das Gelenk zwischen Kopf- und Brustschild ermöglichte es, den Kopf zu heben, wenn der Unterkiefer nach unten bewegt wurde (nach COLBERT)

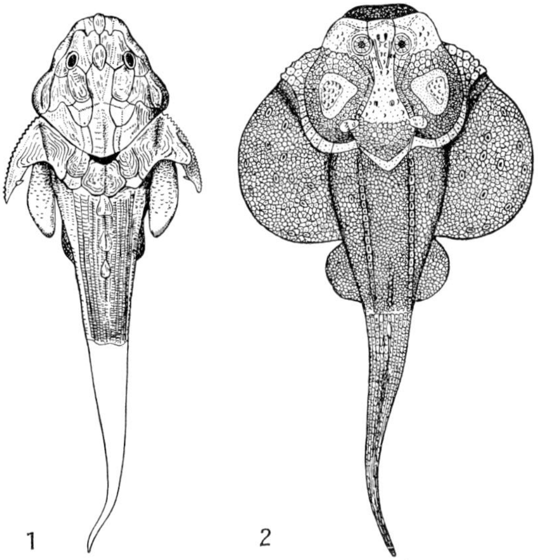

Bild 4.68. Zwei devonische Arthrodiren aus Europa, *Lunaspis* (*1*) (Ordnung Petalichthyida) (etwa 19 cm lang) und der rochenartige *Gemuendia* (*2*) (Ordnung Rhenanida) (etwa 20 bis 24 cm lang). Letzte ist ein Beispiel von Konvergenz in der Evolution. Sein Habitus, die Lebensweise und die Anpassung an die Umwelt ähneln denen einiger moderner Rochen und Mönchfische. Der Kieferbau entspricht jedoch dem primitiver Placodermen (nach GROSS)

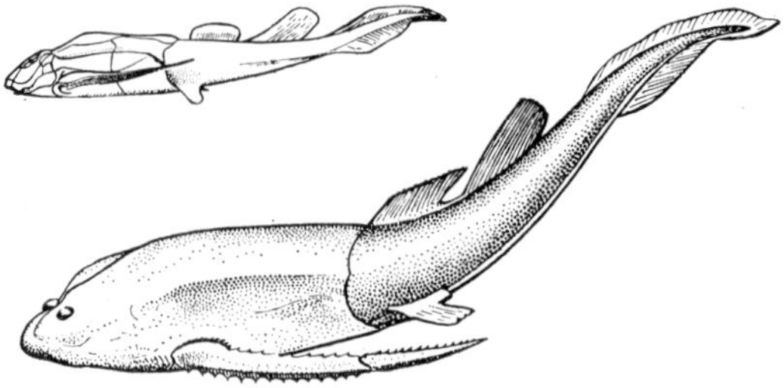

Bild 4.69. *Bothriolepis*, ein oberdevonischer kleiner Arthrodire mit starker Panzerung durch einen Kopf- und einen taschenförmigen Körperschild. Hinter dem Körperschild war der Fisch nackt. *Bothriolepis* besaß spitze und gepanzerte Brustanhänge, die ihm zur Fortbewegung dienten. Oben: Skelettbau aus KUHN-SCHNYDER, unten: Rekonstruktion nach COLBERT
Länge: etwa 6 cm

Bild 4.70. Aufsicht auf die Dorsalseite des Panzers von *Bothriolepis canadensis* aus dem Oberdevon von Dalhousie/Kanada. *Bothriolepis* gehörte zu den bekanntesten primitiven kiefertragenden Fischen (Panzerfische, Ordnung Antiarchi). Es war ein Süßwasserbewohner. Länge des Kopf-Rumpf-Panzers 16,5 cm

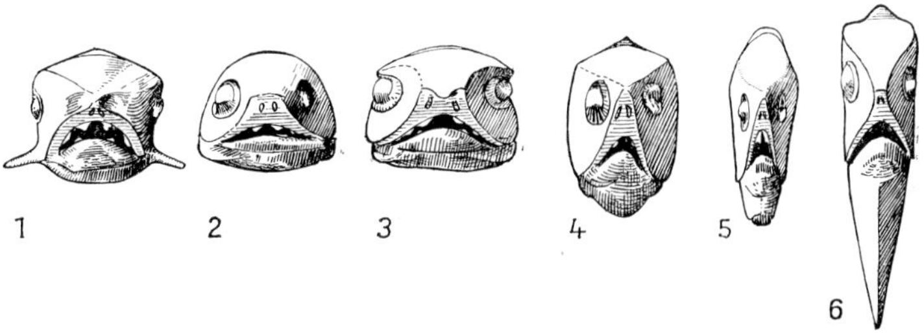

Bild 4.71. Verschiedene Arthrodiren aus dem Unterdevon von Wildungen/BRD in Vorderansicht (Rekonstruktion nach H. Schmidt) (unmaßstäblich)
1 Pholidosteus bidorsatus; 2 Enseosteus jaekeli; 3 Rhinosteus traquairi; 4 Brachydirus carinatus; 5 Leptosteus bickensis; 6 Oxyosteus rostratus

Arthrodirenevolution. Er war ein bis 8 m langer Raubfisch, der sich von anderen oberdevonischen Fischen ernährte. Weitere Ordnungen der Arthrodiren i.e.S. sind die Petalichthyida mit der Gattung *Lunaspis* und die Rhenanida mit der rochenartigen *Gemuendia* (Bild 4.68). Fast ausschließlich Süßwasserbewohner und in diesem Biotop weit verbreitet, waren die Antiarchi. Ein typischer Vertreter aus oberdevonischen Gesteinen der Gaspé-Halbinsel (Quebec/Kanada) ist *Bothriolepis* (Bilder 4.69 und 4.70). Mit Hilfe spitzer, gepanzerter Brustanhänge, die gelenkartig mit dem Vorderteil des Körperschildes verbunden waren, konnte er sich stoßend am Boden der Flüsse und Seen frei bewegen (Bild 4.71).
Eine wichtige Rolle unter den frühen gnathostomen Fischen spielen die Acanthodii oder „Stachelhaie“ bzw. „Dornhaie“ (Der Name weist auf die äußere Ähnlichkeit mit den Haifischen hin und beruht nicht auf wirklicher Verwandtschaft.). Sie besitzen vor den Dorsalflossen meist zwei, vor der Afterflosse und den paarigen Flossen je einen unbeweglichen Stachel. Auch zwischen den Brust- und Bauchflossen können weitere Stacheln sitzen. Die meist kleinen, bis 20 cm selten über 2 m langen Fische lebten nektonisch in Flüssen, Sümpfen und Seen. Viele Acanthodier waren Mikrophagen, d.h.

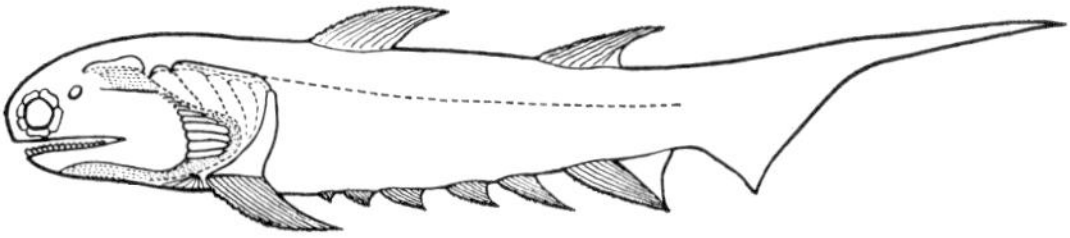

Bild 4.72. *Climatius*, ein früher, etwa 20 cm langer Acanthodier (Stachelhai), Vertreter der Gnathostomata. *Climatius* erschien bereits am Ende des Silurs und erreichte zu Beginn des Devons den Entwicklungshöhepunkt. Es war ein Süßwasserbewohner, der in Flüssen, Seen und Sümpfen lebte (nach Watson)

sie fraßen Mikroorganismen, und sie besaßen zahlreiche kleine vielspitzige Zähnchen. Ein früher Vertreter der Acanthodier aus spätsilurischen und frühdevonischen Ablagerungen ist die Gattung *Climatius* (Bild 4.72).
Die ältesten Chondrichthyes (Knorpelfische) wurden durch Skelettreste, wie Zähne, Stacheln und Schuppen, aus dem Mittel- bis Oberdevon nachgewiesen. Hierzu gehört z.B. *Cladoselache* (Bild 4.73). Ihre heutigen Vertreter sind die fleischfressenden Haie (Selachii), die bodenbewohnenden Rochen (Batoidei) und die von Weichtieren lebenden Chimären oder Seedrachen und ihre Verwandten. Ihr Innenskelett bestand aus Knorpel. Flossenstacheln und Zähne waren die einzigen harten Teile ihres Körpers, die fossil erhalten geblieben sind.

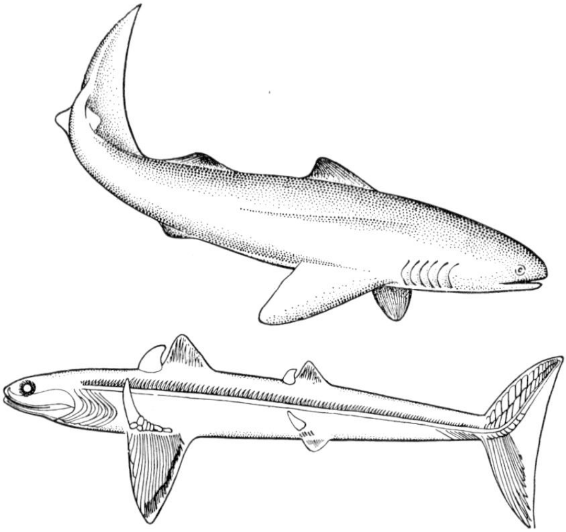

Bild 4.73. *Cladoselache* (Cladoselachida; Devon-Karbon) ein primitiver, haiähnlicher Fisch mit torpedoförmigem Körper des Oberdevons der Clevelandschichten längs der Südküste des Erisees/USA.
Diese Fische wurden in Schlamm eingebettet, so daß sogar Weichteile, wie Muskelfasern und Nieren, fossilierten.
unten: Skelettbau aus Kuhn-Schnyder
oben: Rekonstruktion nach Colbert
Länge: max. 1,20 m

Von allen Wassertieren gehören die Knochenfische (Osteichthyes) zu den erfolgreichsten, so daß sie mit Recht als die „Herren des Wassers“ bezeichnet werden. Anpassung an das Leben im Wasser durch entsprechend perfektionierte Schwimmethoden und Nahrungsaufnahme ließen sie in alle

Gewässer der Erde eindringen. Ein charakteristisches Merkmal dieser Tiergruppe ist ein inneres und ein äußeres verknöchertes Skelett. Von den Knochenfischen sind im Devon sämtliche drei Unterklassen als getrennte Entwicklungslinien bekannt:

- die Actinopterygii (Strahlenflosser), z.B. *Cheirolepis*
- die Crossopterygii (Quasterflosser), z.B. *Holoptychus, Osteolepis*
- die Dipnoi (Lungenfische), z.B. *Dipterus*

Sie setzten ihre Entwicklung in die nachfolgenden erdgeschichtlichen Systeme bis zur Gegenwart fort.
Alle höheren, echten Fische (Pisces), die es auch gegenwärtig noch gibt, werden den zwei großen Klassen der Chondrichthyes und Osteichthyes zugewiesen.
Neben der Eroberung des Festlandes durch die Gefäßsporenpflanzen im Devon entwickelten sich nun aus den wasserbewohnenden Fischen die landbewohnenden Wirbeltiere. Dieser Wechsel vom Wasser- zum Landleben ist einer der bedeutendsten Entwicklungsschritte in der Geschichte der Wirbeltiere. Mit diesem Milieuwechsel ist eine Umgestaltung des Gesamtorganismus verbunden, wobei sich die entscheidendsten Veränderungen am Bewegungs- und am Atmungsapparat vollziehen.
Alle devonischen Knochenfische waren Doppelatmer; außer mit den Kiemen konnten sie mit Hilfe lungenartiger Luftsäcke atmen. Diese „Urlungen“ wurden bei allen Fischen, die im Wasser blieben, schrittweise zur Schwimmblase, einem hydrostatischen Organ, umfunktioniert. Im Devon gab es aber bereits Fische, bei denen sich die lungenartigen Organe weiter entwickelten und sich dafür die Kiemen zurückbildeten. Es sind dies die devonischen Quastenflosser oder Crossopterygier (griech. krossos = Quaste; pteryx = Flosse), die infolge eines Nasen-Rachen-Ganges gute Voraussetzungen für einen erfolgreichen Übergang zum Landleben mitbrachten. Daneben besaßen sie weitere Körpermerkmale, die für eine Voranpassung (Präadaptation) des Lebens auf dem Lande, z.B. paarige Flossen, in deren Stützskelett die Tetrapodenextremität vorgebildet war, Voraussetzung waren.
Die devonischen Quastenflosser gliedern sich in die Coelacanthiden (Hohlstachler) und in die Rhipidistier (griech. ripis, ripidos = Fächer, istion = Segel).
Die Rhipidistier mit den Gattungen *Osteolepis* und *Eusthenopteron* (Bild 4.74) entwickelten sich auf der phylogenetisch direkten Linie zu den frühen Amphibien hin. Sie waren den starken Klimaschwankungen mit Dürreperioden und Regenzeiten im Devon besonders gut angepaßt. Eine Lungenatmung war ihnen möglich, und die knöchernen Flossenelemente erlaubten es ihnen, kurze Strecken auf dem Lande zurückzulegen, um nöti-

genfalls aus zeitweise eintrocknenden Gewässern in wasserreichere Tümpel zu gelangen. Die knöchernen Stützflossen befähigten sie also, diese Notsituation zu überleben. Mit Hilfe ihrer primitiven, paarigen Lungensäcke konnten sie sich den lebensnotwendigen Sauerstoff an der Wasseroberfläche nutzbar machen. Die Coelacanthiden erschienen im Devon in marinen Sedimenten, nur ein Exemplar wurde bisher in kontinentalen Ablagerungen

Bild 4.74. Lebensbild eines in der Entwicklung fortgeschrittenen, devonischen, fleischfressenden Crossopterygiers (Quastenflosser), *Eusthenopteron*. Er entwickelte sich in Richtung auf die frühen landlebenden Amphibien; der Schritt aufs Land beginnt. Länge: etwa: 28 cm (nach ROMER)

Spitzbergens/Norwegen gefunden. Quastenflosser, insbesondere Coelacanthiden, hielt man bis ins Jahr 1938 für ausgestorben; sie waren lediglich fossil – aus paläo- und mesozoischen Ablagerungen – bekannt. Zu diesem Zeitpunkt wurde vor der Insel Madagaskar ein lebender Vertreter dieser Fischgruppe gefangen. Sie besitzen eine gute Anpassungsfähigkeit; als Lebensräume bevorzugen sie mäßig tiefe, felsige Meeresgründe. Zu diesem „Urfisch mit Beinen", *Latimeria chalumnae* (Bild 4.75), kamen später weitere Exemplare, z.B. *Malania anjouanae*, hinzu. Diese sensationellen Funde erlangten in der Paläontologie große Berühmtheit. Es war nun ein „lebendes Fossil" bekannt, ein konservativer Dauertyp der stammesgeschichtlichen Entwicklung, aus der Phase der Herausbildung erster Landlebewesen, d.h. aus dem Zeitabschnitt der Erdgeschichte, in dem die Stammformen der Vierfüßer (Tetrapoden) zu suchen sind. Obwohl *Latimeria* einem stammesgeschichtlich unbedeutenden Stamm der Coelacanthiden angehört, ist das konservative Entwicklungsverhalten der Flossen fossiler Quastenflosser charakteristisch bis in die Gegenwart hin.

Latimeria besaß paarige gelappte Flossen, Vorstufen der Gliedmaßen höherer Tiere, die sich gegenüber den „normalen" Fischflossen dadurch unterscheiden, daß sie aus einer muskulösen, beschuppten quastenähnlichen Hauptachse mit seitlichen Stacheln bestehen. Diese beinartigen Stümpfe

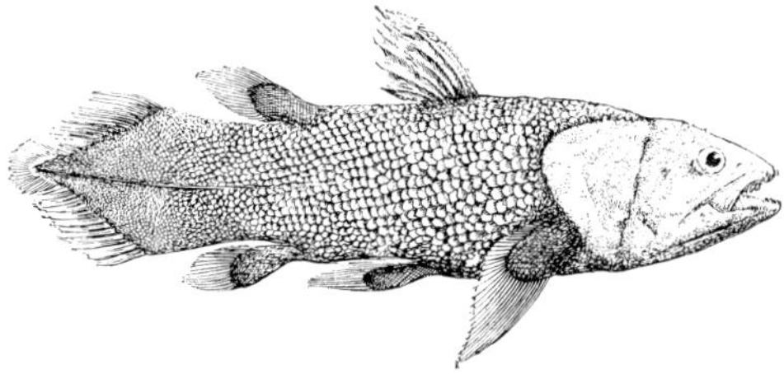

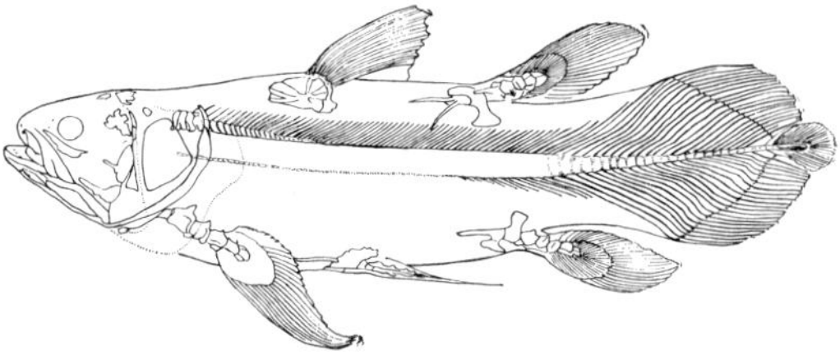

Bild 4.75. Ein „lebendes Fossil", der Quastenflosser *Latimeria chalumnae*.
Es war ein Fisch mit glänzenden runden und großen stahlblauen Schuppen, grüngelb leuchtenden Augen und paarigen, langen und kräftigen Flossen. Er ist der erste lebende Vertreter der Hohlstachler (Coelacanthiden), der 1938 vor der Ostküste Südafrikas bei den Komoren-Inseln nordwestlich von Madagaskar gefangen wurde. Seine Länge beträgt 1,6 m, sein Gewicht etwa 80 kg.
oben: Lebensbild (nach MILLOT)
unten: Skelettbau aus KUHN-SCHNYDER

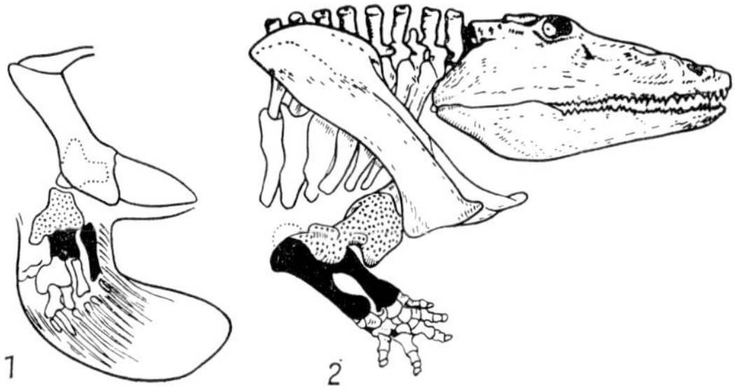

Bild 4.76. Die Flosse eines Quastenflossers (*1*) sowie die Vorderextremität, der Schultergürtel und der Schädel eines permischen Amphibiums (*2*) (*Eryops* sp.) (nach HÖLDER und MINER)

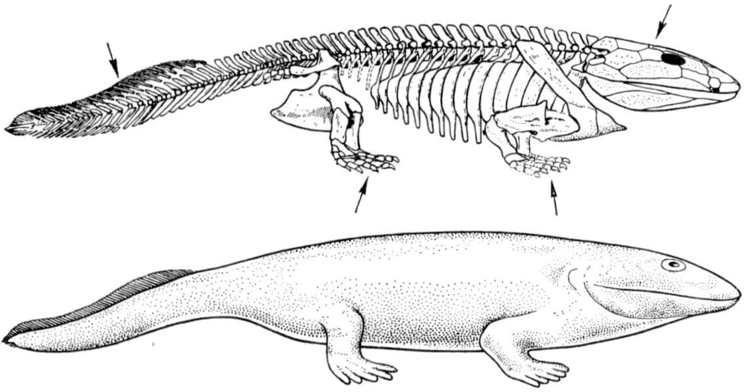

Bild 4.77. *Ichthyostega*, ein etwa 1 m langer Ichthyostegale aus dem Oberdevon von Ostgrönland. Dieser älteste Tetrapode ist das Bindeglied („connecting link"), vermittelnde Übergangsform, zwischen Fischen (Crossopterygiern) und Amphibien (Labyrinthodontiern). Die Pfeile deuten auf die typischen morphologischen Körpermerkmale hin (nach JARVIK)

der Quastenflosser stellen gewissermaßen die Vorstufe der Amphibienextremität dar (Bild 4.76).

Noch im Oberdevon gingen aus den Crossopterygien die ältesten labyrinthodonten Amphibien, d.h. die primitivsten Landwirbeltiere, hervor. Damit war auch in der Tierwelt endgültig der Übergang zum Landleben erfolgt. Die fossilen Übergangsformen zwischen Fischen und Amphibien, Ichthyostegiden oder „Dachschädler", wurden auf Grönland in den Celsiusbergen beim Kaiser-Franz-Josef-Fjord von dem Dänen G. SÄVE-SÖDERBERG 1931 gefunden und 1932 beschrieben. *Ichthyostega*, das merkwürdige Tier mit einem „Fischdach", entsprach jenem „connecting link" zwischen Crossopterygiern und Tetrapoden. Dieser bis 90 cm lang werdende Mosaiktyp *Ichthyostega* besaß vier Landextremitäten mit fünfzehigem Fußskelett, einen mit einem Flossensaum versehenen Fischschwanz, ein kräftiges mit radial gestreiften Knochenplatten belegtes Schädeldach und große kegelförmige Zähne (Bild 4.77). Diese morphologischen Kennzeichen deuten darauf hin, daß sich nicht alle Merkmale der Quastenflosser gleichzeitig und gleichschnell in Richtung zu den Amphibien hin entwickelten, sondern manche Fischmerkmale noch erhalten blieben, während sich andere schnell umbildeten. So vereinigen die ältesten Lurche, die Ichthyostegalen, Fisch- und Amphibienmerkmale in sich.

„Kriechflossen" und Fischlunge, bei den Quastenflossern noch Sonderanpassungen an die Trockenperioden des Landes, sind nun die Voraussetzungen für ein ständiges Landleben. Doch noch waren die Amphibien zur Fortpflanzung an das Wasser gebunden, und erst nach zahlreichen weiteren Umbildungen lösten sich dann die Reptilien endgültig vom Wasser. Mitunter werden daher die Amphibien als besondere „Fischtypen, die das Wasser niemals entbehren konnten", bezeichnet.

In den marinen Lebensbereichen des Devons vollzogen sich, ebenso wie auf dem Festlande, bei einigen Tiergruppen bedeutende Entwicklungsvorgänge. Die Wirbellosenfauna insgesamt stand jedoch der des Silurs nahe.

Die Nautiloideen wechselten ins Devon mit verminderter Formenfülle über. Die halb oder völlig eingerollten Arten (cyrtokone Gehäuse) überwogen. Ihre leitende Bedeutung trat jedoch zugunsten einer reichen Entfaltung der Paläoammonoidea (Anarcestida, Clymeniida, Goniatitida, Prolecanitida) zurück. Randständiger Sipho, ein Siphonal-Lobus (leichte Einbuchtung der Lobenlinie) und eine Wellung des Septenrandes sind typische Merkmale des dünnschaligen Gehäuses der noch gestreckten Bactritoidea. Diese individuen- und artenarme Gruppe besitzt eine zentrale Stellung als Verbindungsglied zwischen Nautiloideen, Ammonoideen und Belemnoideen. Die Abzweigung der Ammonoidea erfolgte im Unterdevon. Aus den kleinen, gestreckten Bactriten *(Bactrites)* entstanden durch fortlaufende Einrollung des Gehäuses die ersten Paläoammonoideen. Die lose, lockere Spirale, z.B. bei *Anetoceras*, verwandelte sich zunächst in eine solche mit einer Nabellücke, wie bei *Mimagoniatites*, und ging dann in eine ohne Nabellücke, z.B. bei *Pinacites*, über. So entstanden vollständig aufgerollte Gehäuseformen (Bild 4.78). Die Lobenlinie dieser Paläoammonoideen, die aus wenigen einfachen Sätteln und Loben besteht, wird nach der Gattung *Goniatites* auch „goniatitische Lobenlinie" genannt. Sie ist charakteristisch für eine Vielzahl paläozoischer Ammonoideen.

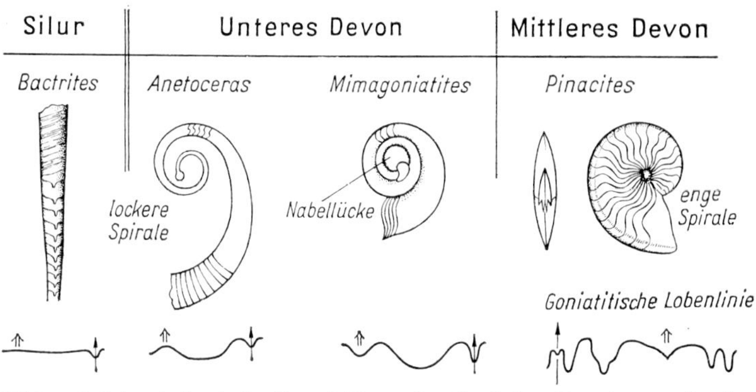

Bild 4.78. Morphologische Entwicklung der silurischen Bactriten zu den devonischen „Goniatiten" und die Ausbildung der goniatischen Lobenlinie (zusammengestellt nach v. BUBNOFF, LEHMANN und WIEDEMANN)

Diese ältesten Stadien der Ammonoideen kennt man bisher nur aus dem untersten Devon (oberes Siegenium) der Hunsrückschiefer im Rheinischen Schiefergebirge/BRD und vor allem aus Nordwesteuropa. Nach Herausbildung dieses neuen Ammonoideen-Typs breiteten sich diese Formen im Mitteldevon und im Oberdevon weltweit aus. In diesen beiden Abschnitten des Devons sind die Kopffüßer von hohem Leitwert.

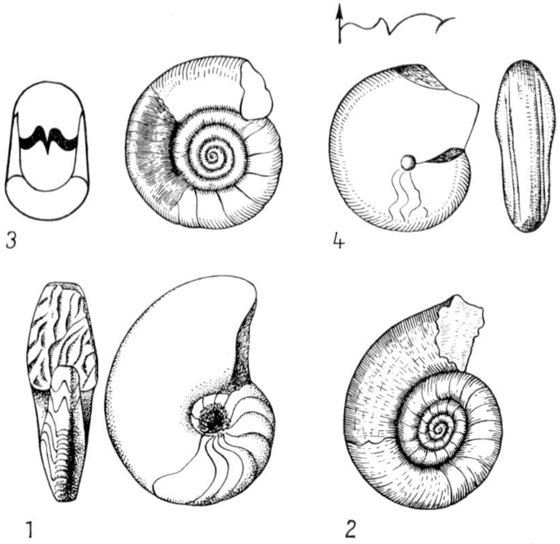

Bild 4.79. Leitformen von Goniatiten des jüngeren Unterdevons und Mitteldevons. Kennzeichnend sind Agoniatitidae (*Ag*), Mimoceratidae (*M*), Anarcestidae (*An*)
1 Agoniatites, Unter- bis Mitteldevon (*Ag*); *2 Gyroceratites*, Oberemsium (*M*); *3 Anarcestes*, Eifelium (*An*); *4 Maenioceras*, Givetium (*An*)

Bei den Paläoammoniten des Paläozoikums (Bilder 4.79 und 4.80) lassen sich drei unterschiedliche Ordnungen ausgliedern:

- □ Goniatiten i.e.S. (Goniatitida) (Bild 4.81): extern liegender Sipho (ventral), engnabelig; Kammerscheidewände nach vorn konvex; die Mehrzahl der paläozoischen Ammonoidea umfassend; Leitfossilien; ab Karbon überwiegend involute Formen; Aussterben im Perm
- □ Clymenien (Clymeniida): intern liegender Sipho (dorsal) (Ausnahme!); weitnabelig; Vereinfachung der Lobenlinie; rasche und formenreiche Entwicklung läßt sie im oberen Oberdevon zu ausgezeichneten Leitfossilien werden. Die Clymenien entstanden im unteren Oberdevon, wahrscheinlich aus Angehörigen der Goniatiten-Gattung *Archoceras*

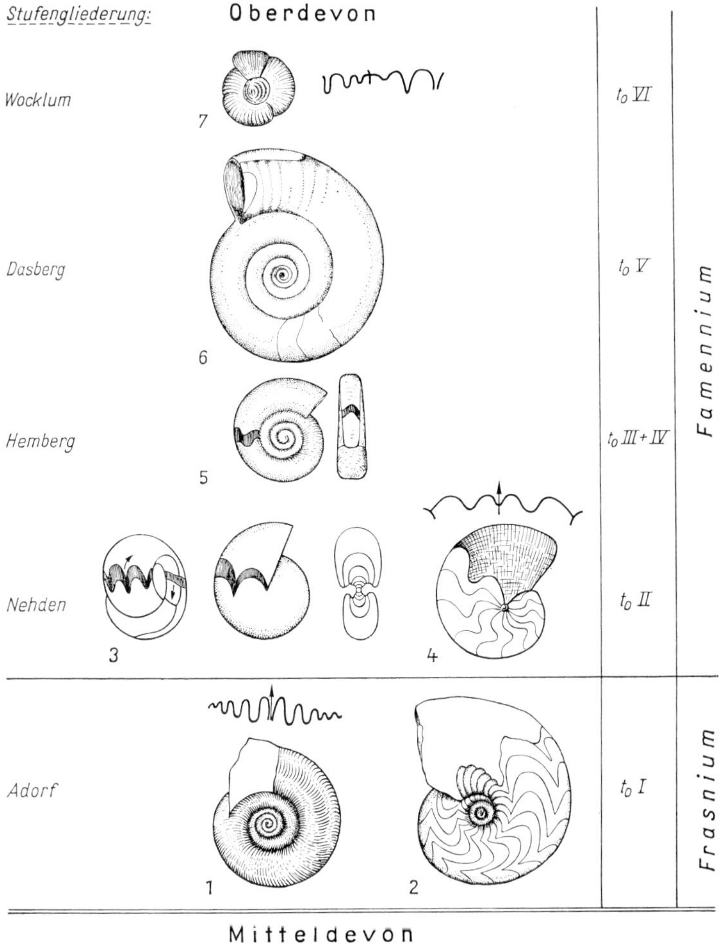

Bild 4.80. Leitformen von Goniatiten und Clymenien des Oberdevons. Kennzeichnend für das Frasnium sind Manticoceratidae und Pharciceratidae, für das Famennium Prolobitaceae und Clymeniacea (nach v. Bubnoff, Wedekind)

to Oberdevon, I–VI Stufengliederung

1 Pharciceras lunulicosta (Adorf); *2 Manticoceras intumescens* (Adorf); *3 Cheiloceras* sp. (Nehden); *4 Tornoceras simplex* (Nehden); *5 Platyclymenia annulata* (Hemberg); *6 Clymenia* sp. (Dasberg); *7 Wocklumeria denckmanni* (Wocklum)

Bild 4.81. *Imitoceras rotatorium*, ein zur Unterordnung Goniatitina gehöriger Paläoammonit, der vom Oberdevon III bis zum Mittelperm in Eurasien weit verbreitet war. Typisch ist die kugelig bis scheibenförmige, enggenabelte Gestalt und der ± stark ausgebildete Externsinus. Der Fundort des abgebildeten Stückes ist Rochfort/Indiana/USA. Durchmesser 6 cm

(Fam. Anarcestidae). Aussterben am Ende des Oberdevons; weltweite Verbreitung; Bewohner relativ flacher Gewässer

□ Prolecaniten (Prolecanitida): extern liegender Sipho; Ausgangsgruppe aller mesozoischen Ammonoideen; vorwiegend glattschalige, wenig skulpturierte, weitnabelige Formen; Aussterben am Ende der Trias.

Von den übrigen Weichtiergruppen herrschten im Devon die Schnecken mit den gleichen primitiven Formen vor wie im Silur, z.B. die mützenförmigen Capuliden *(Platyceras anguis)* in großer Menge und Vielgestaltigkeit (Bild 4.82) oder die persistenten Bellerophonten mit Schlitzband. In der landfernen Tiefseefazies der devonischen Meere spielten die massenhaft auftretenden Cricoconarida (griech. conos = Kegel), hierzu gehören Tentaculiten, Nowakien, Styliolinen als wichtige Leitformen, eine großeRolle.

Nach ihnen sind ganze Schichtenkomplexe benannt, z. B. der Tentakuliten-Knollenkalk und der Tentakuliten-Schiefer im Thüringischen Schiefergebirge/DDR, oder die Styliolinenschiefer-Sandsteinfolge des Lahn-Dill-Gebietes/BRD. Ganze Schichtflächen in diesen devonischen Gesteinen sind oft von ihnen bedeckt.
Die Muschelfaunen erhalten ihr Gepräge durch dickschalige Riffbewohner, z. B. *Megalodon* und dünnschalige kleine Formen in der sandig-tonigen Fazies, z. B. die Cryptodonta *(Buchiola, Hercynella)* oder in der Schieferfazies die flache, zahnlose, konzentrisch gestreifte *Posidonia.*
Auf dem Festland des Old-Red-Kontinents erschienen die ersten Süßwassermuscheln, wie *Anthracosia* und *Anthraconaia*, und Landschnecken.

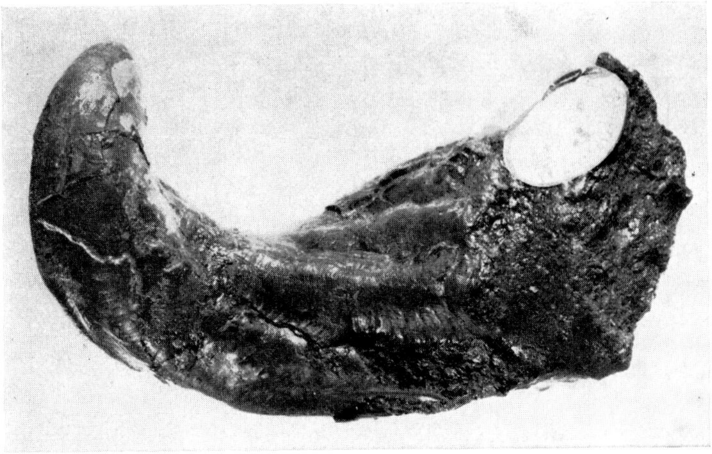

Bild 4.82. *Platyceras anguis*, eine z. T. sehr große Schnecke, die ein mützen- bis hornförmiges Gehäuse besitzt. Fundort ist der devonische Kalk von Radotin (Lochkov)/Böhmen/ČSSR. Breite 8,5 cm

Die Brachiopoden sind im Devon stratigraphisch und faziell besonders wichtig. Sie lebten in den Frisch- und Flachwasserbereichen mit einer Fülle von Gattungen. Die schloßtragenden Kalkschaler überflügelten nunmehr die Hornschaler. Im Vordergrund standen Armfüßer mit einem kalkig-spiraligen Armgerüst, z. B. Spiriferida (*Spirifer* sp. sp., *Uncites*) (Bilder 4.83 und 4.84; Farbtaf. VIII, Bild 8) daneben haben die Formen ohne verkalktes Armgerüst, wie Orthida und Strophomenida (*Chonetes; Xystostrophia*, Farbtaf. IX, Bild 9), sowie Pentamerida, Rhynchonellida und Terebratulida, wie *Stringocephalus* (Bild 4.83), Bedeutung.

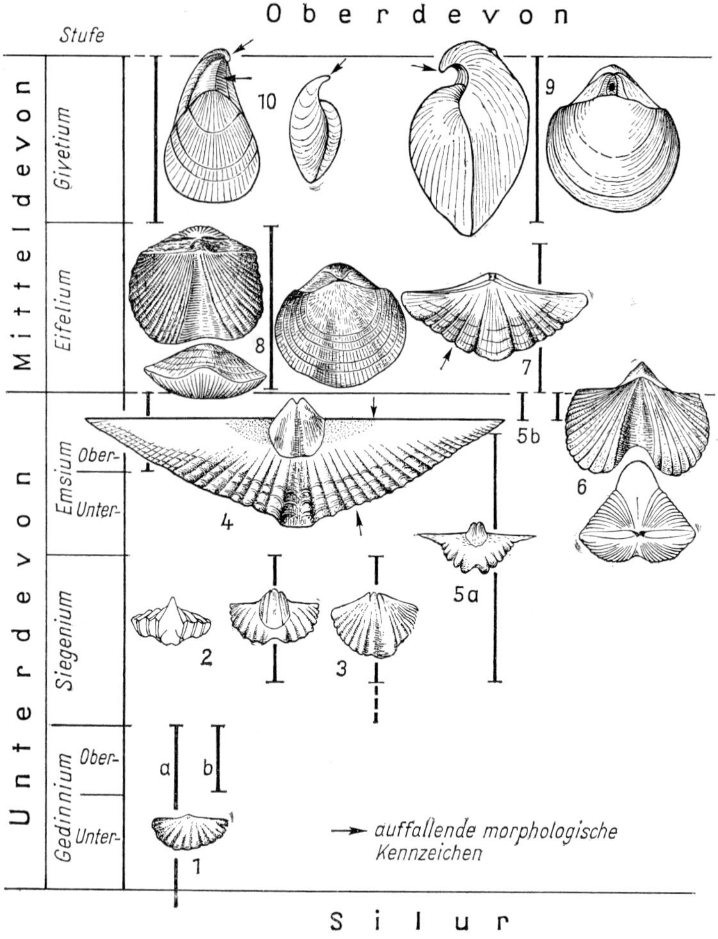

Bild 4.83. Einige biostratigraphisch und faziell im Unter- und Mitteldevon Mitteleuropas verbreitete Brachiopoden der Ordnungen Terebratulida (Fam. Stringocephalidae) und Spiriferida (Unterordnungen Spiriferacea und Rostrospiracea) sowie ihre vertikale stratigraphische Verbreitung und ihre besonders auffälligen morphologischen Kennzeichen (unmaßstäblich) (zusammengestellt nach v. BUBNOFF, A.H. MÜLLER u.a.)
1 Delthyris (Quadrifarius) (Syn. *Spirifer mercurii*),
a) *D.* (*Q.*) *elevatus,* b) *D.* (*Q.*) *dumontiana*
2 Hysterolites (Acrospirifer) primaevus (Syn. *Sp. prim.*); *3 Hysterolites hystericus* (Syn. *Sp. hyst.*); *4 Euryspirifer paradoxus* (Syn. *Sp. par.*) (vgl. Farbtaf. VIII, Bild 8); *5a Hysterolites (Arduspirifer) arduennensis* (Syn. *Sp. ard.*); *5b H.* (*A.*) *mosellanus; 6 Paraspirifer cultrijugatus* (Syn. *Sp. cultr.*) (vgl. Farbtaf. VIII, Bild 8); *7 Arduspirifer intermedius* (Syn. *Sp. speciosus*); *8 Sprifer osteolatus; 9 Stringocephalus burtini; 10 Uncites gryphus* (vgl. Bild 4.84)

Die Unterordnung der Spiriferacea mit ihren verschiedenen Gattungen soll wegen ihrer Vielgestaltigkeit und ihres stratigraphischen Leitwertes im Unter- und Mitteldevon hier besonders hervorgehoben werden. Die Spiriferacea sind eine sehr differenzierte Tiergruppe mit helicopegmatem Armgerüst. Es überwiegen Formen, die eine radial berippte oder gefaltete Schale

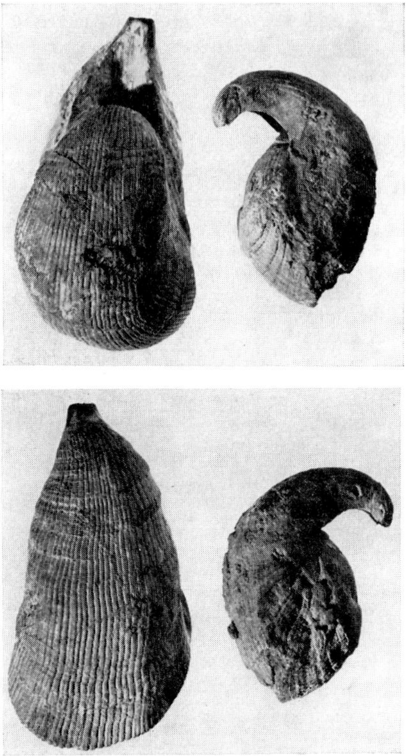

Bild 4.84
Uncites gryphus,
ein articulater Brachiopode des Mitteldevons von Paffrath/BRD;
Uncites ist ein wichtiges Leitfossil. Der Wirbel der Stielklappe ist spitz, schnabelartig nach hinten gekrümmt und besitzt eine hohe dreieckige Area. Das linke Exemplar ist 5,5 cm, das rechte 4 cm hoch

mit langem, geradem Schloßrand (Bilder 4.83, 4.85, 4.86, 4.87) haben. Die sehr unterschiedlich ausgebildeten Innenstrukturen sind für die Bestimmung der Gattungen besonders geeignet und bei Steinkernerhaltung der Spiriferen deutlich erkennbar (Bild 4.83). Neben den hauptsächlich für das Unterdevon leitenden Spiriferen sind noch zwei für das Mitteldevon charakteristische Brachiopoden zu erwähnen:

1. *Uncites* mit einem spitz-schnabelförmig gebogenen ventralen Wirbel, kurzem gebogenem Schloßrand und hoher, dreieckiger Area sowie in-

Bild 4.85. *Euryspirifer paradoxus*, eine Leitform der Spiriferida (Brachiopoden) für das obere Unterdevon (Ober-Emsium). Steinkerne und Abdrücke von radial berippten Armklappen in einer feinkörnigen Grauwacke von Helleberg/New York/USA. Breite des Gesteinsstückes 13 cm

Bild 4.86. Steinkern des großen schloßtragenden Brachiopoden (Kalkschaler) *Euryspirifer paradoxus* aus dem oberen Unterdevon (Emsium) des Rheinischen Schiefergebirges/BRD. Breite 7,6 cm

tensiver fasriger radialer Streifung (Bild 4.84). Trotz der völlig anderen äußeren Form gehört *Uncites* aber aufgrund seines Brachialskelettes zur Ordnung der Spiriferida (Rostrospiracea).

2. *Stringocephalus* (der „Eulenkopf"), insbesondere *Stringocephalus burtini*, verkörpert eine wichtige Leitform im oberen Mitteldevon (Givetium). Die Stielklappe besitzt wie *Uncites* einen stark vorspringenden Wirbel. Dieser Armfüßer ist großwüchsig, meist glatt und dickschalig (Bild 4.83). Nach *Stringocephalus* und seinem häufigen Vorkommen ist z.B. der Stringocephalenkalk im Harz (DDR und BRD) benannt.

Bild 4.87. Schichtfläche mit Steinkernen von Spiriferen, schloßtragenden Brachiopoden, der Art *Paraspirifer cultrijugatus* mut. *auriculata* aus dem unteren Mitteldevon (Eifelium) des Rheinischen Schiefergebirges/BRD. Breite des Exemplares links unten 3,7 cm

In den Riffgemeinschaften und Schwellengebieten des Devons, z.B. in den mitteldevonischen Massenkalken des Bergischen Landes, der Eifel und des Sauerlandes/BRD sowie im Harz/DDR (Elbingeröder Komplex), finden die silurischen Gruppen der Korallen eine Fortsetzung (Rugosa und Tabulata) und haben Leitwert. Die ältesten Gattungen dauern im wesentlichen fort. In der sandigen Fazies des rheinischen Devons ist *Pleurodictyum problematicum* (Bild 4.88; Farbtaf. XI, Bild 12), eine tabulate Koralle, besonders charakteristisch. Hier liegt das klassische Beispiel für fossil überlieferten Kommensalismus zwischen einem Korallentyp bzw. -stock und einem Wurm *(Hicites)* vor. Unter den Rugosa tritt stärker als vorher die Stockbildung in Erscheinung *(Cyathophyllum, Phillipsastrea, Syringopora,* Bild 4.89), aber auch die kegelförmigen Einzelkorallen waren weit verbreitet.

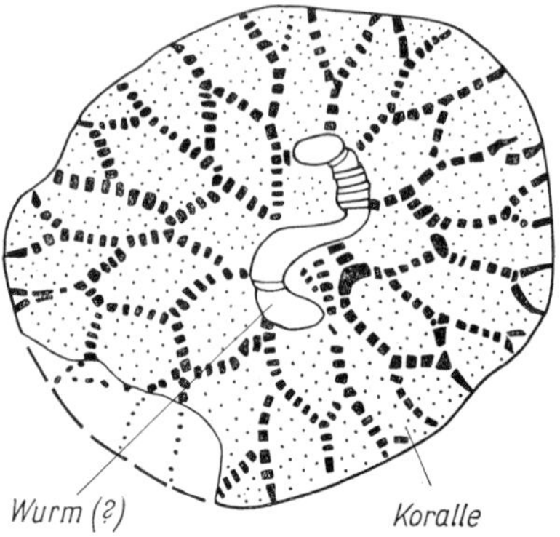

Bild 4.88
Pleurodictyum problematicum, eine tabulate Koralle aus dem Unterdevon der Eifel/BRD. Das Corallum ist meist um einen wurmartigen Fremdkörper gebildet. Nach GERTH soll es sich um den Wohnkanal einer Sipunculide bzw. die Ausfüllung eines Bohrganges handeln. Der Durchmesser des Corallums beträgt 2 bis 4 cm
(verändert nach CLARKE)

Bild 4.89. *Syringopora reticulata,* eine zur Familie Auloporidae der tabulaten Korallen gehörige stockbildende Koralle aus dem Oberdevon des Rheinlandes/BRD. Sie ist vom Silur bis zum Oberkarbon weltweit, außer in Südamerika, verbreitet. Höhe des Stückes etwa 8 cm

Eine Sonderstellung besitzen die schon im Silur auftretenden Calceolidae, mit Deckel versehene Einzelkorallen (Bild 4.90). Wegen ihrer pantoffelförmigen Gestalt werden sie auch als „Pantoffelkorallen" bezeichnet. Die

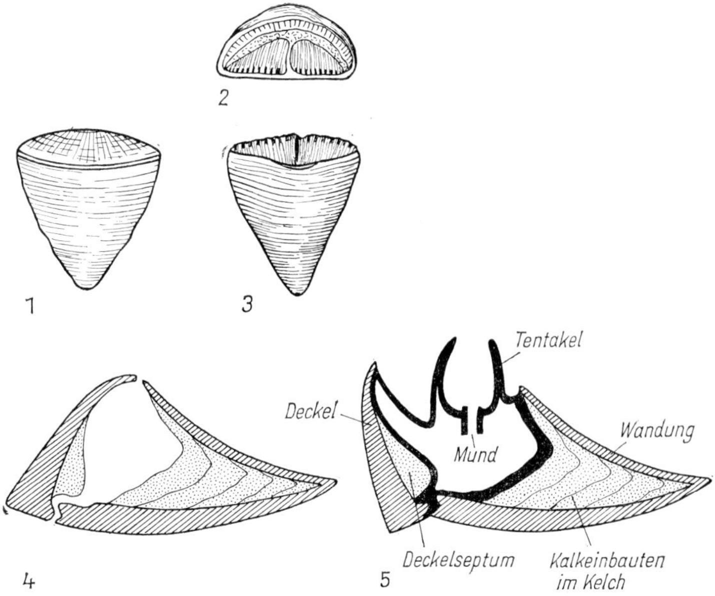

Bild 4.90. Pantoffelkoralle, *Calceola sandalina*, ein Leitfossil des Mitteldevons *1* Koralle geschlossen; *2* Deckel von innen mit Deckelseptum; *3* Kelch der geöffneten Koralle; *4* Längsschnitt, Deckel geschlossen; *5* Längsschnitt, Deckel geöffnet und fangbereit ausgestreckte Tentakeln (verändert nach WEDEKIND und R. RICHTER) (1 bis 3 natürliche Größe)

Bild 4.91. Die mit einem Deckel versehene (s. mittleres Exemplar) Einzelkoralle *Calceola sandalina* wird wegen ihrer Gestalt als „Pantoffelkoralle" bezeichnet. Sie ist eine wichtige Leitform des Mitteldevons, die mittelbreiten Formen sind charakteristisch für die *Cultrijugatus*-Stufe, die breiten (rechtes Exemplar) für die stratigraphisch höhere Eifelium-Stufe. Breiten der Exemplare v.l.n.r. 3,5, 3,5, 4,5 cm, Höhe 3,5 bis 4 cm

Bild 4.92. *Phacops (Phacops) schlotheimi*, ein für die Unterordnung der Phacopina und die Familie der Phacopinae namengebender Trilobit des Mitteldevons (Eifelium, Couvin-Stufe) von Gees bei Gerolstein (Eifel)/BRD. Länge 3,8 cm; Breite des in der unteren Hälfte abgebildeten Auges etwa 7 mm

Bild 4.93. *Odontochile rugosa*, ein zur Unterordnung der Phacopina gehöriger Trilobit des mittleren Unterdevons im Kalk von Prokop bei Damily/Böhmen/ČSSR. Deutlich sichtbar ist von der Seite eines der beiden halbmondförmigen Facettenaugen sowie ein breiter, den Kopfschild umfassender Saum. Die Krümmung des abgebildeten Exemplares läßt das Einrollungsvermögen dieser Trilobiten erkennen. Gesamtlänge des gekrümmten Trilobitenpanzers 6 cm

Leitform des Mitteldevons ist *Calceola sandalina* (Bild 4.91). Der Kelch wird durch ein- oder mehrteilige Deckel verschlossen. Zu Beginn ihrer Entwicklung, an der oberen Grenze des Unterdevons, traten mittelbreite Formen mit flacher Unterseite und halbkreisförmigem Deckel auf, denen im Eifelium, der sog. *Calceola*-Stufe, extrem breite Individuen folgten. Im Givetium wechselten zunächst schmale mit wieder nachfolgenden mittelbreiten Formen ab.
Die Arthropoden, insbesondere die Triboliten, erlangten zwar noch einmal eine hochunterdevonische Blütezeit, in der sie leitende Bedeutung hatten, befanden sich aber seit dem Silur im Rückgang und erlitten nun im Devon weitere Einbußen. Die bekanntesten devonischen Trilobiten gehören zu den Phacopidae (*Phacops*, Bild 4.92), *Odontochile* (Bilder 4.93, 4.94, 4.95, 4.96, 4.98), Lichidae *(Lichas, Ceratarges)*, Odontopleuridae *(Odontopleura, Acidaspis)*, Proetidae *(Proetus)*, Harpididae (*Harpes*, s. Bild 4.48) u.a. Sie alle erreichten die Karbongrenze. Andere erloschen bereits vor dem Oberdevon (Cheiruridae, Calymenidae, Homalonotidae.) Die devonischen Trilobiten sind langlebig, artenreich und biochronologisch bedeutsam, z.B.

Bild 4.94. *Odontochile rugosa* (vgl. Bild 4.93). Aufsicht auf den Kopfschild (Cephalon) und den Thorax bis zur Krümmungsstelle des Tieres. Sichtbar ist die stark lobierte, vorn verbreiterte, mit drei Glabellarfurchen versehene Glabella und einem vor der Stirn liegenden, das Cephalon umfassenden Saum. Weitere morphologische Charakteristika sind die beiden halbmondförmigen Facettenaugen sowie zwei kräftige Wangenstacheln und die stark segmentierten Thorakalsegmente mit kräftigen Spindelringen. Breite am hinteren Rand des Cephalon 3 cm

Proetidae und Phacopidae (Bild 4.98). Die unter- und mitteldevonischen Formen sind stark bestachelt, z.B. *Ceratarges* (Bild 4.99) und besitzen Chitinwülste. Formen mit kleinen reduzierten Augen oder blinde Individuen traten auf und deuten auf bodenbewohnende Lebensweise hin. Die Phacopiden besaßen ein ausgeprägtes Einrollungsvermögen.

In den Flachwasserablagerungen („Cypridinen"-Schiefer des Oberharzes/BRD; Bunt- und Rotschiefer des Unterharzes/DDR) traten gelegentlich massenweise Ostracoden, sog. Entomozoidae = „Cypridinen", auf, die ebenfalls Leitcharakter, speziell im Oberdevon, haben.

Mit Sicherheit gehören auch die ältesten geflügelten Insekten, z.B. Pterygota (Collembola), ins Oberdevon.

Unter den devonischen Stachelhäutern sind die sich in großer Mannigfaltigkeit ausbreitenden Crinoiden zu nennen, deren Formenfülle aber allmählich zurückging. Sie waren gelegentlich so häufig, daß sich eine „Trochitenkalk"-Fazies entwickelte. An dieser Gesteinsausbildung ist besonders die Unterklasse der Camerata mit der Gattung *Ctenocrinus* beteiligt (Bilder 4.100 und 4.101). Ihre runden Stielglieder und ganze Stielstücke sind als Hohlabdrücke in Sandsteinen (Spiriferensandstein) des Unterdevons im Rheinischen Schiefergebirge/BRD erhalten. Da sie wie das Gewinde einer Schraube aussehen, werden sie im Volksmund „Schraubensteine"

Bild 4.95 *Odontochile rugosa* (vgl. Bild 4.93). Seitliche Aufsicht auf das rechte halbmondförmige Facettenauge des Trilobiten. Die etwa 0,8 cm² große Sehfläche mit etwa 350 Einzelaugen (Ommatidien) hat einen seitlichen Durchmesser von etwa 1 cm

Bild 4.96. Pygidium von *Odontochile cristata* aus dem Unterdevon (Lochkov-Kalk) von Lochkov/Böhmen/ČSSR. Spindellänge des Schwanzschildes 2,2 cm

---

Proetacea:
1 Scutellum (Thysanopeltis) speciosum, Eifelium (charakteristisch für die böhmische Kalkfazies/ČSSR; vgl. Bild 4.97); *2 Proetus cuvieri*, Eifelium; Mitteldevon; *3 Dechenella burmeisteri*, Givetium; Mitteldevon, *4 Cyrtosymbole conifera*, Oberdevon ▸

Phacopina:
5 Odontochile hausmanni, Eifelium; *6 Phacops schlotheimi*, Mitteldevon (mit vorzüglichem Einrollungsvermögen) (vgl. Bild 4.92, S. 126)
tm Mitteldevon, to Oberdevon

Bild 4.97. Anhäufung von Schwanzschildern (Pygidien) des Triboliten *Scutellum paliferum* in einem unterdevonischen Kalkstein der ČSSR (oberer Koněprusy-Kalk). Längsdurchmesser des linken oberen, vollständigen Pygidiums 2,5 cm

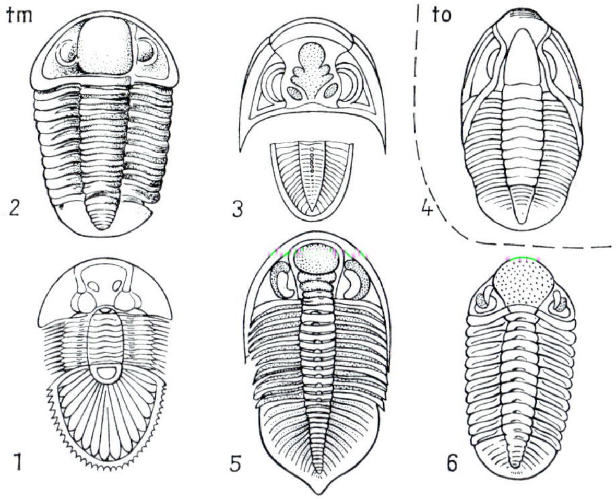

Bild 4.98. Biochronologisch bedeutsame Leit-Trilobiten der Oberfamilie Proetacea und der Unterordnung Phacopina, die im Devon eine Blütezeit erlebten (verändert nach v. Bubnoff)

Bild 4.99. *Cerataraes armatus* aus dem Mitteldevon von Pelm bei Gerolstein (Eifel)/BRD. Die langen Stielaugen am Kopfschild haben einen Augenabstand von 7 mm. Deutlich sichtbar sind die beiden langen kräftigen Wangenstacheln und die Körnelung auf der Glabella.

Bild 4.101. Detailansicht der Gelenkflächen von Seelilienstielgliedern *(Ctenocrinus typus)* aus dem Mitteldevon (Givet) von Plettenberg/Westfalen/BRD (vgl. Bild 4.100). Deutlich sichtbar sind die mit Nebengestein ausgefüllten Zentralkanäle und die feinen, radial verlaufenden Rippen (Crenellae) und Furchen auf den Berührungsflächen der Stielglieder (Columnalia). Durchmesser der einzelnen Stielglieder 2 bis 4 mm ►

Bild 4.100. Schichtfläche mit Crinoidenstielgliedern von *Ctenocrinus typus*, ein sog. Trochitengestein aus dem Mitteldevon (Givet) von Plettenberg/Westfalen/BRD. Die ursprünglich mit Bindegewebe ausgefüllten Räume zwischen den radialstrahligen Gelenkflächen der Stielglieder wurden mit Nebengestein ausgefüllt. Durchmesser der Gelenkflächen zwischen 2 und 4 mm

Bild 4.102. *Euzonosoma tischbeiniana*, ein Schlangenstern (Ophiuroidea) des Unterdevons, Bundenbacher Schiefer (Dachschiefer), im Rheinischen Schiefergebirge/BRD. Bundenbach ist eine der klassischen Fossilfundstätten Mitteleuropas. Diagonaldurchmesser 13 cm, Durchmesser des Peristoms (Mundregion) 1,3 cm

genannt. Charakteristische Crinoiden des Mitteldevons sind die Gattungen *Rhipidocrinus* und *Cupressocrinites*.

Paläontologischen Weltruf für die Erhaltung von devonischen Seelilien und Seesternen erlangten die unterdevonischen Hunsrückschiefer (Siegenium), insbesondere der Horizont der Bundenbacher Schiefer. Hieraus sind allein etwa 65 Arten an Stieltieren (Pelmatozoa) bekannt geworden. Besonders reich, aber an eine bestimmte Fazies gebunden, war die bisherige Ausbeute an Sterntieren (Asterozoa), darunter zahlreiche Seesterne (Asteroidea) z. T. leitend, und Schlangensterne (Ophiuroidea), wie z. B. *Euzonosoma tischbeiniana*, : 34 Gattungen mit über 50 Arten (1957) (Bild 4.102). Die gute Überlieferung und Erhaltung der Funde ermöglichte wichtige paläkologische Aussagen über Einregelungs- und Todesursachen sowie Wasserchemismus zu Lebzeiten dieser Organismen innerhalb eines flachen Meeresarmes der Devonzeit.

4.2.5. Karbon

Das Karbon (lat. carbo = Kohle) umfaßt einen Zeitabschnitt von 65 Mill. Jahren und wird auch „Steinkohlen-Formation" genannt. Das System erhielt seinen Namen nach den umfangreichen Steinkohlenlagerstätten, die während dieser Zeit in Europa und Nordamerika entstanden sind. Bereits sehr frühzeitig wurde der Begriff Karbon geprägt: 1808 von dem Franzosen J. B. Omalius d'Halloy als „terrain houiller" (= Kohlenerdreich), 1822 durch W. D. Conybeare und J. Phillips als „Carboniferous" für die Gesteinsabfolge „Bergkalk und flözführende Schichten" in Nordamerika. 1839 wurden von dem englischen Geologen R. J. Murchison in England die Grundzüge der bis heute geltenden Begrenzungen des Karbons festgelegt. Die später eingeführten Stufennamen zeigen, daß die weitere Gliederung des Karbons z. T. an die geologischen Verhältnisse in den karbonführenden Ländern Westeuropas und Nordamerikas (Bild 4.103) anknüpft. Die gültige regionalstratigraphische Gliederung des Karbons auf der Nordhemisphäre der Erde weicht von der osteuropäischen (und chinesischen) ab (s. Tabelle):

West-, Mitteleuropa, Nordamerika				Osteuropa	
					$285 \cdot 10^6$a
Ober-karbon	Stephan[ium] (n. d. Ort Saint-Etienne in Frankreich) (Siles: lat. Silesia = Schlesien), Pennsylvanian)	C B A		Ober-karbon	
	Westfal[ium] (n. d. Vorkommen in Westfalen/BRD)		D C B A	Mittel-karbon	
	Namur[ium] (n. d. Ort in Belgien)	C B A			$320 \cdot 10^6$a
Unter-karbon	Visé[um] Dinant[ium], (Mississippian) Tournais[ium] (n. Orten in Belgien)			Unter-karbon	$350 \cdot 10^6$a

Bild 4.103. Kelch und Stielstück der Seelilie *Platycrinites hemisphaericus* aus dem Unterkarbon (Mississippian) von Crawfordsville nordwestlich Indianapolis/Indiana/USA. Durchmesser 4 cm

Diese Gliederung wurde auf dem Internationalen Heerlemer Karbonkongreß 1927 festgelegt und auf weiteren Nachfolgekongressen (1935, 1951) als praktikables Gliederungsschema in West- und Mitteleuropa weiter präzisiert und angewendet.
Die untere Grenze des Karbons ist gekennzeichnet von einer unvermittelt einsetzenden Veränderung in der Pflanzenwelt; eine lebhafte Entfaltung der höheren Sporenpflanzen begann, es traten sehr viele neue Formen auf. Subtropisch-feuchtes Klima förderte ein intensives Pflanzenwachstum. Zum ersten Male kam es im Ablauf der Erdgeschichte zu massenweiser Anreicherung von Pflanzensubstanz, und damit war die Grundvoraussetzung zur Ausbildung von großräumig verbreiteten Kohleflözen (Steinkohle) gegeben.
Die obere Grenze des Karbons ist dagegen nicht so deutlich markiert. Hier bestehen Übergänge zum nachfolgenden Perm, und man spricht mitunter örtlich vom Permokarbon. Karbon und Perm werden daher als Jungpaläozoikum dem Altpaläozoikum (Kambrium bis Devon) gegenübergestellt.
Die Zeit des Karbons ist tektonogenetisch gekennzeichnet durch die Vorgänge der varistischen Gebirgsbildung. Die Faltungen schufen die Voraussetzungen für die Bildung der paralischen (Saum- oder Vortiefen) und intramontanen (limnischen) Becken, deren sinkender Untergrund die riesigen Moore entstehen ließ. Damit gingen auch ausgedehnte Verlandungen einher, wodurch eine Reihe durch die Organismenwelt markierter Faziesbereiche ausgeschieden wurden. In der marinen und der marin beeinflußten Fazies Mittel- und Westeuropas dienen vor allem die Paläoammoniten (Goniatiten) und Conodonten als Leitfossilien und sind grundlegende Organismen einer Orthostratigraphie. In den Karbongebieten Großbritanniens, Belgiens und Deutschlands wurden diese Gliederungen aufgestellt.
Daneben sind Foraminiferen, Korallen, Trilobiten und Brachiopoden in diesen Schichtenkomplexen bezeichnend. Diese Faziesgebiete heißen Kulm- und Kohlenkalkfazies.
Die limnisch-fluviatilen Faziesgebiete, insbesondere das Oberkarbon, lassen sich mit Hilfe der Landpflanzenfloren und Süßwassermuscheln charakterisieren.

4.2.5.1. Die Tierwelt des Karbons

Das Karbon kann generell als eine Vorbereitungszeit der mesozoischen Tierwelt angesehen werden. So hatte bei einigen paläozoischen Tiergruppen, z. B. den Tabulaten, Muscheln und Fischen, die Entwicklung rückläufige Tendenz, oder manche Gruppen, wie Graptolithen und Panzer-

fische (Placodermi), starben ganz aus. Demgegenüber traten Ammonoideen und Foraminiferen sowie landbewohnende Arthropoden und Amphibien in den Vordergrund.
Ausgezeichnete Leitfossilien bilden im Karbon die Ammonoideen. Sie verzeichneten an der Wende Devon/Karbon einen scharfen Schnitt. Die Clymenien waren am Ende des Devons ausgestorben. Die Prolecanitida und Goniatitida entwickelten sich nun in großer Formenfülle bis zu ihrem Aussterben im Perm. Das Unterkarbon (Dinant) beginnt mit dem ersten Auftreten von *Gattendorfia*, das Oberkarbon (Siles) mit *Cravenoceras leion*. Im Unterkarbon ist eine klastische Fazies (Tonschiefer, Grauwacken, Kieselschiefer, Alaunschiefer) mit Nekton und Plankton, die Kulmfazies, und

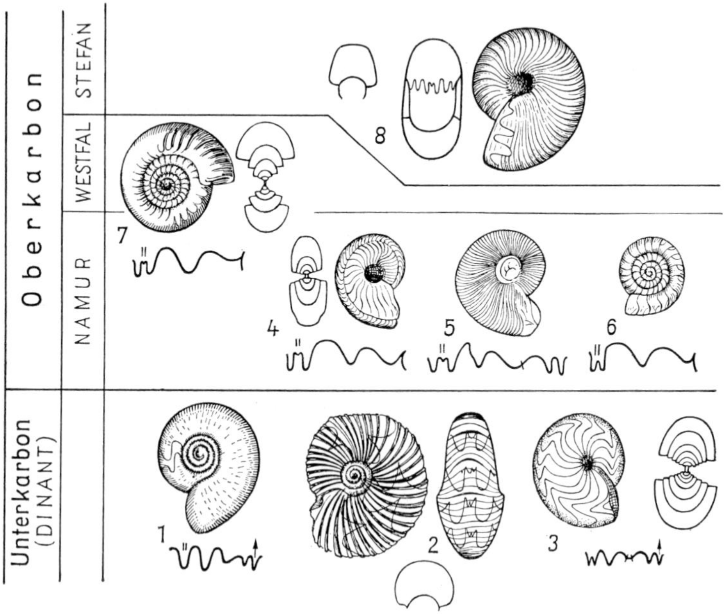

Bild 4.104. Einige leitende Goniatiden des Karbons (unmaßstäblich) (verändert nach v. BUBNOFF)
Dinant:
1 Gattendorfia; 2 Pericyclus; 3 Goniatites
Namur A, B:
4 Eumorphoceras; 5 Homoceras; 6 Reticuloceras
Namur C – Westfal D:
7 Gastrioceras
Stephan A – C:
8 Schistoceras

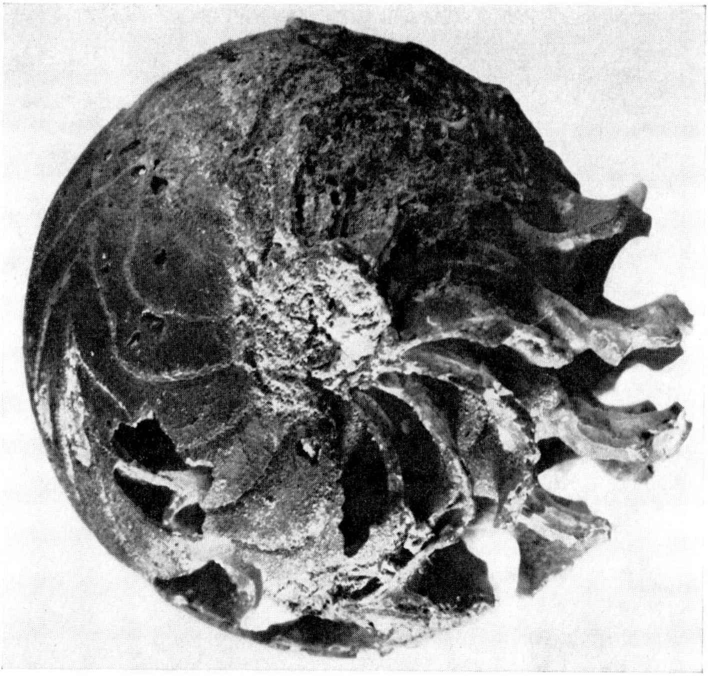

Bild 4.105. Verkieselter Goniatit, *Goniatites striatus*, aus dem Kulmschiefer von Lütkenheide bei Satrop/BRD. Die enggenabelte, kugelig aufgeblähte Form zeigt rechts die herausgewitterten, verkieselten Kammerscheidewände; links die einfache goniatische Lobenlinie. Durchmesser 2 cm

eine kalkige Kohlenkalkfazies mit vorwiegend Benthos ausgebildet. Diesen Biofazies liegt eine Ammonoideenhorizontierung zugrunde, die sich bis ins Oberkarbon fortsetzt.

Das Dinant wird durch *Gattendorfia*, *Pericyclus* und *Goniatites* in drei Stufen, das Namur in vier Stufen geteilt durch *Eumorphoceras*, *Homoceras*, *Reticuloceras* und z.T. *Gastrioceras*. *Schistoceras* ist leitend für Westfal und Stephan (Bild 4.104).

Die Goniatiten beherrschen oft mit Massenvorkommen (Cephalopodenkalke) die Kulmfazies, finden sich aber auch stellenweise in der Fazies des Kohlenkalkes (Bild 4.105).

Ausgehend von meist glatten, stark eingerollten Formen mit nahezu geschlossenem Nabel in der *Gattendorfia*-Stufe, ging die Entwicklung der Goniatiten in der *Pericyclus*-Stufe über berippte zu spiralstreifigen Formen in

der *Goniatites*-Stufe voran. Im Oberkarbon sind die Gehäuse stark aufgebläht, mit Knoten besetzt und weitnabelig.
Neben den Ammonoideen spielen im Dinant für die angewandte Biostratigraphie die Conodontochordata (Conodonten) (vgl. Bild 4.63) eine wichtige Rolle. Da sie sowohl in der Kulm- als auch in der Kohlenkalkfazies nachweisbar sind, bieten sie eine gute Möglichkeit für den Vergleich der beiden Großfaziesbereiche.

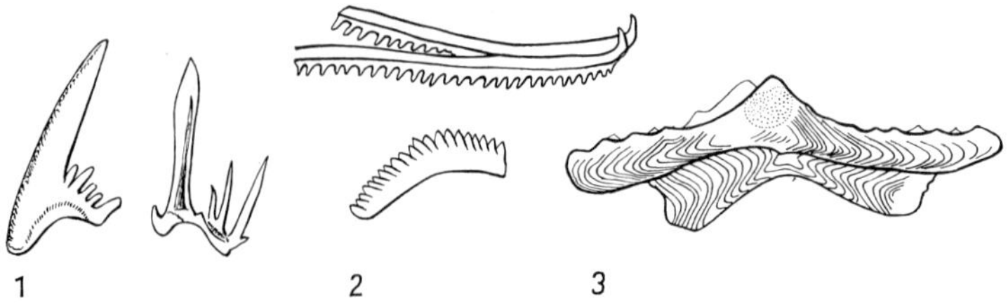

Bild 4.106. Einige morphologisch bedeutende Conodonten, die z.T. Leitformen des Unterdevons bis Unterkarbons sind (nach HELMS)
1 Cyrtoniodus sp.; spitze Einzelzacken, Vergr. 15 × ; *2 Gnathodus bilineatus;* einfache und mehrästige Zackenreihen, Vergr. 8 × (oben: *Hindeodella*-Elemente, unten: *Ozarkodina*-Elemente); *3* Plattformtyp *(Palmatolepis hassi)*, lamellarer Aufbau der Plattformbasis; Vergr. 40 ×

Conodonten sind bernsteinfarbene, ± durchsichtige, vielgestaltige Mikrofossilien von 0,2 bis 0,3 mm Größe. Sie besitzen zahlreiche spitze Einzelzacken oder mehrästige Zackenreihen, aber auch gerippte und knotige Plattformtypen (Bild 4.106) kommen vor. Diese Bildungen gehören zu einem nektonischen oder pseudoplanktonischen, bilateral organisierten Tier bisher noch unsicherer systematischer Zugehörigkeit. Sie werden als Stützelemente in Greif- und Filterorganen wurmartiger Tiere gedeutet. Die Conodonten unterlagen weltweit in der Erdgeschichte einem raschen Formenwandel und sind daher wichtige Leitfossilien in der Biostratigraphie.
Einen ersten Höhepunkt in ihrer stammesgeschichtlichen Entwicklung erlebten im Karbon die gerüsttragenden Einzeller (Protozoa). Insbesondere die Foraminiferen waren im Oberkarbon und im nachfolgenden Perm gesteinsbildend (Kohlenkalke) und haben stratigraphische Bedeutung. Die Aufrollung, ausgehend von scheibenförmigen über spindelförmige zu rundlichen Gehäusen, und Wellblechfaltung der Kammerwände sowie die Ausbildung von Gehäusewänden innerhalb der Kammern sind kennzeichnend für die Entwicklungsvorgänge bei den Foraminiferen. Erstmalig erschienen im Unterkarbon Großforaminiferen. Aus den Endothyracea entwickelten sich die in den Fusulinenkalken weltweit verbreiteten,

äußerlich einem Getreidekorn bzw. einer Spindel ähnlichen Gattungen *Fusulina*, *Fusulinella* und *Triticites*, die bis zu mehreren Zentimetern lang werden können (Bild 4.107).

Die Korallen erlangten in der kalkigen Fazies des englischen Kohlenkalkes Bedeutung, wenngleich sich insgesamt bei ihnen ein sichtlicher Rückgang abzeichnete. Die Tabulaten waren den rugosen Septenkorallen untergeordnet. Nur noch die Gattungen *Syringopora* (vgl. Bild 4.89) (Aulopori-

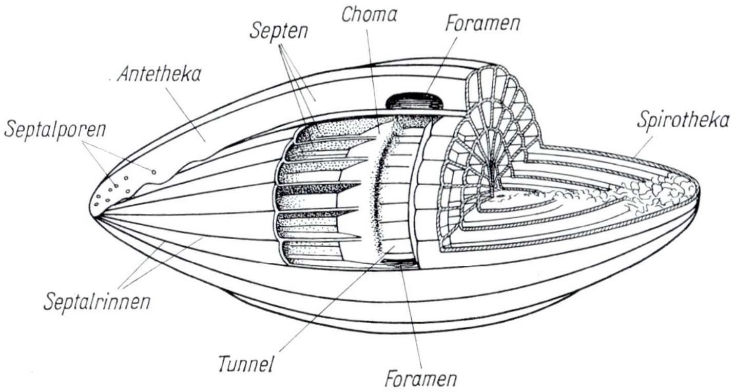

Bild 4.107. Gehäuseaufbau einer spindelförmigen Großforaminifere *(Fusulinella)*. Die Fusuliniden sind z.T. sehr wichtige Leitfossilien (verändert nach Pokorny)

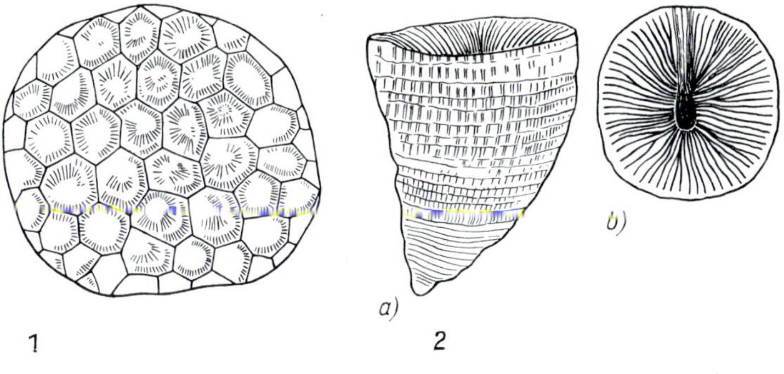

Bild 4.108. Zwei Leitformen der Korallen aus der Kohlenkalkfazies des Unterkarbons (etwa natürl. Größe)

1 Michelinia favosa, eine stockbildende Tabulate, Tournai/Belgien

2 Zaphrentoides cornucula, eine Rugose, Bristol/Großbritannien

a) Seitenansicht, b) Kelchaufsicht

Bild 4.109. Längsschnitt durch die koloniale, büschelförmige rugose Koralle *Lithostrotion janieum* aus dem unterkarbonen Kohlenkalk von Berham bei Wrexham/England. Durchmesser der angeschnittenen Einzelexemplare 2 bis 3 mm, stellenweise ist die Columella sichtbar.

dae) und *Michelinia* (Favositidae) (Bild 4.108) mit großen polygonalen Polyparen waren für den Kohlenkalk bezeichnend.
Die Rugosa befanden sich mit einigen Gruppen in reicher Entfaltung, z.B. den Cyathaxoniicae (*Zaphrentoides;* Bild 4.108), den Zaphrenticae (rasenförmige Kolonien von *Lithostrotion;* Bild 4.109) und den Lonsdaleiidae *(Lonsdaleia)* bei den Columnariina.
Wenn auch im Karbon eine eigentliche Riff-Fazies selten ist, so haben die Korallen stellenweise, z.B. in England und Belgien (Bilder 4.110 und 4.111), erheblichen Anteil an der dortigen Gesamtfauna (Als Riffbildner und damit gesteinsbildend traten im Kohlenkalk nur die Bryozoen, z.B. die Gattungen *Fenestella* in Europa und die schraubenförmigen Stöcke von *Archimedes* im amerikanischen Unterkarbon auf.).

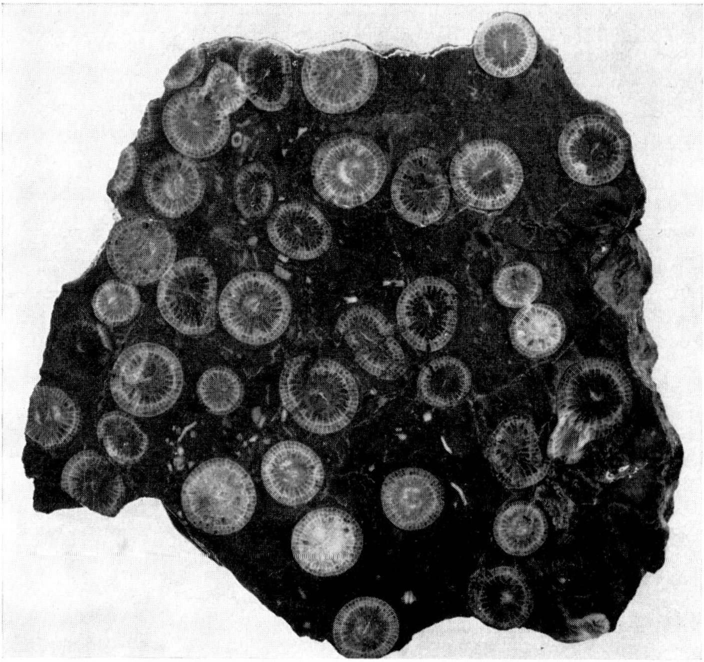

Bild 4.110. Anschliffläche durch einen Korallenstock mit Querschnitten durch Kelche von rugosen Korallen der Gattung *Siphonodendron* sp. aus dem Korallenkalk des Unterkarbons (Visé) Belgiens. Deutlich sichtbar in den Kelchen ist die dissepimentale Polyparwandung, d.h., die Wand baut sich aus sehr dicht nebeneinander liegenden Dissepimenten auf, die die Septenenden mauerartig verbinden. Durchmesser der Einzelexemplare 4 bis 7 mm

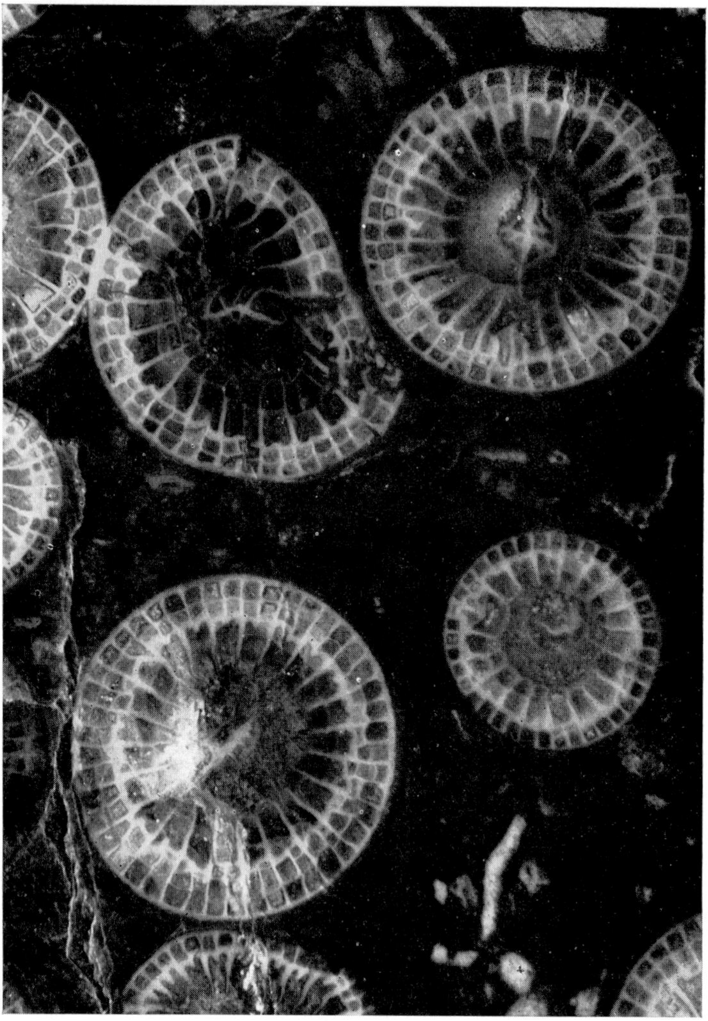

Bild 4.111. Detailansicht von Querschnitten durch vier Polypare mit deutlicher radialer Septenanordnung der rugosen Koralle *Siphonodendron* sp. eines unterkarbonischen Korallenkalkes des Visé in Belgien. Durchmesser des größten Polypars 7 mm. (vgl. Bild 4.110)

Zur Begleitfauna der Korallen des Kohlenkalkes gehören neben den Bryozoen unter anderem auch die Brachiopoden. Besonders auffallend waren die Vorherrschaft und die enorme Größenentwicklung der Productacea, die im Karbon und im Perm ihre Hauptverbreitung besaßen. Sie stellten wichtige Leitfossilien bis ins Perm (vgl. S. 146; Bild 4.112; Tabelle 4.4). Unter ihnen gibt es Riesenformen, wie *Gigantoproductus giganteus*, die Kinderkopfgröße und eine Schloßrandlänge von bis 35 cm haben können. Auffällig ist bei den Productiden eine kräftige, der Verankerung auf dem Meeresboden dienende Bestachelung und Punktierung (hervorgerufen durch Abbruch von Stacheln) der Schale.

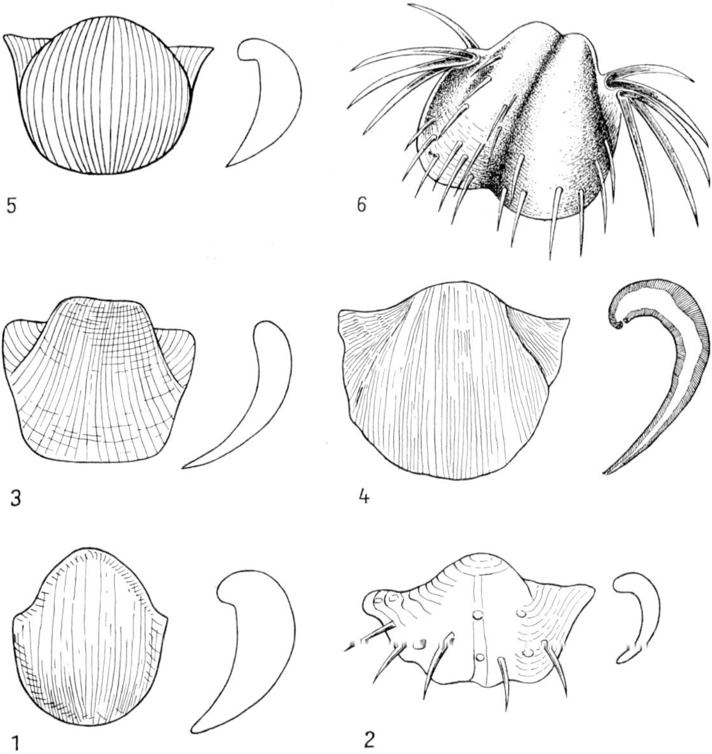

Bild 4.112. Einige Leitformen karbonischer Productacea (*1–5*) und die Leitform des mitteleuropäischen Zechsteins (*6*) (unmaßstäblich) (nach Beurlen, v. Bubnoff, H. Schmidt)
1 Productus (Avonia) niger; 2 Productus (Pustula) mesolobus; 3 Dictyoclos semireticulatus; 4 Gigantoproductus giganteus; 5 Productus (Linoproductus) cora; *6 Horridonia horrida* (Syn. *Productus horridus*)

Von den Brachiopoden erlebten die Strophomenida mit flacher Schale, langem Schloßrand und feiner Radialstreifung eine neue Blüte. Auch die Spiriferacea mit *Spirifer*, *Neospirifer* und *Choristites* (Leitform des russischen Mittelkarbons) sind im Karbon noch leitend, besonders im Tournai und Visé. Die Spiriferinacea mit punktierter Schale und Medianseptum begannen jetzt ihre Entwicklung und reichten bis zum Jura.
Neben den Brachiopoden sind auch die Gastropoden an die Fazies des Kohlenkalkes gebunden und dort häufig. Die marine Schneckenfauna ähnelte der des Devons. Unter den Schildkiemern herrschten die Bellerophontacea *(Bellerophon)* vor und erreichten einen Höhepunkt ihrer Entwicklung. Euomphalacea *(Euomphalus)* und Murchisoniacea *(Murchisonia)* waren ebenfalls noch vorhanden (vgl. Vorsatzblatt: MURCHISON).

Tabelle 4.4. Leitformen karbonischer und permischer Productacea (s. S. 145)

	Stratigraphie	Leitende *Productus*-Arten	Körpermerkmale	Bemerkungen; weitere Leitformen
Perm	Oberperm (Zechstein)	*Horridonia horrida* (Syn. *Productus horridus*)	Schloßrand in Ohren ausgezogen; glatte Schale mit wechselnder Stachelzahl, die am Schloßrand gehäuft sind; deutlicher Sinus; kräftig gewölbter Wirbel; konzentrisch gestreift	
	Unterperm	*Productus cancriniformis*	konzentrische Wülste; radial sich legende Stacheln, sog. „Hermelinmantelstruktur";	Oberkarbon bis Mittelperm
		Productus cancrini	keine konzentrischen Wülste; feine Radialstreifung; kurze anliegende, radialgestellte Stacheln	bis unterer Zechstein reichend
Oberkarbon	Unteres Stephan	*Productus (Linoproductus) cora*	radiale feine Rippen; kurzer Schloßrand, Netzskulptur fehlt; konkave Dorsalklappe, einzelne Stacheln	
	Westfal			
	Namur			

Tabelle 4.4. Fortsetzung

	Stratigraphie	Leitende *Productus*-Arten	Körpermerkmale	Bemerkungen; weitere Leitformen
Unterkarbon	Visé, oberes	*Productus latissimus*		*P. longispinus* *P. corrugatus*
	mittleres	*Gigantoproductus giganteus*	kräftig gewöbt, radiale feine Rippen, bestachelte Ventralklappe; konkave Dorsalklappe; langer Schloßrand	*P. striatus*
	unteres	*Productus hemisphaericus*		
	Tournai	*Productus (Pustula) mesolobus*	flach, ohne Radialrippen, gleichmäßig verteilte Bestachelung	*Dictyoclostus semireticulatus* (beide Klappen am Stirnrand winklig abgeknickt; Schale innen Netzstreifung, außen Radialstreifung, bis ins Perm reichend)
	unterstes Unterkarbon	*Productus (Avonia) niger*	stark gewölbt, kurzer Schloßrand, breite undeutliche Rippen; kleine Formen	*P. (A.)arcuatus*, *P. bassus*, *P. fallus*

Stratigraphisch bedeutend sind im kontinentalen Oberkarbon neben den Landschnecken nun die ersten Süßwasserschnecken, die Cyclophoracea, mit der Gattung *Dendropupa*. In den ausgedehnten Süßwassergebieten lebte ferner eine reich entwickelte Süß- und Brackwassermuschelfauna, die sich bis ins Perm fortsetzte (Bild 4.113). Sie hatten eine erste Blütezeit. Die zu den Palaeoheterodonta gestellten Anthracosiacea (*Anthracosia*, Syn. *Carbonicola; Anthraconaia*, Syn. *Anthracomia*) und Myalinidae *(Naiadites)* erlangten hier Leitwert (Tabelle 4.5, Bild 4.114).
Die Trilobiten werden im Karbon selten, und bis auf einige Linien der Ptychopariida und Illaenina sind die altpaläozoischen Formen bereits ausgestorben. Sie sind jetzt ohne Leitwert.
Außer den Trilobiten sind in den kohleführenden Schichten die kleinen, chitinigen, conchostraken Branchiopoden (Kiemenfüßler) *(Cyzicus, Leaia)*,

Bild 4.113. *Posidonia* (Syn. *Posidonomya*) *becheri* aus dem Kulm von Lautenthal/Harz/BRD. Diese Muschelart ist Leitfossil für die Kulmfazies des Unterkarbons. Länge 7,5 cm

höhere Krebse und seltener Eurypteriden und Xiphosuren von Bedeutung. Ostracoden (Muschelkrebse) traten im Kohlenkalk auf.
Die auf dem Lande lebenden Arthropoden entfalteten sich weit intensiver als die marinen Gruppen. Das warme und feuchte Klima schuf in den ausgedehnten Sumpfwäldern optimale Lebensbedingungen, so daß diese Gliederfüßer zusammen mit der reichen Entfaltung der Pflanzenwelt einen ebensolchen Höhepunkt ihrer stammesgeschichtlichen Entwicklung erlebten. Einen Aufschwung erfuhren z.B. die Spinnen (Arachnida). Sie waren durch altertümliche Merkmale gekennzeichnet, z.B. starke Segmentierung des Hinterleibes, und diese blieben aufs Karbon beschränkt. Eine Blütezeit erlebten auch die Tausendfüßer (Myriapoda) und Skorpione (Scorpiones). Als erste Eroberer des Luftraumes gelten die schon im Oberdevon nachgewiesenen Urinsekten (Pterygota). Unter ihnen erreichten die Urflügler (Palaeodictoptera) mit ihren seitlich abstehenden, nicht faltbaren, starren Flügeln und beißenden Mundwerkzeugen im Oberkarbon Riesenformen erheblichen Ausmaßes. Die Urlibelle *Meganeura* besaß eine Flügelspannweite von 75 cm.
Kleinwüchsige Vorfahren der heutigen Eintagsfliegen (Ephemeroptera), Geradflügler (Orthoptera), Schaben (Blattoda) und echten Libellen (Odonata) wurden ebenfalls nachgewiesen. Allerdings besaßen diese karbonischen Insekten noch eine unvollkommene Metamorphose; das Puppenstadium wurde bei ihnen nicht entwickelt. Sie ernährten sich von Fleisch

Tabelle 4.5. Süßwassermuscheln des Karbons (Leitformen)

Anthracosia (Syn. *Carbonicola*)	länglich-oval bis oval-dreieckig, flach gleichklappig, dünne Schale; größte Höhe und Dicke unter dem kleinen Wirbel; feine konzentrische Anwachsstreifen; integripalliat unteres bis oberes Westfal
Anthraconaia (Syn. *Anthracomia*)	± trapezförmige Schale; sehr ungleichseitig, gleichklappige Schale; Wirbel weiter vorn als bei *Anthracosia*; Oberfläche gerunzelt; diagonale Furche vom Wirbel nach hinten unten; typisch schizodont Namur bis Perm
Naiadites	schief-dreieckige, ungleichklappige Schale, max. 40 mm; endständiger vorderer Wirbel; flügelartig nach hinten verlängerter Schloßrand Namur bis Westfal D

und Aas; Pflanzenfresser, stechende und saugende Insekten sind nicht bekannt.

Am Ende des Karbons gab es über 1300 Arten von Insekten, davon allein etwa 170 Urinsekten-Arten, die jedoch im Perm wieder ausstarben.

Die Karboninsekten verkörpern den Beginn der weiteren Entwicklung zu den übrigen geflügelten Insekten modernen Typs.

Mit Beginn des Karbons war der größte Teil der die Seen und Küstengewässer bewohnenden Panzerfische (Placodermen) verschwunden. Die dauerhaftesten und urtümlichsten, die Acanthodii, lebten bis zum Ende des Perms fort. An ihre Stelle traten nun in den freigewordenen Lebensräumen die Knorpelfische, z.B. die Elasmobranchia und die Holocephalen, und die Knochenfische, z.B. Dipnoer (Lungenfische) und Ganoiden (Schmelzschupper; griech. ganos = Schmuck, Glanz).

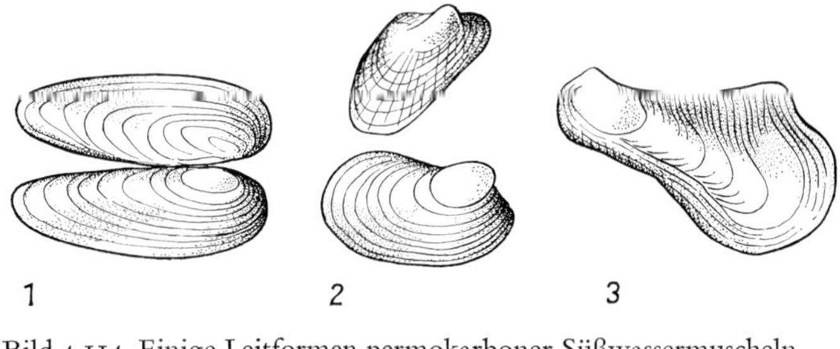

Bild 4.114. Einige Leitformen permokarboner Süßwassermuscheln (unmaßstäblich) (nach Beurlen, Fraas und Moore)
1 Anthracosia; 2 Anthraconaia; 3 Naiadites

Unter den Elasmobranchiern (Haiartige: Haie und Rochen) erlebten vor allem im Oberkarbon die Cladoselachida *(Cladodus, Ctenacanthus)* einen enormen Aufschwung. Jedoch findet man wegen des knorpeligen Innenskeletts von diesen pelagischen Räubern nur Zähne, Stacheln und Schuppen.
Die Flachwasser bewohnenden Holocephalen (Seekatzen, Chimären), vorwiegend durophage Molluskenfresser, hatten im Karbon ihre erste Blütezeit.
Die Knochenfische begannen im Karbon mit den Actinopterygiern (Strahlenflosser) und unter diesen mit den Chondrostiern („Knorpelganoide") als primitivsten Vertretern ihren eigentlichen Aufstieg. Die Ordnung der Palaeonisciden, schon seit Oberdevon vorhanden, mit typisch dachziegelförmig übereinanderliegenden Ganoidschuppen, war nun häufiger.
In den Süßwassergebieten lebten auch Dipnoer, die sich äußerlich nur wenig von den Crossopterygiern unterschieden.
Der gewaltige Aufschwung der Pflanzenwelt während des Karbons (vgl. S. 152) ermöglichte nun auch die weitere starke Entfaltung der Amphibien in den ausgedehnten Senken, Seen und Sümpfen des Varistischen Gebirges der Steinkohlenzeit. Ihre stammesgeschichtliche Blütezeit lag im Karbon, im Perm und in der Trias, während heute nur noch wenige Vertreter, wie Froschlurche und Schwanzlurche, erhalten sind.
In den Steinkohlenmooren lebten bevorzugt die Stegocephalen oder Panzerlurche. Der Name deutet auf ihr geschlossenes Schädeldach hin, das zwar Durchbrüche für Sinnesorgane besaß, aber keine Schläfengruben, wie sie für die nachfolgenden Reptilien charakteristisch sind.
Das Leben auf dem Lande erforderte jetzt eine vollständige Verknöcherung des Skeletts mit einem massiven Schulter- und Beckengürtel, mit kräftigen, häufig säulenartigen Extremitäten, weil die ganze Körperlast nun, vom Boden abgehoben, vom Skelett getragen werden mußte. Die Wirbelsäule war stärker ausgebildet und beweglicher, und ein Teil der noch vorhandenen Schuppen bewahrte die Haut vor dem Austrocknen. Die Atmung wurde ganz auf Lungenatmung umgestellt.
Diese fossilen Amphibien des Karbons wurden durch die bis 5 m langen Labyrinthodontia, z. B. dem vierbeinigen, 60 bis 70 cm langen *Diplovertebron* (Anthracosauria) und dem salamanderartigen *Branchiosaurus* vertreten. Daneben lebten die meist kleinen, schlangenförmigen Lepospondyli, wie der fußlose *Dolichosoma* oder der sehr lange und nur mit kurzen Gliedmaßen versehene *Microbrachis*. Aber auch groteske Formen, bei denen die Hinterecken des Schädels zu langen Fortsätzen ausgezogen sind, z. B. *Diplocaulus* aus Texas/USA, kamen vor. Sie erreichten damals ihre Blütezeit. Nach dem unterschiedlichen Bautyp der Wirbel gliedern sich mehrere Gruppen heraus (Bild 4.115).

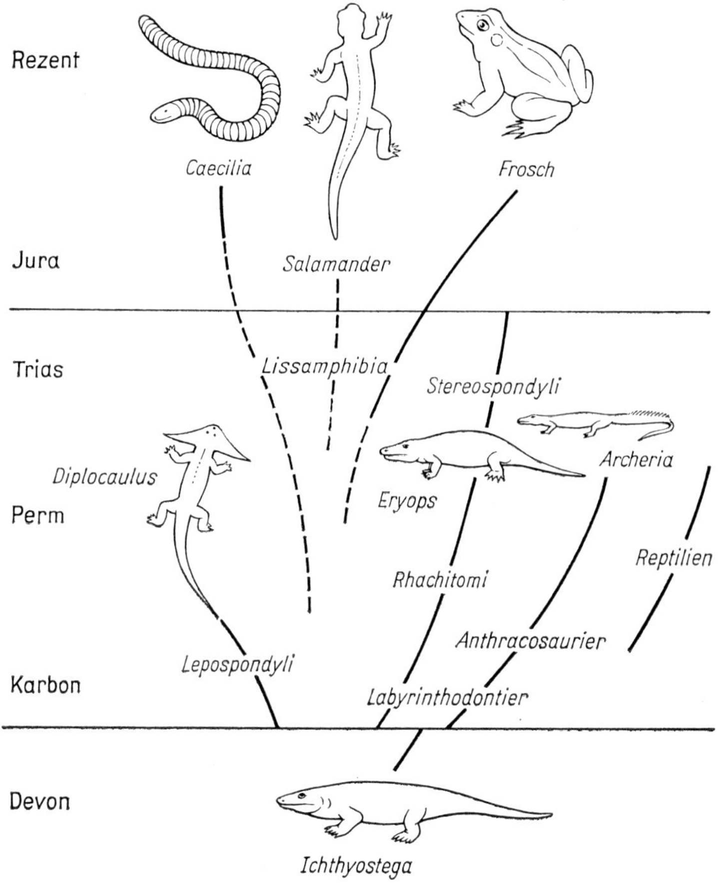

Bild 4.115. Stammbaum der Amphibien (aus KUHN-SCHNYDER)

Die wichtigsten Funde stammen aus der Gaskohle von Nyřany (Nürschau)/Böhmen/ČSSR, aus Schottland und aus Nordamerika. Noch im Oberkarbon entwickelten sich aus den labyrinthodonten Amphibien die ersten anapsiden Reptilien. Mit gewisser Wahrscheinlichkeit sind diese Vorfahren der Reptilien bei den Batrachosauria zu suchen. Als Stammreptilien gelten die 2,5 m langen Cotylosaurier.

4.2.5.2. Die Karbonpflanzen

Bereits während des Devons hatte sich die erste Festlandsflora entwickelt, die nun zu Beginn des Karbons einen mächtigen Aufschwung erlebte und sich üppig entwickelte. Die durch die varistische Gebirgsbildung entstandenen wasserreichen intramontanen Becken (limnische Steinkohlenbekken bzw. Kohlereviere: Saargebiet (BRD), Zentralfrankreich, Dolny Śląsk (Niederschlesien)/VR Polen, Kladno/ČSSR, Zwickau-Lugau/Ölsnitz, Wettin, Manebach/DDR) und die Senken in den Küstenbereichen (paralische Steinkohlenbecken bzw. Kohlereviere: Belgien, Normandie, England, Górny Śląsk (Oberschlesien)/VR Polen, Rheinisch-Westfälisches Revier/BRD) sowie feuchtes und warmes Klima schufen die denkbar günstigsten Lebensbedingungen für die karbone Pflanzenwelt. Auf der heutigen Nordhalbkugel der Erde entstanden die ersten großen Urwälder, deren Gefäßsporenpflanzen (Pteridophyten) das Ausgangsmaterial für die weltweit verbreiteten Steinkohlenflöze lieferten (Bild 4.116). Die Pflanzenwelt wurde jetzt im wesentlichen von den höheren Gefäßsporenpflanzen (Bärlappgewächse (Lycophyta), Farne (Filicales) und Farnsamer (Pteridospermae), Schachtelhalmgewächse (Equisetales, Articulatae), Cordaiten (Cordaitales) beherrscht. Ihre Hauptentfaltung erstreckte sich über einen Zeitraum von 110 Millionen Jahren vom Unterkarbon (Dinant), Oberkarbon (Siles) bis ins Unterperm (Rotliegendes) (Auf das eigentliche Karbon entfallen dabei, wie gesagt, 65 Millionen Jahre!).

Zunächst glaubte man, daß die Steinkohlenlagerstätten der Erde nur während des Karbons gebildet worden seien. Heute weiß man jedoch, daß auch in anderen Systemen echte Steinkohle (z.B. in Trias, Jura und Kreide) oder solche von steinkohlenartiger Beschaffenheit (z.B. im Tertiär) entstanden sein können. Über die Hälfte der Steinkohlenvorräte sind aber im Karbon gebildet worden, so daß dieser Systembegriff nach wie vor beibehalten wird.

Die Pteridophyten traten hier baumförmig auf, krautartige Wuchsformen waren selten.

Die ersten und wichtigsten Formen der Pteridophyten waren bereits aus dem Oberdevon (vgl. S. 105) bekannt. Am Beginn des Karbons fanden sie sich dann in hoher Vollkommenheit, so daß es im Oberkarbon in Hinblick auf Häufigkeit und Formenvielfalt zu einem Höhepunkt ihrer Entwicklung unter optimalen Umweltbedingungen kam (Man bezeichnet deshalb diesen Zeitabschnitt, zusammen mit dem Devon, als Paläophytikum oder Pteridophytikum.). Neben den Pteridophyten lebten bereits Gymnospermen (Nacktsamer), z.B. Farnsamer und erste Koniferengewächse (Coniferae, Nadelbaumgewächse), z.B. Lebachiaceae, und Cordaitidae, mächtige Bäume mit bandartigen Blättern (Bild 4.117). Hier deutete sich

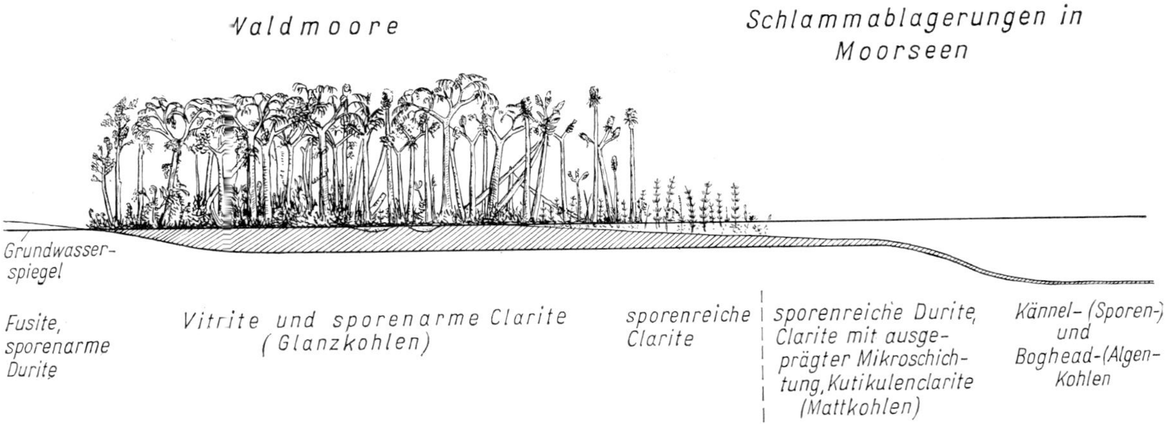

Bild 4.116. Wichtigste Vegetationsbereiche und Pflanzenassoziationen in ihrer seitlichen Aufeinanderfolge in den oberkarbonen Steinkohlenmooren der Nordhalbkugel der Erde und die daraus entstandenen Steinkohlenarten (nach M. TEICHMÜLLER)

Bild 4.117. Blattreste von *Cordaites* sp. aus dem Rotliegenden des Döhlener Beckens bei Freital-Dresden/DDR. Das deutlich parallelnervige, bandartige Blattstück ist 4,5 cm breit

der Übergang vom Paläophytikum zum Mesophytikum (Oberperm bis Kreide) an, in dem dann die Nacktsamer dominieren, die Permokarbonformen aber im Rückgang begriffen waren. Gegenüber ihren Nachfahren heben sich die karbonen Pteridophyten durch einige Merkmale besonders ab. So entwickelten sich die Bärlappgewächse (Lycophyten) und Schachtelhalmgewächse (Equisetales, Articulatae), aber auch die Farne (Filicales) baumförmig, mit Höhen von z.T. mehr als 30 m bei 2 m Stammdurchmesser. Ein bemerkenswerter Entwicklungsfortschritt war die primitive Samenbildung bei den farnblättrigen Karbon- und Rotliegendpflanzen (Farnsamer), ebenso bei Bärlappgewächsen, z.B. *Lepidocarpon*, und bei den Schachtelhalmgewächsen wird sie vermutet.
Trotz des einheitlichen Charakters von Karbon- und folgender Rotliegendflora bestehen jedoch innerhalb des vertikalen, zeitlichen Entwicklungsablaufes in der Zusammensetzung der Floren einige wesentliche Unterschiede (Tabelle 4.6).
Die Entfaltung der Pflanzenwelt im Karbon und im Perm stand in engem Zusammenhang mit der Klimaentwicklung in dieser Zeit. So können im Karbon und im Unterperm erstmalig sichere pflanzengeographische Unterschiede festgelegt werden (Bild 4.118). Auf der damaligen Nordhalbkugel herrschte im Karbon gleichmäßig warmes und feuchtes Klima, das

im Rotliegenden etwas trockener wurde. Die feuchtwarm angepaßte Flora gedieh damals nur noch an einigen dafür günstigen Standorten. Auf der Südhalbkugel (Südafrika, Indien, Australien, Südamerika) herrschte demgegenüber ein kühl-gemäßigtes Klima. Hier gab es im obersten Karbon sogar Vereisungen.

Tabelle 4.6. Wesentliche Charakterunterschiede in der Florenzusammensetzung des Permokarbons

	Rotliegendes	Lepidodendren fehlen oder sind selten; Sigillarien nur untergeordnet und erlöschen zunächst; echte Karbonfarne und Farnsamer noch reichlich vorhanden, jedoch in geringerer Artenfülle: „verarmte" Karbonflora Auftreten von Koniferen vom Typ „*Walchia*"; Karbon-Perm-Grenze charakterisiert mit dem ersten Auftreten von *Callipteris conferta* (in der Kontinentalfazies Mittel- und Westeuropas)
Oberkarbon (Siles)	Stephan A–C	Schuppen- und Siegelbäume im Rückgang begriffen; erstes Auftreten von Koniferen
Oberkarbon (Siles)	Westfal A–D	Artenfülle von echten Karbonfarnen, Farnsamern, Calamiten, Sigillarien, Lepidodendren
Oberkarbon (Siles)	Namur B–C	Deutlicher Florenwechsel; es traten zahlreiche neue Gattungen und Arten in Erscheinung
Oberkarbon (Siles)	Namur A	„Florensprung" Unterkarbonflora bleibt in ihren wesentlichen Charakterzügen erhalten
	Unterkarbon (Dinant)	Vorherrschen fächeradriger Farne (Pterophyllen); Archaeocalamiten: Leitformen des Unterkarbons; Lepidodendren z.T. kennzeichnend, bis zum Oberkarbon vorkommend

Der Charakter der Floren im Unterkarbon ist auf der damaligen Erde einheitlich. Das Oberkarbon (Siles) und Unterperm weisen dagegen zwei große Florengebiete auf:

die Nordhalbkugel mit der

- Angara-Flora
- Eurameria-Flora (europäisch-amerikanische Flora)
- Cathaysia-Flora (Cathaysia = alter Name für China)

die Südhalbkugel mit der

- Gondwana-*Glossopteris*-Flora (Bild 4.118)

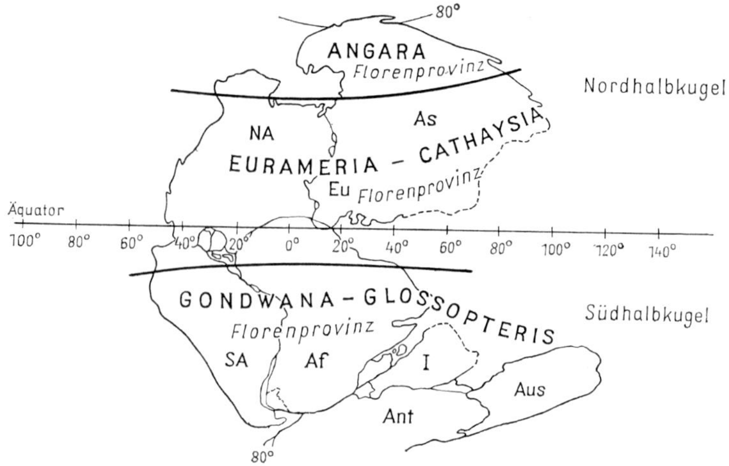

Bild 4.118. Verbreitung der Florenprovinzen von Oberkarbon bis Unterperm (Autun); paläogeographische Lage der Kontinentalmassen (nach DIETZ und HOLDEN)
NA Nordamerika, *SA* Südamerika, *Eu* Europa, *Af* Afrika, *As* Asien, *I* Indien, *Ant* Antarktis, *Aus* Australien

An der Bildung der Steinkohlenmoore waren hauptsächlich Bärlappgewächse, Schachtelhalmgewächse, Farne und Farnsamer, aber auch die Cordaiten beteiligt (Bild 4.116).

Bärlappgewächse (Lycopodiales)

Aus den bis 8 m hohen Lycophyten des Devons, wie den Gattungen *Cyclostigma* (s. Bild 4.65) und *Archaeosigillaria,* hatten sich nun im Oberkarbon die baumförmigen (mit 2 m Stammdurchmesser), bis 30 m hohen Schuppenbäume *(Lepidodendron)* und die ebenso großen Siegelbäume *(Sigillaria)* entwickelt.
Lepidodendron, ein Baum mit breitausladender, dichotom verzweigter Krone, trägt seinen Namen nach dem schuppenartigen Muster, der in Schrägzeilen angeordneten rhombischen bis annähernd quadratischen Blattnarben, die auf Polstern der Rinde aufsitzen (Bilder 4.119 und 4.120). Auf diesen Blattpolstern liegen punktförmige Narben, sog. Parichnosöffnungen. Das sind die Mündungsstellen eines reich verzweigten Belüftungssystems, das die Stammrinde durchzog und bis in die Blätter führte. Die Blätter selbst waren lineal bis lanzettlich und erreichten bis 1 m Länge. Der Blattbau ist untypisch für eine im Sumpf lebende Pflanze, er

deutet auf trockene Standorte hin. Über den inneren Bau der Stämme ist man durch Funde aus den Dolomitknollen (engl. coal-balls = Kohlenball) der paralischen Becken orientiert. Sie haben einen geringen Holzanteil (Xylem), aber eine dicke innere primäre und äußere Rinde. Dieser Bau bedingte eine ungenügende Wasserzufuhr, was vermutlich durch Wasser-

Bild 4.119. *Lepidodendron aculeatum* (Schuppenbaum) aus dem Oberkarbon des Saargebietes/BRD. Stammoberfläche mit in Schrägzeilen angeordneten Blattpolstern, auf denen die abgefallenen Blätter Narben hinterlassen haben. Länge eines Blattpolsters 3,5 bis 4 cm

Bild 4.120. *Lepidodendron veltheimii* (Schuppenbaum) aus dem Kulm von Kamienna Góra (Landeshut)/Dolny Śląsk (Niederschlesien)/VR Polen. Teil der Stammoberfläche mit schüsselförmigen Narben von kurzen Ästen, die Blütenzapfen trugen. Längsdurchmesser der Narben 2,5 bis 3 cm

Bild 4.121. Stammbasis mit Wurzeln eines Lepidophyten (Steinkern) aus dem Karbon des Flözes Zweibänke von Piesberg bei Osnabrück/BRD. Ehemals aufgestellt im Lichthof des Zentralen Geologischen Institutes Berlin/DDR. Umfang des Stammes am oberen Ende etwa 2,5 m, im Niveau der ersten Dichotomie (gabelige Verzweigung der Wurzeln) 4 m

aufnahme aus der Atmosphäre ausgeglichen wurde. Die Rinde übernahm die Stützfunktion im Stamm, daher werden die Schuppenbäume mitunter auch „Rindenbaumartige" oder „Rindenbäume" genannt.

Die Wurzelstöcke der flachwurzelnden Lepidodendren sind die Stigmarien *(Stigmaria)*, an denen die Appendices, die Wurzeln saßen (Bild 4.121). Die schopfartige Krone der Lepidodendren, sie werden daher manchmal als „Schopfbäume" bezeichnet, trug ähren- bis zapfenförmige Fruktifikationsorgane. Diese Zapfen sind als *Lepidostrobus* bekannt. Sie bestanden aus einer zentralen Achse mit spiralig daran sitzenden heterosporen Sporophyllen (Sporenbehälter tragende Blätter).

In einigen Steinkohlenrevieren des Oberdevons, z.B. Spitzbergen/Norwegen, und des Karbons, z.B. Plzeň/ČSSR, Ruhrgebiet/BRD und der Insel Tasmanien/Australien, sind die Mikro- und Makrosporen in Horizonten angereichert und bilden eine spezielle Sporenkohle (Kännel-Kohle) (Bild 4.116, s. S. 153).

Neben den zahlreichen Arten bekannter Bärlappbäume traten seltener auch kleine, krautige Bärlappgewächse auf, z.B. *Selaginellites* im Zwik-

Bild 4.122. *Sigillaria elegans* (Eusigillarie, Siegelbaum) aus dem Oberkarbon (Namur A – Westfal A) des Ruhrgebietes (Bochum/BRD), eine stratigraphische Leitspezies. Stammoberfläche mit in Geradzeilen angeordneten Blattnarben, die Leitbündelnarben sind deutlich erkennbar. Höhe des Stückes 8 cm

Bild 4.123. *Sigillaria brardii* (Subsigillarie, Siegelbaum) im *Clathraria*-Zustand aus dem Oberkarbon (Stephan) vom Katharinenschacht bei Wettin/DDR. Stammoberfläche mit sechseckigen Blattnarben; Längsdurchmesser einer Narbe etwa 1 cm

kauer Revier/DDR, im Saargebiet/BRD und in Frankreich (Zentralmassiv).

Die *Sigillaria*, mit unverzweigter oder nur ein- bis zweifach dichotom verzweigter Krone, wurden noch höher als *Lepidodendron* und hatten an der Stammbasis eine flaschenförmige Verdickung. Die Blattnarben sind in Längszeilen angeordnet (Bilder 4.122 und 4.123). Es sind keine Polster, sondern sechsseitige länglich-eiförmige oder glockenförmige Narben direkt auf der Stammoberfläche. Die Blätter sind lang und nadelartig und bilden am Stammgipfel dichte Blattschöpfe, in denen auch die zapfenartigen Fruktifikationsorgane saßen, z.B. *Sigillariostrobus*.

Die Rinde der Sigillarien hat eine typische Musterung (Stammskulptur), danach unterscheidet man Eusigillarien und Subsigillarien (Bild 4.124; Tabelle 4.7).

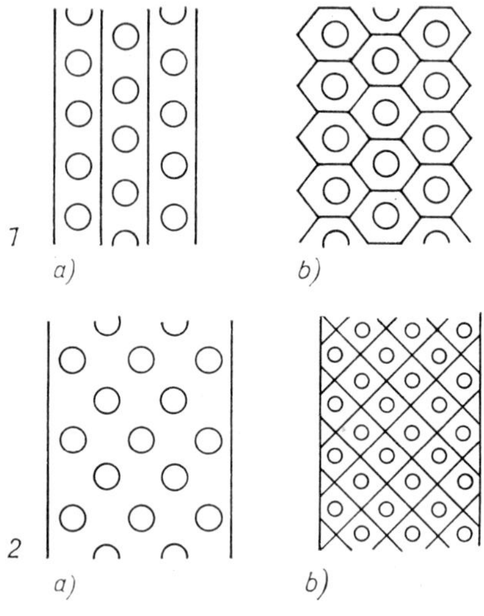

Bild 4.124
Stammskulpturen
bei Sigillarien (Siegelbäume)
1 Eusigillaria
a) *Rhytidolepis*-Gruppe,
b) *Favularia*-Gruppe;
Bienenwabenstruktur
2 Subsigillaria
a) *Leiodermaria*-Form,
b) *Clathraria*-Form
(nach Potonié)

Schachtelhalmgewächse (Articulatae, Equisetales)

Die Schachtelhalmgewächse, zusammengefaßt unter dem Namen Calamiten oder Calamariaceen, bildeten baumförmige Riesenformen aus. Die Stämme wurden 20 bis 30 m hoch und hatten bis 1 m Durchmesser. Der Sproß war durch Nodien (Knoten) und Internodien gegliedert, daher der Name „Schachtelhalme". Der zentrale Markhohlraum dieses Sprosses wurde von einem mächtigen Holzkörper umschlossen. Die Ausfüllungen dieser Markhohlräume blieben als Innensteinkerne erhalten. Äußere kohlige Belege sind Restsubstanzen des Stammes. Auf der Oberfläche der

Tabelle 4.7. Merkmale der Eusigillarien und Subsigillarien

Subgenus stratigr. Verbreitung	*Eusigillaria* Karbon (Namur bis Westfal)		*Subsigillaria* Karbon (Stephan bis Rotliegendes)	
Anordnung der Blattnarben	Blattnarben in deutlichen senkrechten Geradzeilen; übereinander angeordnet; durch Furchen getrennt		rhombische bis glockenförmige Narben; in Geradzeilen auf glattem Stamm angeordnet; Längsreihen nicht betont; Blattnarben locker bis verstreut spiralig; Rindenbereiche zwischen den Narben besitzen Ringelung, niemals Quer- und Längswülste	
Gruppen bzw. Formen	*Rhytidolepis*-Gruppe	*Favularia*-Gruppe (Bienenwabenstruktur)	*Leiodermaria*-Form	*Clathraria*-Form
Anordnung der Blattnarben	Blattnarben ± dicht übereinanderstehend auf Längsrippen	sehr dicht stehende, sechsseitige Blattnarben	Blattnarben stehen getrennt	Blattnarben stehen stark genähert

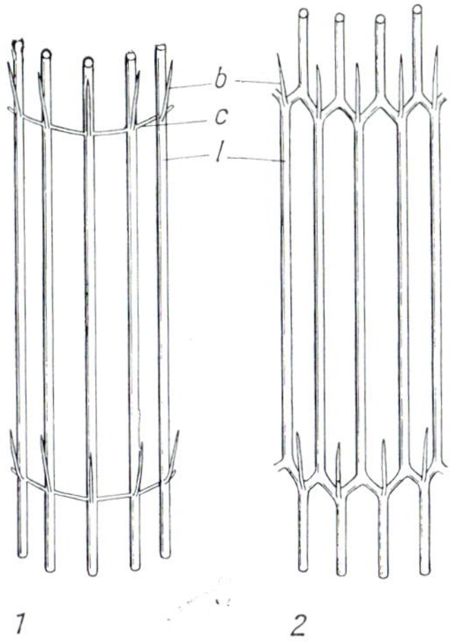

Bild 4.125
Der Leitbündelverlauf bei den Schachtelhalmgewächsen (Equisetales, Articulatae) (nach Stur)
1 *Archaeocalamites* und *Asterocalamites*, Unterkarbon;
2 *Calamites* und *Equisetum* Oberkarbon bis Rotliegendes
l Leitbündel,
b Blattspurstränge,
c Kommissuren

Bild 4.126. Abdrücke von fossilen Schachtelhalmblättern, *Annularia stellata*, aus dem Oberkarbon (Stephan) von Wettin/DDR. Die Rosetten (Durchmesser etwa 3 cm) aus 15 bis 30 fast gleich langen (1,5 bis 3 cm) Blättchen sind von spatelförmigem, aber zugespitztem Umriß.

Bild 4.127. Abdrücke von fossilen Schachtelhalmblättern, *Asterophyllites equisetiformis*, aus dem Oberkarbon (Stephan) von Wettin/DDR. Die Rosetten (Durchmesser etwa 1,5 bis 2 cm) bestehen aus 12 bis 14 etwa 8 bis 11 mm langen und 1 mm breiten Blättchen.

Bild 4.128. Blattwirtel von *Sphenophyllum emarginatum* (Sphenophyllaceae, Keilblättler) mit 9 Einzelblättchen aus dem Oberkarbon (Westfal B – D) von Zwickau/DDR. Länge der Blätter 11 mm, am Vorderrand sind sie 4 bis 5 mm breit und gezähnt. Die etwa 10 bis 12 Zähne sind abgerundet, die Buchten dazwischen spitz. In jeden Zahn hinein verläuft eine Ader. Blattwirteldurchmesser 2,5 bis 3 cm

Steinkerne ist der Gefäß- bzw. Leitbündelverlauf durch ± feine Rillen markiert. Diese Längsrillen können gerade durch die Nodien durchlaufen und werden nur von Querverbindungen unterbrochen, z. B. bei den Archaeocalamiten des Unterkarbons: *Archaeocalamites* und *Asterocalamites*. Bei den oberkarbonen bis rotliegenden Calamiten alternieren die Längsriefen an den Nodien (Gabelung), z. B. bei *Calamites* und *Equisetum* (Bild 4.125).
Besonders gut ist der Aufbau des eigentlichen Stammes der Calamiten an den Intuskrustationen der verkieselten Hölzer des Rotliegenden von Karl-Marx-Stadt/Hilbersdorf/DDR zu sehen, z. B. bei *Arthropitys*, *Calamodendron* oder *Arthroxylon* (s. Bild 4.170).
Die „Beblätterung" der Calamiten ist bekannt als *Annularia* (Bild 4.126)

und *Asterophyllites* (Bild 4.127). Sie sind häufig im Karbon und Unterperm (Rotliegendes). Die Blätter standen in sternförmigen Quirlen. Die Einzelblätter können bei den unterkarbonischen Archaeocalamiten mehrfach gegabelt sein, z.B. *Archaeocalamites*. Calamitenblätter aus dem Oberkarbon und Rotliegenden sind ungeteilt, einnervig und linealisch bis lanzettlich, entweder in Stengelnähe scheidig verwachsen, z.B. bei *Annularia*, oder völlig frei, ± schräg aufwärts gerichtet, z.B. bei *Asterophyllites*. Auch „Calamitenblüten“, die Fruktifikationen von Calamiten, traten als ähren- oder zapfenförmige Sporophyllstände auf, z.B. *Calamostachys, Palaeostachys, Macrostachya*. Sie bestehen aus fruchtbaren (fertilen) und unfruchtbaren (sterilen) Wirteln.
Sehr häufig findet man in den Schichten von Karbon und Rotliegendem die Keilblättler (Sphenophyllales). Es sind hier wichtige Leitfossilien, und sie bilden eine eigene Ordnung der Articulaten (Bilder 4.128 und 4.129). Es sind etwa 1 m lange, dünne, längsgeriefte, gegliederte Stengel. Die Wirtel an den Nodien bestanden aus keilförmigen, ungeteilten, ± stark

Bild 4.129. Pflanzenfossilien der oberkarbonen Wettiner Schichten (Leitformen) im Halleschen Vulkanitgebiet, Steinkohlenlagerstätte Plötz und Wettin/DDR. Obere Reihe von links nach rechts: Fiederspitze von *Callipteridium pteridium*, Länge etwa 7 cm. *Cyclopteris*, eine Basisfieder von *Callipteridium pteridium*, Breite etwa 7 cm. *Sphenophyllum longifolium*, ein Keilblattgewächs, Einzelfiederlänge 3 cm, Original zu Germar 1844; unten: *Sphenophyllum verticillatum* mit unterschiedlichen Blattquirlen an der Achse: links im Bild „*saxifragaefolium*-Blättchen“, rechts die normalen Blättchen, Gesamtlänge der Achse 12 cm, Original zu Zobel in H. Potonié 1910. Dieses Keilblattgewächs ist zusammen mit *Callipteridium pteridium* ein Leitfossil für das Stephan.

Bild 4.130. Seitenwedel mit Fiedern von *Mariopteris nervosa*, einer Pteridospermae aus dem Oberkarbon (Westfal B – D) von Dolny Śląsk (Niederschlesien)/VR Polen. Wedellänge 8 cm

zerschlitzten Blättchen (meist 6 oder 9), aber in der Gipfelregion oder an besonders dünnen Stengeln saßen auch unzerteilte Blättchen (Heterophyllie – Verschiedenblättrigkeit). Man nimmt an, daß sie in Reinbeständen wuchsen und eine niederliegende bis aufsteigende Wuchsform besaßen.

Farne und farnlaubige Pflanzen (Pteridophyllen)

Die dritte große Gruppe und gleichzeitig die häufigsten permokarbonen Gefäßsporenpflanzen sind die Pteridophyllen. Hier sind jedoch zwei systematisch verschiedenartige Gruppen mit ähnlicher „Beblätterung" vereint: die echten Farne (Filicales) und die Farnsamer (Pteridospermae), die nach Bau und Fortpflanzung den Nacktsamern (Gymnospermae) zugeordnet werden.
Die Pteridophyllen hatten unterschiedlichen Wuchscharakter. Es gab büschelige, kleine Bodenformen, z.B. *Grammatopteris*, baumförmige,

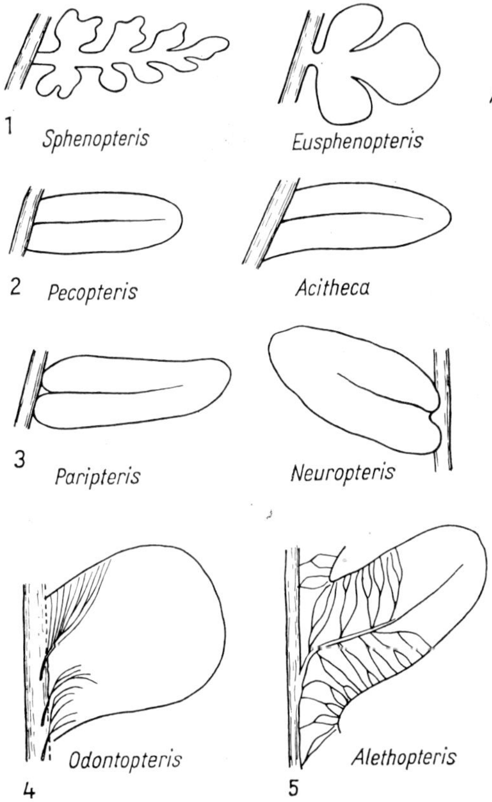

Bild 4.131. Form und Anheftungsweise der Einzelfiedern bei Farnblättrigen (Pteridophyllen) (nach GOTHAN und REMY)
1 sphenopteridisch; *2* pecopteridisch; *3* neuropteridisch; *4* odontopteridisch; *5* alethopteridisch

mehrere Meter hohe Farne, z.B. Psaroniaceen, schlingend wachsende (Lianenfarne), z.B. *Tubicaulis*, und solche mit Kletterwuchs, z.B. bei den echten Farnen *Ankyropteris* und bei den Farnsamern *Mariopteris* (Bild 4.130). Die Pteridospermen wuchsen strauch- bis kleinbaumförmig.
Die farnlaubigen Fossilreste sind oft nur schwer den echten Farnen oder den Farnsamern zuzuordnen, da meist nur Bruchstücke der Blätter bzw. Wedel gefunden werden. Deshalb stellte der französische Botaniker A. Brongniart für die Pteridophyllen ein „künstliches System" auf, das auf äußeren Merkmalen dieser Reste, wie Blattumrißform und Anheftung (Bild 4.131) sowie der Nervatur (Aderung) der „Blätter" bzw. Fieder (Bild 4.132) beruht (Tabelle 4.8). Ebenfalls wichtig ist der Wedelaufbau (Bild 4.133) für die Einteilung der Pteridophyllen.
Nach den morphologischen Merkmalen lassen sich bei den Pteridophyllen künstliche Gruppen unterscheiden:
Archaeopterides (Altfarne), Sphenopterides (Keilfarne) (Bilder 4.134 und 4.135), Pecopterides (Kammfarne) (Bilder 4.136, 4.137, 4.138, 4.139), Neuropterides (Farbtaf. X, Bild 11; Bild 4.140), Alethopterides (Bilder 4.141 und 4.142), Odontopterides (Bild 4.143) Callipterides (Bild 4.144), Rhacopterides, Taeniopterides.

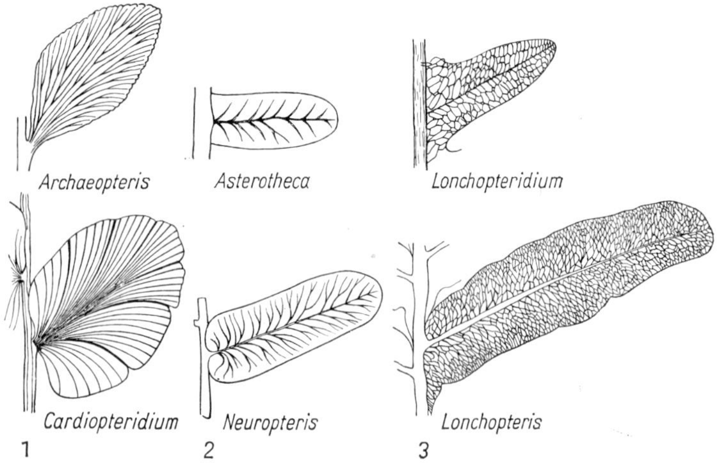

Bild 4.132. Nervaturformen bei Farnblättrigen (Pteridophyllen) (nach Gothan und Remy)
1 Fächernervatur *(Cardiopteridium, Archaeopteris)*; *2* Fiedernervatur *(Neuropteris, Asterotheca)*; *3* Maschen- oder Netznervatur *(Lonchopteris, Lonchopteridium)*

Tabelle 4.8. Farnblättrige (Pteridophyllen): Fiederformen und Anheftungsweise

Blattumrißform (s. Bild 4.31)	Merkmale der Fiederchen	Gattungen bei Filicales	Pteridospermae
sphenopteridisch	keilförmig-rundlich, lanzettlich, linealisch; an der Basis allmählich oder abrupt eingeschnürt	*Botryopteris* *Ankyropteris*	*Sphenopteris* (Bilder 4.134, 4.135), *Eusphenopteris*, *Mariopteris* (Bilder 4.130, 4.133)
pecopteridisch	meist parallelrandig und abgerundet, dreieckig; an der Basis mit ganzer Spreite ansitzend; (kammförmig ansitzend)	*Pecopteris*, *Scolecopteris* (Bilder 4.136 bis 4.139) *Asterotheca* (Bild 4.132) *Acitheca*	*Callipteridium* (Bild 4.144) *Dicksonites*
neuropteridisch	zungenförmig, abgerundet, herzförmig; ganzrandig; punktförmig an der Achse, z.T. mit Stielchen ansitzend	–	*Neuropteris* (Bild 4.132; Farbtaf. X, Bild 11) *Paripteris*, *Reticulopteris*, *Linopteris* (Bild 4.140)
odontopteridisch	dreieckig, trapezförmig gerundet, zungenförmig; an der Basis mit ganzer Spreite ansitzend und mehreren Nerven	–	*Odontopteris* (Bild 4.143)
alethopteridisch	parallelrandig bis dreieckig, lanzettförmig; an der Basis mit ganzer Spreite ansitzend; Fiederchenspreite einschließlich Nervatur parallel der Achse herablaufend, vereinigt sich mit den folgenden Fiederchen	–	*Alethopteris* (Bilder 4.141 und 4.142) *Lonchopteridium* (Bild 4.132) *Lonchopteris* (Bild 4.132)

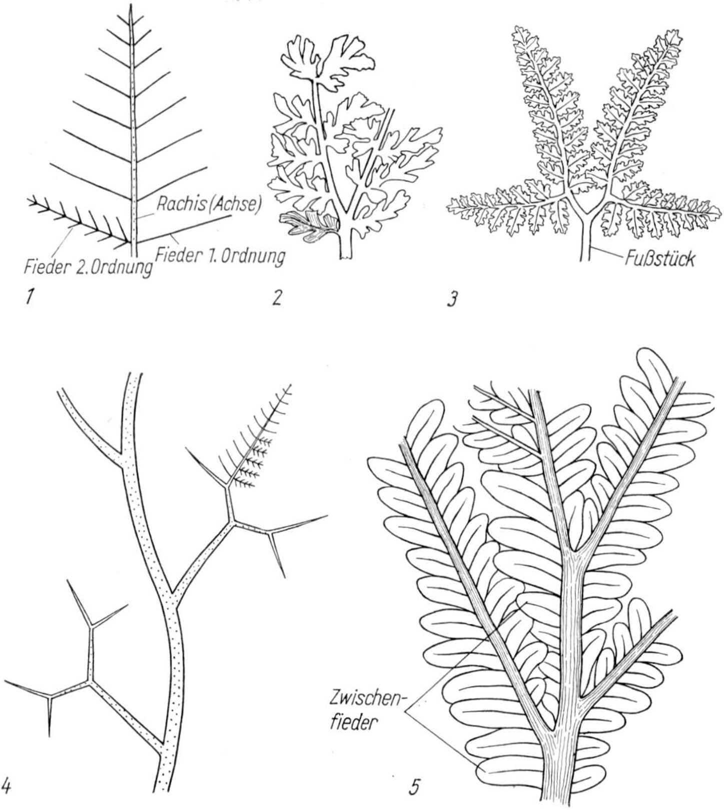

Bild 4.133. Der Wedelaufbau bei Farnblättrigen (Pteridophyllen)
1 Schema des fiederigen Wedelaufbaues; *2* gabeliger Wedelaufbau von *Sphaenopteridium dissectum* aus dem Unterkarbon, schematisch (nach GOTHAN und WEYLAND); *3* doppelgabeliger Wedelaufbau mit schwach symmetrischer Dachübergipfelung bei *Mariopteris*, schematisch (nach ZIMMERMANN); *4* diplotmematischer Wedel bei *Mariopteris* (nach GOTHAN und REMY); *5* Wedelstück von *Callipteris conferta* mit Zwischenfiedern (nach GOTHAN und REMY)

Bild 4.134. Wedel eines Keilfarnes, *Sphenopteris divaricata* (Pteridospermae), aus dem Oberkarbon (Namur A) von Dolny Śląsk (Niederschlesien)/VR Polen. Wedellänge 4 cm.

Die pflanzenführenden oberkarbonen Schichten von Dolny Śląsk (Niederschlesien) gehören zu den Ablagerungen des Sudety-(Niederschlesischen) Beckens (limnische Innensenke), die vom Unterkarbon bis zum Rotliegenden dort sedimentiert wurden. Das tiefste und mittlere Oberkarbon ist daneben reich an Steinkohlenvorräten. Allein das Kohlebecken von Wałbrzych (Waldenburg) liefert 5 % der gesamten Kohleproduktion und 17 % der Koksproduktion der VR Polen.

Hier liegen aber auch die ältesten sowie sehr ergiebigen Fundpunkte paläobotanischen Fossilmaterials, insbesondere von Samenfarnen (Pteridospermen). Bereits E. F. v. Schlotheim beschrieb 1804 in seiner Arbeit „Beschreibung merkwürdiger Kräuter-Abdrücke und Pflanzenversteinerungen" derartige Samenfarngattungen und -arten. Sie stellen verläßliche Leitfossilien für die unterste Stufe des Oberkarbons (Namur A) dar.

Sphenopteris divaricata ist besonders interessant, weil von dieser Pflanze kleine, sternförmige sogenannte Samenkupulen gefunden wurden. Es sind Organe von etwa 1 cm Durchmesser, auch Fruchtbecher genannt, die die kleinen Samen ganz oder teilweise umhüllen.

Bild 4.135. Fiederchen eines Wedels von *Sphenopteris divaricata* (Pteridospermae) aus dem Oberkarbon (Namur A) von Dolny Śląsk (Niederschlesien)/ VR Polen. Die Fiederchen sind umgekehrt keilförmig und sitzen der Achse mit schmaler Basis an. Fiederchenlänge 1,2 bis 1,5 cm

Bild 4.136. Fertiler (fruchtender) Wedel von *Scolecopteris* (Syn. *Pecopteris*) *plumosa* aus dem Oberkarbon (Westfal B – C) des Saargebietes/BRD. Wedellänge 11 cm, Einzelfiederchen etwa 3 bis 4 cm. Am oberen Bildrand ein Fiederrest von *Sphenopteris* cf. *germanica*.

Bild 4.137. Steriler (unfruchtbarer) Wedelrest von *Scolecopteris* (Syn. *Pecopteris*) *arborescens* aus dem Oberkarbon (Stephan) von Wettin/DDR. Der „weiße Punkt" rechts oben bedeutet, daß hier ein Original aus der Monographie von GERMAR 1844–53 über die Pflanzenfunde von Wettin/Löbejün vorliegt. Länge des Wedelstückes in der Bildmitte 4,5 cm, Fundstückhöhe 12 cm

Die gute Erhaltung der Pflanzenreste der Wettiner Karbonflora hat in der Vergangenheit und noch heute umfassende und bedeutende Sammlungen dieses Fossilmaterials entstehen lassen. In allen namhaften europäischen geowissenschaftlichen Museen und Universitätssammlungen sind Fossilien dieses Fundortes anzutreffen. Die wichtigsten und schönsten Kollektionen befinden sich im Geiseltalmuseum in Halle/Saale/DDR und im Museum für Naturkunde zu Berlin/DDR. Dieses paläobotanische Fossilmaterial dokumentiert den Entwicklungsstand der Landpflanzen im jüngsten Karbon.

Bild 4.138. Steriler (unfruchtbarer) Wedel von *Scolecopteris* (Syn. *Pecopteris*) *candolleana* aus dem Oberkarbon (Stephan) des Ruhrgebietes/BRD. Länge 18,5 cm

Scolecopteris (Syn. *Pecopteris*) *candolleana* ist ein in den limnischen Karbonbecken Europas häufig anzutreffender Kammfarn. Seine Verbreitung reicht vom Oberkarbon (Westfal B) bis ins untere Rotliegende. Die Wedel tragen relativ schmale und lange Blättchen mit kräftigem Mittelnerv, dagegen stehen die Seitennerven locker und sind einmal gegabelt. Wie die Zähne eines Kammes sind die Blättchen angeordnet, mit sternförmigen Sori, sogenannten Asterotheca-Sori.

Bild 4.139. Einzelfieder von *Scolecopteris* (Syn. *Pecopteris*) *candolleana* aus dem Oberkarbon (Stephan) von Wettin/DDR. Typisch sind die auffallend schmalen etwa 6 bis 7 mm langen Fiederchen. Sie sind locker und an der Basis an der Achse herabgezogen (Ausschnitt aus Bild 4.138).

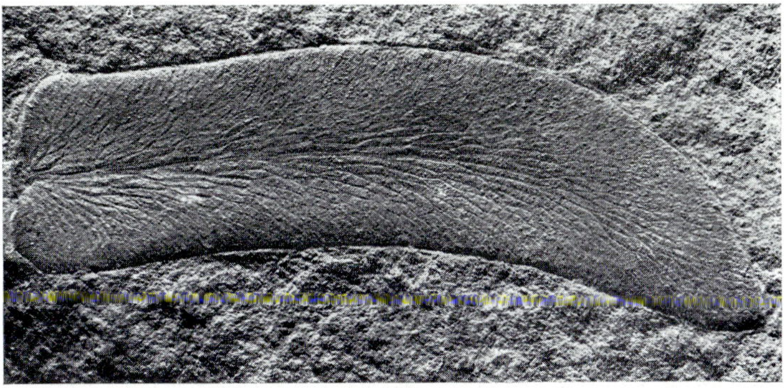

Bild 4.140. Fiederchen von *Linopteris brongniarti* aus dem Oberkarbon (Westfal D) von Oberhohndorf bei Zwickau/DDR. Es ist fast parallelrandig, die Basis ist herzförmig, die Spitze abgerundet, leicht zugespitzt. Die Mittelader ist nur im basalen Drittel durch tiefe Einsenkung markiert. Die Seitenadernmaschen laufen in gleichmäßigen Bogenreihen zum Fiederrand. Die Maschen sind länglich polygonal. Länge des schwach sichelförmigen Fiederchens 4,5 cm

Bild 4.141. Wedelstück von *Alethopteris davreuxi* aus dem Oberkarbon des Saargebietes/BRD. Die Fiederchen sind schwach konisch verjüngt, ihre Spitzen abgerundet. Die Spreite der Fiederchen läuft breit zur Achse hin ab. Sie sind stark gewölbt, daher erscheint die Mittelader tief eingesenkt. Länge der Fiederstücke 11 cm

Cordaiten (Cordaitales)

Die farnwedeligen Pteridospermae des Karbons waren nicht die einzigen Samenpflanzen der Steinkohlenwälder. Neben ihnen entwickelten sich die zu den Nacktsamern gehörigen baumförmigen Cordaitales, benannt nach dem Prager Botaniker A. Corda (s. Vorsatzblatt). Sie lebten vom oberen Namur bis ins Rotliegende und starben hier nachkommenlos aus. Während dieser Zeit waren sie sehr artenreich und weltweit verbreitet (s. Bild 4.117). Von ihnen sind alle Organe gefunden worden. Diese karbonen Bäume wurden mehr als 20 m bis 30 m hoch. Ihre Krone trug nur wenige Zentimeter breite, bandförmige, lineal bis lanzettlich, stumpfe oder zugespitzte, parallelnervige, bis 1 m lange Blätter (Bilder 4.145 und 4.146; s. S. 182). Der Stamm war, ähnlich den heutigen Buchen, glattrindig. Sie hatten getrenntgeschlechtliche Blütenstände, z. B. *Cordaianthus*, die zwischen den beblätterten Sprossen saßen.
Die Cordaiten besiedelten hygrophile bzw. mesophile Standorte.

Bild 4.142. Fiedern von *Alethopteris subdavreuxi* aus dem Oberkarbon (Westfal D) von Zwickau/DDR. Länge des mittleren Fiederstückes 12 cm

Bild 4.143. Mittlerer Teil eines Wedelstückes von *Odontopteris osmundaeformis* aus dem Rotliegenden von Manebach/Thür./DDR. Die Fiederchen sind rundlich, etwa so lang wie breit und sitzen mit der ganzen Basis an der Achse an. Zur Spitze hin nehmen sie an Breite ab. Höhe des Wedelstückes 11 cm

Bild 4.144. Wedelstück von *Callipteridium pteridium* aus dem Oberkarbon (Stephan) von Wettin/DDR. Länge des Wedelstückes 10 cm. Der „weiße Punkt" rechts oben bedeutet, daß ein Original zur Monographie von GERMAR 1844 bis 1853, GOTHAN und WEYLAND 1973 sowie R. POTONIÉ vorliegt.

Koniferen (Coniferae)

Als phylogenetisch älteste Nadelhölzer (Coniferae) traten bereits im obersten Stephan die Walchiaceae, auch „Walchien" genannt, auf. Es waren mittelgroße Holzbäume. Die Entfaltung der Koniferen ging aber erst im Mesophytikum vonstatten.

Als Überreste des Algophytikums findet man im Karbon noch einige Algen des Süßwassers: Botryococcaceen, die als Bitumenbildner eine Rolle spielten. In ehemaligen Seen bildeten sie dichte Kolonien. Diese Sedimente ergeben bei Destillation das sog. „Steinöl". Es wurde früher als Lampen- und Heizöl verwendet.

Im Kohlenkalk verbreitet wurden Blau- und Grünalgen abgeschieden. Sie hatten Bedeutung als Rasen- oder Riffbildner, auch stromatolithische Knollen sind gefunden worden.

Moose (Laubmoose) wurden seltener aus dem Karbon bekannt. Sie gediehen neben den Baumriesen als eine Bodenvegetation.

Bild 4.145. Sandsteinschiefer mit Samen von Cordaiten *(Cardiocarpus künnsbergi)* (rechts unten) und Pteridospermae (*Trigonocarpus* sp.) (Bildmitte rechts) aus dem Oberkarbon (Westfal D) von Zwickau/DDR. Horizontaler Durchmesser der Platte 15,5 cm

Bild 4.146. Samen von Pteridopermae und Cordaitales aus dem Oberkarbon von Planitz bei Zwickau/DDR. *Trigonocarpus parkinsoni* (oben) (Pteridospermae); Länge etwa 2 cm. *Cardiocarpus marginatus* (links) (Cordaitales); Länge etwa 1 cm. *Cardiocarpus künnsbergi* (rechts) (Cordaitales); Länge etwa 1 cm

4.2.6. Perm

Das System Perm umfaßt einen Zeitabschnitt von 60 Millionen Jahren. Ausgedehnte bunte Sedimente des westlichen mittleren Uralvorlandes, die in dem ehemaligen russischen Gouvernement Perm liegen, sind Ursprung für den Namen, der 1841 durch den englischen Geologen R. J. Murchison eingeführt wurde. Schon im 17. Jahrhundert war in Deutschland für altersgleiche Schichten der Begriff Dyas, d.h. Zweiheit, angewendet worden. Diese Bezeichnung geht zurück auf die in diesem Gebiet gebräuchliche Gliederung nach der Gesteinsbeschaffenheit der Schichten in die Abteilungen Rotliegendes (fast durchweg festländische Ablagerungen) und Zechstein (überwiegend marine Ablagerungen). Die beiden Begriffe leiten sich aus dem Kupferschieferbergbau ab, nämlich dem „roten, toten Liegenden“ und den bergmännischen „Zechen“, eine alte Bezeichnung für die Bergwerke in den Kupferschiefer-Verbreitungsgebieten. J. G. Lehmann und G. Chr. Füchsel hatten an diesen Gliederungsversuchen im 18. Jahrhundert wesentlichen Anteil.
Der Franzose J. Marcou (1859) und (1861) H. B. Geinitz (Direktor des Königlich Mineralogischen Museums zu Dresden) schlugen aufgrund der geologischen Verhältnisse in Deutschland die Anwendung des Namens Dyas vor, im Gegensatz zu der das Perm überlagernden Trias. Infolge der Fossilarmut in den deutschen Verbreitungsgebieten ist diese Gliederung international zur Abgrenzung ungeeignet. In Europa und in der Sowjetunion dienen daher die hochmarinen Faziesgebiete als Typusgebiete, und man wendet hier die Zweigliederung in Unter- und Oberperm an.

		$225 \cdot 10^6$ a
Oberperm (Zechstein, Thuringium)	nach den Verbreitungsgebieten benannt: Thüringen und Sachsen, sowie nach der Stadt Autunien im französischen Zentralmassiv)	
Unterperm (Rotliegendes, Autunium und Saxonium)		
		$285 \cdot 10^6$ a

Tektonogenetisch stellte das Perm die Abschlußphase der Varistischen Gebirgsbildung dar.
Biologisch ist das Perm eine Übergangsphase der paläozoischen in die mesozoische Fauna und Flora. Im Karbon begann dieser Prozeß, setzte sich im Perm fort und war in der älteren Trias abgeschlossen. Die marinen (epikontinentale und pelagische) Ablagerungen, u.a. in der Sowjetunion, den

Karnischen Alpen, auf Sizilien, dem Himalaya, in Südchina, auf der Insel Timor, in Australien, Neuseeland, Japan, Texas/USA, werden hauptsächlich durch Foraminiferen (Fusulinida), Ammonoideen, Brachiopoden und Conodonten charakterisiert. In den kontinentalen Bereichen (u.a. DDR und BRD als klassische Gebiete; Sowjetunion, China, Vorderindien, Afrika, Australien, Amerika) spielt die Entwicklung der Pflanzen und Reptilien eine wichtige Rolle. Bezeichnend für diese Zeitenwende ist u.a. auch das Aussterben zahlreicher altertümlicher Arthropoden, Brachiopoden und Echinodermen.

Die Entwicklung der Amphibien und Reptilien schritt im Perm weiter voran, und ihre Verbreitung hat Ähnlichkeiten mit der der Pflanzen. Auch hier sorgten paläogeographische Verbindungen zwischen den Kontinenten für einen entsprechenden Austausch oder eine Einheitlichkeit in der tierischen Besiedlung.

An der unteren Grenze des Perms sind einige floristische Beziehungen zum Oberkarbon (Stephan) bzw. Pennsylvanien zu beobachten, wovon sich die mitunter gebräuchliche Bezeichnung Permokarbon ableitet (vgl. S. 137). Andererseits führen Beziehungen zur jüngeren Trias auch zur Anwendung des Namens Permotrias. Die biostratigraphische Bedeutung der genannten Fossilgruppen verleiht aber dem System doch eine gewisse Eigenständigkeit und rechtfertigt die Abtrennung als selbständiges, letztes System des Paläozoikums. Das Klima war während des Perms auf den einzelnen Erdteilen unterschiedlich, z.T. gegensätzlich. Auf der damaligen Nordhalbkugel herrschte ein warmgemäßigtes, relativ trockenes Klima, in den Kohlebildungsgebieten dagegen war das Klima feucht (Sumpfwälder). Die Südkontinente bedeckte zeitweise Eis, aber auch hier gab es kühl-gemäßigte Kohlegürtel.

Die Tethys, das Ost-West gerichtete „Gürtel“meer, bildete einen tropischen Bereich, d.h., hier herrschten günstige Lebensbereiche für Kalkbildner.

4.2.6.1. Die marine Permfauna

In den Ablagerungen des offenen Meeres (pelagische Region) spielten als Leitfossilien die schon im Karbon erwähnten großwüchsigen Fusuliniden (Foraminifera) eine wichtige Rolle. Rascher Formenwandel, große Häufigkeit und weite regionale Verbreitung machten sie zu bedeutenden Zeitmarken und Gesteinsbildnern (z.B. Pseudoschwagerinen-Kalk in den Alpen). Die spindelförmigen Arten, z.B. *Fusulina* (s. Bild 4.107, S. 141) wurden nun abgelöst durch kugelige Formen, wie *Paraschwagerina*, und mehr zylindrische Formen, wie *Pseudoschwagerina.* Am Ende des Perms erschienen wieder Riesenformen z.B. *Doliolina, Verbeekina.*

Tiefgreifende Veränderungen sind im Perm bei den Coelenteraten (Hohltieren), insbesondere bei den Korallen, zu beobachten. Die Tabulaten sind im Rückgang begriffen und erloschen am Ende des Perms. Auf der Insel Timor traten sie häufiger auf. Die rugosen Korallen (Rugosa, Tetrakorallen) wandelten sich zu den Scleractiniern (Scleractinia, Hexakorallen) um, d.h. die paarweise Septenstellung ging über zu sechsstrahliger Symmetrie (Bild 4.147). Diese Entwicklung hatte bereits im Karbon begonnen und wurde dann in der Trias vollendet. Der bilaterale Bauplan freilebender, altpaläozoischer Arten wandelte sich allmählich. Es entstanden radial gebaute sessile permotriassische Arten. Die permischen Korallen (Zaphrentiden, vgl. Bild 4.108) bildeten in diesem Evolutionsprozeß Übergangsformen.

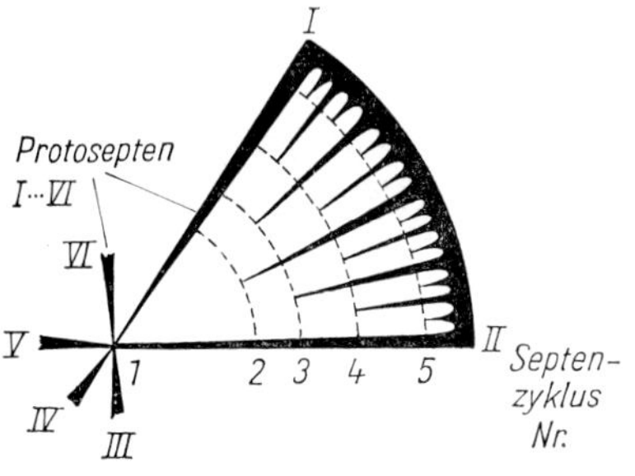

Bild 4.147
Schema der Septeneinschaltung bei den Scleractinia (Hexacorallia) mit hexamerer (sechsstrahliger) radialer Symmetrie. Dargestellt ist ein Feld zwischen zwei Protosepten (Septen des 1. Zyklus). Die folgenden Septen schalten sich unter abgestufter Längenentwicklung in 6-, 12-, 24- usw. zähligen Zyklen dazwischen (ergänzt nach A.H. Müller)

Die Bryozoen erlangten im Perm besondere Bedeutung als Riffbildner innerhalb der Binnenfazies. Im deutschen, englischen und russischen Zechstein ersetzten sie die Korallen beim Bau mächtiger Riffgebiete, z.B. die thüringischen Bryozoenriffe, nördlich des Frankenwaldes, im Orlagau, und am Rande des Thüringer Waldes/DDR, oder die Zechsteinriffe bei Hartlepool an der englischen Nordseeküste.
Die wohl bekannteste Leitform des Zechsteins aus der Ordnung der Cryptostomata ist *Fenestella retiformis*. Sie bildete oft ein feines Netz von großen trichter- bis fächerförmigen Stöcken (Bild 4.148). Häufig ist die Gattung *Acanthocladia*, die in Form ausgebreiteter, büscheliger Stöcke in einer Ebene wächst, und die rasenbildende *Thamniscus*. Beide wirkten in den Riffen als Sedimentfänger (Bild 4.149).
Kurz vor ihrem Aussterben erlebten die paläozoischen Gattungen der Brachiopoden im Perm letztmalig eine reiche Entfaltung und Spezialisierung. Sie bildeten den Hauptanteil der marinen Fauna, ehe sie im Mesozoikum von den Muscheln verdrängt wurden. Von den karbonen Gattungen bzw. Arten lebten noch die meisten bis ins Perm hinein fort, z.B. die Productaceen mit den verschiedenen Arten von *Productus* (vgl. S. 145;

Bild 4.148. *Fenestella geinitzi*, eine Bryozoe, die am Aufbau der thüringischen Zechsteinriffe bei Pößneck/DDR beteiligt ist. Breite des Bruchstückes etwa 3 cm

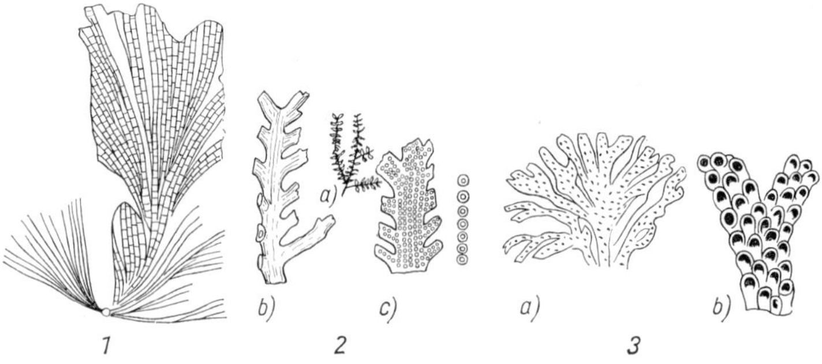

Bild 4.149. Bryozoen oder Moostierchen der Ordnung Cryptostomata des germanischen Zechsteins aus Riffkalken Ostthüringens (Oepitz und Pößneck)/DDR, etwa natürl. Größe
1 Fenestella retiformis; 2 Acanthocladia anceps
a) Kolonie (Zoarium), b) Zweig von unten, c) Zweig von oben mit Aperturae (Öffnungen)
3 Thamniscus geometricus
a) Teil des Zoariums, b) Teil eines Zoariums mit lippenförmig umgebildeten Unterrändern der Aperturae (nach KORN und A. H. MÜLLER)

Tabelle 4.4; Bild 4.112). Als Leitform des Zechsteins ist besonders eine große, mit langem in Ohren ausgezogenem Schloßrand und großen Stacheln besetzte Brachiopodenform *Horridonia horrida* (Syn. *Productus horridus*) zu nennen (Bild 4.112). Ferner sind wichtig die Strophalosiaceen *(Strophalosia)*, die Spiriferaceen *(Neospirifer)* und die Terebratulaceen *(Dielasma)*. Der Niedergang der paläozoischen Brachiopodengattungen wird auch angekündigt durch eine Reihe „barocker" Formen, wie z.B. die äußerlich korallenartige *Richthofenia* aus dem Oberperm der Tethys und *Oldhamia* (Bild 4.150) mit fiederförmig zerschlitzter Dorsalklappe.

Neben den Brachiopoden gehören die Muscheln zu den häufigsten Fossilien des Perms. Auch sie zeigen bereits Anklänge an das folgende Mesozoikum. In der Binnenmeerfazies traten sie häufiger als die Brachiopoden auf, insbesondere innerhalb der Küsten- und Litoralzonen. Bei den Anisomyariern überwiegen die Pectinaceen *(Aviculopecten, Pseudomonotis)*, die Pteriaceen *(Bakevellia)*, Ambonychiaceen *(Liebea, Eurydesma)* und Trigoniaceen *(Schizodus)*.

Die Gastropoden bewahrten noch ihr paläozoisches Gepräge, doch waren bereits manche Gruppen im Rückgang begriffen. Den Hauptanteil stellten die symmetrisch eingerollten Bellerophontaceen mit Schlitzband *(Bellerophon)*. Sie traten gesteinsbildend in den oberpermischen dolomitischen *Bellerophon*-Kalken der Karnischen Alpen auf, sind aber ebenso bekannt

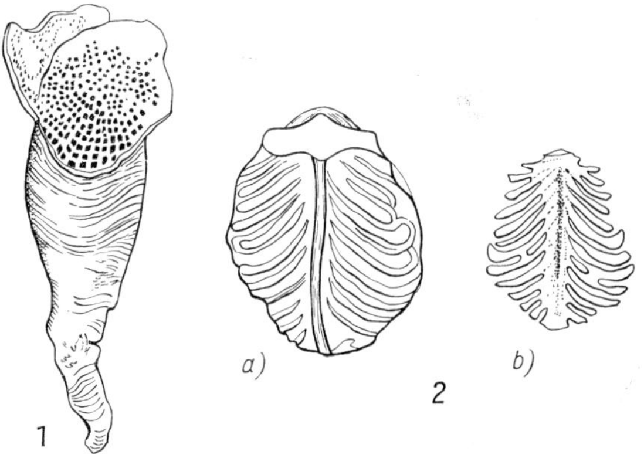

Bild 4.150. „Barocke" (aberrante) Brachiopoden des Perms
1 *Richthofenia communis* aus dem Perm Italiens; Höhe etwa 12 cm (nach Di Stefano)
2 *Oldhamia decipiens* aus dem *Productus*-Kalk der Saltrange (Ostindien), (nach Waagen)
a) Stielklappe von innen, Höhe 4,5 cm, b) Armklappe von innen, Höhe 3,5 cm

aus der Kasan-Stufe der Sowjetunion und in Indien (Salt Range) im sog. *Productus*-Kalk. Auch Pleurotomariaceen *(Worthenia)* und Murchisoniaceen *(Murchisonia)* sind nicht selten. Die Ammonoideen sind, wie im Karbon, wichtige Leitfossilien in den marinen Faziesgebieten, insbesondere im Moskauer Becken Osteuropas und in den Mediterrangebieten, und schließen genetisch an die karbonen Arten an. Von den karbonen Goniatiten sind noch vertreten *Schistoceras* und *Agathiceras* (Bild 4.151). Es er-

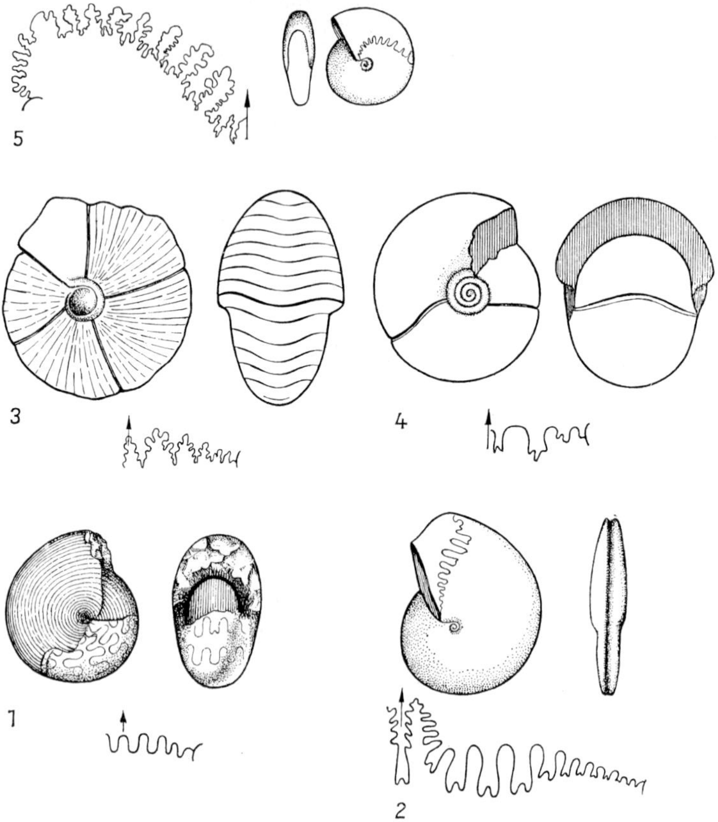

Bild 4.151. Permische Stufengattungen unter den Ammonoideen, glattschalige Formen mit zunehmender Zerschlitzung der Lobenlinien (unmaßstäblich) (verändert nach v. BUBNOFF und BRINKMANN und KRÖMMELBEIN)
1 Agathiceras suessi (Unterperm); *2 Medlicottia orbignyana* (Unterperm); *3 Perrinites vidriensis* (höheres Unterperm); *4 Waagenoceras stachei* (Oberperm); *5 Cyclolobus oldhami* (Oberperm)

schienen nun die für Perm und Trias charakteristischen Mesoammoniten. Bei ihnen ging eine grundlegende Umgestaltung der Sutur infolge zunehmender Lobenzahl vor sich, d. h., die Loben zeigten eine fortschreitende Zerschlitzung. Es traten aber noch Formen mit überwiegend glattschaligen Gehäusen auf. Diese beiden Merkmale sind kennzeichnend für die permische Ammonitenfauna gegenüber der von Karbon und Trias. Die im Bild 4.151 dargestellten Ammonitengattungen gelten als einige wichtige Stufengattungen der Orthostratigraphie des Perms. Für die Grenzziehung zur Trias haben die Gattungen *Araxoceras*, *Paratirolites* und *Pseudogastrioceras* als Zeitmarken Bedeutung.

Neben den Ammoniten erlebten im Perm die paläozoischen Echinodermen örtlich noch einmal einen bedeutenden Aufschwung, obwohl sie insgesamt im Rückgang begriffen sind. In Südostasien (auf der Insel Timor) wurden sie in reicher Entwicklung beobachtet. Stammesgeschichtlich besonders interessante Typen fanden sich bei den Blastoideen (Knospenstrahler). Es wurden etwa 14 Gattungen bekannt. Am häufigsten sind die Crinoideen (Seelilien) mit 94 Gattungen mit 240 Arten. Vorherrschend sind die Fistulata (lat. fistula = Rohr, Fistel) mit fester Kelchdecke *(Timorocrinus)*. Die Gesamtentwicklung ist auf eine weitere Verminderung der Kelchplattenanzahl gerichtet. Diese Formen stellen ein Endstadium der karbonischen Echinodermenentwicklung dar (vgl. Bild 4.37, S. 76, 77). Unter ihnen fanden sich zahlreiche an das Riffleben angepaßte Lokalformen. Bei den Seeigeln erschienen erstmalig echte Echiniden (Cidaroida) mit aus 20 Plattenreihen aufgebautem Gehäuse *(Miocidaris, Archaeocidaris)*.

Bei den marinen Arthropoden bedeutete das Perm einen Wendepunkt in der Entwicklung. Eines der markantesten Ereignisse war das Aussterben der Trilobiten. *Griffithides* mit einer bis an den Stirnrand reichenden Glabella und einem großen, undeutlich gegliederten Pygidium sowie *Phillipsia* mit etwas kleiner, parallelrandiger Glabella und großem, durch Furchen gegliedertem Schwanzschild waren einige der letzten Gattungen.

4.2.6.2. Die kontinentale Permfauna

Wenngleich die Fische auch in rein marinen Ablagerungen des Perms als Wirbeltierreste eine Rolle spielten, so sind sie doch in den kontinentalen und limnischen sowie den litoralen Faziesbereichen des Perms häufiger und wichtiger. Gegenüber der karbonen Fischfauna fand keine grundlegende Veränderung statt. Die Knochenfische (Osteichthyes) hatten mit den Actinopterygiern (Strahlenflosser), besonders den primitiven Chondrostei, endgültig die Herrschaft ergriffen.

Die häufigsten unter diesen Fischen stellten die Palaeonisciden des Perms. Hier lieferte vor allem der bituminöse, erzhaltige Kupferschiefer Mitteleuropas, ein Faulschlammgestein, z.B. Thüringens, der Sangerhäuser und Mansfelder Mulde/DDR, des Richelsdorfer Gebirges (Hessen)/BRD, eine Vielzahl von Schmelzschuppern (Ganoiden). Sie zeichneten sich durch eine heterozerke, asymmetrische Schwanzflosse aus, d.h., bei ihnen ist die Wirbelsäule in den oberen Lappen der Schwanzflosse verlängert. Ferner besaßen sie noch primitive Körpermerkmale: ein knorpeliges Skelett und

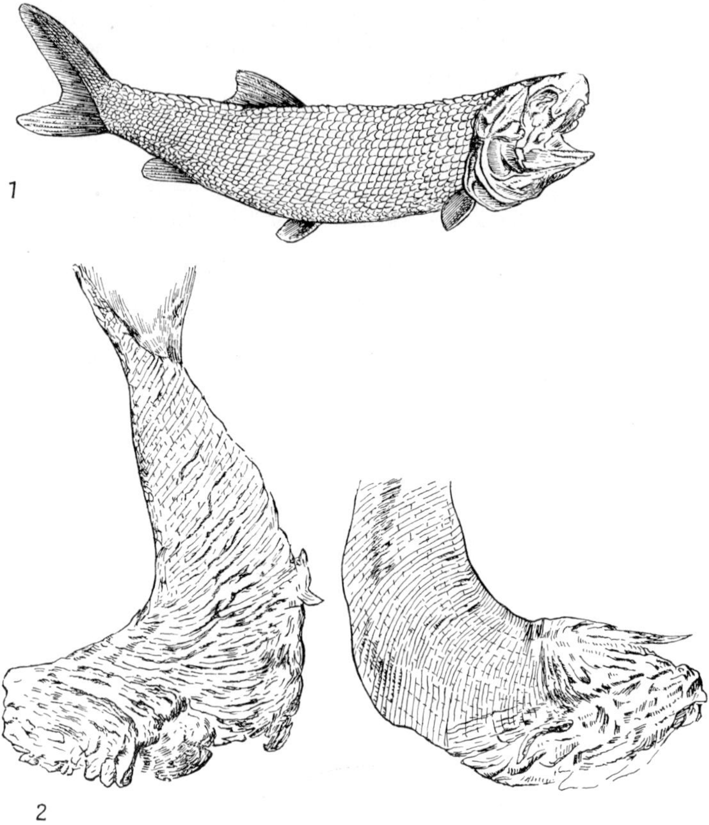

Bild 4.152. Der permische Schmelzschupper (Actinopterygier) *Palaeoniscum freieslebeni* aus dem Kupferschiefer der Mansfelder Mulde/DDR (nach WEIGELT)
1 vollständiger Fisch; *2* Lagebeziehungen zweier *Palaeonisca freieslebeni*. Typisch die halbmondförmige Krümmung, die auf Schrumpfung der Sehnen oberhalb der Wirbelsäule vor der Einbettung hindeuten. Länge der Exemplare etwa 15 cm

Ganoidschuppen. Die häufigsten Gattungen sind *Palaeoniscum*, *Acrolepis* und *Platysomus*.

Palaeoniscum (Bilder 4.152 und 4.153) ist am bekanntesten und in vielen geowissenschaftlichen Sammlungen der Erde vorhanden als der sog. „Kupferschieferhering" *Palaeoniscum freieslebeni*. (Bereits G. Agricola (1546) und K. Gesner (1565) hatten ihn gekannt.) Oft ist er mit buntschillernden, metallisch glänzenden, meist rhombischen, aber auch runden Ganoidschuppen (Vererzung) erhalten und hebt sich scharf vom schwarzen Kupferschiefer ab. Seine Gestalt ist langgestreckt und schlank, er erreichte Längen von 15 bis 35 cm (Bild 4.154), *Palaeoniscum* war weltweit verbreitet. Körperlich erhaltene Palaeonisciden sind aus dem Inneren der sog. „Ilmenauer Schwielen", bituminösen, flachgedrückten Kalkkonkretionen, bekannt geworden und ermöglichten, die Osteologie (Knochenbau) dieser Fische fast vollständig zu erfassen (Farbtaf. XII, Bild 13).

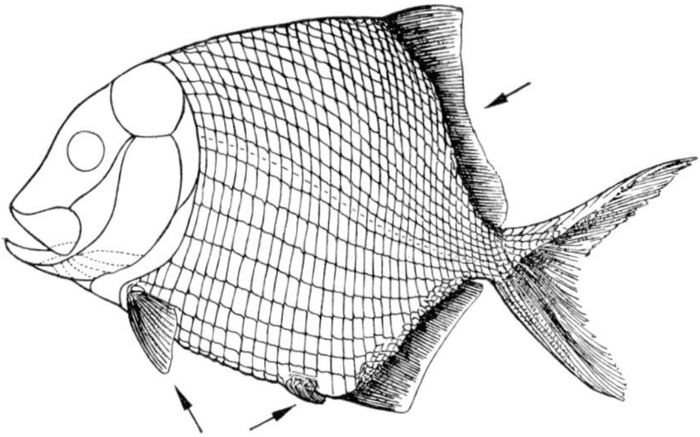

Bild 4.153. *Platysomus striatus* aus dem Perm Englands; Länge 25 bis 30 cm (nach Traquair) (Pfeile deuten auf charakteristische morphologische Körpermerkmale)

Die Palaeonisciden waren vermutlich Brackwasserfische, die sich im Rotliegenden durch allmähliche Anpassung aus Süßwassertypen entwickelten.

Die Gattung *Acrolepis* gehört ebenfalls zu den Palaeonisciden. *Acrolepis* erreichte etwa 50 cm Länge und besaß diagonal gefurchte Schuppen. Er wurde hauptsächlich aus Richelsdorf/BRD und Eisleben/DDR bekannt.

Platysomus (Bilder 4.153 und 4.155) ist ein ebenso typischer Ganoidfisch des Kupferschiefers. Er ist seitlich stark zusammengedrückt, von rhombischer, sehr hoher, karpfenförmiger Gestalt und besaß stumpfkegelige Zähne. Die Rücken- und Afterflossen sind lang, Brust- und Bauchflossen sind klein oder fehlen. Die Schwanzflosse ist tief gabelförmig ausgeschnitten. Schon seit 1755 ist *Platysomus* bekannt; er wurde von älteren Autoren, irregeleitet durch seinen Körperumriß, als „Scholle“ und „Meerbutten“ beschrieben. Aufgrund des Zahnbaues ist anzunehmen, daß *Platysomus* ein Riffbewohner war, aber auch seichte Randbecken als Lebensraum bevorzugte und hartschalige Nahrung zu sich nahm.

Ein seltener und eigenartiger Fischtyp des Kupferschiefers ist der Knorpelganoide *Dorypterus* (Bild 4.156). Als einzige Gattung repräsentiert *Dorypterus hoffmanni* die Familie der Dorypteridae. Er war 9 bis 13 cm lang, 5 bis 6 cm hoch und seitlich stark abgeflacht. Seine Schuppen waren beträchtlich reduziert und auf den Vorderrumpf beschränkt, so erscheint er fast nackt. Die Schwanzflosse ist gegabelt, und beide Teile sind äußerlich fast gleich. Er besaß eine ungewöhnlich lange und hohe Rückenflosse, die Afterflosse war ebenfalls lang. *Dorypterus* ist nur aus dem Oberperm Europas und dem Unterperm Ostasiens bekannt.

Die echten Selachier (Haiartige) wurden im Kupferschiefer u.a. durch die Chimaeriformes (Holocephali, Seekatzen i.w.S.), den rochenähnlichen

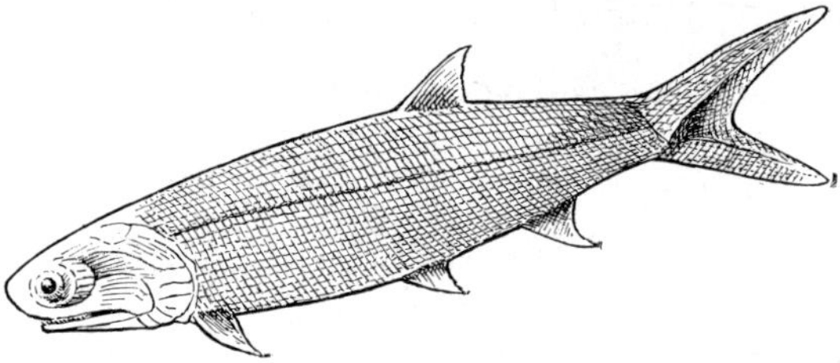

Bild 4.154. Rekonstruktion von *Palaeoniscum freieslebeni* („Kupferschieferhering“) aus dem Kupferschiefer der Mansfelder Mulde (Eisleben/DDR)

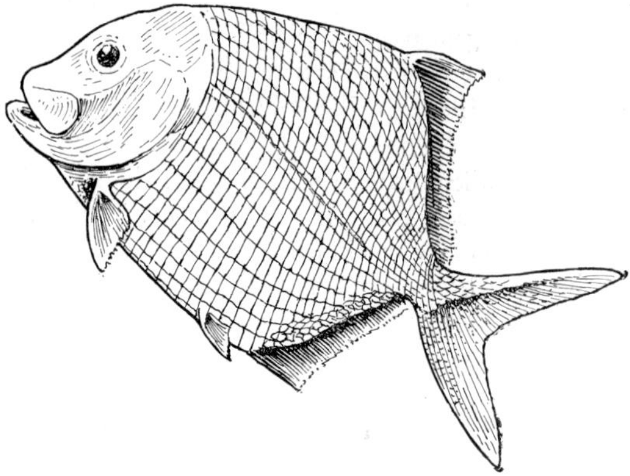

Bild 4.155. Rekonstruktion von *Platysomus striatus*, einem Ganoidfisch, aus dem Kupferschiefer der Mansfelder Mulde/DDR

Bild 1 *Paradoxides gracilis*, ein typisches Leitfossil im Mittelkambrium des Barrandiums von Skryje/Böhmen/ČSSR. Länge 8,8 cm

Bild 2 *Sao hirsuta* aus dem Mittelkambrium von Skryje/Böhmen/ČSSR, ein Trilobit der Unterordnung der Ptychopariina. Länge 2,5 cm

Tafel II

Bild 3 *Conocoryphe sulzeri*, ein häufiger Trilobit aus dem Mittelkambrium von Skryje/Böhmen/ČSSR. Dieser blinde Trilobit ist ein wichtiges Leitfossil der mittelkambrischen Schiefer von Jince und Skryje in Böhmen/ČSSR. Spindellänge 3,5 cm

Tafel III

Bild 4 *Dalmanitina (Dalmanitina) socialis socialis* aus dem mittelordovizischen Quarzit von Revnice (Drabov) in Böhmen/ČSSR ist Leitform im böhmischen Ordovizium (Llandeilo). Länge 6,5 cm

Tafel IV

Bild 5 Medianer Längsschnitt von *Actinoceras* sp. mit deutlich cyrtochoanitischem Siphonalapparat. Sichtbar sind die Kammerscheidewände, die Siphonalhüllen sowie die nach hinten dicker und größer werdenden Obstruktionsringe (= Verdickungsringe). Breite 5 cm, Länge 7,5 cm

Bild 6 Kuckers'scher Brandschiefer oder Kuckersit, ein brennbares Gestein des Ordoviziums der Estnischen SSR (UdSSR), reich an Fossilresten, z. B. Bryozoen, Brachiopoden und Trilobiten. Auf der Schichtfläche Bruchstücke der Bryozoe *Chasmatopora bifurcata*. Größe der Bruchstücke 1,5 bis 2 cm

Tafel VI

Bild 7 Dichotom gegabeltes, blattloses, etwa 5 cm langes Sproßstück von *Psilophyton* sp. Diese Urlandpflanzen besiedelten die feuchten Senken des devonischen Festlandes

Tafel VII

Bild 8 Steinkerne von schloßtragenden Brachiopoden aus dem oberen Unterdevon (Emsium) des Rheinischen Schiefergebirges/BRD
oben: *Paraspirifer cultrijugatus* mut. *auriculata,* Breite 3,7 cm
unten: *Euryspirifer paradoxus,* Breite 7,6 cm

Tafel VIII

Bild 9 *Xystostrophia umbraculum*, ein Brachiopode des Mitteldevons. Oberfläche der Stielklappe mit feinen, unterschiedlich ausgebildeten, radialen Rippen bedeckt und konzentrischen Anwachsstreifen. Höhe der Schale 4,5 cm

Bild 10 *Dunkleosteus intermedius*, ein oberdevonischer räuberischer Arthrodire. Länge des gepanzerten Teils etwa 3,20 m. Ausgestellt im Muséum National d'Histoire Naturelle in Paris/Frankreich

Tafel IX

Bild 11 Fiederchen von *Neuropteris scheuchzeri* aus dem Oberkarbon (Westfal B bis D). Fundort unbekannt; Fiederchenlänge 9 cm

Tafel X

Bild 12 Querschnitt durch die Kolonie der Tabulate *Pleurodictyum problematicum*, die umgeben ist von zahlreichen Abdrücken von Armfüßern *(Plebejochonetes plebejus)* in einem braunen Sandsteinschiefer des Unterdevons (Emsium) von Stadtfeld/Eifel/BRD. Durchmesser des Corallums 3 cm

Tafel XI

Bild 13 *Palaeoniscum freieslebeni* aus dem permischen Kupferschiefer der Mansfelder Mulde von Hettstedt/DDR. Das Fischskelett wurde teilweise durch Kupfererzlösung intuskrustiert. Länge 21 cm

Bild 15 Fossilfälschung von *Odontobelus tripartitus* aus dem Lias ε von ▷ Holzmaden/BRD. Belemnitentier mit Weichteilen (Fangarme mit doppelzähnigen Häkchenreihen. Teile der Eingeweide, u. a. Tintenbeutel) sowie Rostrum (6 cm lang). Gesamtlänge etwa 25 bis 30 cm

Bild 14 Querschnitt durch den zusammengepreßten Stamm von *Psaronius infarctus*, ein sog. „Starstein", aus dem Unterrotliegenden von Karl-Marx-Stadt/Hilbersdorf/DDR. Deutlich erkennbar sind die vom Wurzelmantel umgebenen, bandförmigen Gefäßbündel. Größter Durchmesser etwa 15,5 cm

Bild 15

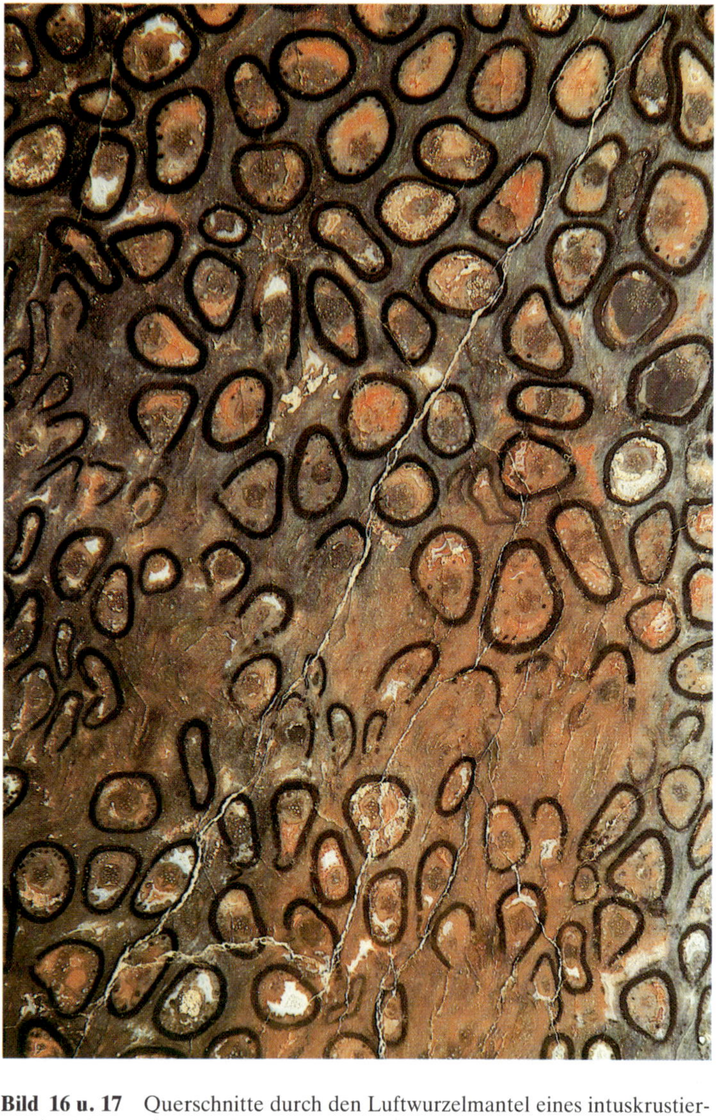

Bild 16 u. 17 Querschnitte durch den Luftwurzelmantel eines intuskrustierten (verkieselten) Baumfarnes, *Psaronius infarctus* sog. „Starstein“, aus dem Unterrotliegenden von Karl-Marx-Stadt/Hilbersdorf/DDR. In den Luftwur-

Tafel XIV

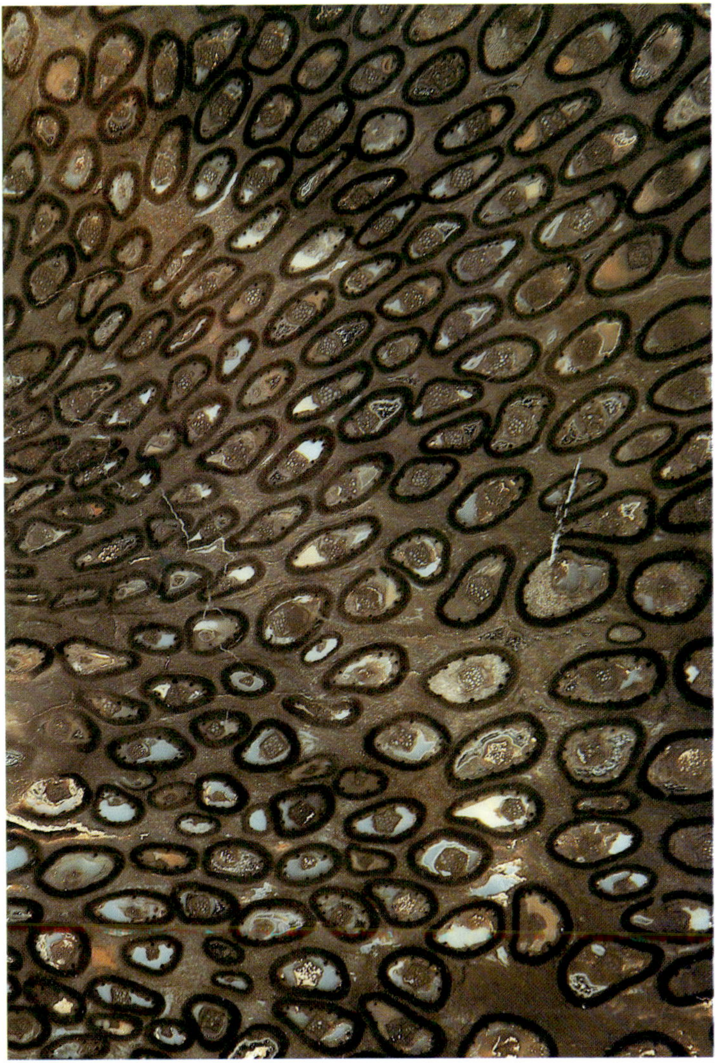

zeln haben sich sekundär durch eingedrungene Kieselsäure kleine bunte Achatmandeln (Opal, Chalcedon, Quarz) gebildet. Durchmesser einer Mandel etwa 2 bis 4 mm

Tafel XV

Bild 18 Steinkern der Schnecke *Undularia* sp., aus dem Muschelkalk von Nietleben/DDR. Die ursprüngliche Kalkschale des Gehäuses wurde aufgelöst, und der mit Kalkschlamm gefüllte Gehäuseinhalt verfestigte sich während der Diagenese und blieb als Innenausguß erhalten. Höhe etwa 5 cm

Tafel XVI

Bild 19 *Stephanoceras (Stephanoceras) humphriesianum* aus dem Dogger der Schwäbisch-Fränkischen Alb/BRD. Durchmesser 8,5 cm

Tafel XVII

Bild 20 *Arietites bucklandi*, ein Leitammonit aus dem Lias α_3 des Schwäbischen Juras/BRD. Durchmesser 8 cm

Bild 22 Blätterkohle (Dysodil), sog. „Pappdeckelkohle", aus der mitteleozänen Braunkohle des Geiseltales bei Merseburg/DDR. Breite des Ausschnitts 10 bis 12 cm ▷

Tafel XVIII

Bild 21 Vegetationsbild der Unterkreide (Barrême) bei Quedlinburg/DDR (Ölgemälde von E. Tanger und R. Daber). Versandende Wasserfläche (Flußmündung), an der sich in dichten Beständen *Stiehleria* (links), kleine Farnwedel von *Matonidium goepperti* und große, flachliegende Blattschirme von *Weichselia reticulata* mit den sporangientragenden blattlosen Wedeln im Zentrum angesiedelt haben

Bild 22

Bild 23 Fertiler Wedel des derb-ledrigen Farnes (Xerophyt) *Hausmannia kohlmanni*, der den Dipteridaceen zugeordnet wird, aus dem Neokomsandstein von Quedlinburg/DDR. Maximale Breite 5 cm

Bild 24 Blatt von *Debeya (Dewalquea)* sp., eine Angiosperme mit mehrteiligen Blättern aus der Potomac-Flora (Albien – oberste Unterkreide). Länge der Einzelblätter 8 bis 9,5 cm

Bild 25 Aaskäfer (Silphidae), *Eosilphites decoratus*, aus der mitteleozänen Braunkohle des Geiseltales bei Merseburg/DDR, in Chitinerhaltung innerhalb einer Blätterkohle. Die farbig erhaltenen Flügeldecken zeigen die ursprünglichen Strukturfarben infolge Interferenzerscheinungen. Länge etwa 2 cm

Tafel XXII

Bild 26 Prachtkäfer, sog. „Goldkäfer“, *Eochalcophora abbreviata*, aus der mitteleozänen Braunkohle des Geiseltales bei Merseburg/DDR. Länge etwa 2 cm

Bild 27 Silberwurz *Dryas octopetala*, eine nordische bzw. montane Reliktpflanze der pleistozänen Inlandvereisung. In den eiszeitlichen Tundren der nordeuropäischen Vereisungsgebiete war *Dryas* eine Charakterpflanze (*Dryas*-Flora) und kälteliebender Klimazeuge

Tafel XXIV

Bild 4.156. Rekonstruktion von *Dorypterus hoffmanni*, einer der seltenen und eigenartigsten Fischtypen aus dem Kupferschiefer der Mansfelder Mulde (Eisleben/DDR). Er bewohnte Riffe und seichte Randbecken.

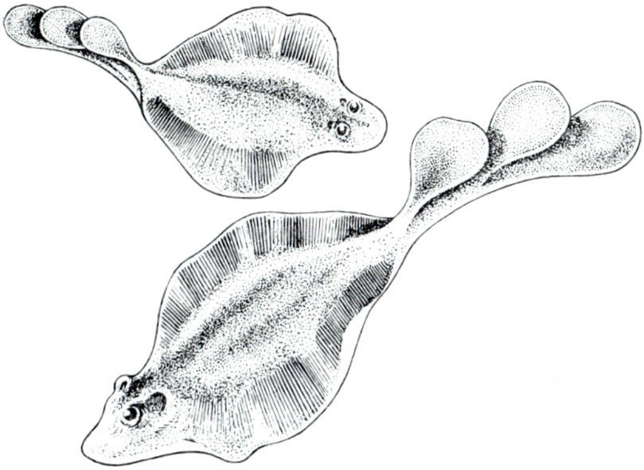

Bild 4.157. Rekonstruktion von *Janassa bituminosa*, ein echter Selachier von rochenähnlicher Gestalt aus dem Kupferschiefer der Mansfelder Mulde (Eisleben/DDR). Maximale Körperlänge liegt bei 600 bis 700 mm.

Janassa bituminosa aus der Familie der Petalodontiden vertreten (Bild 4.157). Es war ein dorsoventral abgeplatteter Fisch mit großen, breiten, halbkreisförmigen Brustflossen und kleinen Bauchflossen. Zwei gleichgroße Schwanzflossen waren ganz auf den Schwanzabschnitt beschränkt. Er besaß Zähne, die zum Zerknacken harter Nahrung vorzüglich geeignet waren. *Janassa* lebte als träger Bodenbewohner und ernährte sich von Mu-

Bild 4.158. *Branchiosaurus amblystomus*, ein salamanderförmiger Labyrinthodontier aus dem Unterrotliegenden des Döhlener Beckens von Niederhäßlich bei Dresden/DDR. Länge etwa 8 cm

scheln, Schnecken, Brachiopoden, Krebsen und anderen Schalenträgern. Er überlebte den Zechstein nicht, vermutlich führte eine Überspezialisierung seines Gebisses zum Aussterben. Funde wurden aus dem Zechstein des Niederrheins/BRD, dem Perm Grönlands/Dänemark, dem Mittelperm Nordamerikas und vom Unterkarbon bis zum Oberperm Europas bekannt (Richelsdorf/Hessen/BRD, Eisleben/DDR; England, Irland).
Nach dem Karbon war die Blütezeit der Amphibien überschritten, und ihre Entwicklung verlief rückläufig. Die Rhachitomen wurden zu den herrschenden Amphibien des Perms (Bild 4.115). Als typischster Vertreter erschien in unterschiedlichen Sedimenten von Texas/USA die Gattung *Eryops* (vgl. Bild 4.76). Aus dem Rotliegenden Mitteleuropas sind zwei häufig vorkommende Formen bekannt: *Archegosaurus* und *Branchiosaurus* (Bild 4.158). So wurde z.B. in den Goldlauterer Schichten des Thüringer Waldes/DDR der bis 1,5 m lange *Archegosaurus decheni*, ein Amphibium mit langem, spitzem Schädel, kleinen vierzehigen Vorderextremitäten und langem, seitlich komprimiertem Schwanz gefunden (Bild 4.159). Die sog. *Acanthodes*-Schiefer (benannt nach dem haiähnlichen Fisch *Acanthodes*) des Thüringer Waldes/DDR erbrachten ferner Abdrücke eines zarten Knochengerüstes und der Körperumrisse von *Branchiosaurus amblystomus* (Bild 4.159).
Die Vorfahren der Reptilien waren, wie schon erwähnt, im Oberkarbon mit gewisser Wahrscheinlichkeit bei den Batrachosauria zu suchen. Volle Anpassung ans Landleben, beweglicher Hals und leichter Schädel mit kräftigem Gebiß charakterisierten sie gegenüber den Amphibien. Die großen Trockengebiete des Perms, die sog. Redbeds, boten beste Voraussetzungen für ihre Erhaltung, z.B. bei Seymour in Texas/USA, in Südafrika, in der nördlichen Sowjetunion/Asien.

Im Perm bildeten die Cotylosaurier die Wurzel- bzw. Stammgruppe der Reptilien. Lange Zeit stellte *Seymouria*, ein etwa 60 cm großer, räuberischer Fleischfresser des Unterperms von Texas (Wichita-Group und Clear-Fork-Group), das „connecting link“ zwischen anthracosauren Amphibien und primitivsten Reptilien dar. Neuerdings ordnet man ihn jedoch

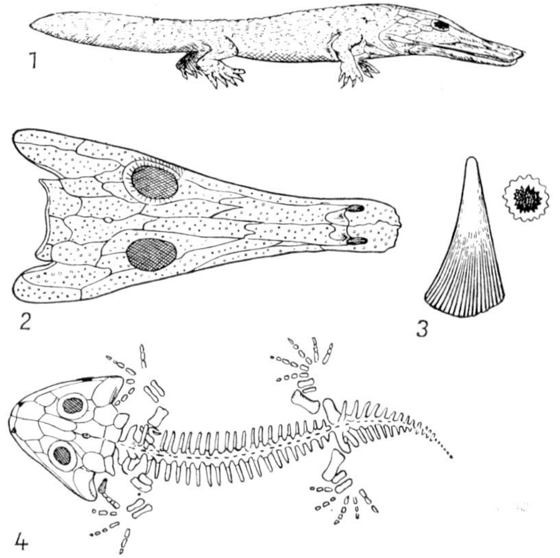

Bild 4.159. *Archegosaurus*, ein europäischer Vertreter der Schnittwirbler (Temnospondylia, Amphibia) aus dem Rotliegenden. Dieser bis zu 1 m lange Lurch lebte in Seen und Flüssen als Fischräuber und hatte einen langen Ruderschwanz.
1 Rekonstruktion (nach JAEKEL); *2 Archegosaurus decheni* aus dem Unterrotliegenden des Saar-Nahe-Gebietes/BRD. Schädelaufsicht; Länge etwa 20 cm; *3* Zahn und Zahnquerschnitt von *Archegosaurus decheni*; *4 Branchiosaurus amblystomus* aus dem Rotliegenden (Oberhöfer Schichten) des Thüringer Waldes/DDR; Länge etwa 6 bis 7 cm

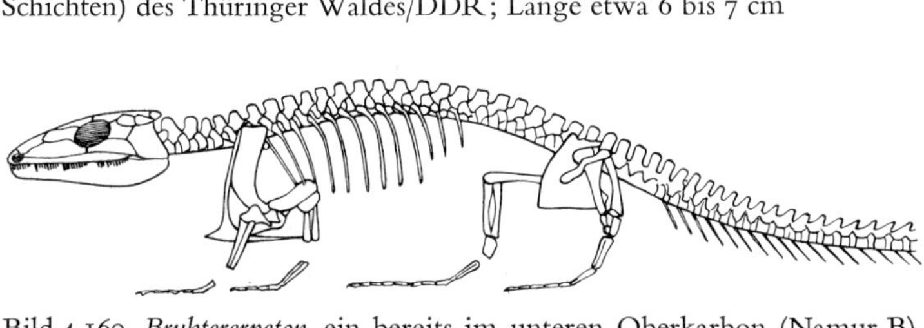

Bild 4.160. *Bruktererpeton*, ein bereits im unteren Oberkarbon (Namur B) nachgewiesener Vertreter der Gephyrostegoidea, den Bindegliedern zwischen Amphibien und Reptilien (unmaßstäblich) (nach BOY und BANDEL)

wieder bei den Anthracosauriern, also in die Ordnung der Labyrinthodontia, ein, als Vorfahr der Reptilien scheidet er aus.

Als Modell eines Reptilvorfahren (Mosaiktyp) wird heute die Gattung *Gephyrostegus* (Gephyrostegoidea) angesehen (Bild 4.160). *Gephyrostegus* stammt bereits aus dem oberen Pennsylvanian (Westfal). Das Skelett hat keine ausgesprochenen aquatischen Anpassungen, aber man nimmt einen amphibischen Fortpflanzungsmodus an. Über die Eigenschaften der ursprünglichen Reptilien gaben zwei Fundstellen besonders gute Hinweise:

- die Kohlenmine von Joggins an der Bay of Fundy in Neuschottland/Kanada; Unter-Pennsylvanian; 1852 entdeckt
- eine Fundstelle in der Nähe von Sydney in Neuschottland/Kanada; Unteres Pennsylvanian; 1956 entdeckt.

In beiden Fundstellen fanden sich in aufrecht stehenden Stümpfen riesiger Schuppenbäume (Bild 4.161) neben Hunderten von Amphibien zahlreiche Reptilien der Ordnung Captorhinomorpha mit den Gattungen *Hylonomus* und *Paleothyris* (Bild 4.162), einem ersten Vertreter der Pelycosauria, und gleichzeitig Fossilreste von *Protoclepsydrops*, den Ahnen der

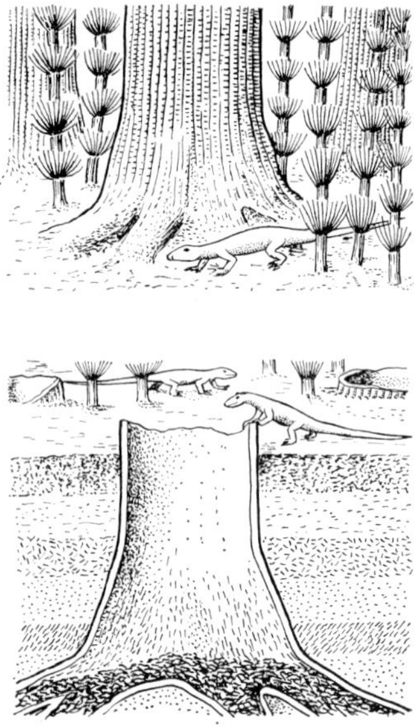

Bild 4.161. Reptilienerhaltung in den Stümpfen von Schuppenbäumen (Sigillarien) im Unter-Pennsylvanian von Joggins (Neuschottland/Kanada), wo sich daneben auch Amphibien fanden (nach Caroll)

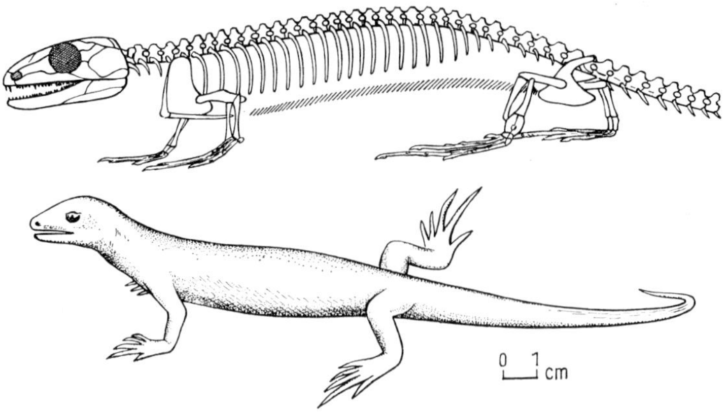

Bild 4.162. *Paleothyris* (Captorhinomorpha), einer der ältesten Vertreter der Stammreptilien aus der Unterklasse der Cotylosauromorpha aus dem Oberkarbon von Sydney (Neuschottland/Kanada) (nach ROMER)

Säugetiere. Die beiden zuerst genannten Gattungen sind Vorläufer der heutigen Reptilien und Vögel.

Beide Fundstellen spiegeln die terrestrischen Lebensbereiche früher Reptilien wider und weisen auf die Lückenhaftigkeit bei der Suche nach den ältesten Reptilien und ihrer fossilen Überlieferung hin.

Die Funde deuteten die Kleinheit der ursprünglichen Reptilien an. Ihr Skelett war hochgradig verknöchert und besaß gut entwickelte Gliedmaßen. Es waren terrestrische Räuber, die sich von Schnecken und Arthropoden ernährten.

Der Übergang von den Amphibien zu den Reptilien verlief offenbar gleitend, ohne grundlegende Änderung des Skeletts. Der markanteste Unterschied bestand in der Art der Fortpflanzung. Die Reptilien besaßen ein dotterreiches Ei, das Amniotenei (Bild 4.163). Es wurde auf dem Land abgelegt und war durch Häute und eine Kalkschale geschützt. Dadurch konnten sie sich endgültig vom Leben im Wasser lösen, obwohl später einige Reptilien sekundär wieder zum Wasserleben zurückkehrten.

Zu den ältesten Reptilien gehören die Pelycosaurier oder Theromorphen. Es sind die Ahnen der heutigen Säugetiere. Fossile Reste wurden aus Nordamerika, Südafrika und Europa bekannt. Zu den primitivsten Vertretern, langschwänzig und eidechsenartig, gehörte z.B. *Varanosaurus*. Er war etwa 90 cm lang, lebte im Wasser und ernährte sich von Fischen. Ein weiterer Theromorphe ist *Edaphosaurus*, ein breiter, plumper Pflanzenfresser mit kräftigem, langem Schwanz. Auffällig sind die langgezogenen Dornfortsätze der Wirbel mit seitlichen Querfortsätzen. Die feste, blutgefäßreiche

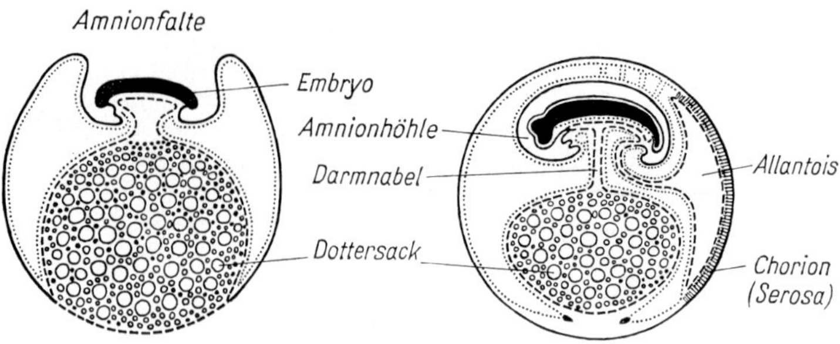

Bild 4.163. Morphologie des Amnioteneies der Reptilien

Haut zwischen den Fortsätzen diente vermutlich einer Thermoregulation. *Dimetredon* schließlich war ein räuberisches Tier mit kräftigen Fangzähnen. Ebenso gehört hierher der aus dem Unterrotliegenden bei Freital/Dresden/DDR stammende Fundkomplex von sechs zusammengeschwemmten Pelycosauriern der Art *Haptodus saxonicus*.

4.2.6.3. Die Permflora

Mit dem Perm zeichnete sich erstmalig in der Erdgeschichte eine deutliche Differenzierung in Florenprovinzen auf der Erde ab.
Die im Stephan noch erdweit verbreitete euramerische Flora gliederte sich infolge Durchsetzung oder Verdrängung durch neue Pflanzenelemente unbekannter Herkunft in neue Pflanzengemeinschaften auf. Deren Ausbreitungsmittelpunkte lagen in China (Cathyasia- oder *Gigantopteris*-Flora) und im Bereich von Gondwana (Gondwana- oder *Glossopteris*-Flora). Es bildeten sich ± deutliche Florenprovinzen auf der Erde heraus. Über Landbrücken erfolgte stellenweise eine ± intensive Durchdringung der verschiedenen Florenprovinzen, z. B. die Entstehung der Angara-Flora (euramerische und gondwanische Florenelemente). In diesem System vollzog sich der Übergang vom Paläophytikum zum Mesophytikum in Mitteleuropa, was für die weitere Geschichte der Landpflanzen von großer Bedeutung ist. Er liegt innerhalb des Perms an der Grenze zwischen Rotliegendem und Zechstein. Die Vorherrschaft der Gefäßsporenpflanzen (Pteridophyten) endete hier und wurde von den Nacktsamern (Gymnospermen) übernommen. Die untere Grenze des Rotliegenden (Unterrotliegendes = Autun) zum Karbon hin wird markiert vom Einsetzen der Pteridospermen-Arten *Callipteris conferta* oder *Callipteris naumanni*. Beide Arten sind im europäischen Rotliegenden bedeutende Leitpflanzen (Bild 4.164).

Die Pflanzenwelt des Perms enthält nur noch wenige Nachkommen der höheren Sporenpflanzen des Karbons, und diese starben bis zum Ende des Unterperms (Rotliegendes) aus (s. S. 155). So waren die dem Steinkohlenwald das Gepräge gebenden Bärlappgewächse (Lycopodiales) fast völlig ausgestorben, und auch die wenigen Sigillarien sind unbedeutend (vgl. S. 156). Dagegen spielten in den euramerischen Gebieten die Schachtelhalmgewächse (Articulatae) mit den drei Untergattungen von *Calamites* eine

Bild 4.164. Der Farn *Callipteris conferta*, eine stratigraphische Leitform des Rotliegenden (Autun) von Otovice (Ottendorf) bei Broumov (Braunau) in Böhmen/ČSSR. Länge der Einzelfiederchen 1 bis 1,5 cm

bedeutende Rolle im Rotliegenden *(Stylocalamites, Eucalamites, Calamitina)* (s. S. 167). Auch die Sphenophyllen waren häufig; es herrschten Arten vor mit ausgesprochenen flächig entwickelten Spreiten (Bild 4.165).
Damit endete diese Pflanzengruppe in der Erdgeschichte. Äquivalente der Articulatae auf dem Gondwana-Kontinent waren die krautigen Gattungen *Schizoneura* und *Phyllotheca*.

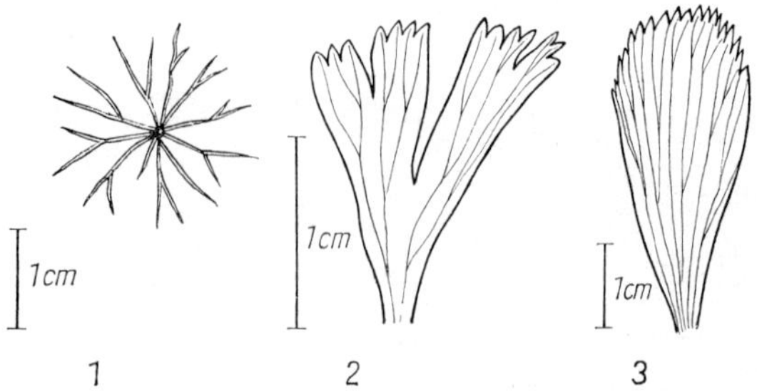

Bild 4.165. Morphologie des *Sphenophyllum*-Blattes vom Oberdevon bis zum Rotliegenden (verändert und zusammengestellt nach GOTHAN und WEYLAND und MÄGDEFRAU)
1 Sphenophyllum tenerrimum, feinzerschlitzte Blätter, 1- bis 2fach gabelig geteilt, mit schmalen, linealischen Zipfeln (Oberdevon – Unterkarbon Namur A); *2 Sphenophyllum majus*, nicht mehr so tiefe Teilung wie bei *1*; Ausbildung einer regelrechten Blattfläche (Oberkarbon); *3 Sphenophyllum thoni*, flächige, große Spreiten (Rotliegendes)

Die Pteridophyllen, d.h. Farne und Farnsamer, waren im Perm noch reich vertreten, büßten aber an Mannigfaltigkeit ein (Archaeopteriden fehlten, und Sphenopteriden waren selten). Das deutsche Rotliegende ist gekennzeichnet durch *Callipteris* (Bild 4.166), *Pecopteris* bzw. *Scolecopteris* (Madenfarn) und *Odontopteris*. In der Gondwana- und Cathaysia-Flora herrschten *Gangamopteris*, *Glossopteris* und *Gigantopteris* vor und sind bezeichnend für die Flora der Südkontinente und Cathaysias.
Wichtig waren im Rotliegenden und im Kupferschiefer noch die Bandfarne (Taeniopterides), z.B. *Lesleya* (Syn. *Taeniopteris*) *eckardti*. Es waren vermutlich Samenfarne. Sie besaßen lange, unzerteilte, band- bis zungenförmige Blätter mit einer Hauptader (Bild 4.166/2). Sie sind z.B. aus dem Rotliegenden von Manebach/Thüringen/DDR, im Döhlener Becken bei Freital/DDR sowie im Mansfelder Kupferschiefergebiet/DDR verbreitet, traten aber ebenso in der Cathaysia-Provinz auf.
Von den echten Gymnospermen lebten im Rotliegenden noch die Cordaiten, doch starben sie ohne direkte Nachkommen aus. Die schon im Oberkarbon (oberstes Stephan) vereinzelt aufgetretenen Koniferen nahmen nun an Bedeutung zu und herrschten ab dem Zechstein vor.

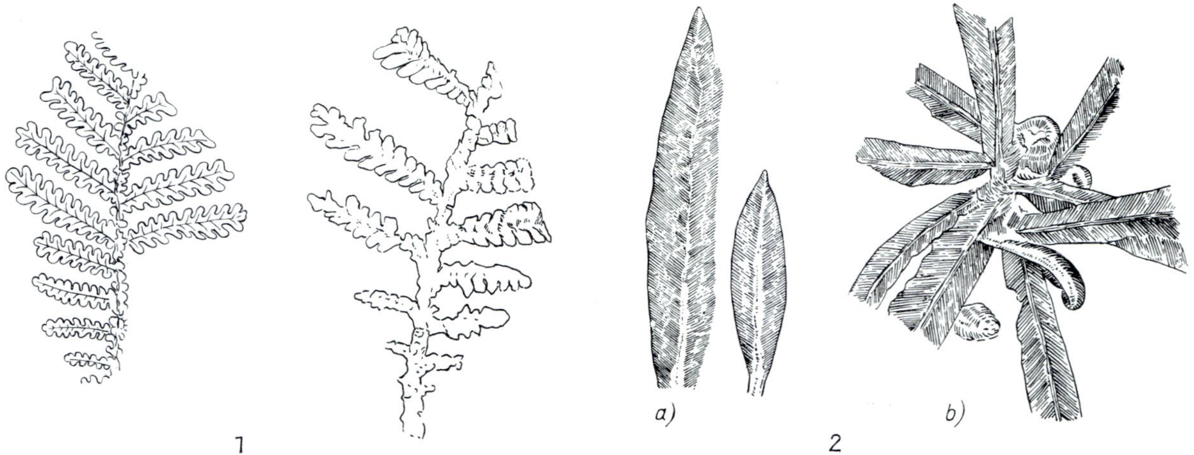

Bild 4.166. Pteridophyllen (Farne und Farnsamer) des Perms aus dem Kupferschiefer der Mansfelder Mulde/DDR
1 Callipteris martinsi mit typischen Zwischenfiedern; Farn
2 Lesleya (Syn. *Taeniopteris*) *eckardti;* Farnsamer (?)
a) Fiederblätter, b) Blattschopf etwa natürliche Größe (nach GOTHAN und WEYLAND und MÄGDEFRAU)

Im Rotliegenden bildeten die früher als „Walchien" bezeichneten Nadelhölzer wichtige Leitfossilien (benannt nach dem Jenaer Lehrer für Beredsamkeit und Dichtkunst J. E. I. WALCH). Die alte Gattung *Walchia* wird heute in die beiden Gattungen *Lebachia* und *Ernestiodendron* aufgegliedert. Fiedrig verzweigte Hauptzweige mit sehr dicht, spiralig von kürzeren oder längeren Nadeln besetzten Nebenzweigen kennzeichnen diese Koniferen. Die häufigste und weitverbreitetste Art ist *Lebachia piniformis*, z.B. im Thüringer Wald und dem Erzgebirgischen Becken/DDR (Bild 4.167).
Weniger häufig ist *Ernestiodendron* mit der Art *Ernestiodendron filiciformis*, z.B. aus dem Rotliegenden von Manebach/Thüringen/DDR bekannt.
Die Koniferen zählten im Rotliegenden nicht zu den Kohlebildnern. Sie bevorzugten zusammen mit *Callipteris*-Arten trockene Standorte und bildeten eine Pflanzengesellschaft, die man als „*Callipteris-Walchia*-Gesellschaft" bezeichnet. Ihnen stand eine Sumpfmoorgesellschaft, die „Pecopteriden-Calamiten-Gesellschaft", gegenüber, die sich aus den flözbildenden Pecopteriden, Calamiten, Sphenophyllen und einigen Samenfarnen zusammensetzte.

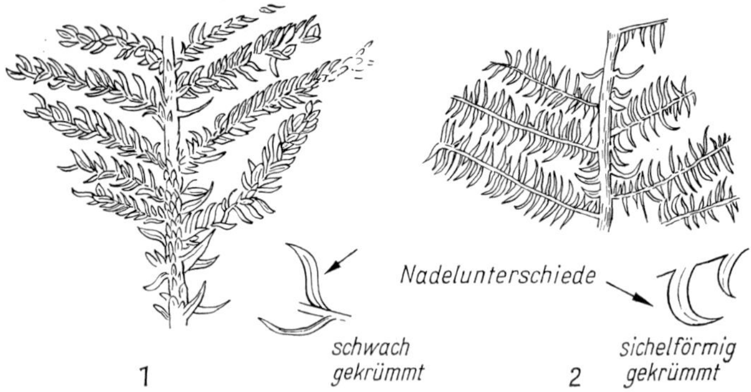

Bild 4.167. Die ältesten Koniferen der Erdgeschichte, die sog. „Walchien" im alten Sinne, gehören zu den wichtigsten Leitfossilien für das Rotliegende. *1 Lebachia piniformis* (nach FLORIN); *2 Ernestiodendron filiciformis* (nach GOTHAN). Verbreitung beider Arten u.a. in Norwegen, England, Frankreich, Böhmen/ČSSR, VR Rumänien, Spanien, Kanada, DDR, BRD. Die Zweigstücke sind etwa 5 bis 7 cm lang.

Seit dem Zechstein verliehen die Koniferen der Flora das Gepräge. Die Kupferschieferflora ist zwar sehr artenarm, dies ist vermutlich auf ein warmtrockenes, wahrscheinlich sogar wüstenartiges Klima zurückzuführen. Die Standorte der Pflanzen lagen deshalb nur in Meeresnähe, d.h. im

Bild 4.168. Koniferen (sog. „Frankenberger Kornähren") und Ginkgogewächse des Zechsteins (Kupferschiefer) (nach GOTHAN und WEYLAND, MÄGDEFRAU und SCHWEITZER) (unmaßstäblich)
1 Ullmannia frumentaria (Konifere)
a) Sonnenzweig, b) heterophyller Zweig
2 Ullmannia bronni (Konifere)
3 Pseudovoltzia liebeana (Konifere), weiblicher Zapfen
4 Sphenobaiera digitata (Ginkgogewächse)
a) drei einzelne Blätter, b) sprossende Blätter

Küstenbereich. Bisher konnten als häufigste Pflanzenreste sechs Koniferen-Arten unterschieden werden:

- *Ullmannia frumentaria* (Bild 4.168/1): Beispielsweise sind in Kupfererz erhaltene Zweige unter den Namen „Frankenberger Kornähren" (Bild 2.8), „Fliegenfittiche" und „Stangengraupen" bekannt
- *Ullmannia bronni* (Bild 4.168/2): Vor allem bei Gera/DDR und Frankenberg/BRD vorkommend; geringere Blattdichte als *U. frumentaria*

– *Quadrocladus solmsi* } keulig verdickte Nadeln; auch im rheinischen
– *Quadrocladus orobiformis* } Kupferschiefer
– *Rhenania reichelti:* mit winzigen schuppenartigen Blättchen; nur im Rheingebiet
– *Pseudovoltzia liebeana:* Sehr häufig im Kupferschiefer verbreitet; mit deutlicher Heterophyllie (Verschiedenblättrigkeit)

Klassische Fundstellen von Kupferschieferpflanzen liegen in der DDR bei Ilmenau, Eisleben, Mansfeld, Trebnitz bei Gera, Schweina bei Bad Liebenstein/Thür., Bottendorf bei Artern und in der BRD bei Richelsdorf/Hessen, Dinslaken/Rheinland.
Im Perm erschienen auch die ersten Ginkgoalen (Ginkgogewächse, Ginkgoacea). Aus dem Kupferschiefer sind Sproß- und Blattreste von *Sphenobaiera digitata* (Bild 4.168/4) bekannt (Bild 4.169).
Schließlich sollen hier noch die Fundstellen von Kieselhölzern im Unterrotliegenden von Karl-Marx-Stadt/Hilbersdorf/DDR genannt werden. Die Pflanzenreste zeichnen sich durch besonders gute Erhaltung mit oft ästhetisch eindrucksvollen Farb- und Struktureffekten aus. Sie sind durch Verkieselungsprozesse in Zusammenhang mit vulkanischen Vorgängen entstanden und mit allen Struktureinheiten erhalten. Das Museum für Naturkunde in Karl-Marx-Stadt/DDR (Sterzeleanum; nach dem Paläobotaniker J. T. STERZEL benannt) besitzt die berühmteste Sammlung von Kieselhölzern aus diesem Fundbereich (Bild 4.170). Besonders attraktiv unter diesen Pflanzenversteinerungen sind die Psaronien, auch „Starsteine“ ge-

Bild 4.169. Blatt von *Sphenobaiera digitata,* einem Ginkgogewächs aus dem Kupferschiefer von Eisleben/DDR, mit typisch dichotom gegabelter Spreite, die in bis zu 18 lineale freie Enden ausgeht. Länge 7 cm

decktsamer). Die ersten Laubpflanzen kennzeichneten den Beginn des Neo- oder Känophytikums (Pflanzenneuzeit), das Angiospermophytikum.
Das dreigegliederte Mesozoikum ist außerdem dadurch charakterisiert, daß die Trias faunistisch schärfer abgegrenzt ist, während Jura und Kreide Übergänge aufweisen. Dieser Schnitt beruht auf der altkimmerischen Phase der Alpidischen Gebirgsbildung nahe der Wende Trias/Jura. Das bedeutet, daß geologisch Trias und Jura enger zusammengehören, biologisch dagegen sich die Grenze zwischen Jura und Kreide verwischt.

4.3.1. Trias

Das System zwischen Perm und Jura ist an vielen Stellen der Erde durch eine lithologische Dreigliederung gekennzeichnet. Erste Erkenntnisse darüber gehen zurück auf J. G. Lehmann und G. Ch. Füchsel, 1780 gliederten sie Buntsandstein und Muschelkalk als „Formationen" des mitteldeutschen „Flözgebirges" aus, und E. F. von Schlotheim beschrieb 1823 deren Fossil- bzw. Versteinerungsinhalt. Die jüngste stratigraphische Abteilung, der Keuper, wurde dann von L. v. Buch hinzugefügt. Diese drei Stufen bzw. Einheiten faßte 1834 F. v. Alberti als Trias-„Formation" zusammen (griech. trias = Dreiheit). Die Erkenntnis der Gleichaltrigkeit der stark kontinental beeinflußten Binnenbecken-Ablagerungen, z.B. des Germanischen Beckens, mit den pelagischen Kalksedimenten der Alpen und des Mittelmeergebietes, der Tethys, reicht bis in die Jahre 1830 und 1850 zurück. Für die marinen, alpin-mediterranen triassischen Gesteinsfolgen ist die namengebende Dreiteilung nicht oder nur bedingt anwendbar. In ihnen wird eine stratigraphische Gliederung der Schichten in sechs Abteilungen angewendet. Beide Gliederungen lassen sich jedoch ungefähr miteinander parallelisieren (s. Aufstellung S. 208 oben).
Die Trias umfaßt im erdgeschichtlichen Zeitablauf etwa 30 Millionen Jahre und leitet das Erdmittelalter oder Mesozoikum ein.
Die wichtigsten Leitfossilien sind die Mesoammoniten (Ceratiten). Neben ihnen waren es in den marinen Ablagerungen die Conodonten, Brachiopoden, Muscheln und Kalkalgen, in den brackischen und kontinentalen Sedimenten Ostracoden, Tetrapoden und höhere Pflanzen, die charakteristische Zeitmarken lieferten.
In der Trias traten zum ersten Male Säugetiere (Multituberculata) auf, Reptilien und andere Tiergruppen, z. B. Muscheln und Schnecken, entfalteten sich stark. Der Wechsel vom feuchten, niederschlagsreichen Klima des Permokarbons zu humiden und trockeneren, ausgeglicheneren Klimaten während der Trias und sogar damit verbundene Entstehung von Trokkengebieten, z. B. im Buntsandstein, zogen eine weitere Anpassung der

		Germanische Trias	Pelagische (alpin-mediterrane) Trias	
				$195 \cdot 10^6$a
Trias	Obere	Keuper (vom fränkischen „Kipper“ bzw. „Keiper“; „Köper“ = bunter Baumwollstoff)	Rhätium (nach den Rhätischen Alpen)	
			Norium (nach dem „Noricum“ der Römer; Landschaft zwischen Donau, Drau, Inn und Wiener Wald)	
			Karnium (nach den Karnischen Alpen)	
				$205 \cdot 10^6$a
	Mittlere		Ladinium (nach einem älteren Namen für die Rätoromanen)	
		Muschelkalk (nach den vorherrschenden Gesteinen)	Anisium (nach dem Volksstamm der Aniser)	
				$215 \cdot 10^6$a
	Untere	Buntsandstein (nach den vorherrschenden Gesteinen)	Skythium (nach einer Völkerschaft in Süd-Rußland)	
				$225 \cdot 10^6$a

Pflanzen und Tiere ans Landleben nach sich. Einen grundlegenden Wechsel erfuhr die Pflanzenwelt, es verschwanden die permischen Florenprovinzen; das Mesophytikum wurde eingeleitet. Ähnlich vollzog sich in den Triasmeeren mit Beginn des Mesozoikums ein Faunenwandel.

Zahlreiche Tiergruppen waren erdweit verbreitet und unterschieden sich, trotz ihrer verschiedenen biogeographischen Verbreitung, kaum voneinander. Die Ursprungsgebiete eines großen Teils der marinen Fauna lagen innerhalb der Tethys-Geosynklinale und dem Stillen Ozean und ihren flachen Randmeeren.

Die Fauna des Germanischen Beckens besaß infolge räumlicher Abtrennung eine Sonderstellung. Zeitweise gab es jedoch durch Verbindung über die Burgundische und Polnisch-Schlesische Pforte eine Faunenauffrischung durch Neueinwanderung aus den alpinen Meeresbereichen.

Noch standen sich der jedoch schon in Zerfall befindliche Großkontinent Gondwana mit den Nordkontinenten als faunistische und floristische Einheiten gegenüber, aber allmählich wurden die Gegensätze ausgeglichen.

4.3.1.1. Die Tierwelt der Trias

Foraminiferen sind in der Trias selten, nachdem die paläozoischen Formen (Fusuliniden) am Ende des Perms erloschen waren. Eine große Formenfülle war jedoch bei den Archaediscidae, Trocholinidae und Cornuspirinae in den alpinen Kalkgesteinen der Obertrias zu beobachten. Diese Organismen erlangten vor allem für die biostratigraphische Einstufung dieser Gesteine Bedeutung.
Aus den wenigen Vertretern triassischer Protozoen entwickelten sich aber im Laufe des Mesozoikums neue Formen und die arten- und individuenreichen Foraminiferenfaunen des Känozoikums.
Schwämme waren in der Trias selten. Abgesehen von Kieselnadeln aus dem Muschelkalk und Kalkschwämmen in ladinisch-karnischen Mergeln der Tethys hatten sie keine Bedeutung. Bei den Septenkorallen herrschten

Bild 4.171. *Thecosmilia trichotoma*, eine stockbildende Koralle (Astraeidae) mit aufgelockert stehenden Kelchen, ist eine der häufigsten Korallenarten aus dem oberen Malm von Nattheim/Württemberg/BRD und auch eine der häufigsten in der Trias. Durchmesser der Kelche etwa 1,5 bis 2 cm

nun die sechsstrahlig gebauten Scleractinien vor. Am häufigsten sind Astraeiden, die in Einzelformen, z.B. *Montlivaltia*, *Omphalophyllia*, oder als knollige Stöcke mit dichtstehenden, tiefen Kelchen, z.B. *Isastrea*, oder ästig verzweigt, z.B. *Thecosmilia*, zu finden sind (Bild 4.171). Ferner spielten die Thamnasteriiden, z.B. *Thamnasteria*, eine Rolle.
In der Germanischen Trias fehlen die Korallen fast völlig, mit Ausnahme des Muschelkalkes, z.B. in der Nietlebener Mulde bei Halle/S./DDR (*Isastrea norica*, *Thamnasteria silesiaca*). Im pelagischen Bereich waren dagegen Korallen beispielsweise am Aufbau des Dachstein-Kalkes beteiligt, auch im Himalaya gibt es im Norium mächtige Korallenkalk-Komplexe (s. Bild 4.177, S. 216). Diese Korallenfauna war jedoch noch relativ primitiv und von geringer Mannigfaltigkeit.
Unter den Meeresbewohnern waren, neben den als Leitfossilien hervortretenden Muscheln (s. S. 211 ff.), Brachiopoden die häufigsten Fossilien. Sie sind vor allem zum stratigraphischen Vergleich zwischen germanischer und alpiner Trias wichtig. Die meisten paläozoischen Formen der Armfüßer starben aus. Die Inarticulata (Schloßlose), bis auf die längliche hornschalige *Lingula*, waren verschwunden (Bild 4.172/1). Bei den Articulaten (Schloßtragende) waren die Formen mit einfachsten Brachidien ebenfalls ausgestorben, oder die Formenfülle war zurückgegangen. Helicopegmaten des Paläozoikums (mit spiraligem Armgerüst), die Spiriferida, waren noch vorhanden, z.B. die *Spiriferina* mit punktierter Schale und Medianseptum (Bild 4.172/2) ebenso wie *Tetractinella* (Bild 4.172/3) mit einem dreieckigen Umriß und mit vier kräftigen, in Randspitzen auslaufenden Radialkanten. *Spiriferina fragilis* ist z.B. eine Leitform in der sog. *Spiriferina*-Bank des Unteren Wellenkalkes (Muschelkalk) in Thüringen/DDR.

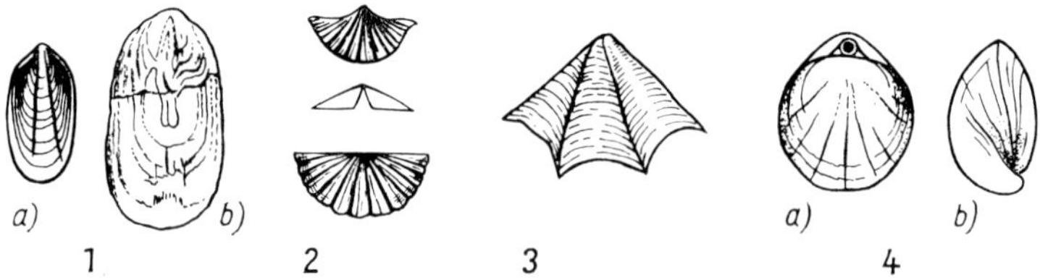

Bild 4.172. *1 Lingula tenuissima*, so – ku; Länge 15 bis 20 mm; a) schlankere, b) breitere Form
2 Spiriferina fragilis, mu – mo; Breite etwa 30 mm, Höhe bis 30 mm; von oben nach unten: Stielklappe, Area, Armklappe
3 Tetractinella trigonella, Stielklappe, mu – mo; Anis; Breite etwa 12 mm
4 Coenothyris vulgaris, mo, *Cycloides*-Bank; Höhe bis 15 mm
a) Armklappe, b) Lateralansicht
so Oberer Buntsandstein, mu Unterer Muschelkalk, mo Oberer Muschelkalk, ku Unterer Keuper

Erst im Jura starben sie aus. An Stelle der erlöschenden Brachiopoden rückten die Ancylopegmaten (mit schleifenartigem Armgerüst) in den Vordergrund (Bild 4.173).
In der triassischen Brachiopodenfauna überwogen nun die Rhynchonellida und die Terebratulida. Letztere erreichten in Trias und Jura ihre eigentliche Blütezeit.

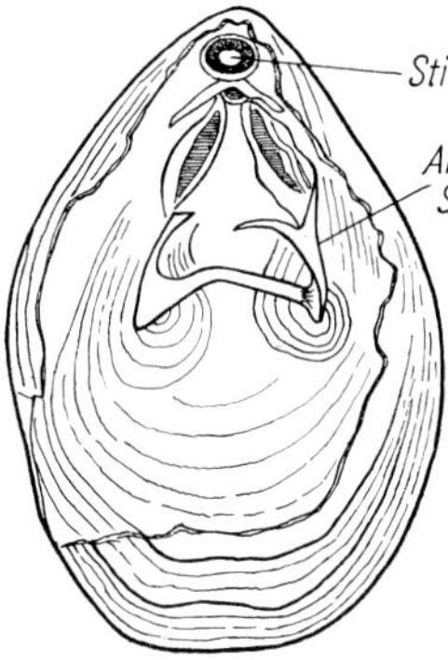

Bild 4.173
Terebratula grandis, eine pliozäne *Terebratula* aus dem Coralline Crag von England (nach DAVIDSON).
In der aufgeschnittenen Armklappe ist das typische terebratulide, schleifenförmige Armgerüst (Brachidium) erkennbar. Die Terebratuliden haben im allgemeinen ovale, glatte oder punktierte Schalen, ein großes, rundes Stielloch im Wirbel. Am Stirnrand treten oft zwei flache Falten auf.

Die verschiedenen Terebratuliden sind äußerlich sehr ähnlich, die einzelnen Arten können nur mit Hilfe der inneren Schalenmerkmale unterschieden werden. Einzelne Arten sind Leitformen, z.B.:

- *Terebratula (Rhaetina) gregaria:* Rhätium
- *Coenothyris vulgaris:* die sog. „Lochmuschel"; (Bild 4.172/4) Muschelkalk (Terebratelzone, Trochitenkalk)
- *Dielasma ecki:* Muschelkalk (tiefster Wellenkalk bis zur Oolithzone)
- *Coenothyris vulgaris cycloides:* Muschelkalk (Ceratiten-Schichten, *Cycloides*-Bank).

Die Terebratuliden traten mitunter so massenhaft auf, daß sie ganze Gesteinsbänke bildeten und für diese namengebend sind, z. B. die Terebratelzonen des Unteren Muschelkalkes (Wellenkalk) oder die *Cycloides*-Bank des Oberen Muschelkalkes *(Coenothyris vulgaris cycloides)*.
Nach dem leichten Rückgang der Muscheln im Perm erlebten sie nun in der Trias einen neuen Aufschwung und stellten zahlreiche Leitformen. Sie überflügelten die Brachiopoden und bildeten, ebenso wie die Schnecken, eine bezeichnende mesozoische Faunengesellschaft und bevölkerten die küstennahen Flachwasserbereiche. Es gab weit über 2000 Muschel- und etwa 600 Brachiopodenarten. Die Anisomyarier überwogen gegenüber den Heteromyariern. Viele paläozoische Gattungen erloschen, und zahlreiche moderne Formen erschienen nun (Tab. 4.9 und 4.10).

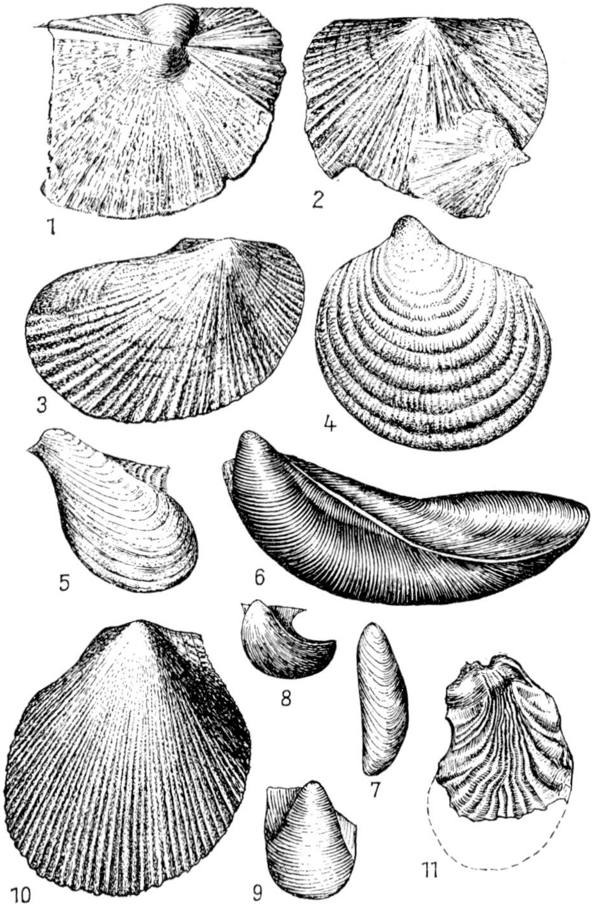

Bild 4.174. Triassische Muscheln (Anisomyarier)
(nach v. BUBNOFF, DIENER)
1 Halobia rugosa; Karnium; *2 Monotis (Daonella) lommeli;* Ladinium; *3 Monotis salinaria;* Norium (Hallstätter Kalk); *4 Meleacrinella* (Syn. *Pseudomonotis*) *clarai;* Scythium (Leitform); *5 Gervilleia costata;* Muschelkalk; *6 Hoernesia socialis;* Muschelkalk; *7 Modiola triquetra;* Röt (Oberer Buntsandstein); *8 Rhaetavicula contorta;* Rhätium (Leitform); *9 Cassianella gryphaeata;* Ladinium; *10 Plagiostoma* (Syn. *Lima*) *striata;* Muschelkalk; *11 Lopha montis caprilis;* Karnium

Tabelle 4.9. Triassische Muschelgattungen der Anisomyarier, die wesentliche Faunenelemente darstellen (Bild 4.174)

Pectinacea	Limacea	Mytilacea	Ostreacea
Halobia		*Modiola*	*Liostrea*
Monotis (Daonella)	*Plagiostoma* (Syn. *Lima*) *lineata*	*Gervilleia* (s. Bild 4.183)	
Meleacrinella (Syn. *Pseudomonotis*)	*Plagiostoma* (Syn. *Lima*) *striata*	*Hoernesia*	
Rhaetavicula (Syn. *Pteria, Avicula*)			

Unter den Trigoniidae spielen in der alpinen Trias und im germanischen Muschelkalk die außerordentlich verbreiteten und formenreichen Myophorien stratigraphisch als Leitfossilien eine wichtige Rolle (Bild 4.175). Morphologische Hauptkennzeichen sind die sog. Arealkante, eine kräftige Leiste im hinteren Schalenteil, an der oft eine Skulpturveränderung erfolgt, und ein gespaltener Dreieckszahn in der linken Klappe. Die Gestalt variiert zwischen dreieckig, schief-oval und trapezförmig.
Es wechseln glatte mit häufigeren skulpturierten Formen. In der alpinen Trias der Tethys treten als Leitformen und Gesteinsbildner die dickschaligen Megalodontidae oder „Dachsteinmuscheln“ auf, und zwar in den norischen (rhätischen) Massenkalken, der sog. „geschichteten Fazies mit *Megalodon*“ der nördlichen Kalkalpen (Berchtesgaden-Dachstein), oder in den Südtiroler Dolomiten (Rhätischer Dachsteinkalk).
Megalodon bildete stark gewölbte, ovale oder dreiseitig gerundete, dicke Schalen aus, die glatt oder konzentrisch gestreift waren (Bild 4.176). Sie erreichten mitunter einen Durchmesser von 18 bis 20 cm. Typisch ist ein vorragender, stark eingekrümmter Wirbel. Auf Schichtflächen angewitterte Querschnitte von *Megalodon*, insbesondere der Art *Conchodus infraliassicus*, sehen aus wie die „Trittsiegel“ von Paarhufern. Sie werden daher im Volksmund als „Versteinerte Kuhtritte“ bezeichnet (Bild 4.176/3). In der Steiermark/Österreich werden diese Muscheln auch „als Spuren der wilden Jagd“ oder als Fußspuren der „Wildfrauen“ gedeutet.

Tabelle 4.10. Triassische Muschelgattungen der Heteromyarier (palaeoheterodonte und heterodonte Gruppen), die wesentliche Faunenelemente darstellen

Unionidae	Trigoniidae	Carditidae	Megalodontidae	Anomalodesmacea
Pachycardia	*Myophoria* (Bild 4.175)	*Palaeocardita*	*Megalodon* (Bild 4.176)	*Pholadomya*
Trigonodus	*Costatoria*		*Conchodus*	

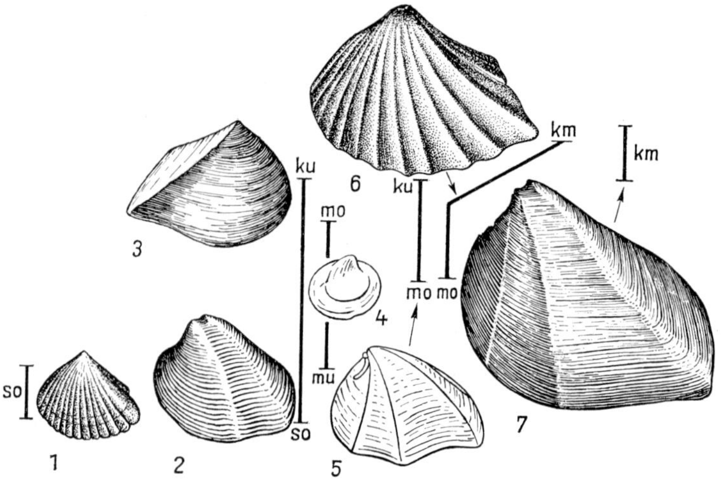

Bild 4.175. Myophorien oder „Dreiecksmuscheln", Leitfossilien der Trias im Germanischen Becken und ihre stratigraphische Verbreitung (unmaßstäblich) *1 Costatoria* (Syn. *Myophoria*) *costata* (Röt); *2 Myophoria vulgaris* (Röt bis Lettenkohle) (kennzeichnend für die Myophorien-Schichten, so_3); *3 Myophoria laevigata* (Röt bis Lettenkohle); *4 Myophoria orbicularis* (Unterer und Mittlerer Muschelkalk) (kennzeichnend für die *Orbicularis*-Schichten, mu 2 ϰ); *5 Myophoria pesanseris* („Gänselatsche") (Oberer Muschelkalk bis Unterer Keuper); *6 Costatoria* (Syn. *Myophoria*) *goldfussi* (Oberer Muschelkalk bis Mittlerer Keuper); *7 Myophoria kefersteini* (Bleiglanz-Bank des Mittleren Keupers) (wichtig für zeitlichen Vergleich zwischen germanischer und alpiner Trias)

Eine weitere Leitform von taxodonten Muscheln ist *Unionites* (Syn. *Anoplophora*) *letticus*, eine langgestreckte, glatte bis konzentrisch verzierte Form aus dem Rhät (Oberer Keuper) Thüringens/DDR. Sie erscheint massenhaft hier zusammen mit *Unionites posterus* in der sog. „Gurkenkernschicht" oder dem „Gerstenkorn", einem mit Steinkernen von *Anoplophora* und *Unionites* übersäten Sandstein, z.B. am Großen Seeberg bei Gotha/DDR.

Die Entfaltung der Muscheln in der Trias ist fast explosiv; ihre große Differenzierung ist ausschlaggebend für ihre weitere Ausdehnung in den folgenden erdgeschichtlichen Systemen.

Die Schnecken gewannen in der Trias an Mannigfaltigkeit und Verzierung. Stratigraphisch können Gastropodengemeinschaften von Bedeutung sein, weniger einzelne Arten. Die wichtigen Arten des Paläozoikums, wie Bellerophontina, Macluritina und Murchisoniina, erloschen bis auf wenige Nachzügler in der Trias. Verbreitet und häufig waren die Pleurotomarien mit Schlitzband, z.B. im Muschelkalk *Worthenia*.

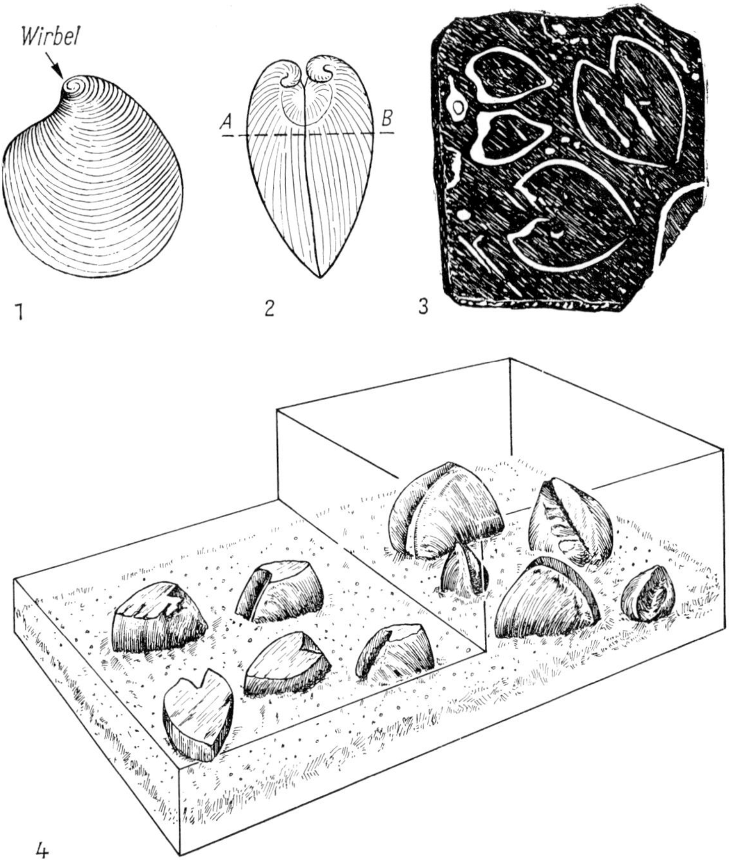

Bild 4.176. Megalodontidae, die „Dachsteinmuscheln", der alpinen Trias
1 Megalodon scutatus; Seitenansicht der linken Schale mit konzentrischer Anwachsstreitung (nach Brinkmann und Krömmelbein); *2 Megalodon cuculatus;* doppelklappig von vorn (nach Painvin); *3 Conchodus infraliasicus* „versteinerte Kuhtritte" im nordisch-rhätischen Dachsteinkalk = Querschnitte (A–B in 2) der „Dachsteinmuschel"; Querschnittsdurchmesser 12 bis 18 cm (nach Zapfe); *4* Blockdiagramm von „Dachsteinmuscheln" in Lebensstellung in ihrem Biotop, im Kalkschlamm. Links ist die spätere angewitterte Gesteinsoberfläche angedeutet, die die Entstehung der Schnittbilder in *3* zeigt (nach Zapfe)

Einige der turmförmigen Pleurotomarien erlangten in der Trias eine weitere Blütezeit. Sie sind in einigen Sedimenten, z. B. dem Unteren Muschelkalk des Germanischen Beckens, dem ladinisch-karnischen Esino-Dolomit und -Kalk des Tessins in den Südalpen sowie in den Cassianer Schichten der Dolomiten, sehr häufig und bezeichnend. Als Beispiel sei genannt *Undularia scalata* (Loxonematacea), mit einem ± hoch getürmten Gehäuse mit

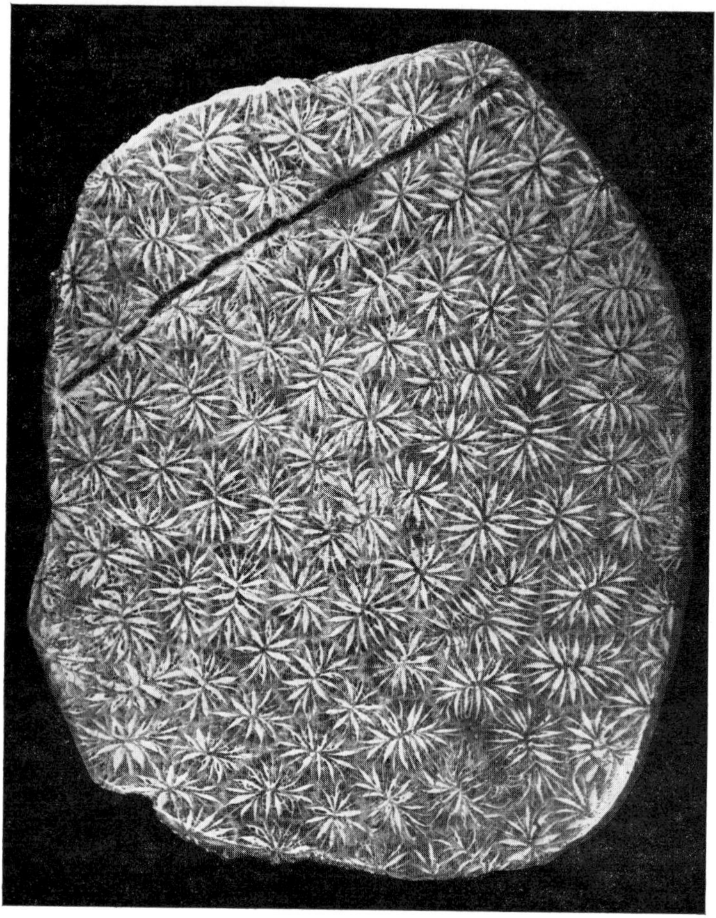

Bild 4.177. Querschnitt (Anschliff) einer Stockkoralle, *Palaeastraea grandissima*, aus der alpinen Obertrias (Zlambach-Schichten) von Alt-Aussee in der Steiermark/Österreich. Größter Durchmesser 15 cm. (s. S. 210)

tief eingesenkten Nähten. *Undularia* tritt häufig, z.T. massenweise, im Unteren Muschelkalk (Schaumkalk) der DDR, z.B. Rüdersdorf bei Berlin, Querfurt und Freyburg/U., in Form gut erhaltener Steinkerne auf (Farbtaf. XVI, Bild 18).

Den größten Entwicklungsfortschritt unter den triassischen Mollusken erreichten die Cephalopoden (Kopffüßer). Für das gesamte Erdmittelalter werden sie vor allem wegen ihrer vielfältigen Verzierungen und der kurzlebigen Arten zur biostratigraphischen Schichtengliederung herangezogen. Im Gegensatz zu den meisten glattschaligen Altammoniten besaßen die jetzt dominierenden Formen ausgeprägte Rippen, Stacheln und Dornen. Die orthoconen Nautiloidea starben in der Trias aus („*Orthoceras*" reicht noch bis ins Norium). Die planspiral eingerollten Formen dagegen erlebten mit reichen skulpturierten Gehäusen eine zweite, jedoch schwächere Blütezeit, die am Ausgang der Trias beendet war. Es herrschten glatte, engnabelige Formen vor, vorwiegend in der alpinen Trias. Sehr häufig im deutschen Muschelkalk (mo_2, Untere Ceratitenschichten) ist *Germanonautilus bidorsatus* mit mäßig weitem Nabel, breit abgeplatteter Außenseite (Rücken) und schwach cyrtochoanidem Siphunkulus (Perlschnursipho) (Bild 4.178). Aus dem Unteren Muschelkalk z.B. der Nietlebener Mulde bei Halle/S./DDR stammt *Germanonautilus dolomiticus*.

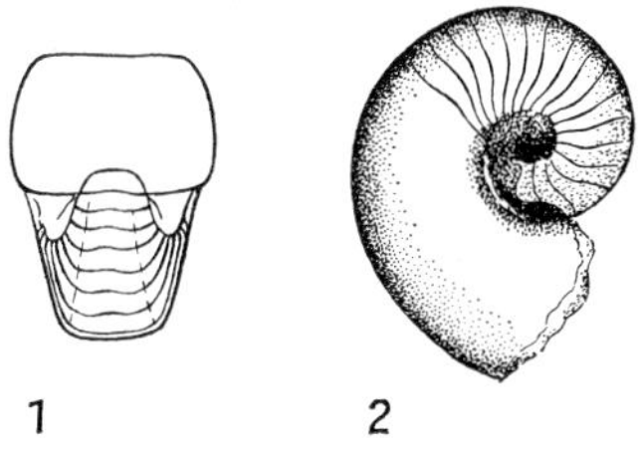

Bild 4.178
Zwei Vertreter der Nautiloidea aus der germanischen Trias (Muschelkalk)
(nach Krumbiegel und Schwab)
1 Germanonautilus dolomiticus; Unterer Muschelkalk, Höhe bis 120 mm; *2 Germanonautilus bidorsatus;* Oberer Muschelkalk, Durchmesser bis 300 mm

Zum ersten Mal erscheinen in der Trias altertümliche Vertreter der Coleoida (Dibranchiata, Zweikiemer), z.B. *Aulacoceras* und *Dictyoconites*. Es sind Vorläufer der „Endocochlia", die ein von einem Weichkörper umschlossenes Gehäuse besitzen und deren Entwicklung zu den Belemnoideen hinführte.

Die wichtigsten Kopffüßer der Trias, die Ammonoideen, hatten ihre Hauptblütezeit. In größtem Formenreichtum lebten sie vor allem in der Tethys.

(Die frühere Bezeichnung „Ceratiten" für die Gesamtheit dieser triassischen Organismen sollte besser durch Mesoammoniten (Mesoammonoidea) ersetzt werden). Typisch für alle ist die Ausbildung von Umbilikalloben an der Lobenlinie. Die „ceratitische" Lobenlinie stellt aber nur ein

Tabelle 4.11. Triassische Ammonitengattungen des Tethysbereiches (Auswahl von Leitformen)

Skythium:	*Tirolites, Meekoceras*
Anisium:	*Paraceratites, Monophyllites, Ptychites*
Ladinium:	*Protrachyceras, Trachyceras*
Karnium:	*Dictyoconites, Tropites* (Bild 4.179/2)
Norium:	*Rhabdoceras, Arcestes, Cladiscites* (Bild 4.179/1), *Halorites* (Bild 4.179/4), *Pinacoceras* (Bild 4.179/3)
Rhätium:	*Choristoceras*

Entwicklungsstadium bzw. Durchgangsstadium der Lobenlinienentwicklung dar und ist nicht für alle Trias-Ammoniten charakteristisch.

Die Ammonoideen liefern in der offenen Weltmeerfazies (pelagische Trias) mit über 3000 Arten und fast 400 Gattungen die meisten und wichtigsten Leitformen, so daß man sie für Standard-Zonierungen verwendet. Wichtig sind für den alpin-mediterranen Raum die in Tab. 4.11 und Bild 4.179 aufgeführten Gattungen.

Als Grundlage der Zonierung im Oberen Muschelkalk der germanischen Trias dienen die verschiedenen Arten der weltweit verbreiteten Gattung *Ceratites*. *Ceratites* zeigt eine formenreiche Entwicklungsreihe, die sich durch Gestaltung der Rippen und Knoten unterscheiden, mit kleinen weit-

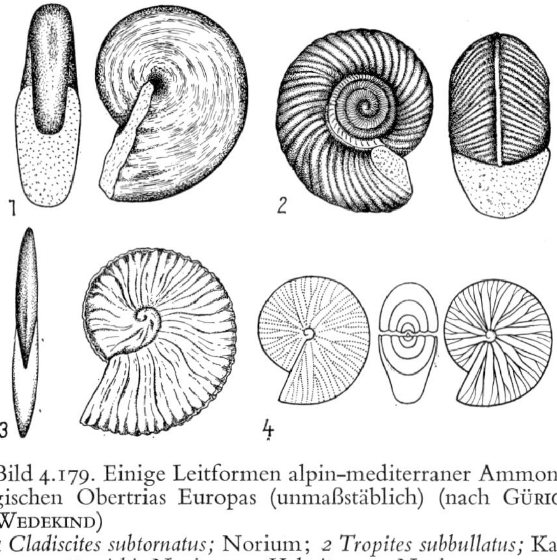

Bild 4.179. Einige Leitformen alpin-mediterraner Ammonoideen der pelagischen Obertrias Europas (unmaßstäblich) (nach Gürich und Diener; Wedekind)
1 Cladiscites subtornatus; Norium; *2 Tropites subbullatus;* Karnium; *3 Pinacoceras metternichi;* Norium; *4 Halorites* sp.; Norium

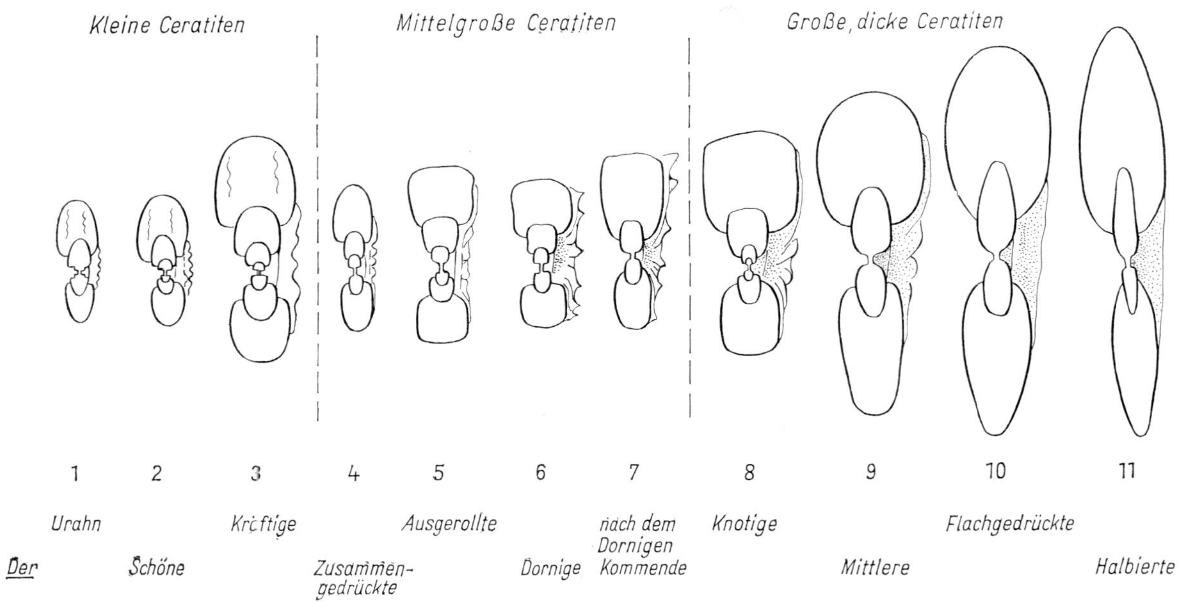

Bild 4.180. Zonen-Ceratiten des germanischen Oberen Muschelkalkes und ihre Benennung nach Größe und Querschnitt (verändert nach H. SCHMIDT)
Kleine Ceratiten: *1 Paraceratites atavus; 2 Paraceratites pulcher; 3 Paraceratites robustus*
Mittelgroße Ceratiten: *4 Ceratites compressus; 5 Ceratites evolutus; 6 Ceratites spinosus; 7 Ceratites postspinosus*
Große, dicke Ceratiten: *8 Ceratites nodosus; 9 Ceratites intermedius; 10 Discoceratites dorsoplanus; 11 Discoceratites semipartitus*

Bild 4.181. Steinkern von *Ceratites nodosus*, einem Leitceratiten aus dem Oberen Muschelkalk des Thüringer Beckens (Eisenach)/DDR. Durchmesser des Steinkernes 12 cm

nabeligen Arten beginnen und zu hohen, engnabeligen, glatten sowie extrem scharfrückigen Formen führen (Bilder 4.180 und 4.181).
Die Stachelhäuterfauna der Trias ist verarmt. Mit Beginn des Mesozoikums beherrschten die Articulata das Terrain. Es waren Crinoiden (Seelilien) mit dicken Kelchplatten, häutiger, biegsamer Kelchdecke und gelenkig mit den Radialplatten verbundenen Armen, die Pinnulae besaßen. Die Familie

der Encrinidae überwog in der Trias, besonders im germanischen Muschelkalk. Die Stielglieder der beiden Arten *Encrinus liliiformis* und *Encrinus carnalli* waren gesteinsbildend (Bild 4.182). Die runden, peripher gekerbten Stielglieder, die Trochiten (griech. trochos = Rad), bauten ganze Gesteinsbänke auf, den sog. „Trochitenkalk“ des Oberen Muschelkalkes. Im Unteren Muschelkalk finden sich in der Schaumkalkzone Rasen mit vollständig erhaltenen Exemplaren von *Encrinus carnalli.* Stellenweise sind im germanischen Muschelkalk auch Ophiuricae (Schlangensterne) häufig, z. B. *Aspidura* (Bild 4.183).

Fische der Trias waren im wesentlichen die Actinopterygier (Strahlenflosser). Es dominieren immer noch die Ganoiden (Glanzschuppenfische), doch die echten Selachier (Haie und Rochen) traten stärker hervor. Die Elasmobranchier wurden durch *Acrodus* und *Hybodus* vertreten (Bild 4.184/1,2). Von ihnen sind im Muschelkalk und im Rhät die hohen, scharfen, meist mehrspitzigen Raubzähne, häufig auch Flossenstacheln und Schuppen erhalten.

Erwähnenswert von den Holostiern ist im Mittleren Keuper der häufige Fisch *Semionotus bergeri* (Bild 4.185). Er ist namengebend für den *Semiono-*

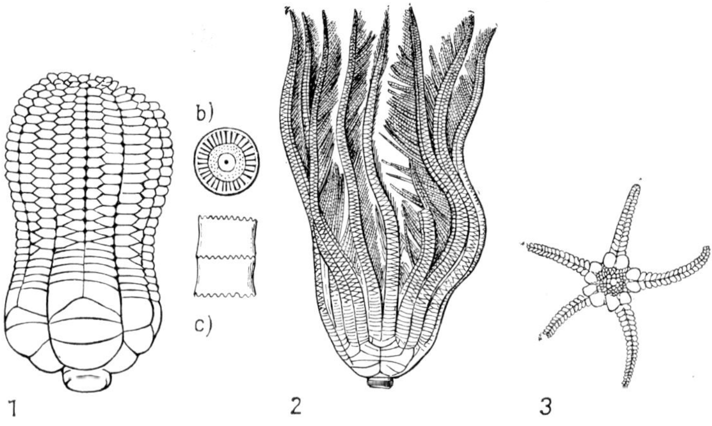

Bild 4.182. Echinodermen aus der germanischen Trias (Muschelkalk)
Isocrinida („Seelilien“):
1 Encrinus liliiformis, mo_2-Trochitenkalk
a) vollständiger Kelch mit Stielende, Höhe etwa 10 cm, b) Stielglied (Trochit); Gelenkfläche; sog. „Bonifaziuspfennige“ oder „Sonnenradsteine“, c) zwei Stielglieder von der Seite (nach M. Schmidt);
2 Encrinus carnalli, mu Schaumkalk; vollständige Krone (nach Jaekel)
Ophiuroidea (Schlangensterne):
3 Aspidura ludeni, mu; Durchmesser etwa 30 mm

Bild 4.183. Schichtfläche im Hauptmuschelkalk (Oberer Muschelkalk Frankens) von Gailsheim/Württemberg/BRD mit kleinen, meist von der Unterseite sichtbaren Schlangensternen (Ophiuroidea) *Aspidura scutellata* (Durchmesser etwa 9 bis 10 mm) und einzelnen Muschelsteinkernen von *Gervilleia* (3 bis 5 cm)

tus-Sandstein des Steinmergelkeupers (Bild 4.184/4). Die Chondrostier werden vertreten durch *Gyrolepis* im Muschelkalk und in der Lettenkohle des Keupers sowie durch *Saurichthys*, einen Schmelzschupper mit stark verlängerter Schnauze und spitzkonischen Zähnen (Bild 4.184/5). Sie treten in Bonebeds (engl. = Knochenbettlager) des Rhäts auf. Das sind geringmächtige Gesteinsschichten, die überwiegend aus Knochentrümmern, Zähnen, Schuppen und Koprolithen von Fischen und Reptilien bestehen.
Im kontinentalen Bereich der Trias herrschten die großwüchsigen Amphibien, die Stegocephalen, vor und erlebten eine letzte Blütezeit, ehe sie am Ende der Trias nachkommenlos ausstarben. Die triassische Amphibienfauna bestand aus Nachzüglern des Perms. Es sind vorzugsweise Labyrinthodonten. Ein ausgesprochener Riese unter diesen Nachzüglern ist der 2 bis 3 m lange, schwerfällige *Mastodonsaurus*, häufig bekannt aus dem Buntsandstein Europas und Nordafrikas. Die Keuperformen hatten einen flachen, bis zu 1,2 m langen Schädel (Bild 4.186). Dieses größte Amphibium der Erdgeschichte lebte vorwiegend im Wasser, und seine Nahrung bestand aus Fischen.

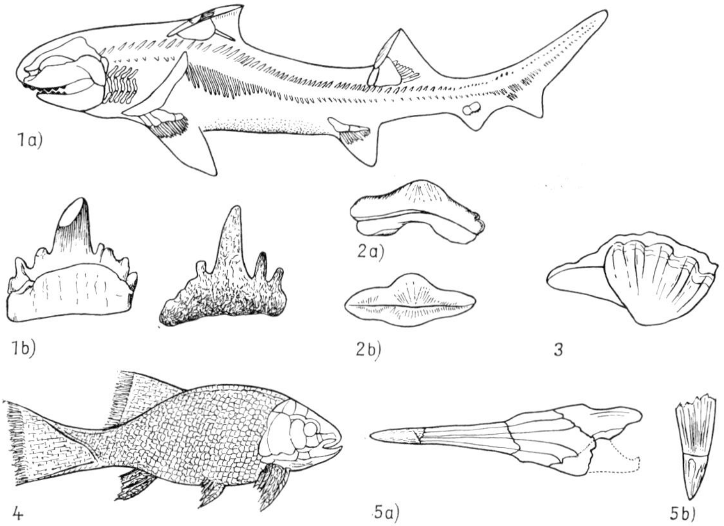

Bild 4.184. Trissaische Fische (unmaßstäblich)
Elasmobranchier (Knorpelfische):
1 Hybodus (vgl. Bild 4.217, S. 266)
a) zwei hohe, mehrspitzige Raubzähne (nach Moy-Thomas);
2 Acrodus; a) Zahn von der Seite, b) von oben
Osteichthyes (Knochenfische):
3 Ceratodus; Zahn; *4 Semionotus bergeri;* Keuper, *Semionotus*-Sandstein, ein Dipnoer; *5 Saurichthys;* Keuper
a) Schädel mit verlängerter Schnauze von oben, b) Zahn

Bild 4.185. *Semionotus bergeri* aus dem Mittleren Keuper (*Semionotus*-Sandstein) der germanischen Trias von Heldburg/Thür./DDR. Der etwa 13 cm lange Fisch (Holostei) findet sich häufig in lagunären Ablagerungen.

Aus dem Buntsandstein gehören hierher *Trematosaurus* und *Capitosaurus*. Der Mittlere Buntsandstein von Bernburg/Saale/DDR hat eine bedeutende Fauna dieser Labyrinthodonten geliefert.
Zu Beginn der Trias erschienen auch erste primitive Froschlurche (Salientia), sog. Proanura. Einer ihrer ersten Vertreter war der etwa 10 cm große *Tria-*

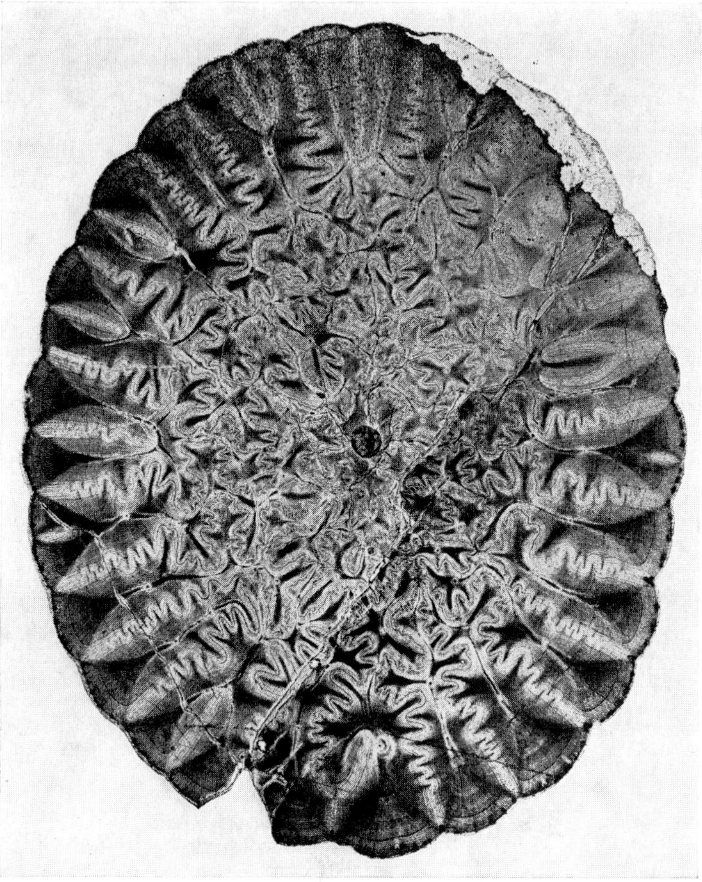

Bild 4.186. Anschliff vom Querschnitt eines Fangzahnes des 2 m langen Riesenlurches *Mastodonsaurus giganteus* aus dem Lettenkohlenkeuper von Bibersfeld/Württemberg/BRD. Der Querschnitt zeigt die für diese Lurche typische labyrinthische Verfaltung von Schmelz und Zahnbein. Auf dieses Merkmal bezieht sich der Name „Labyrinthodonten“. Durchmesser 1 cm

dobatrachus aus der Unteren Trias von Madagaskar. Er stellte jedoch einen Seitenzweig der Entwicklungslinie dar, die zu niederen Fröschen führte.
Die Reptilien erreichten im Mesozoikum weltweit ihre Blütezeit. In der Trias gelangten sie zu reicher Entfaltung, und es entstand eine Vielzahl neuer Formen.
Im Oberen Muschelkalk begann die Geschichte der Schildkröten (Chelonia). Diese Urschildkröten, wurzelnd in primitiven Reptilien, den Anapsida, sind durch Funde aus dem Oberen Keuper von Württemberg/BRD und Halberstadt/DDR belegt. Eine der ältesten Gattungen ist *Proganochelys (Triassochelys)*, sie war etwa 70 cm lang.
Zu Beginn der Trias erschienen die Thecodontier (Wurzelzähner; Einbettung der Zähne in Zahngruben). Unter ihnen befanden sich die ersten Reptilien, die sich biped (zweifüßig) bewegen konnten. Zur Gleichgewichtserhaltung diente ihnen ein langer kräftiger Schwanz.
Anfang der siebziger Jahre wurden aus triassischen Tonschiefern und Sandsteinen in den Ausläufern des Turkestangebirges (Mittelasien) südöstlich von Leninabad/Kirgisische SSR/UdSSR bedeutende neue Funde dieser ältesten, relativ kleinen, flugfähigen, 20 cm langen Thecodontier ausgegraben. Es handelte sich um einen sog. „Fiederkammdrachen“ *(Longisquama)* und um einen Beinflügler *(Podopteryx)*. Bei ihnen waren bereits zahlreiche Vorrichtungen für den Gleitflug (z. B. Flughäute) und das Springen mit einer Art Fallschirm (spreizbare Rückenfortsätze) herausgebildet. Doch erst später setzte sich das aktive Fliegen der Vögel als die vollkommenste Flugart durch. Offensichtlich waren also die Thecodontier die ersten Wirbeltiere, die sich im Luftraum bewegten.
Aus den Thecodontiern leiteten sich mit großer Wahrscheinlichkeit Krokodile, Dinosaurier, Flugsaurier (Pterosaurier) und Vögel ab.
Eine weitere zentrale Gruppe der Thecodontier waren die formenreichen und heterogenen Pseudosuchier, die in der Mittel- und Obertrias ihre Hauptverbreitungszeit hatten. Einer ihrer Repräsentanten ist z. B. der sog. „Tessindrache“, *Ticinosuchus*, ein etwa 3 m langes Tier aus der Mittleren Trias von Monte San Giorgio im Tessin/Südschweiz, der erst 1965 bekannt wurde (berühmte Ausgrabungsstätte des Paläontologischen Institutes Zürich).
Zu den Pseudosuchiern stellt man die aus dem Buntsandstein der DDR (Bernburg, Thüringen), der BRD und des übrigen Europas bekannten Fährten des „Fährten- oder Handtieres“ *Chirotherium* (Chirotherien-Sandstein).
Unter den Reptilien tauchten in der Trias die ersten Großformen, Dinosaurier oder Riesensaurier, auf. Berühmt sind beispielsweise die Saurierfunde von Halberstadt und Südthüringen/DDR und bei Trossingen/Württemberg/BRD. Diese Funde gehören unter anderem zur Gattung *Plateosaurus (Plateosaurus quenstedti)* und wurden 1909 mit zahlreichen an-

deren Großreptilresten in den Tonen des Keupers bei Halberstadt entdeckt. Mit einer Länge von etwa 8 m und etwa 2,5 m Höhe gehörte *Plateosaurus* zu den größten Schreckechsen. Das massige Tier bewegte sich biped. Es besaß noch relativ kräftige Vorderextremitäten. Der lange Hals trug einen relativ kleinen Schädel. Die Plateosaurier waren Allesfresser (Omnivoren), die vermutlich Pflanzenkost bevorzugten. Man nimmt an, daß sie in Herden lebten und jahreszeitlich oder klimatisch bedingte Wanderungen unternahmen. Ein vollständiges Skelett ist z.B. im „Museum Heineanum" in Halberstadt/DDR ausgestellt.

In der Trias kehrten einige Reptilgruppen zum Wasserleben zurück, darunter die Vorläufer der Ichthyosaurier (Fischsaurier). Sie erschienen in der Mittleren Trias. Zu den ersten und am besten bekannt gewordenen Formen der triassischen Meere gehört z.B. der etwa 2 m lange *Mixosaurus*. Er besaß einen schlanken, torpedoartigen Körper, einen langen, geraden, von einer schmalen Schwanzflosse umsäumten Schwanz. Der Schädel war spitz, die Gesichtspartie kurz, und er hatte einen gedrungenen Hals.

Eine weitere marine Reptilgruppe bildeten die Sauropterygier. Eine ihrer frühen Gattungen aus der Unteren und Mittleren Trias war der amphibisch lebende *Nothosaurus*. Er besaß einen 3 m langen geschwungenen Hals (22 Wirbel), einen kurzen Schwanz, einen langen, stumpfen mit spitzen kegelförmigen Fangzähnen ausgestatteten Schädel (Bild 4.187). *Nothosaurus* konnte gut schwimmen, doch waren die Extremitäten ans Landleben angepaßt. Seine Nahrung bildeten Fische. Fossile Reste sind aus triassischen Sedimenten Europas, Südostasiens und Nordamerikas bekannt.

Bild 4.187. Teilstück eines mit kräftigen, spitzen Zähnen bewehrten Kiefers von *Nothosaurus* sp. aus dem Muschelkalk von Bernburg/DDR. Länge 6,5 cm

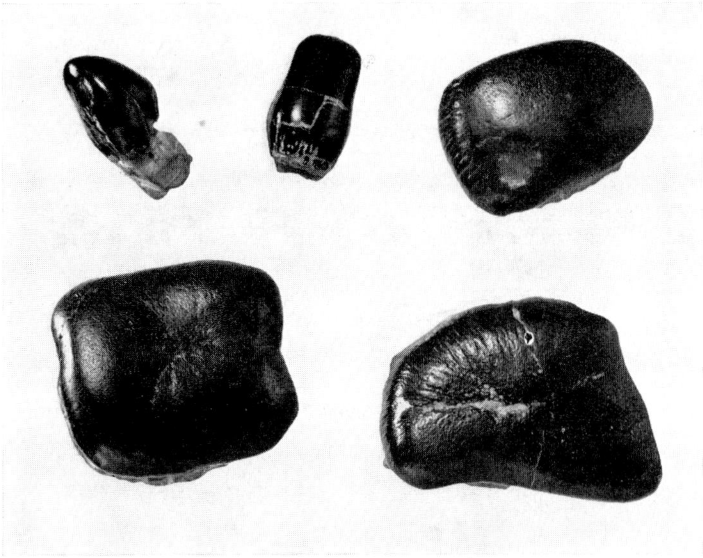

Bild 4.188. Drei Gaumenzähne (Knackzähne, Durchmesser 3 bis 4 cm) und zwei Schneidezähne (Greifzähne, Höhe 2 bis 3 cm) des Pflasterzahnsauriers, *Placodus gigas*, aus dem Oberen Muschelkalk Württembergs/BRD. Die Zähne sind mit einem schwachen, schwarzen Schmelz bedeckt

Eine außergewöhnliche Reptilgruppe sind die Placodontier, die als Meeresbewohner zur Zeit der Trias in Mitteleuropa, Ungarn und Israel lebten.

Man nimmt an, daß es sich bei ihnen um Sonderanpassungen an randliche Flachmeerbereiche der triassischen Tethys handelte.

Sie ernährten sich hauptsächlich von schalentragenden Invertebraten (Muscheln, Brachiopoden, Crustaceen) beim Abweiden von bewachsenen Meeresgründen. *Placodus*, der „Pflasterzahnsaurier", war eine häufige Form im Muschelkalk. Erstmals wurde 1915 ein vollständiges Skelett im Muschelkalk bei Heidelberg/BRD gefunden. Der kurze, gedrungene Schädel von *Placodus* ist gekennzeichnet durch flache, breite, kräftige Pflasterzähne in den Kiefern und dem Gaumen (Quetschgebiß), die wie Zangen die harte Schalennahrung zerknacken.

Im vorderen Schnauzenabschnitt saßen scharfe Schneidezähne (Greifgebiß), die zum Aufschürfen und Aufsammeln des Futters beim langsamen Umherschwimmen am Meeresboden dienten (Bild 4.188). Auf dem Kopf von

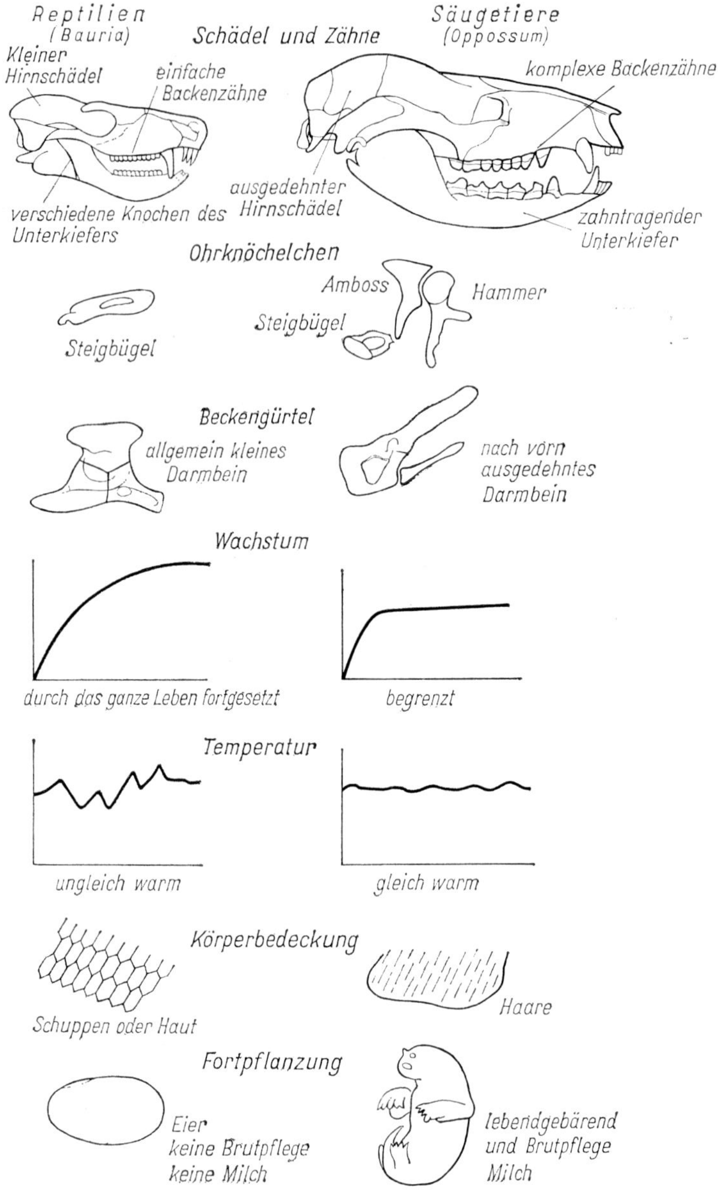
Reptilien
(Bauria)
Schädel und Zähne
Säugetiere
(Oppossum)
Kleiner
Hirnschädel
einfache
Backenzähne
komplexe Backenzähne
ausgedehnter
Hirnschädel
verschiedene Knochen des
Unterkiefers
zahntragender
Unterkiefer
Ohrknöchelchen
Amboss
Hammer
Steigbügel
Steigbügel
Beckengürtel
allgemein kleines
Darmbein
nach vorn
ausgedehntes
Darmbein
Wachstum
durch das ganze Leben fortgesetzt
begrenzt
Temperatur
ungleich warm
gleich warm
Körperbedeckung
Schuppen oder Haut
Haare
Fortpflanzung
Eier
keine Brutpflege
keine Milch
lebendgebärend
und Brutpflege
Milch

Placodus war ein drittes Lichtsinnesorgan entwickelt, das Parietalauge. Das bedeutendste Ereignis in der obersten Trias war das Erscheinen der Säugetiere. Sie entwickelten sich aus Therapsiden. Bedeutende Fundpunkte dieser ersten Säuger, vor allem Zähne und Kiefer, liegen im europäischen Rhät, z.B. Holwell (Sommerset)/Großbritannien, in South Glamorgan/Großbritannien und Hallau/Schweiz, sowie in China und Südafrika.
Durch allmählichen Formenwandel ist die Herkunft der Säuger von den Reptilien heute gesichert, und die Abgrenzung zwischen Reptilien und Säugetieren ist mehr oder weniger künstlich. Konventionell wird die Grenze nach der Entwicklung von Unterkiefergelenk-/Gehörknöchelapparat/Gebißentwicklung gezogen (Bild 4.189).
Die Stammgruppe der Säugetiere bei den Reptilien, die Therapsiden, sind gleichzeitig als die geologisch ältesten Säugetiere anzusprechen. Unter ihnen lassen sich mehrere Stammlinien beobachten. Einige waren in gewissen Merkmalen sehr weit fortgeschritten, blieben aber in anderer Hinsicht vergleichsweise primitiv, z.B. die Theriodontier und Ictidosaurier, so daß mehrere Gruppen säugetierähnlicher Reptilien zu den Ahnen der frühen Säugetiere gehören, d.h., daß sie sich polyphyletisch entwickelt haben.
Noch vor dem Untergang der Therapsiden gingen aus ihnen in der Obertrias (Rhät) die ersten Säugetiere hervor, die sich bald weltweit verbreiteten. Es sind die Eozostrodontidae (= Morganucodontidae) (Ordnung Triconodonta) Europas, Chinas und Südafrikas und die Kuehneotheriidae aus Wales/Großbritannien.
Zunächst waren es unscheinbare, etwa rattengroße Kleinraubtiere mit einem maximalen Körpergewicht von 2000 Gramm, z.B. die Triconodonten, die Docodonten, die Monotremata und die Multituberculaten. Insekten und andere wirbellose Tiere bildeten ihre Nahrung, möglicherweise aber auch andere kleine Reptilien.
Die Triconodonta sind z.B. nach drei scharfen, gleichhohen, kegelförmigen Höckern ihrer Molaren (Backenzähne) benannt. Sie waren vermutlich katzengroß und echte Fleischfresser. Einen Höhepunkt ihrer Entwicklung erreichten die Säugetiere erst zu Beginn der Erdneuzeit (Känozoikum).

4.3.1.2. Die Pflanzen der Trias

Die Pflanzenwelt entwickelte sich stetig weiter. Entsprechend der Dreigliederung der Trias gibt es marine (Ladinium, Anisium) und kontinentale (Buntsandstein, Keuper) Pflanzenreste.
Die marine Flora besteht hauptsächlich aus kalkabscheidenden Algen, z.B.

◀ Bild 4.189. Auswahl unterschiedlicher Merkmale von Reptilien und Säugetieren (nach Colbert)

Schlauch- oder Wirtelalgen (Dasycladaceen). Diese kommen besonders im Schlerndolomit des Ladiniums, z.B. in den Dolomiten Südtirols, und im Sarldolomit des Anisiums der Pragser Dolomiten Südtirols massenhaft, daher häufig gesteinsbildend, in bis zu 1000 m mächtigen Riffbildungen vor. Die Algen wuchsen rasenförmig und hinterließen kleine stabförmige Kalkröhrchen, die sich im jüngeren Mesozoikum zu keulenartigen Formen umbildeten.
Bedeutung unter diesen rein marinen Schlauch- oder „Wirtelalgen", die den Chlorophyceen (Grünalgen) zuzuordnen sind, haben die Gattungen *Gyroporella*, *Diplopora*, *Physoporella* und *Oligoporella* (Bild 4.190). *Diplopora annulata* besitzt als Leitfossil sogar stratigraphische Bedeutung für das Ladinium der alpinen Trias. Der Vergleich mit rezenten Dasycladiaceen ergibt, daß sie flaches und warmes, wenig bewegtes Wasser am Wuchsort vorfanden.
Diese fossilen Dasycladaceen spielten über einen langen Zeitraum der Erdgeschichte hinweg, vom Kambrium bis in die Gegenwart, eine bedeutende Rolle.
Die Festlandsflora der Trias ist gekennzeichnet durch das verstärkte Auftreten von Ginkgoaceen und Cycadeen. Die Bennettiteen erlangten am Ende der Trias Bedeutung, wie sie überhaupt das Florenbild der jüngeren mesophytischen Zeitabschnitte (Rhät bis Unterkreide) charakterisierten.

Die Buntsandsteinflora

Pflanzliche Reste beschränkten sich auf den Mittleren und Oberen Buntsandstein. Die spärliche Flora feuchter Orte (Süßwasserbereiche) trägt Züge einer Trockenvegetation, entstanden unter wüstenartigen Bedingungen. Artenarmut und Fehlen reich beblätterter Gewächse waren kennzeichnend (xeromorpher Bau). Die bedeutsamste Buntsandsteinpflanze war die sukkulentenartige, 2 m hohe *Pleuromeia*, ein Vertreter der Bärlappgewächse.
Die *Pleuromeia*-Pflanze ist unverzweigt (Bild 4.191). Die unterirdische Stammbasis besaß vier kurze, hornartige, nach oben weisende Gebilde. Die Oberfläche der Stammbasis war dicht mit Narben der eigentlichen Wurzeln (Appendices) bedeckt, die meist abgefallen sind und fehlen. Die Pflanze hatte einen schlanken Stamm mit einem zentralen Leitbündel. Ihre Stammoberfläche war von quergestreckten, spiralig angeordneten Narben bedeckt, in denen Blattspurstränge endeten. Am unteren Stammbereich sind die Blätter abgefallen, während am oberen Stammteil etwa 10 cm lange, lanzettliche Blätter mit breiter Blattbasis und Ligula (lat. Zünglein) ausgebildet waren. An der Spitze wuchs ein auffallender Zapfen, das Sporophyll. *Pleuromeia* war heterospor; man fand gemischtgeschlechtliche und eingeschlechtliche Zapfen.

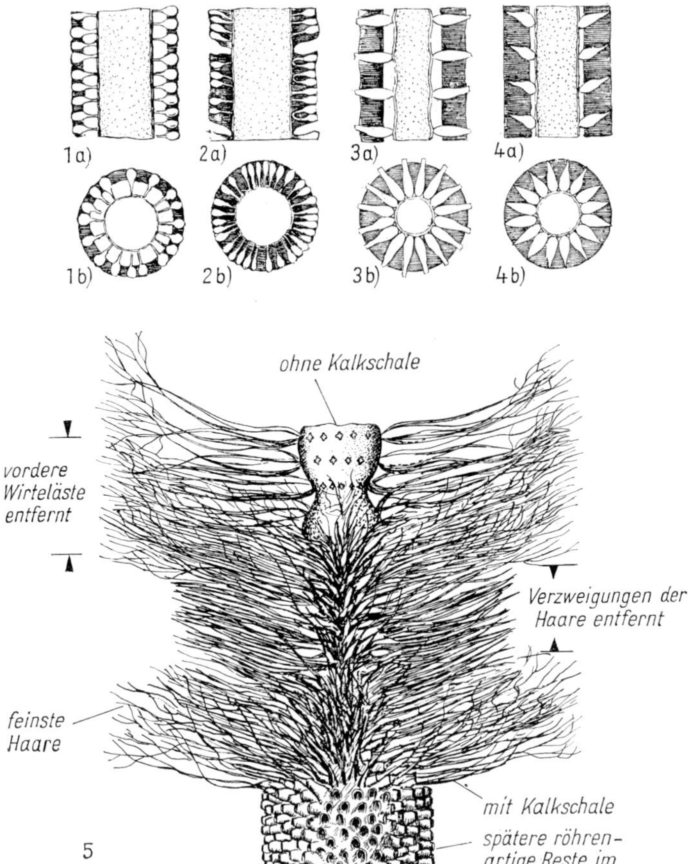

Bild 4.190. Zu den Grünalgen gehörige, kalkabscheidende Dasycladaceen oder Wirtelalgen der alpin-mediterranen Trias der Dolomiten (nach PIA)
a) Längsschnitt, b) Querschnitt
1 Gyroporella vesiculifera; 2 Diplopora annulata (Leitform);
3 Oligoporella pilosa; 4 Physoporella pauciforata;
5 Rekonstruktion von *Diplopora phanerospora* $^{10}/_{1}$

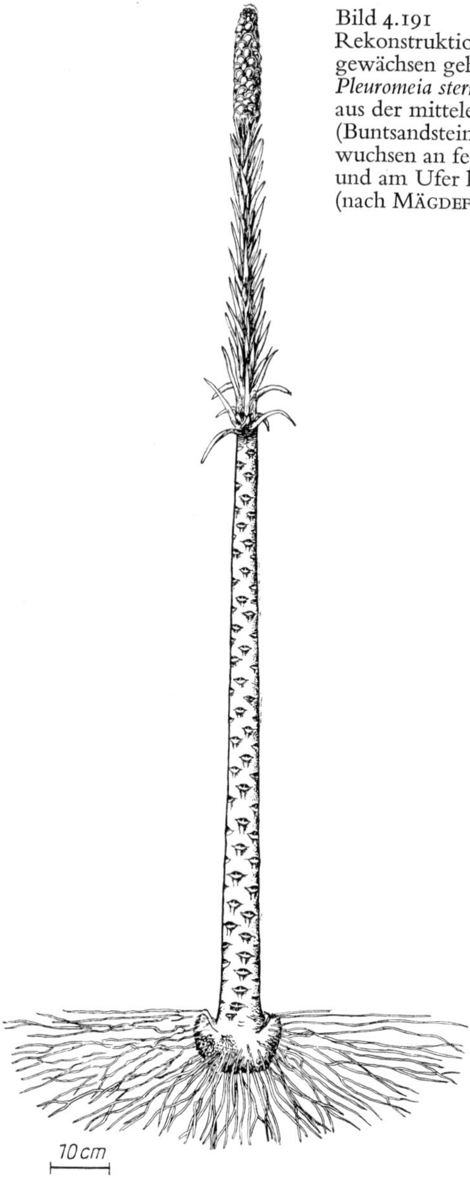

Bild 4.191
Rekonstruktion der zu den Bärlappgewächsen gehörenden Sukkulente
Pleuromeia sternbergi
aus der mitteleuropäischen Untertrias (Buntsandstein). Diese Pflanzen wuchsen an feuchten Orten in der Nähe und am Ufer kleiner Tümpel
(nach MÄGDEFRAU)

Pleuromeia ist ein phylogenetisch bedeutendes Pflanzenfossil. Sie ist das entwicklungsgeschichtliche Verbindungsglied zwischen den karbonischen baumförmigen Sigillarien und der kretazischen *Nathorstiana*, einem Vorläufer der heute lebenden kleinwüchsigen Isoëtales (Brachsenkräuter). Bedeutende Fundpunkte von *Pleuromeia* liegen u.a. im Saalegebiet/DDR (Bernburg, Magdeburg), in Hessen/BRD, Spanien, Frankreich (Chauffontaine b. Lunéville) und in der UdSSR bei Wladiwostok und bei Rybinsk/Wolga.

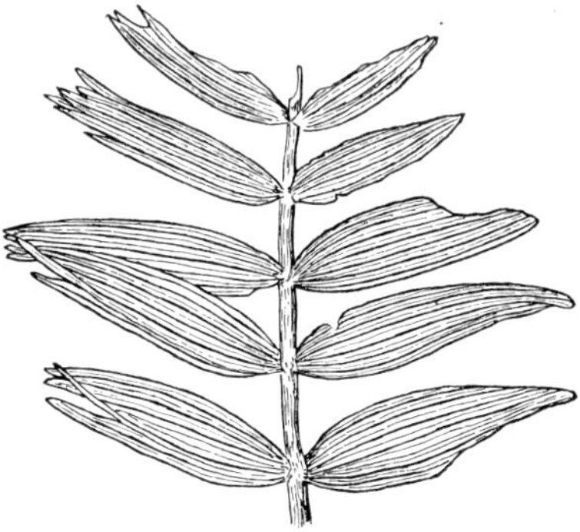

Bild 4.192
Das „gondwanidische" Schachtelhalmgewächs *Schizoneura gondwanensis*. Die Pflanze war etwa 1,5 m hoch. Die Blätter bildeten anfangs eine breite Blattscheide, die später in Einzelblätter aufschlitzte. Sie waren einnervig. Die Sporophylle waren 1 bis 1,5 cm dicke, bis 20 cm lange, katzenschwanzähnliche Ähren (nach FEISTMANTEL)

Die triassischen Schachtelhalmgewächse wurden durch die beiden Gattungen *Equisetites* und die schilfartige *Schizoneura* vertreten (Bild 4.192). Es waren krautige, den heutigen Schachtelhalmen ähnelnde Pflanzen, nur größer (bis 6 m) und kräftiger. Neben diesen Charakterpflanzen des Buntsandsteins gab es noch spärliche Farnfunde, z.B. *Anomopteris mougeotii*, ein ausgesprochenes Leitfossil des Buntsandsteins sowie *Pecopteris.* Cycadeen waren selten, und *Voltzia* (s.S. 203) vertrat die Koniferen.

Die Keuperflora

Die Keuperzeit mit einem humiden Klima ermöglichte das Aufkommen einer üppigeren und abwechslungsreicheren Flora als im Buntsandstein. Es kam sogar zur örtlichen unbedeutenden Bildung von Kohleflözen, im sog. Lettenkohlenkeuper (Ladinium), z.B. im mittleren Ilmtal bei Apolda/Thüringen/DDR.
Die Keuperflora setzte sich ebenfalls aus Schachtelhalmen, Farnen, Cycadeen und seltener Koniferen zusammen. Typische Xerophyten (Pflanzen trokkener Standorte) fehlten. Die Farne dagegen breiteten sich aus. Sie waren großflächiger und hygromorph. Es gab vor allem die Matoniaceen, Marattiales *(Danaeopsis)*, Osmundaceen und die netzartigen Dipteridaceen. Die häufigste und bekannteste Pflanzenversteinerung des Keupers war der

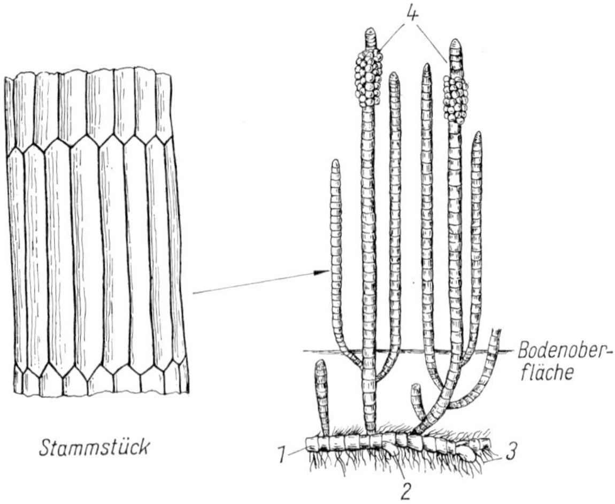

Bild 4.193. Rekonstruktion von *Equisetites arenaceus*, ein Schachtelhalm aus dem Mittleren Keuper. Seine Schäfte waren bis 6 m hoch und hatten einen Durchmesser von 15 cm (nach FRENTZEN)
1 Rhizom; *2* Reserveknolle; *3* Wurzeln; *4* Sporophyllstände

Schachtelhalm *Equisetites arenaceus* (Bild 4.193). Da man seine Stämme früher für Schilf hielt, wurde der „Schilfsandstein" des Mittleren Keupers (Karnium) danach benannt, in dem diese Reste häufig erscheinen.
Sowohl die Flora des „Lettenkohlenkeupers" (Unterer Keuper) als auch die des „Schilfsandsteines" (Mittlerer Keuper) deuten auf stellenweise vorhandene Sumpflandschaften hin. Verbreitungsgebiete dieser Pflanzenreste sind Thüringen/DDR, Franken und Schwaben/BRD bis Basel/Schweiz, Lunz/Oberösterreich.
Bei den Gymnospermen (Nacktsamer) erreichten die wärmeliebenden Cycadales (Zykasgewächse, Palmfarne), Nilssoniales und Bennettitales seit dem Rhät bis in den Jura und die Kreide Bedeutung.
Die Cycadeen haben gefiederte Wedel und kugel- bis faßförmige, aber auch baumartige Stämme. Noch heute gibt es in den Tropen und Subtropen einige Vertreter dieser Palmfarne, die mit den mesozoischen Formen verwandt sind.
Besonders sind die Bennettiteen zu erwähnen, ein in der Kreidezeit ausgestorbener Seitenzweig der Cycadeen, die das Herannahen der Bedecktsamer ankündigten. Zwitterblüten, die vermutlich von Insekten bestäubt wurden, und Samenbildung waren Anpassungen an die sich wandelnde Umwelt. Sie erreichten jedoch nicht die Entwicklungshöhe der späteren Bedecktsamer und werden deshalb mitunter als „Halbbedecktsamer" be-

zeichnet (Bild 4.194/1). Cycadeen und Bennettiteen spielen als Leitformen in der Trias und im Jura eine gewisse Rolle, wichtig sind in diesem Zusammenhang:

- *Pterophyllum* mit langen, linearen, paralleladrigen Blättern, die seitlich an der Achse angeheftet sind (Perm – Trias) (Bilder 4.194/2 und 4.195)
- *Anomozamites* mit kürzeren Fiederchen und am Grunde gegabelten Adern (Rhät) (Bild 4.194/3)
- *Podozamites* mit spiral beblätterten Zweigen, lanzettlichen, parallelgeaderten Blättern (Rhät bis Dogger) (Bild 4.194/4).

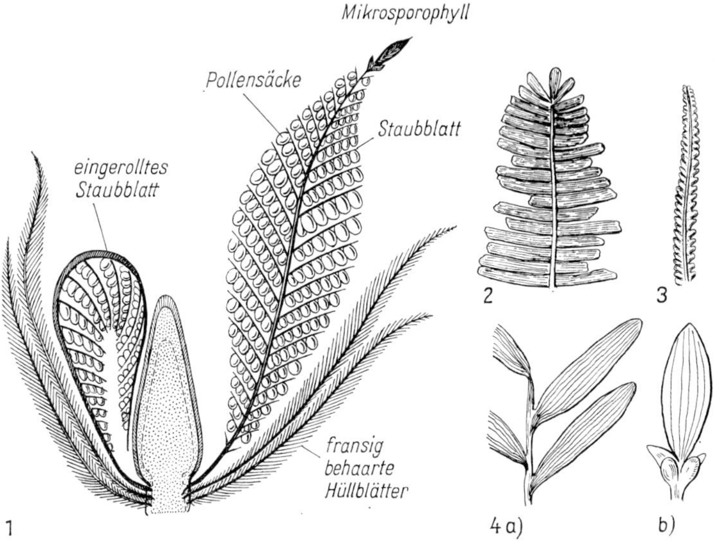

Bild 4.194. Triassische Gymnospermen (Nacktsamer)
1 Schema einer Cycadeenblüte (Bennettiteen); die Bennettiteenblüte gilt als Beispiel für die Anpassung an die Umwelt durch Ausbildung angiospermenähnlicher Blüten (nach Wieland)
2 Pterophyllum jaegeri (nach v. Bubnoff); *3 Anomozamites marginatus* (nach Saporta); *4 Podozamites lanceolatus* (Rhät bis Lias)
a) Pflanzenteil mit Blättern (etwa 3 cm lang), b) Einzelfruchtblatt vom Zapfen (etwa 1,5 cm lang) (nach Schenk und Nathorst)

4.3.2. Jura

Das 55 Millionen Jahre umfassende System leitet sich ab vom „Jurakalk" des Juragebirges, einem Gebirgszug in Süddeutschland/BRD und der Schweiz (Frankenalb bis zum Schweizer Jura). Die Bezeichnung Jura ist

Bild 4.195. Palmenartige, gefiederte Blattreste von *Pterophyllum longifolium*, einer Cycadophyte aus der Obertrias (Mittlerer Keuper) von Lunz/Niederösterreich. Länge des Stengels 14,5 cm

keltischen Ursprungs und bedeutet „Waldgebirge". A. v. HUMBOLDT übertrug 1795 diesen Begriff auf die gleichaltrigen hellen Kalke des übrigen Europas. A. BRONGNIART erweiterte den Begriff „Jura-Formation" 1829 auf die Schichtenfolge im heutigen Sinne.

Die klassischen Verbreitungsgebiete sind England, Frankreich, die Schweiz und die BRD (nur unbedeutende Juravorkommen liegen in der DDR, z. B. in Thüringen, im Harzvorland, Dobbertin, Lehmhagen b. Grimmen, Badeleben, Sommerschenburg, Wefensleben). In diesen Gebieten wurde in der Vergangenheit der Jura erforscht, und hier wurden die Grundzüge seiner Gliederung in Abteilungen, Stufen und Zonen festgelegt. Heute sind die deutsche und die englische Gliederung nebeneinander in Gebrauch.

Deutschland allgemein	Süddeutschland	England/Frankreich/ Schweiz	
			$140 \cdot 10^6$a
Gliederung nach L. v. Buch 1837	Gliederung nach F. A. Quenstedt 1843	Gliederung nach W. Smith 1809 u. a. engl. Autoren sowie A. d'Orbigny 1843 u. W. J. Arkell 1933	
Oberer Jura	Weißer Jura (nach hellen, weißlichen Kalken) oder Malm $\alpha - \zeta$ (vages Wort der englischen Umgangssprache)	Berriasium (nach d. Ortschaft Berré/Rhone/ Frankreich) Tithonium (nach d. griech. Mythologie) Kimmeridgium (n. d. Ortschaft Kimmeridge/ Südengland) Oxfordium (n. Oxford/Themse/England)	
Mittlerer Jura	Brauner Jura (nach braunen eisenschüssigen Sandsteinen) Dogger $\alpha - \zeta$ (Schichtbezng. in England für „Mitteljura"; engl. Steinbrecher-Bezeichng.)	Callovium (n. d. röm. Bezeichng. für Kelloway/England) Bathonium (n. d. Ortschaft Bath on Avon südöstl. Bristol/England) Bajocium (n. d. Ortschaft Bayeux/Normandie/Frankreich) Aalenium (n. d. Ortschaft Aalen/Württ./ BRD)	

Deutschland allgemein	Süddeutschland	England/Frankreich/Schweiz	
Unterer Jura	Schwarzer Jura (nach dunklen schwarzen Tonen) Lias $\alpha - \zeta$ (aus d. Steinbrechersprache in England: layers-Schichten; gallisch = leac = Steinplatte; franz. = liais)	Toarcium (n.d. Ortschaft Thouars am Thouet/Frankreich) Pliensbachium (n.d. Ortschaft Pliensbach b. Boll/Württ./BRD) Sinemurium (n.d. Ortschaft Sémur in Burgund/Frankreich) Hettangium (n.d. Ortschaft Hettange/Lothringen/Frankr.)	
			$195 \cdot 10^6$a

Die biostratigraphische Stufen- und Zonengliederung des Juras in Deutschland ging von Schwaben/BRD aus. Hier war es der Tübinger Professor F. A. QUENSTEDT (1837 bis 1888), der die drei Abteilungen des Juras aufgrund lithologischer Merkmale und mit Hilfe von Ammoniten in Zonen gliederte, die er mit den griechischen Buchstaben α bis ζ belegte. QUENSTEDTS Schüler A. OPPEL konkretisierte anschließend (1856 bis 1858) diese Zonen mit Hilfe der schärfer eingrenzenden Leitfossilien (Ammoniten, Muscheln, Brachiopoden, Echinodermen).
Die Zeit des Juras wird durch das Vorherrschen von epikontinentalen Schelfmeergebieten gekennzeichnet, die vor allem in Europa ihre größte Ausdehnung erlangten.
Das System ist charakterisiert von einer erdweit recht einheitlichen Besiedlung durch die Organismenwelt, insbesondere während des Lias und Doggers. Die Zonenabfolgen Europas, Indonesiens und Südamerikas stimmten in vielem überein. Im obersten Dogger bahnte sich dann eine faunistische Aufgliederung in zwei Regionen an: die Tethys-Provinz und die „nördliche Provinz". Ein ausgeglichenes und warmes Klima ermöglichte die Entfaltung einer üppigen formenreichen Fauna und Flora, deren paläogeographische Verbreitung die klimatischen Zonen widerspiegelt; boreale (kaltes Klima) Ablagerungen erfolgten in kühleren Gewässern, Riffbildungen und Kohleablagerungen fanden in ausgeglichen-humiden Zeitabschnitten statt.
Es kommt vor allem marinen Leitfossilien, wie Ammonoideen, neben ihnen Belemnoideen, Brachiopoden, Muscheln sowie Mikrofossilien (z. B. Foraminiferen und Ostracoden) eine große Bedeutung zu. Auch Kiesel-

schwämme, Korallen sowie Flug- und Dinosaurier waren bezeichnend für den Jura. Die Tierwelt erlebte sowohl im Meer als auch auf dem Lande eine Blütezeit und entfaltete sich üppig. Erstmals begannen die Wirbeltiere durch aktives Fliegen (Vögel) den Luftraum zu erobern. Die Fauna des Juras gehörte infolge ihrer Fossilfülle zu den reichsten und bestbekannten während des erdgeschichtlichen Entwicklungsablaufes. Die Flora lehnt sich dagegen eng an die Obertrias (Rhät) an und hatte sich nicht wesentlich verändert.

4.3.2.1. Die Jurafauna

Die Fauna des mitteleuropäischen Jurameeres stammt aus dem pelagisch-mediterranen Tethysbereich und erhielt von dort ständig Nachschub durch Zuwanderung neuer Organismengruppen. Diese breiteten sich rasch aus, entwickelten sich kurzzeitig weiter, und dann erloschen sie wieder. Mit dem Übergang aus dem pelagischen Gebiet waren oft Formenwandlungen verbunden, z. B. bei den Ammonoideen Veränderungen der Lobenlinien und Schalenverzierung.

Mit Ausnahme eines ersten Entwicklungshöhepunktes während des Karbons erlangten die Einzeller, insbesondere die Foraminiferen, in den vorangegangenen Systemen, z. B. Niedergang in der Trias, nur gelegentlich Bedeutung. In den tonigen Sedimenten des Juras aber entwickelten sich mit Beginn des Lias eine Fülle von Foraminiferen, die in allen Meeresablagerungen häufig waren. Die Kalkschaler, z. B. Nodosariacea mit den Gattungen *Nodosaria*, *Dentalina*, *Lenticularia*, *Fronticularia*, verdrängten die bisher vorherrschenden Sandschaler. Alle Arten bildeten zusammen mit anderen Mikrofossilien, z. B. Ostracoden, Pollen, Sporen, wichtige leitende Arten- oder Faunengemeinschaften. Unter den verbliebenen Sandschalern spielte die Gattung *Ammondiscus* eine Rolle. Diese Gattung zeichnet sich durch ein scheibenförmiges, kleines, einem Ammoniten ähnelndes Gehäuse aus und kommt im unteren Lias gelegentlich massenhaft vor.

Auch Radiolarien waren als Gesteinsbildner (Radiolarite, Hornsteine) in der Tiefseefauna der Tethys des Alpenraumes und den Geosynklinalräumen von Bedeutung. Es herrschten die mützenförmigen Nasselarien vor, die kugeligen Spumellarien traten zurück.

Die Schwämme erlebten im Jura, speziell im Malm, eine zweite rasche Entfaltung, deren Höhepunkt in der nachfolgenden Kreidezeit lag. Die Kieselschwämme (Silicispongiae), vor allem die häufigen Lithistiden mit knorrig verzweigten Skelettelementen, z. B. *Cylindrophyma* (Bild 4.196), bauten im Malm Süddeutschlands (Massen- oder Schwammkalke) mächtige „Schwammstotzen“, rasen- bis polsterförmige Riffe, auf und entwikkelten hier einen großen Formenreichtum. Kalkschwämme (Calcispongia),

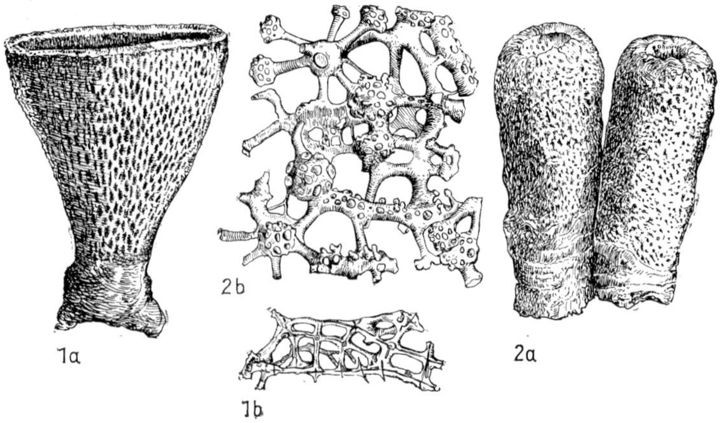

Bild 4.196. Hexactinelliden oder Glasschwämme des Oberen Jura (Malm) (nach v. Zittel)
1 *Tremadictyon reticulatum*
a) mit verdickter Basis und in alternierenden Reihen angeordneten Kanalostien; Höhe etwa 13 cm; b) Teil des Skeletts (30×); aus dem Malm von Streitberg/Franken/BRD;
2 *Cylindrophyma milleporata* aus dem Malm von Hochsträß/Franken/BRD
a) zwei Exemplare in Seitenansicht, b) Teil des Skelettes (12×)

sog. Köcherschwämme, die zwar daneben noch vorkommen, waren in geringerer Anzahl vorhanden.
Bei den Korallen herrschten nach wie vor die Scleractinia (Hexacorallia) vor. Sie waren in ihrer morphologischen Entwicklung durch Auflockerung des inneren Gefüges besser an das Riffleben angepaßt. Massenhaft erschienen sie in den Korallenbänken, z.B. im Korallenoolith des Oxford in NW-Deutschland und im Oberrheingebiet/BRD, und in den Korallenriffen während des Malms im Tethysbereich, z.B. in den Ostalpen, im Küsten- und Strandsaum am Nordrand des Tithonmeeres.
Die Medusen-Fauna wird durch die besonders gut erhaltenen Reste (Abdrücke aus den Solnhofener Plattenkalken (Malm ζ) belegt. Die schönsten und vorzüglich erhaltenen Funde schirmförmiger Quallen, z.B. *Rhizostomites admirandus* mit 0,5 m Durchmesser, stammen gehäuft aus der Fränkischen Alb, von Pfalzpaint sowie von Solnhofen und Eichstätt/BRD. Innerhalb dieser lagunären Bereiche des Jurameeres herrschten besonders günstige Erhaltungsbedingungen (vgl. Bild 4.230, S. 279).
Die Brachiopoden verarmen im Jura hinsichtlich ihrer Gattungen, wenngleich die Individuenzahl gelegentlich sehr groß ist. Insgesamt sind Veränderungen bei ihnen gering. Die altertümlichen Strophomenida und die

helicopecmaten Spiriferida *(Spiriferina)* starben im Mittellias nach drastischer Verringerung der Anzahl ihrer Texa am Beginn des Mesozoikums (Trias) nunmehr völlig aus. Dieser Rückgang wurde ausgeglichen durch eine Formenfülle bei den Rhynchonellida, z. B. *Rhynchonella.* Viele dicht oder spärlich berippte Arten werden infolge großer Häufigkeit mitunter lokal leitend, z. B. in den Südalpen, den Grestener Schichten (Lias) der Nordalpen und dem Lias Englands. Eine zweite Gruppe waren die zum Teil bedeutsamen Terebratulida, z. B. *Cincta, Goniothyris, Antinomia* (Syn. *Pygope*), *Terebratula, Ornithella* (Syn. *Zeilleria*), *Waldheimia.* Es waren Formen mit glatten Schalen und leicht eingebuchteten Armgerüstschleifen (s. Bild 4.173, S. 211).

Einige Gattungen bzw. Arten waren namengebend für bestimmte Horizonte in der Schichtenabfolge, z. B. *Cincta numismalis* für die *Numismalis*-Mergel des Lias (Bild 7.197/2).

An der Wende Trias/Jura ist bei den Mollusken ein bedeutender entwicklungsgeschichtlicher Einschnitt zu verzeichnen, der die altmesozoische von der jungmesozoischen Fauna trennte.

Die Schnecken zeigten gegenüber der Trias nur geringe Veränderungen, sie setzten ihre Entwicklung fort.

Die mit einem Schlitzband versehenen, reich verzierten Pleurotomarien waren als langlebigste Vertreter noch vorhanden, z. B. *Pleurotomaria.* In großer Formenfülle fanden sie sich während des ganzen Juras. Daneben traten die kegelförmigen, unten abgeflachten Trochiten, z. B. *Trochus* und *Turbo* mit runden verzierten Umgängen auf. Unter den Meeresschnecken entfalteten sich vor allem die Schnecken mit siphonostomer (mit Ausguß) Mündung und herrschten nun vor.

Als Leitformen hatten die dickschaligen Nerineacea große Bedeutung. Es war eine sehr typische, zahlreich entwickelte und oft sehr häufige Formengruppe des Juras und auch der Kreide. Diese Schnecken sind schlank, turm-

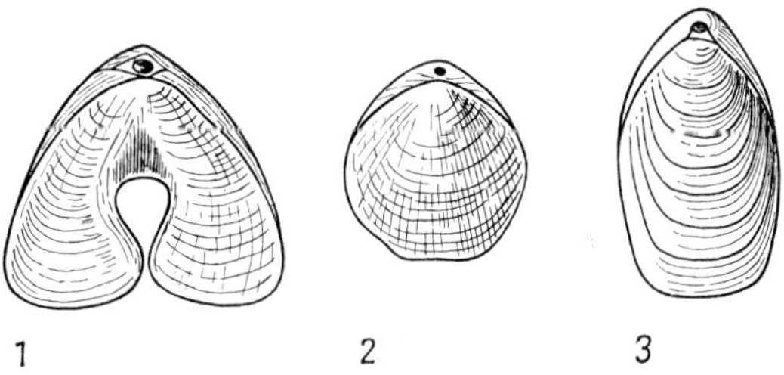

Bild 4.197. Leitformen jurassischer Brachiopoden (Terebratulida) (nach Pictet und Krömmelbein)
1 „Pygope" janitor; alpiner Oberjura, mit typischem „zentralem" Loch; *2 Cincta numismalis;* Lias γ; *3 Ornithella lagenalis;* Dogger

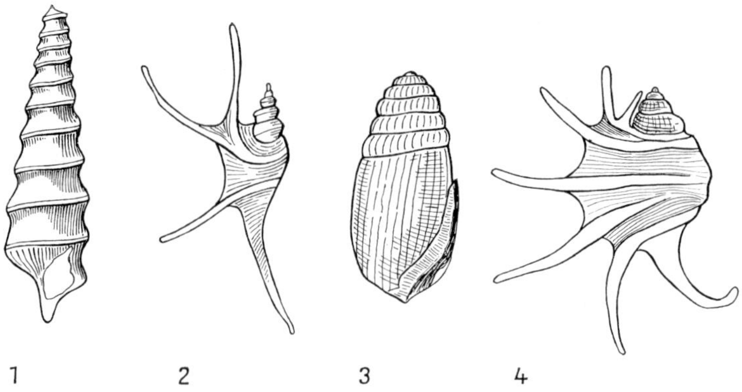

Bild 4.198. Jurassische Gastropoden
1 Nerinea eudesii; Dogger (Great Oolith); Höhe 10 cm, (nach ARKELL); *2 Drepanocheilus* (Syn. *Aporrhais*) sp.; Malm; Höhe 8 cm; *3 Itieria cabaneti;* Malm (Oxfordium); Höhe 4 bis 5 cm (nach BEURLEN); *4 Pterocera* (Syn. *Harpagodes*) *oceani*; Malm (Kimmeridge); Höhe 4 cm (nach v. ZITTEL)

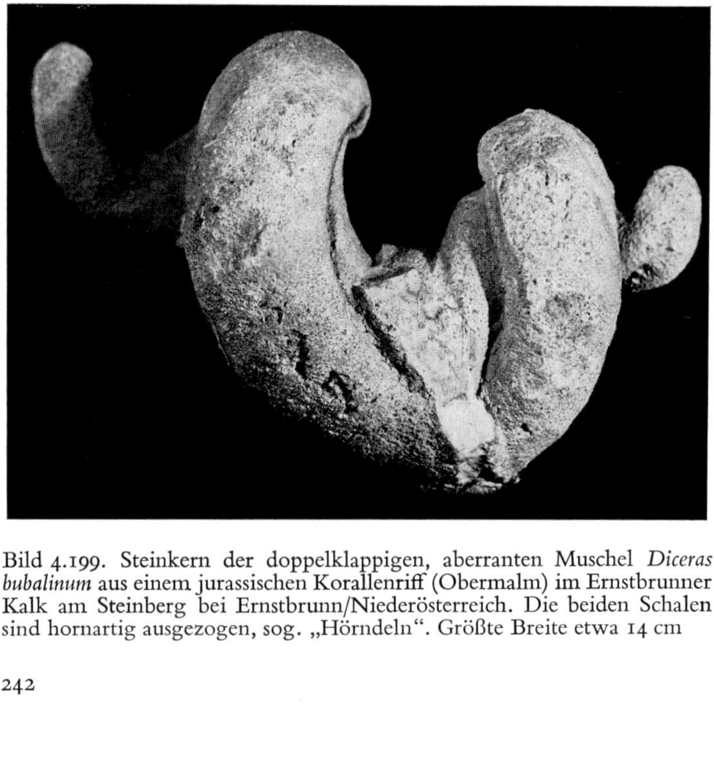

Bild 4.199. Steinkern der doppelklappigen, aberranten Muschel *Diceras bubalinum* aus einem jurassischen Korallenriff (Obermalm) im Ernstbrunner Kalk am Steinberg bei Ernstbrunn/Niederösterreich. Die beiden Schalen sind hornartig ausgezogen, sog. „Hörndeln". Größte Breite etwa 14 cm

förmig und mit zahlreichen Windungen versehen. Sie haben eine kleine Mündung mit kleinem Ausguß, sind im allgemeinen ohne Schalenskulptur, aber mit Spiralfalten im Innern der Schale. Gesteinsbildend traten sie in der Kalkfazies des Malms, den Nerineen- und *Natica*-Kalken Nordwestdeutschlands/BRD (z. B. *Nerinea tuberculosa*) und den Nerineen- und *Diceras*-Kalken der Fränkischen Alb/BRD innerhalb des Malms und Kimmeridge sowie im Großoolith (Great Oolith) im Dogger (Bathonium) Englands auf (Bilder 4.198 und 4.199). Eine weitere typische Gastropodengruppe sind ab Jura die hochspindelförmigen Aporrhaiden. Sie hatten einen röhrenförmig ausgezogenen Ausschnitt der Mündung, und die Außenlippe, z. T. mit Rippen, verbreiterte sich flügelförmig.

Diese Rippen endeten mitunter in Hohlstacheln. Der lange Ausguß ist oft gekrümmt (Bild 4.198/2). Diese Schnecken entfalteten in den Flachwassermeeren des Juras eine große Formenfülle und dienen oft als Leitformen.

Zu den formenreichsten gehörten die Pterioida. Sie sind charakterisiert durch einen stark verkrümmten vorderen Schließmuskel, der Schloßrand ist flügelförmig nach vorn verlängert, zahnlos und mit längsgestreifter Ligamentarea. Sie traten teils als Massenvorkommen in den Gesteinen auf, z. B. *Pteria*, *Meleacrinella* (Syn. *Pseudomonotis*), *Posidonia*.

Steinmannia (Syn. *Posidonia*) *bronni* (vgl. Bild 4.113) ist eine Leitform und namengebend für den mitteleuropäischen Lias ε, den Posidonienschiefer, einem in mangelhaft durchlüftetem Wasser entstandenen bituminösen, stark fossilführenden Schiefer.

Bekannt sind die bei Holzmaden-Boll/BRD prächtig erhaltenen Fossilreste von Crinoiden, Fischen und großen Meeresreptilien (vgl. S. 272, Bild 4.223 und S. 274, Bild 4.225).

In der pelagischen Tethys der Südalpen tritt *Posidonia alpina* als Leitform in den Kalken des oberen Doggers (Bathonium, Callovium) auf.

Meleacrinella substriata ist eine Muschel, die in Süddeutschland (Göppingen/BRD, besonders aber in Franken/BRD) und im nordwestdeutschen Jura, in einer charakteristischen Schillbank vorherrschte. Sie besiedelte die Kalkschlickflächen des Meeres im Lias ε.

Wichtig und charakteristisch waren ab Jura die monomyaren Muscheln mit nur einem großen subzentral gelegenen Schließmuskel.

Formenreich entfalteten sich die Pectiniden oder Kammuscheln. Sie sind dreieckig bis kreisrund mit flügelartigen Verbreiterungen beiderseits eines spitzen Wirbels. Sie waren dünnschalig und glatt. *Variamussium pumilum* (Syn. *Pecten personatus*) war eine Leitform des Dogger β, dem eisenschüssigen Personaten-Sandstein (Eisenoolith-Flöze). Bemerkenswert sind ferner die mit den heutigen Ostreen verwandten, formenreichen Gryphaeen und Exogyren. Sie lieferten zahlreiche Leitformen. Die ungleichklappige *Liogryphaea* (Bild 4.200), die sog. „Greifenmuschel", bildete vor allem im Lias

ganze Austern-Bänke, und verschiedene Arten sind leitend in den einzelnen Zonen: α – *L. arcuata*, β – *L. obliqua*, γ – *L. cymbium*, Oberlias (δ – ζ) – *L. beaumonti*, Dogger – *L. calceaola*, Malm – *L. dilatata*.
Die Gryphaeen waren offenbar Flachmeerbewohner in den epikontinentalen Gebieten und fehlten in der Tethys.

Bild 4.200. Die „Greifenmuschel", *Liogryphaea* (Syn. *Gryphaea*) *arcuata*, aus dem Lias α (Schwarzer Jura) des Schwäbischen Alb-Vorlandes/BRD bildete dichte Austernbänke. Die linke Klappe ist stark eingekrümmt, die rechte ein flacher Deckel. Ihre Dickschaligkeit deutet auf bewegtes, flaches Wasser. Höhe etwa 8 bis 10 cm

Bild 4.201. Die Hahnekamm-Auster, *Lopha* (Syn. *Alectryonia*) *marshi*, aus dem Dogger δ des württembergischen Alb-Vorlandes/BRD. Die Austern können beim Pflügen in den Bereichen des Braunen Juras auf den Äckern gesammelt werden. Breite etwa 7 bis 8 cm

Exogyra ist im Dogger und im Malm häufig und besitzt spiral nach der Seite gedrehte Wirbel in beiden Klappen sowie eine kräftige Skulptur.
Eine sehr bizarre, mit der linken Klappe festgewachsene Form bildet *Lopha* (Syn. *Alectryonia*) *marshi* mit kräftigen, ineinandergreifenden Zickzack-Falten der Schalenränder (Bild 4.201).
Eine bemerkenswerte Muschel unter den Homomyariern ist die große, reich verzierte, schizodonte *Trigonia* oder „Dreiecksmuschel" (Bild 4.202). Sie besitzt eine reiche Skulptur von Rippen und Knotenreihen sowie die vom Wirbel nach hinten ziehende Kante, die eine abweichend skulpturierte Area abtrennt.
Am ausgeprägtesten macht sich der Entwicklungsschnitt der Fauna zwischen Trias und Jura bei den Cephalopoden, insbesondere bei den Ammoniten, bemerkbar. Viele der hoch differenzierten Triasgattungen starben aus, ausgenommen die Phylloceratida, die als Stammlinie anzusprechen sind und sich bis in den Jura hinein fortsetzten. Hier bildeten sie den Ausgangspunkt für eine neue, formenreiche und wandlungsfähige Entwicklungsphase. Es begann nun die Zeit der Neoammonoidea. Sie umfassen die drei Ordnungen Phylloceratida, Lytoceratida und Ammonitida.
Die erste Ordnung ist bereits seit der Trias bekannt, die beiden folgenden seit dem Lias.
Die Stammformen der liassischen Ammonitida sind die Psiloceraten, von denen die weitere einheitliche Entwicklung der Ammonitina ausging.

Bild 4.202. *Scaphotrigonia navis,* die älteste „Dreiecksmuschel" des süddeutschen Juras aus dem Dogger α (Brauner Jura) der Schwäbischen Alb-Vorberge/BRD. Höhe 8 cm

---

Bild 4.203. Leitammoniten des Schwarzen Juras (Lias) und ihre biostratigraphische Verbreitung (unmaßstäblich). Hinter den Fossilnamen folgt eine Schichtenbezeichnung im Lias auf der Grundlage der Fossilhäufigkeit. ▲

1 Psiloceras planorbis, das „Glatthorn", (α_1); Psilonoten-Kalk; *2 Schlotheimia angulata* (α_2); Angulaten-Sandstein; *3 Arietites bucklandi* (α_3); Arieten-Ton, -Sandstein, -Kalk; *4 Promicroceras* (Syn. *Aegoceras*) *planicosta* (β_1); Planicosta-Ton; *5 Oxynoticeras oxynotum* (β_2); *6 Liparoceras* sp. (γ); *7 Amaltheus margaritatus*, das „geperlte Füllhorn" (δ_1); Amaltheen-Mergel und -Tone; *8 Amaltheus (Pleuroceras) spinatum* (δ_2); Amaltheen-Mergel und -Tone; *9 Dactylioceras (Dactylioceras) commune* (ε); *Dactylioceras*-Sandstein; *10 Harpoceras elegans* (ε); *11 Coeloceras* sp. (ε–ζ)

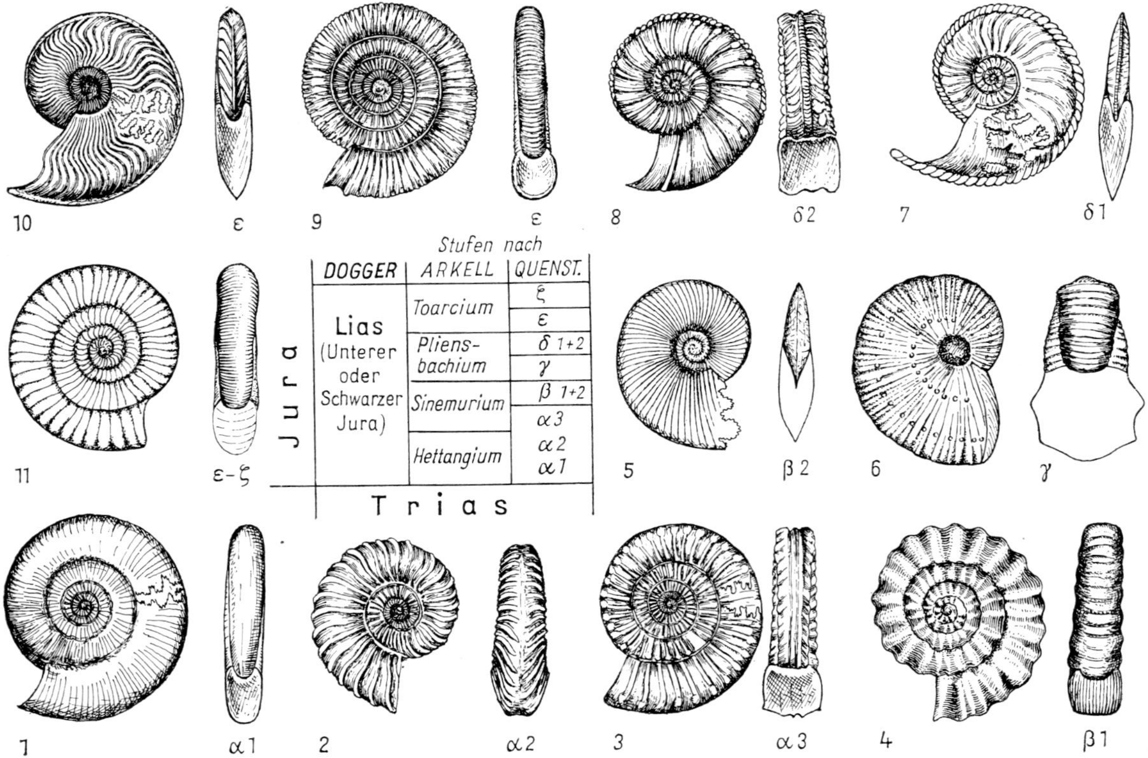

	DOGGER	Stufen nach ARKELL	QUENST.
Jura	Lias (Unterer oder Schwarzer Jura)	Toarcium	ζ
			ε
		Pliensbachium	δ 1+2
			γ
		Sinemurium	β 1+2
			α3
		Hettangium	α2
			α1
	Trias		

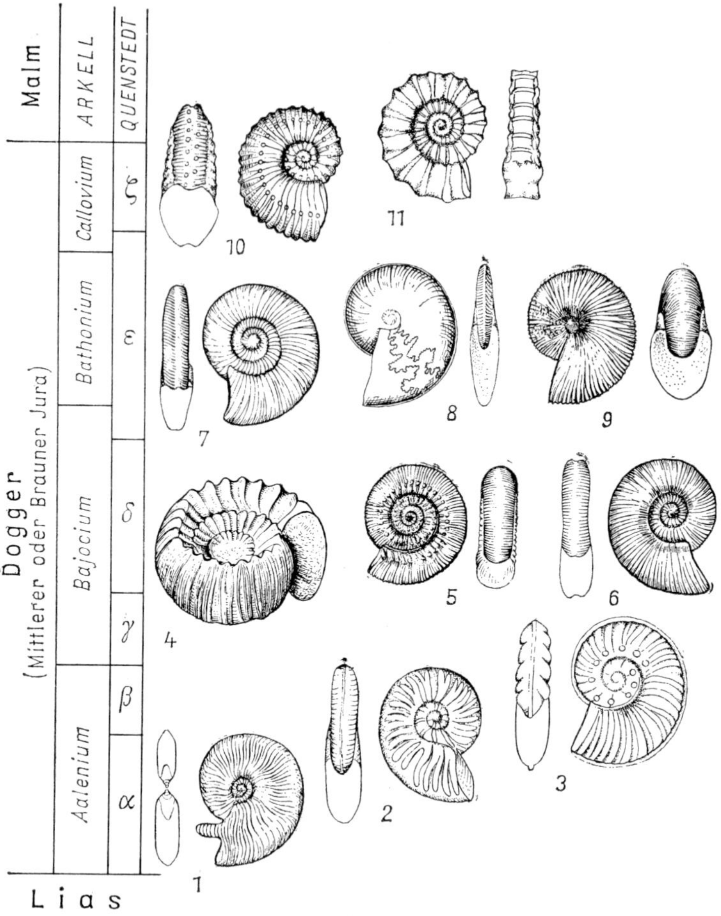

Bild 4.204. Leitammoniten des Braunen Jura (Dogger) und ihre biostratigraphische Verbreitung (unmaßstäblich). Hinter dem Fossilnamen folgt eine Schichtenbezeichnung im Dogger auf der Grundlage der Fossilhäufigkeit. *1 Leioceras opalinum* (α); Opalinustone; *2 Ludwigia (Ludwigia) murchisonae* (β); Murchisonae-Ton und -Kalk; *3 Sonninia sowerbyi* (γ); Sowerbyikalk; *4 Teloceras blagdeni* (δ); *5 Stephanoceras coronatum* (δ); Coronatenton; *6 Garantiana (Garantiana) garantiana* (δ); *7 Parkinsonia (Parkinsonia) parkinsoni* (ε); Parkinsoni-Ton; *8 Oxycerites* (Syn. *Oppelia*) *aspidoides* (ε); *9 Macrocephalites (Macrocephalites) macrocephalus*, der „Dickkopf" (ε); Macrocephalen-Oolith; *10 Kosmoceras (Kosmoceras) ornatum*, das „Schmuckhorn" (ζ); Ornaten-Ton; *11 Peltoceras (Peltoceras) athleta* (ζ + Oxford)

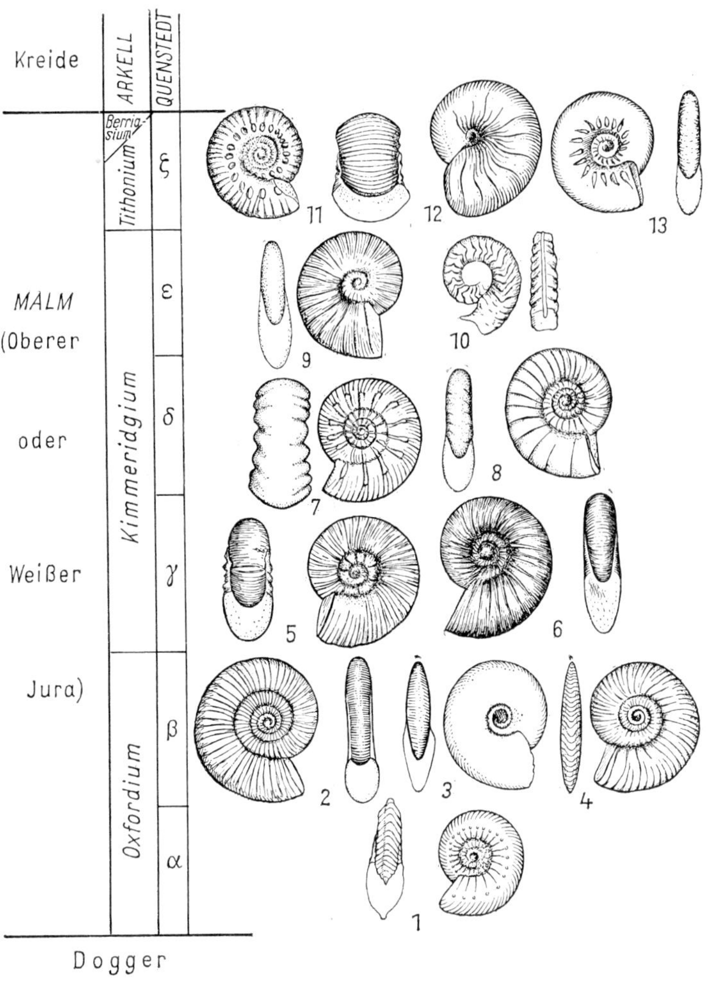

Bild 4.205. Leitammoniten des Weißen Jura (Malm) und ihre biostratigraphische Verbreitung (unmaßstäblich). Hinter den Fossilnamen folgt eine Schichtenbezeichnung im Malm auf der Grundlage der Fossilhäufigkeit.
1 Cardioceras cordatum (α); Cardioceraten-Schichten; *2 Orthosphinctes tiziani* (β); *3 Ringsteadia pseudocordata* (β); *4 Idoceras planula* (β); Idoceraten-Schichten; *5 Rasenia* (γ); *6 Ataxioceras hypselocyclum* (γ); Ataxioceraten-Schichten; *7 Aulacostephanus* (δ); Aulacostephanen-Schichten; *8 Pictonia* (δ); *9 Virgatites virgatus* (ε); *10 Sutneria subeumela* (ζ); Subeumela-Schichten; *11 Gravesia gravesiana* (ζ); Gravesien-Schichten; *12 Oppelia tenuiloba* (ζ); *13 Craspedites subditus* Tithonium (Wolga-Stufe) Russ. Tafel

Dieser neue Ammoniten-Typ wurde schon lange vor seinem Erscheinen in mehreren Entwicklungslinien angesteuert und in unterschiedlichem Ausmaß verwirklicht. Man nennt das „kaleidoskopartige Merkmalsausbildung". Der neue Typ ist definitiv schon da, zwar oft nur in wenigen und kleinen Vertretern, lange bevor die vorherrschende Gruppe ausstirbt. (Ähnliche Vorgänge sind bei den Säugetieren zu beobachten.)
Alle drei Gruppen der Kopffüßer waren im Jura noch vorhanden, jedoch erloschen zahlreiche Stammformen: Von den Nautiloideen lebte nur noch *Nautilus* mit glatten, rundlichen, involuten Windungen und bildete im Oberjura bis 1 m Durchmesser große Formen aus. Um so wichtiger waren nun die Ammonoideen und die Coleoideen (Belemniten).
Die Ammoniten, die im Jura eine Blütezeit in großer Fülle erlebten, sind die wichtigsten Leitfossilien und liefern die Grundlage für die zeitliche biostratigraphische Gliederung in Zonen und Stufen (Bilder 4.203, 204, 205). Sie haben aber auch paläobiogeographische Bedeutung, da man nach ihren Artengemeinschaften im Jura gewisse tiergeographische Provinzen abgrenzen kann, z.B. die jurassischen Ammonitenfaunen der Tethys (Alpen), Süddeutschlands/BRD, Nordwesteuropas/BRD, Englands und des Himalayas (Asien). Sie bilden außerdem die Grundlage für die Erforschung von Problemen der Stammesgeschichte und anderer morphologischer und morphogenetischer sowie biologisch-paläontologischer Fragen innerhalb der Paläontologie (Tabelle 4.12, S. 252 bis 256).
Die massenhaften Anreicherungen von Ammoniten in den pelagisch-mediterranen Kalkgesteinen der Alpen ließen sie als geschätzte Dekorationsgesteine in der Bauindustrie Bedeutung erlangen. Ein Beispiel ist der „Adneter Marmor", ein dichter, roter, knolliger Ammonitenkalk des alpinen Lias von Adnet in Salzburg/Österreich. Ähnliche Gesteine sind die bunten Cephalopodenkalke des Unterlias der Nordalpen/BRD, Österreichs, z.B. Osterhorngruppe bei St. Wolfgang, Pfonsjoch am Achensee, Enzesfeld in Niederösterreich, Marmor von Bad Reichenhall/BRD. Auch im Schwäbisch-Fränkischen Jura gibt es derartige „Ammonitenkalke", z.B. der sog. „Schneckenfels" mit *Arietites* und *Ludwigia*, Nautiliden und Muscheln (Bild 4.206) im oberen Lias α und ε, eine im Albvorland weit verbreitete Ammonitenbank oder der „Altdorfer Marmor", ebenfalls eine Ammonitenbank, die bei Altdorf/Franken/BRD vorkommt und bereits durch J.W. v. Goethe beschrieben wurde.
Dunkelrote Ammonitenkalke des oberen Doggers mit reichen Ammonitenfaunen finden sich in den Klausschichten bei Hallstadt/Österreich oder in Rodaun bei Wien. Für den höheren Lias und für den Malm sind rote Knollenkalke, der sog. „Ammonitico Rosso", bezeichnend. Aus dem mittleren Malm soll der *Acanthicus*-Kalk angeführt werden, benannt nach einem ihn kennzeichnenden Ammoniten und weiteren Ammonitenfaunen

Bild 4.206. Eine im Alb-Vorland weit verbreitete Ammonitenbank mit verschiedenen Arten der Gattung *Ludwigia* aus dem Dogger β von Plettenberg bei Ballingen/Württemberg/BRD. Ausschnitt aus einem Ammoniten-Pflaster, einem sog. „Schneckenfels“ (25 × 30 cm)

(z.B. *Taramelliceras („Oppelia“) trachynotum*) aus den *Acanthicus*-Schichten von St. Agatha bei Goisern/Österreich.

Eine Besonderheit der „Nordwesteuropäischen Lias-Provinz“ aus dem Oberlias (ε, Untertoarcien) des Juras in Lehmhagen bei Grimmen/DDR und bei Dobbertin/DDR sind die sog. „Liaskugeln“ oder „Ahrensburger Liasknollen“, benannt nach ihrem Typusvorkommen in der Gegend von Ahrensburg – Sehgran in Holstein/BRD. Diese geodenartigen Knollen aus blaugrauem, gelblichbraun verwitterndem Kalkmergel, sind im Innern z.T. septarienartig zerklüftet und enthalten Ammoniten *(Eleganticeras elegantulum)* (Syn. *Harpoceras*) in Schalenerhaltung und mit Perlmutterglanz. Bei ihnen treten kleinere „mikroconche“ (männliche) und große „makroconche“ (weibliche) Exemplare auf (Bild 4.208). Es handelt sich hier um Sexualdimorphismus.

Neben den Ammonoideen zeigten im Jura die Belemnoideen (Coleoidea) bzw. Belemniten (griech. belemnon = Blitz, Geschoß, Wurfspieß, d.h. „wie ein Geschoß aussehend“; es sind die eigentlichen Rostren oder Donnerkeile) nach seltenen Vorläufern in der Trias eine reiche Entfaltung und sind wichtige Leitfossilien. Von ihnen sind meist nur die zigarrenförmigen,

Tabelle 4.12. Ammonoideen des Jura (Auswahl)

Lias (Schwarzer Jura) (Hettangium, Sinemurium, Pliensbachium, Toarcium) (Bild 4.203)

Einfachripper

α 1 („Psiloceraten-Schichten", Psiloceratentone)
Psiloceras; das „Glatthorn"
weit genabelt, ⌀ rundlich, Radialstreifen oder kurze Faltenrippen, meist glatt
Leitform: *P. planorbis* (Bild 4.203/1)

α 2 („Schlotheimien-Schichten", Angulatensandsteine)
Schlotheimia; nach dem Paläontologen E. v. Schlotheim (1764 bis 1832) (vgl. Vorsatzblatt Schlotheim
± weit genabelt, ⌀ oval und hoch, Externseite gerundet, Rippen auf der Außenseite eine Furche freilassend (Außenfurche), gegenständig
Leitform: *Schl. angulata* (Bild 4.203/2)

α 3 („Arieten-Schichten", „Gryphaeenkalke" bzw. „-sandsteine")
Arietites (Syn. „*Ammonites*"); nach aries-Widder, dem Jupiter Ammon heiliges Tier: „Ammonshorn"
⌀ quadratisch bis oval, Umgänge wenig umfassend, Rippen auf den Flanken gerade, Kiel („gekielte Psiloceraten") umgrenzt durch Furchen
Leitform: *A. bucklandi* (Bild 4.203/3, Farbtaf. XVIII, Bild 20); ferner: *A. geometricum*, *Vermiceras spiratissimum*

Ringripper (einfache Rippen)

β 1 („Oxynoticeraten-Schichten")
Promicroceras (Syn. *Aegoceras*), der „Siegelring"-*Aegoceras serpenticon*, Außenseite umspannende und auf ihr verbreiterte Rippen
Leitform: *P. planicosta* (Bild 4.203/4), *Asteroceras obtusum*, *A. turneri*

β 2 *Oxynoticeras*
glatt bis feine an der Naht gegabelte Rippchen, flach scheibenförmig, engnabelig, zugespitzte Externseite mit scharfem Hohlkiel; schwache bis fehlende Skulptur, Lobenlinie wenig zerschlitzt
Leitform: O. *oxynotum* (Bild 4.203/5); ferner: *Echioceras raricostatoides*, *Bifericeras curvicosta*, *Crucilobiceras subplanicosta*

γ („Uptonien-Schichten")
Liparoceras (Bild 4.203/6)
rasch zunehmende Windungshöhe, Nabel eng, ⌀ subquadratisch, Randknoten an der Außenseite, 2–4 Rippen verlaufen über die breite gerundete Außenseite, kein Kiel
Leitform: *Uptonia jamesoni*, ferner: *Phricodoceras taylori*, *Tragophylloceras ibex*, *Prodactylioceras davoei*, *Hastites clavatus*

	Einfachripper mit Zopfkiel
δ	(„Amaltheen-Schichten") *Amaltheus margaritatus* (Bild 4.203/7); das „geperlte Füllhorn"; (benannt nach der Ziege Amaltheia, sie säugte den Zeus auf Kreta) oxycon (hochmündig) bzw. quadratisch, einfache, etwas geschwungene Rippen (Sigmoidalrippen), Innenrippen mit Tuberkeln besetzt; Zopfkiel abgesetzt und dicht gekerbt; schmales, spitzbogenförmiges Gehäuse. Leitform für δ 1 *A. (Pleuroceras) spinatum* (Bild 4.203/8) planulate Form mit fast quadratischem Windungsquerschnitt, kräftige Einfachrippen, an der Externseite in Knoten endend. Leitform für δ 2 bemerkenswerte Gattungsarmut; noch *Liparoceras* und *Androgynoceras*
	Sichelripper i.w.S.
ε 1	(„*Dactylioceras*-Schichten", Posidonienschiefer) *Harpoceras* (Bild 4.203/10) hochmündig, stark abgeplattet, Hohlkiel, ohne Furche; Berippung fein engständig, S-förmig geschwungen, stark verfaltete Lobenlinie Leitform: *H. (Tiltoniceras) acutum, H. (H.) falcifer* *Dactylioceras* serpenticon, Einfach- oder Gabelrippen, ∅ kreisförmig, einfache Mündung Leitform: *D. (D.) commune* (Bild 4.203/9); ferner: *D. tenuicostatum* *Hildoceras* evolut, planulat, weiter Nabel, ∅ quadratisch, Externkiel (Vollkiel), mit Spiralfurche, Rippen stark geschwungen; äußerer stark beripppter, innerer glatter Windungsbereich; Wohnkammer $^3/_4$ der letzten Windung einnehmend Leitform: *H. (H.) bifrons, H. (H.) falcifer;* ferner: *Phylloceras heterophyllum*, Hervortreten der Lytoceraten
ζ	(„Grammoceraten- Schichten") *Grammoceras* planulat, weit genabelt mit Vollkiel; dicht stehende, feine einfache, nur wenig S-formige, kraftige Rippen Leitform: *G. (G.) striatulum*, ferner: *Lytoceras jurense, Pleydellia aalensis, Dumortieria levesquei*
Dogger (Brauner Jura) (Aalenium, Bajocium, Bathonium, Callovium) (Bild 4.204)	
α	(„Leioceraten-Schichten", Opalinustone) *Leioceras* involut, enggenabelt, hochmündig, scheibenförmig; gegabelte, außen in Sichelstreifen übergehende Rippen; weniger deutlicher Vollkiel Leitform: *L. opalinum* (Bild 4.204/1), *Lytoceras* sp.

β	(„Ludwigien-Schichten“, Sandflaserschichten) *Ludwigia* (Bild 4.206) scheibenförmig, mäßig weit genabelt, Externseite gerundet, Kiel; relativ dick; am Nabel Knoten, von denen gegabelte Sichelrippen ausgehen Leitform: *L. (L.) murchisonae* (Bild 4.204/2); ferner: *Tmetoceras scissum, Leioceras comptum, Staufenia* sp. sp.
 γ	Gabelripper („Sonninien-Schichten“) *Sonninia* planulat, ocycon, Hohlkiel, mäßig weit genabelt; geschwungene Gabelrippen mit Lateralknoten und -dornen Leitform: *S. sowerbyi* (Bild 4.204/3); ferner: *Otoites (O.) sauzei* u.a.
δ	(„Stephanoceraten-Parkinsonien-Schichten“) *Stephanoceras* (Bild 4.204/5) planulat, niedrige Windungen, offener tiefer Nabel, Gablungspunkt der Rippen mit schwachen Knoten; leicht kontrahierte Mündung, starke Verfaltung der Lobenlinie Leitform: *St. (St.) humphriesianum* (Farbtaf. XVII, Bild 19) *St. subfurcatum* *Garantiana* Unterbrechung der Rippen durch Außenfurche, abgeflachte Flanken ohne Knoten. *G. (G.) garantiana* (Bild 4.204/6) *Spiroceras*, die „Schnörkelhörner“ criocon, immer offene Umgänge (uhrfederartig); *Sp. bifurcatum* *Parkinsonia* weit genabelt, einfach gegabelte Rippen, beiderseitig alternierend, auf der Externseite unterbrochen durch glattes Band oder Grube; seitlich abgeflacht, scheibenförmig; Öhrchen fehlt Leitform: *P. (P.) parkinsoni* (Bild 4.204/7), *P. wuerttembergica*
ε	(„Oxyceriten-Schichten“) „*Oppelia*“ = *Oxycerites* involut, seitlich abgeflacht, schwach gekielt; S-förmig geschwungene Rippen, extern sekundäre, dicht stehende Rippen eingeschaltet. *Oxycerites (O.) aspidoides* (Bild 4.204/8) *Procerites* einfacher Mundsaum, großwüchsig *Zigzagiceras (Zigzagiceras) zigzag*
ζ	(„Kosmoceraten-Schichten“) *Kosmoceras*, das „Schmuckhorn“ scheibenförmiges Gehäuse, mäßig weit genabelt, Rippen zahlreich und dicht angeordnet, zwei- oder mehrfach gegabelt, glatte Externfurche, neben dem Nabel an den Gablungsstellen Knoten- oder Stachelreihen Leitform: *K. (K.) ornatum* (Bild 4.204/10), *K. (Gulielmites) jason* *Macrocephalites*, der „Dickkopf“ aufgebläht, hochmündig, eng und tief genabelt, involut. Oberfläche

	mit scharfen, zweifach an der Naht gegabelten Rippen, ohne Unterbrechung über gleichmäßig gerundete Externseite verlaufend Leitform: *M. (M.) macrocephalus* (Bild 4.204/9) *Kepplerites* abgeplattete Außenseite, sonst ähnlich *Macrocephalites.* *K. (K.) keppleri* *Peltoceras* weitgenabeltes Gehäuse; berippte Innenwindungen, Außenwindungen mit zwei Knotenreihen und kräftigen umlaufenden Rippen, breite Externseite, niemals gekielt; ∅ quadratisch Leitform: *P. (P.) athleta* (Bild 4.204/11) *Quenstedtoceras* mäßig involut, stark berippt mit zweispaltigen Sichelrippen; Externseite gerundet bis kielförmig zugeschärft Leitform: *Q. lamberti*
Malm (Weißer Jura) (Oxfordium, Kimeridgium)	
α	(„Cardioceraten-Schichten") *Cardioceras* mäßig weit genabelt, grob geschwungene Gabelrippen, kräftig gekielte Externseite Leitform: *C. (C.) cordatum* (Bild 4.205/1); ferner: *Rursiceras transversarium* u.a.
β	Spaltripper („Idoceraten-Schichten") *Perisphinctes*, der „ringsum Eingeschnürte" (Bild 4.205/2) weit genabelt, ∅ quadratisch, innere Windungen kräftige, engständige Rippen, Einschnürungen fehlen oder nur periodisch Leitform: *P. (P.) plicatilis* *Ringsteadia* Innenwindungen perisphinctisch mit tiefen Einschnürungen, evolut hochmündig, glatte Wohnkammer Leitform: *R. pseudocordata* (Bild 4.205/3) ferner: *Epipeltoceras bimammatum, Idoceras planula* (Bild 4.205/4) und viele weitere Spezies
γ	(„Ataxioceraten-Schichten"); Ammoniten beherrschen das Faunenbild *Rasenia* (Bild 4.205/5) Bündelrippen, Spaltpunkte am Nabel, scharf und kräftig berippt, Externseite überziehend, niedrigmündig *R. mutabilis, Sutneria platynota, Ataxioceras hypselocyclum* (Bild 4.205/6) *Katroliceras divisum, Streblites tenuilobatus*
δ	(„Aulacostephanen-Schichten", Felsenkalke) *Aulacostephanus* (Bild 4.205/7) hochmündig, nahtgabelig, 4–6 Gabeläste mit Knoten, Externseite mit glattem Band (Furche) Leitform: *A. (A.) pseudomutabilis, A. eudoxus, Streblites, Aspidoceras acanthicum* (Bild 4.207) u.a.

Tabelle 4.12. (Fortsetzung 4)

ε	(„Hibonoticeraten-Schichten") *Hybonoticeras beckeri* und *H. knopi* ferner: *Sutneria pedinopleura, S. subeumela* (Bild 4.205/10) *Virgataxioceras setatum*
ζ	(„Gravesien-Schichten") *Gravesia* ohne Medianfurche, coronat, weit genabelt, nahtständige Knoten mit 2–3 davon ausgehenden Rippen, ohne Unterbrechung über Externseite verlaufend Leitform: *G. gravesiana* (Bild 4.205/11); ferner: *Oppelia lithographica* (Bild 4.205/12) *Glochiceras (G.) politulum, G. (Paralingulaticeras) lithographicum*

Bild 4.207. *Aspidoceras* mit Aptychen aus dem Malm γ und δ (Weißer Jura) von Onstmettingen/Schwäbische Alb/BRD. Der zweiteilige Deckel der Mündung des Ammoniten liegt ausnahmsweise noch genau ins Lumen des Gehäuses eingepaßt. Er schützte den in die Wohnkammer zurückgezogenen Weichkörper des Tieres. Beim Schwimmen, wenn sich das Tier etwas aus der Mündung herausschob, legte er sich auf dessen Rücken nach vorn. Die Aptychen finden sich meist nur isoliert, weil sie nach dem Tode des Ammoniten durch die Verwesungsgase aus dem Gehäuse gepreßt wurden. Höhe 18 cm

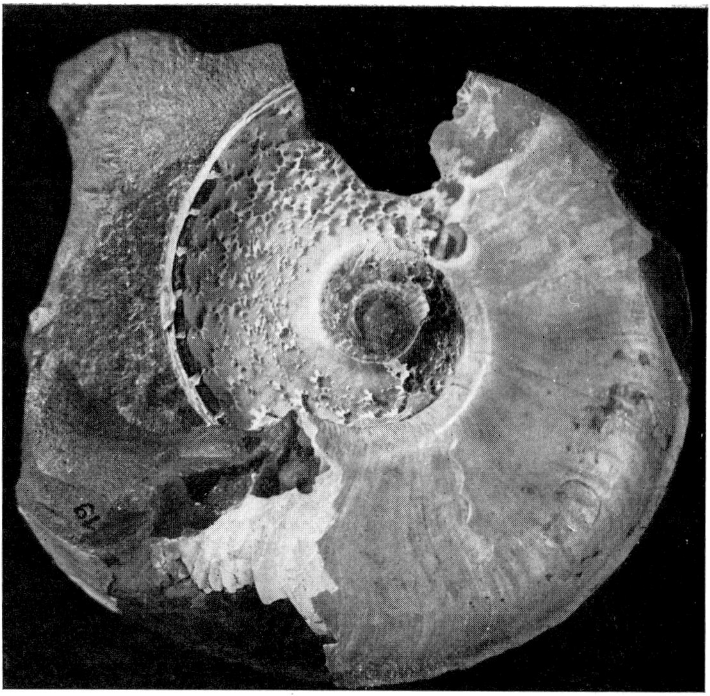

Bild 4.208. Lateralansicht eines makroconchen Exemplars von *Eleganticeras elegantulum* aus einer „Ahrensburger Liasknolle" des Unter-Toarcium (Lias ε) der Tongrube von Kleinlehmhagen bei Grimmen/DDR. An dem Ammoniten ist auf der linken Seite ein Stück des Siphos erhalten, daneben zum Nabel hin sieht man die stark zerschlitzten ammonitischen Lobenlinien. Der rechte Teil der Windung weist die ursprüngliche Schalenerhaltung mit Perlmutterglanz auf. Durchmesser etwa 7,5 cm

massigen, bituminös-kalkigen Rostren fossil erhalten (Bild 4.209). Das vollständige Innenskelett sowie Weichteile sind nur selten zu finden, z.B. im Lias ε von Holzmaden /BRD (Farbtaf. XIII, Bild 15).
Auf den ersten Blick sehen die Belemniten recht gleichartig aus, und eine Bestimmung an Hand äußerer Merkmale ist schwierig, aber Schliffe von Rostren führen zum Ziel. Der Verlauf der Amphiteca (Lamellen) des jugendlichen Rostrums ermöglicht eine taxionomische Gliederung in 1. clavirostride, schlanke Formen, deren Vorderende keulenförmig vertieft ist, und 2. conirostride oder keil- bis tütenförmige Formen (Bild 4.210). Daneben ist die Oberfläche des Rostrums mit weiteren taxionomisch wichti-

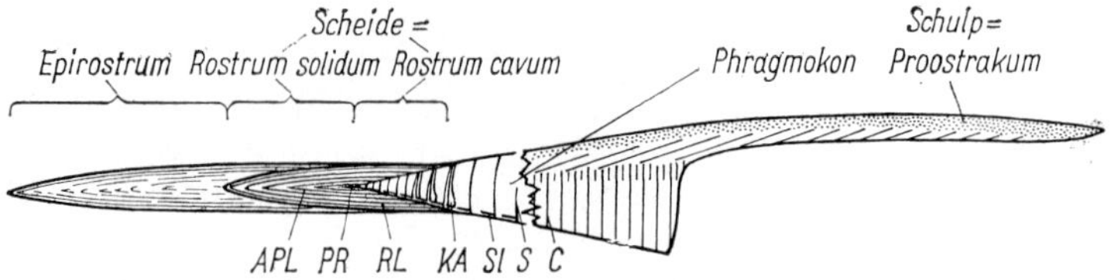

Bild 4.209. Längsschnitt durch das Gehäuse eines Belemniten mit den Skelettelementen (nach SPAETH und LEHMANN)
APL Apikallinie, PR Protoconch, RL Rostrallamellen (Amphitheka), KA Kammer, SI Sipho, S Septum, C Conothek

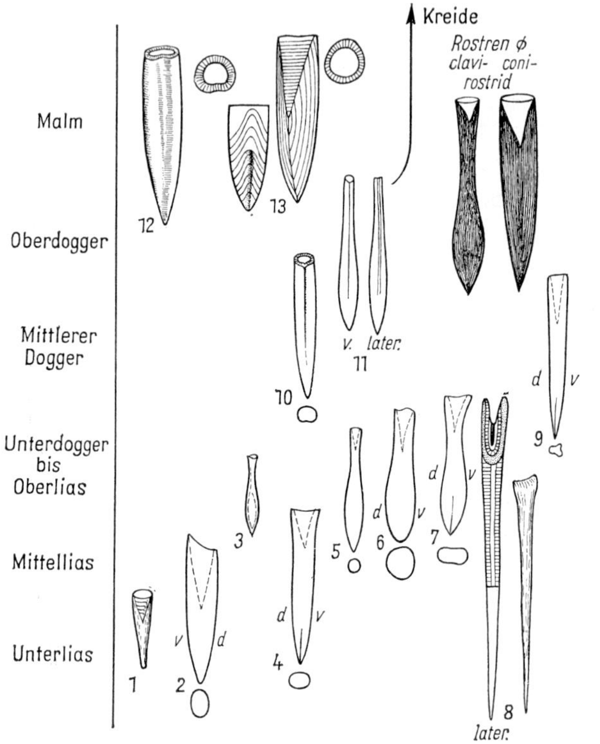

Bild 4.210. Jurassische Leit-Belemniten und ihre biostratigraphische Verbreitung (nach ABEL, BEURLEN, v. BUBNOFF) (unmaßstäblich), v ventral, d dorsal, later. lateral
1 Nannobelus sp.; *2 Coeloteuthis acutus; 3 Rhopalobelus* sp.; *4 Passaloteuthis paxillosus; 5 Hastites clavatus; 6 Rhopalobelus ventroplanus; 7 Dactyloteuthis compressus; 8 Cuspiteuthis* sp.; *9 Odontobelus pyramidalis; 10 Belemnopsis canaliculata; 11 Hibolites hastatus; 12 Cylindroteuthis absolutus; 13 Pachyteuthis panderi*

gen Merkmalen versehen: Eindrücke, Furchen, Leisten, Granulationen u.a.
Im Lias ζ der Fränkischen Alb/BRD bildeten die Belemniten mit über 50 Arten die reichste bisher bekannte Belemnitenfauna einer Jurastufe. Gelegentlich treten sie im Lias δ in dichten Packungen im Schichtenverband auf und sind durch die Strömung eingeregelt. Man spricht dann von „Belemniten-Schlachtfeldern". Im „Treuchtlinger Marmor" des Malm δ im Altmühltal/BRD fand man Belemniten mit erhaltenem Phragmokon (gekammerter Kegel) und Rostrum. Der Entdecker dieser Kammerung, der Memminger Arzt und Naturforscher B. Ehrhart, bewies 1724 damit „die Natur der Belemniten als Skelette tintenfischverwandter" Organismen und ihren Cephalopodencharakter.
Auch der Lias γ und δ (*Numismalis*-Mergel und Amaltheen-Tone) der Thüringer Triasmulde enthält an einigen Orten, z.B. Eisenach, Seeberge bei Gotha/DDR (Pliensbach), stellenweise sogar dicht gehäuft, Belemniten. *Coeloteuthis („Belemnites") acutus* (Bild 4.210/2), kurz, glatt, mit tiefer Alveole am stumpfen Ende, ist typisch für den tiefsten Lias. *Passaloteuthis („Belemnites") paxillosus* (Bild 4.210/4) (dick-pflockförmig) und *Hastites („Belemnites") clavatus* (Bild 4.210/5), klein keulenförmig, besitzen beide eine kurze Alveole und zwei seitliche Spitzenfurchen.
Dactyloteuthis digitalis (Bild 4.210/7), seitlich abgeplattet, mit fingerförmigem Rostrum am Ende zugespitzt (Röhnberg bei Wandersleben/DDR) und *Odontobelus pyramidalis* (Syn. *Megateuthis („Belemnites") tripartitus*) (Bild 4.210/9) sind Leitformen des oberen Lias (Toarsium) in Thüringen/DDR.
Die Belemniten erschienen am Liasbeginn mit *Nannobelus* (Bild 4.210/1), *Belemnites („Passaloteuthis")* (Bild 4.210/4) und *Megateuthis* (Bild 4.210/9); sie besitzen kleine Rostren, im Lias und im Dogger starben sie bis auf einige wieder aus. Die Doggerbelemniten waren Riesenformen mit bis 1,5 m langen Rostren, z.B. *Megateuthis giganteus. Hastites*, *Hibolites* (Bild 4.210/11), *Belemnopsis* (Bild 4.210/10) und *Acroteuthis* lösten sie ab und reichten bis in das Kreide-System hinein.
Unter den Arthropoden entfalteten sich im Jura die Decapoden (Zehnfüßerkrebse) sehr stark. Weit verbreitet und als Leitfossilien in den marinen Ablagerungen des Oberen Doggers und den brackisch-limnischen Sedimenten des Malms waren die Ostracoden.
Es erschienen ferner mehrere neue Insektengruppen von modernem Gepräge. Bedeutende Fundstellen sind aus dem Unteren Lias von Schambelen/Nordschweiz, aus dem Lias ε von Dobbertin/DDR, dem Unterjura der Kioto-Schichten Vorderindiens, dem Malm ζ Sibiriens/UdSSR und Solnhofens-Eichstätt/BRD bekannt geworden.
Bei den Echinodermen vollzog sich während des Juras eine markante Ent-

wicklung. Stellenweise waren sie sehr häufig. Schrittweise gingen sie von den regulären, gebißtragenden, streng nach fünfstrahliger Symmetrie gebauten Regulares (Bilder 4.211 und 4.212) zu den gebißlosen Irregulares (irreguläre Seeigel) mit bilateraler Symmetrie über. Dieser Vorgang stand in Zusammenhang mit der Erschließung neuer Lebensräume, d.h., die ursprünglich an Riffe und harte, untermeerische Felsböden (Hardgrounds = Hartgründe) angepaßten regulären Seeigel wanderten in die Schlammgründe ab, denn die „irregulären" Seeigel lebten bevorzugt als Schlammbewohner und Sedimentfresser (Bilder 4.211 und Bild 4.213).
Die Crinoiden erlebten im Jura nochmals einen Aufschwung. Er führte zu den größten Körpermaßen und zu extremer Verzweigung der Brachialia (Arme). In den Bereichen geringer Tiefe und bewegten Wassers lebten die fest gebauten, stark bewurzelten Apiocriniden, z.B. *Apiocrinites*, *Milleri-*

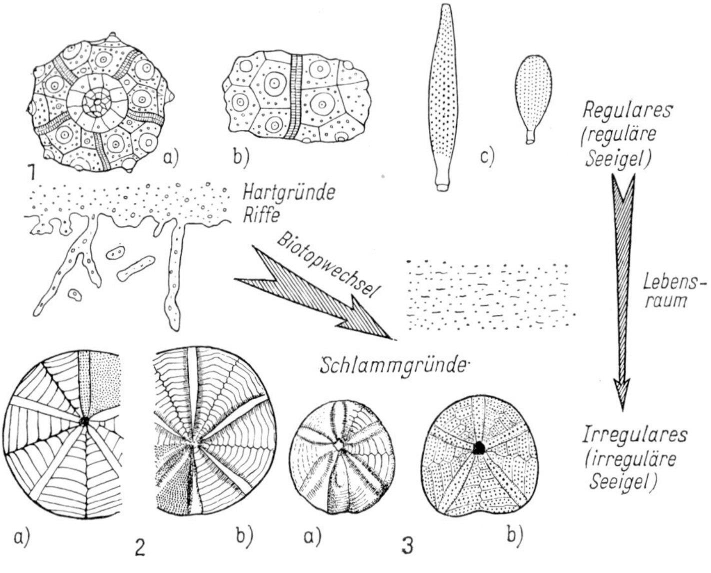

Bild 4.211. Biotopwechsel der Seeigel während des Juras aus den Hartgründen in die Schlammgründe
Reguläre Seeigel:
1 Plegiocidaris coronata (vgl. Bild 4.212) Lias, Malm
a) von oben, b) von der Seite, c) Stacheln
Irreguläre Seeigel:
2 Clypeus ploti, Dogger
a) von unten, b) von oben
3 Echinobrissus decollatus, Dogger
a) von oben, b) von unten

Bild 4.212. Kapsel (Oberseite) eines regulären Seeigels, *Plegiocidaris coronata*, aus dem oberen Malm (Weißer Jura) der Schwäbischen Alb/BRD. Auf den Warzenköpfen der Interambulakralfelder saßen zu Lebzeiten Stacheln, die das Tier schützten, aber es ihm auch ermöglichten, sich stelzend, keineswegs ungeschickt, fortzubewegen. Kapseldurchmesser 6 cm

crinus, neben kurzstieligen Riffbewohnern, z. B. *Eugeniacrinites*. Der unterliassische Hierlatzkalk, entstanden in untermeerischen Schwellenbereichen der nördlichen Ostalpen, wird z. T. durch lichten Crinoidenkalk gebildet. Prachtvoll sind die im Lias ε (Posidonienschiefer) erhaltenen zarten Pentacriniden, z. B. die kleine *Pentacrinus* (Bild 4.214) oder die Riesenform *Seirocrinus*. Sie siedelten entweder auf tonigem Grund oder bewegten sich pseudoplanktonisch an Treibholzstämmen angeheftet. *Seirocrinus subangularis* (Pliensbachium bis Toarcium) brachte die größten Seelilien hervor: Ihre Kronen erreichten fast 1 m Durchmesser, die Stiellänge betrug bis zu 15 m (griech. seira = Seil) (Bild 4.215). Ihre Ansiedlung auf Treibholz ermöglichte den Seelilien, in gut durchlüftete höhere Wasserschichten vor-

Bild 4.213. Sehr lange Stacheln von *Rhabdocidaris*, einem irregulären Seeigel aus dem oberen Malm der Schwäbischen Alb/BRD. Länge 4 bis 5 cm

zudringen, denn in dem damals mit Schwefelwasserstoff angereicherten Bodenwasser des Liasmeeres wären sie sonst zugrunde gegangen. Andererseits waren in dem schwarzen Grundschlamm des Meeresbodens beste Fossilisationsbedingungen für eine hervorragende Erhaltung der Seelilien gegeben. Die Verwesung wurde hier gehemmt, und infolge Sauerstoffmangels gab es kein Bodenleben, das eine Zerstörung hätte fördern können. Am häufigsten sind im Malm ζ, dem Solnhofener Plattenkalk, die Reste einer kleinen, ungestielten, frei im Wasser treibenden Seelilie, *Saccocoma* (Bild 4.216). Einem kleinen stiellosen Zentralkörper sitzen fünf lange, dünne, einrollbare Arme an, die sich durch Gabelung verzweigen. Diese Seelilien wurden bereits 1616 von B. Besler beschrieben und als „Spinnen“ gedeutet. Dies führte dazu, daß man Platten mit *Saccocoma* im Volksmund als „Spinnensteine“ bezeichnet. Der Lebensraum von *Saccocoma* und einer weiteren Gattung *Antedon* lag in den Zwischenriff-Bereichen des Malmmeeres.

Unter den jurassischen marinen Fischen gab es die ersten echten Knochenfische im engeren Sinne, mit vollständig verknöcherter Wirbelsäule und

verknöchertem Schädel. In der Kreidezeit bis zur Gegenwart bildeten sie das Gros der Fische.
Zusammenhängende Fischskelette sind nur aus den schwarzen Posidonienschiefern des Lias ε (Holzmaden) und den feinkörnigen, hellen lithographischen Plattenkalken (Solnhofener Schiefer) des Malm ζ bekannt. Hier blieben sie in einem offensichtlich lebensfreundlichen und besonders gut konservierenden Milieu des Meeresbodens erhalten, während sie sonst von Aasfressern vertilgt wurden oder als Leichen, im Wasser treibend, zerfielen, so daß dann nur Einzelteile (Schuppen, Zähne, Flossen, Stacheln u.a.) im Sediment zu finden sind.
Die Knochenfische (Chondrichthyes) sind durch die Selachier (Haie) mit ähnlichen Gattungen vertreten, wie sie bereits aus der Trias bekannt sind. Einzigartige Hybodontidenfunde, mit Haut und deren Oberflächenskulp-

Bild 4.214. Stielstücke und einzelne Stielglieder verschiedener Isocrinida, insbesondere *Pentacrinus* und *Seirocrinus* aus dem Lias Württembergs/BRD. Durchmesser 0,5 bis 1 cm

Bild 4.215. Zwei Kelche mit Stielen der Seelilie *Seirocrinus subangularis* aus dem Posidonienschiefer (Lias ε) von Holzmaden/BRD. Stiellänge 3,5 m, Kronendurchmesser 100 cm

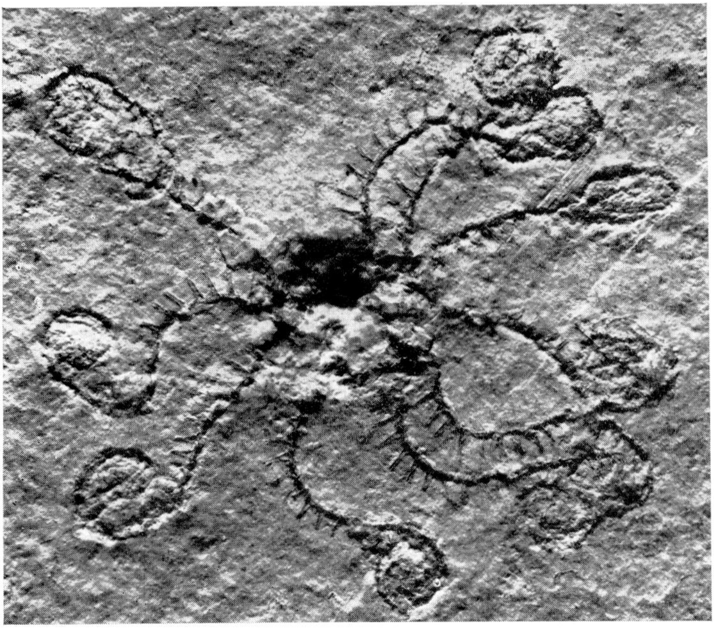

Bild 4.216. *Saccocoma pectinata*, eine frei treibende Seelilie in den Solnhofener Plattenkalken (Malm ζ) von Solnhofen/BRD. Im Volksmund werden diese Seelilien als „Spinnensteine" bezeichnet. Durchmesser 3,5 cm

turen sowie Weichteilerhaltung, sind die von *Hybodus hauffianus* (Bild 4.217), einem fast 2 m langen Hundshai. Er hat spitze Raubzähne und kräftige, gestriemte Flossenstacheln. Von *Bdellodus bollensis* wurde ein Gebiß mit einem Pflaster schmal-rhombischer Zahnplatten bekannt.

Holocephalen waren selten. *Trachymetopon liassicus* (Lias ε), ein etwa 170 cm langer Crossopterygier (Coelacanthide), ist den rezenten *Latimeria* verwandt. Die Störartigen wurden durch bis 3 m lange Riesenformen, u.a. den zahnlosen *Chondrosteus hindenburgi* mit heterozerker Schwanzflosse belegt.

Auch Ganoidfische (Glanzschuppenfische) gibt es vor allem in den Kalkschiefern des Malm ζ, Semionotidae, z.B. *Gyrodus* und *Lepidotus* mit einem Pflastergebiß (Knackzähne) zum Zerbeißen der Muscheln (Bild 4.218), und im Lias ε der sehr häufige *Dapedius* mit stumpfen Zähnen (Bild 4.219).

Die ältesten, primitiven Teleostier waren die Leptolepidae und Pholidophoridae. Zur ersten Gruppe gehört z.B. der etwa 6 cm lange, sprotten-

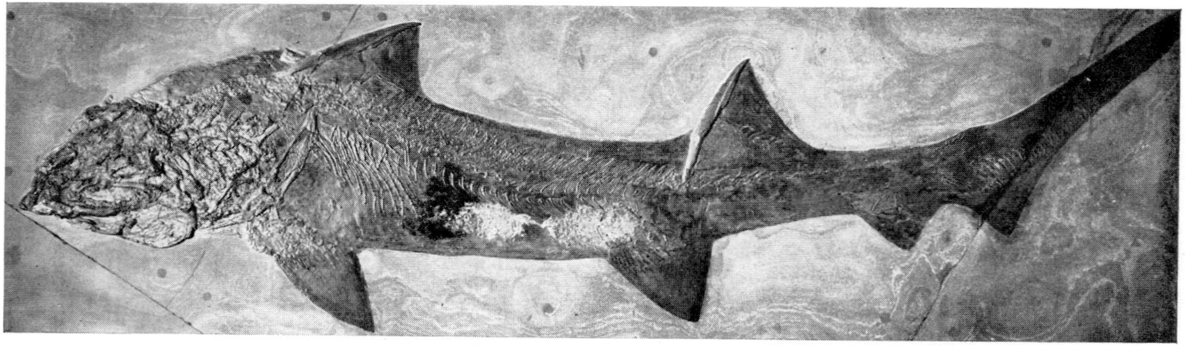

Bild 4.217. Vollständiges Skelett eines sog. „Hundshaies“, *Hybodus hauffianus*, aus dem Lias ε (Ölschiefer, Schwarzer Jura) von Holzmaden/Württemberg/BRD. Das etwa 2 m lange und etwa 65 cm breite Skelett ist das bisher am vollkommensten erhaltene Exemplar seiner Art. Nach der Form der Bauchflossen handelt es sich um ein weibliches Tier. Die gestriemten Stacheln der beiden Rückenflossen befinden sich noch in ihrer ursprünglichen Lage. Das Skelett besteht aus verkalktem Knorpel. Der Körperumriß wird durch die bituminöse Hauterhaltung und Reste der Weichteile angedeutet. Das Skelett wurde zu Ehren des berühmten Präparators und Erforschers der Holzmadener Fossilien, Dr. h.c. Bernhard Hauff (1866 bis 1950), benannt.

ähnliche *Anaethalion* (Syn. *Leptolepis*) *sprattiformis* aus dem fränkischen Malm ε und ζ und der etwa 20 cm lange *Anaethalion knorri* (Bild 4.220). Amphibien waren im Jura selten. Salientia (Froschlurche) sind aus dem Malm Spaniens bekannt.

Die Reptilien entwickelten sich im Jura zu ungeheuerer Blüte innerhalb ihrer stammesgeschichtlichen Entwicklung und erlebten einen zweiten Höhepunkt. Am Ende des Systems gingen aus ihnen die gewaltigsten Landwirbeltiere aller Zeiten, die Riesensaurier oder Dinosaurier, hervor.

Für die Einteilung der Reptilien hat das Vorhandensein oder Fehlen von Schläfenfenstern und deren Lage am Schädel große Bedeutung. Die Schläfenfenster dienen dem besseren Ansatz der Kiefermuskulatur (Bild 4.221). Der Schädel der frühen und primitiven Reptilien (Cotylosaurier = Stammreptilien) besaß zwar Augen- und Nasenöffnungen, im übrigen aber war die Schläfenregion geschlossen (anapsider Typ). Die heutigen Schildkröten gehören zu dieser Gruppe. Mit fortschreitender Entwicklung gab es ein

Bild 4.218. Gebiß mit „Knackzähnen" des Ganoidfisches (Glanzschuppenfische) *Lepidotus* aus dem oberen Malm (Brenztaloolith) von Schnaitheim bei Heidenheim/Württemberg/BRD. Zahndurchmesser 1 cm

Bild 4.219. *Dapedius* sp., ein Ganoidfisch, aus dem Unter-Toarcium des Tagebaues Kleinlehmhagen bei Grimmen/DDR. Länge 10 cm

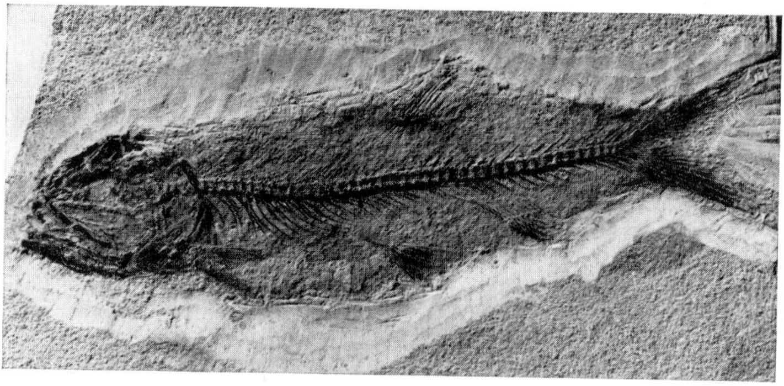

Bild 4.220. Skelett eines der ältesten Knochenfische (Teleostier), *Anaethalion knorri*, aus den Solnhofener Plattenkalken des Malm ζ von Solnhofen/BRD in der Fränkischen Alb. Länge etwa 19 bis 20 cm

(synapsider Typ) oder zwei (oberes und unteres; diapsider Typ) Schläfenfenster hinter den Augenöffnungen oder ein oberes Schläfenfenster (euryapsider Typ). Von der ersten Gruppe stammen die Säugetiere, von der zweiten die Eidechsen und Vögel ab. Die Diapsiden entwickelten sich im Mesozoikum zu besonders großer Vielfalt. Sie stellten die riesigen Dinosaurier und die Flugsaurier. Aus den Euryapsiden gingen die Ichthyosaurier, Proterosaurier und Sauropterygier hervor.

Die unterschiedlichsten Lebensbereiche in den verschiedenen Verbreitungsgebieten führten zu mannigfaltigsten Anpassungsformen und Typen bei den Riesenechsen. Mit Recht tragen sie den Namen „Schrecksaurier" oder „Schreckechsen" (Bild 4.222). Die Therapsida starben aus, nachdem

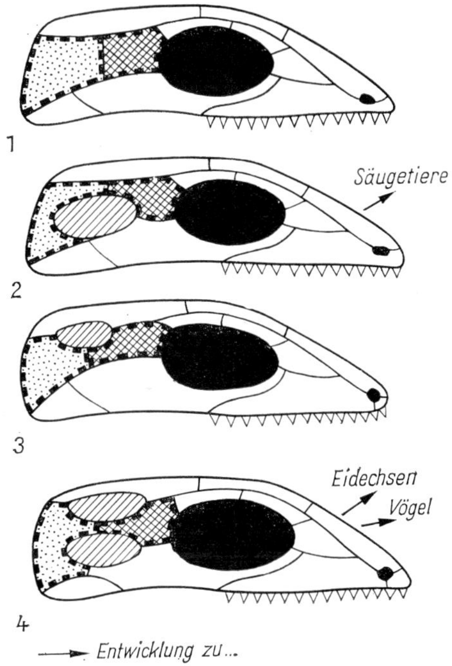

Bild 4.221. Die Typen der Reptilschädel nach der Lage der Schläfenöffnungen (verändert nach ROMER)
1 anapsid, kein Schläfenfenster; *2* synapsid, ein Schläfenfenster; *3* euryapsid, ein oberes Schläfenfenster; *4* diapsid, zwei (oberes und unteres) Schläfenfenster
Schrägschraffur: Schläfenfenster (Schläfenöffnungen), Kreuzschraffur: Postorbitale, Punktur: Schuppenbein (Squamosum), schwarz: Orbitale (Augenöffnungen)

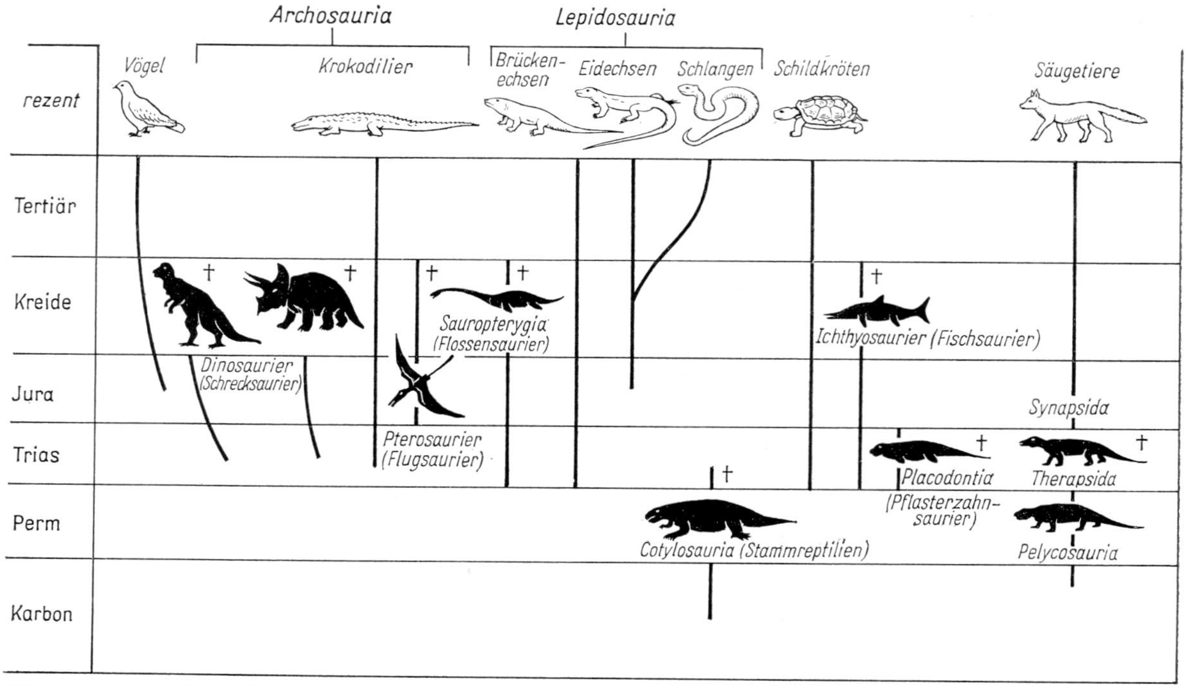

Bild 4.222. Stammbaum der Reptilien (nach KUHN-SCHNYDER); Zeit des Aussterbens: Kreuz

sich aus ihnen die Mammalia entwickelt hatten. Dafür erreichten unter den marinen Reptilien die Ichthyosaurier (Fischsaurier) infolge der Fischgestalt (Konvergenz: funktionelle Formgebung) und die Sauropterygier (Flossensaurier) infolge Rückanpassung ans Wasserleben ihre stärkste Entfaltung. Diese Fauna überrascht durch die Vielseitigkeit ihrer Anpassungen.

Die 4 bis 12 m langen Ichthyosaurier bevölkerten als ausgezeichnete Schwimmer, mit dreieckiger Rückenflosse und zweilappiger, großer, propellerartiger, heterozerker Schwanzflosse sowie zu Flossen umgebildeten und der Steuerung dienenden Extremitäten, die europäischen jurassischen Meere. Ihr Körper ist stromlinienförmig ohne Hals. *Stenopterygius* aus dem Lias ε von Holzmaden war einer der häufigsten und bekanntesten bis 3 m Länge erreichender Fischsaurier (Bild 4.223), die in vollständigen Skeletten mit Embryonen (ovovivipar: Ausbrütung im Mutterleib) und Weichteilen erhalten geblieben sind.

Sehr verbreitete jurassische Sauropterygier, die bis ans Ende der Kreide weiterlebten, waren die langhalsigen (Angelhals), bis 3 m langen, ruderfüßigen Plesiosaurier (Schwanendrache oder Schlangenhalssaurier). Funde aus dem englischen Unterlias und dem Oberlias (ε) Schwabens/BRD sowie dem Lias des Harzvorlandes bei Halberstadt/DDR sind wegen ihrer vollständigen und guten Erhaltung besonders bekannt (Bild 4.224). Gleichzeitig mit ihnen lebten Schildkröten mit rückgebildeten Panzern (Anapsida), z.B. die über 4 m lange *Archelon.*

Unter den Archosauria (mit zwei Schläfenöffnungen) traten als einzige meeresbewohnende Gruppe in den marinen Juraschichten Europas, Nordafrikas und Amerikas Krokodile auf. *Steneosaurus* (Lias ε von Holzmaden; Bild 4.225), *Teleosaurus* und *Geosaurus* (Malm ζ von Nusplingen/Württ./BRD) waren gute Schwimmer infolge großer Hinterextremitäten und einem langen Schwanz. Diese Reptilien starben jedoch am Ende der Kreide wieder aus. Die übrigen Archosaurier lebten auf dem Festland im Süßwasser und in der Luft.

Nach dem Bau des Beckens wurden bei den Dinosauriern (Riesensaurier) die beiden Ordnungen Ornithischia mit einem vogelähnlichen und Saurischia mit einem reptilartig gebauten Becken unterschieden. Beide Gruppen bilden ein treffliches Beispiel für die Anpassung von Organismen mit gemeinsamen Vorfahren an unterschiedliche Lebensformen (Bild 4.226).

Es gab gewaltige zwei- und vierfüßige pflanzenfressende Kolosse, die die zahlreichen Sümpfe und Moraste der Niederungen, aber auch die trockenen, z.T. wüstenartigen Gebiete bevölkerten, z.B. *Stegosaurus, Brachiosaurus* (Bild 4.227). Es hat Formen gegeben, die bis zu 30 m Länge und 20 m Höhe sowie über 40 bis 50 Tonnen Gewicht erreichten. Die paläontologischen Ausgrabungen unter O. FRAAS von 1907 und von 1909 bis

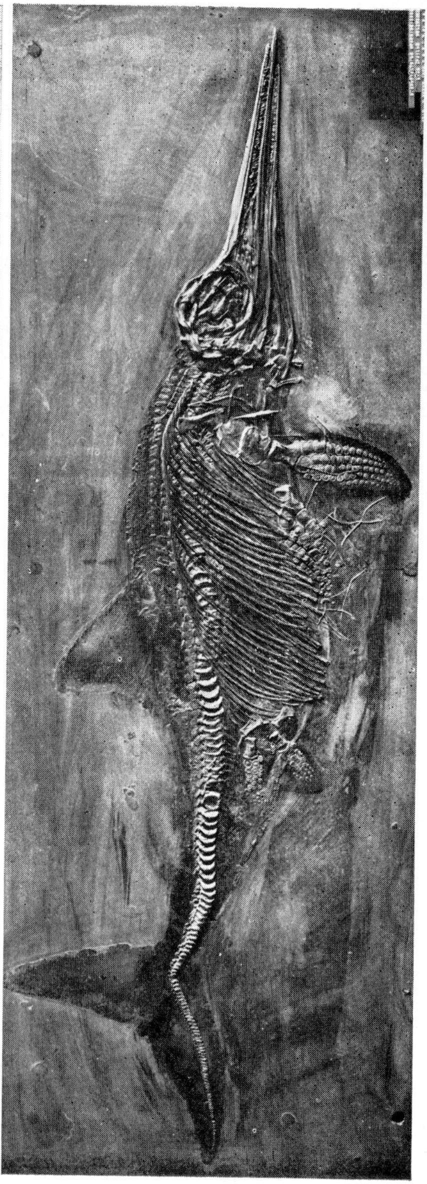

Bild 4.224. Der Schlangenhalssaurier (Plesiosaurier), *Eurycleidus* cf. *megacephalus*, aus den Tonen des Unteren Lias vom Kanonenberg bei Halberstadt/DDR. Das etwa 3 m lange Skelett wurde 1899 entdeckt, ausgegraben und im „Museum Heineanum“ in Halberstadt aufgestellt.

Bild 4.223 (S. 272). Zwei „delphin“ähnliche Ichthyosaurier („Fischsaurier“), *Stenopterygius quadriscissus*, aus dem Lias ε (Ölschiefer, Schwarzer Jura) von Holzmaden/Württemberg/BRD. Infolge Sauerstoffarmut am Meeresboden sind die häutigen Flossen erhalten geblieben. Diese Reptilien paßten sich durch stromlinienartige Fischgestalt dem Wasserleben an. Skelettlänge etwa 120 cm. Die Originalskelette befinden sich im Museum für Geologie und Paläontologie der Universität Tübingen/BRD.

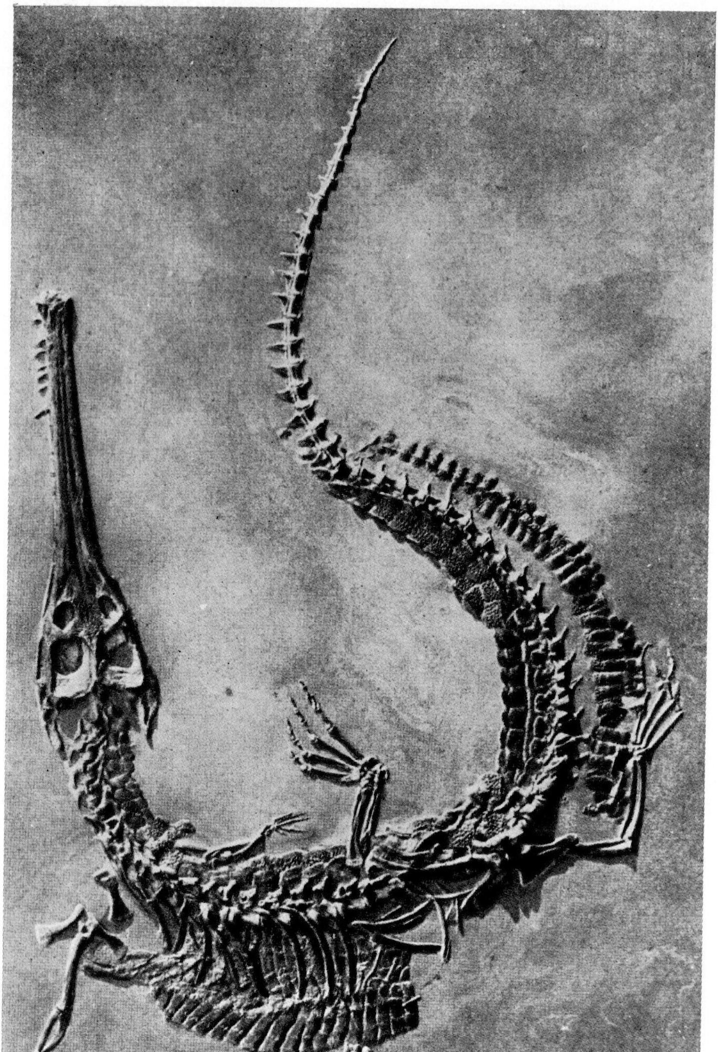

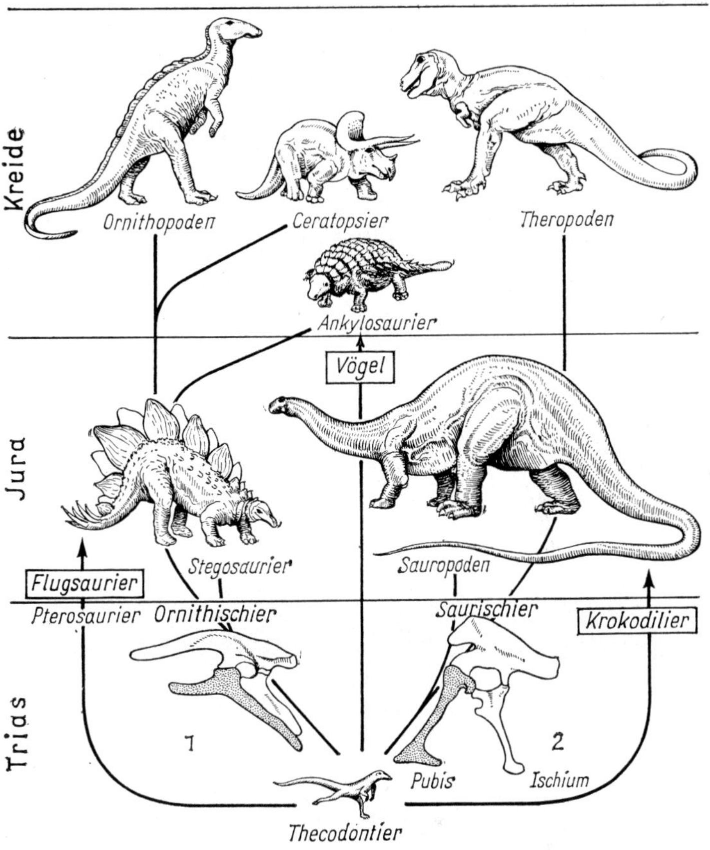

Bild 4.226. Stammbaum der Dinosaurier
(nach COLBERT und KUHN-SCHNYDER)
1 vogelähnliches Becken der Ornithischia; *2* reptilartiges Becken der Saurischia; Pubis – Schambein, Ischium – Sitzbein

◀ Bild 4.225. *Steneosaurus bollensis*, der sog. „Boller Gavial" CUVIERS, eine Krokodilart aus dem Lias ε (Ölschiefer, Schwarzer Jura) von Holzmaden/Württemberg/BRD. Das 3 m lange Skelett ist bis in alle Einzelheiten erhalten und flach gepreßt. Die Tiere lebten zeitweilig und zur Eiablage an der Küste des Vindelizischen Insellandes, das den süddeutschen Meeresarm der Jurazeit (Lias) begrenzte. Das Originalskelett befindet sich im Museum für Geologie und Paläontologie der Universität Tübingen/BRD.

Bild 4.227. Der Riesensaurier *Brachiosaurus brancai* im Museum für Naturkunde der Humboldt-Universität zu Berlin/DDR. Der etwa 23 m lange und 12 m hohe Sauropode (Saurischier) stammt aus dem Oberen Jura der Tendaguru-Hügel Tansanias.
Brachiosaurus lebte in Sümpfen und Seen. Er ernährte sich von Wasserpflanzen. Bei Gefahr ermöglichten ihm seine hochsitzenden Augen und Nasenöffnungen ein völliges Untertauchen ohne Beeinträchtigung der Atmung und des Wahrnehmungsvermögens.

1912 unter W. JANNSCH im Oberjura des Tendaguru-Plateaus im heutigen Tansania lieferten vorzügliche derartige Saurierreste, die im Museum für Naturkunde Berlin rekonstruiert sind und aufgestellt wurden. Daneben kamen auch kleine und große fleischfressende Formen vor, z. B. der langhalsige *Compsognathus* aus dem Malm der BRD oder *Megalosaurus* aus dem höheren Jura Englands.

Im Jura eroberten die Wirbeltiere (Flugsaurier oder Pterosaurier) den Luftraum. Kleine, baumbewohnende Thecodontier aus der Trias waren ihre Ahnen. Aus ihnen gingen die ursprünglichsten Flugsaurier, die langschwänzigen Rhamphorhynchoidea, hervor. Entsprechend dem Flugvermögen waren die Vorderextremitäten durch extreme Verlängerung des vierten Fingers zum Flugfinger umgestaltet, von dem aus sich die Flughaut zum Körper und den verkümmerten Hinterextremitäten spannte. Der fünfte Finger fehlte. Hohle und mit Luft gefüllte Knochen erleichterten das Körpergewicht. Die kletternd-flatternde Bewegungsweise der Ahnen der Pterosaurier ging in eine fliegende Bewegung über. Der lange Schwanz mit einem Hautlappen diente *Rhamphorhynchus* in Form eines Schwanz- oder Schleppsegels als Steuerorgan. *Rhamphorhynchus* war etwa 50 cm lang; die Spannweite seiner langen, schmalen Flügel betrug etwa 1,80 m. Der Schädel war langgezogen und hatte bezahnte Kiefer (Bild 4.228). Als Nahrung dienten ihm wahrscheinlich Fische, die er dicht über der Wasseroberfläche im Segelflug dahingleitend erjagte. Funde sind bisher aus Europa, z. B. Nusplingen und Solnhofen/BRD, sowie aus Ostafrika bekannt.

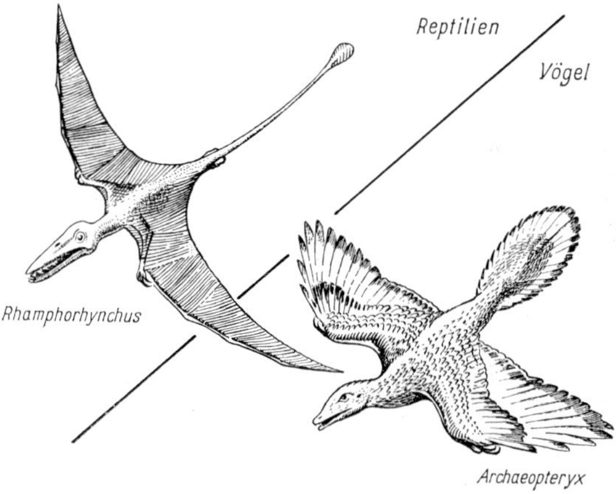

Bild 4.228. Rekonstruktion des Flugsauriers *Rhamphorhynchus* und des Urvogels *Archaeopteryx* aus dem Malm ζ von Solnhofen-Eichstätt/BRD (nach COLBERT)

Bild 4.229. *Pterodactylus kochi*, ein Flugsaurier aus dem Malm ζ von Eichstätt/ Franken/BRD. Größe etwa 13 bis 15 cm

Eine zweite Gruppe von Flugsauriern waren im Oberjura (Malm) die schwanzlosen bzw. kurzschwänzigen Pterodactyloidea. Als Hängekletterer im Geäst bewohnten sie in großen Schwärmen die Uferwälder der Lagunen des Oberjurameeres Europas, finden sich aber auch noch in Unterkreide-Ablagerungen Ostafrikas. *Pterodactylus* (Bild 4.229), der bekannteste Vertreter, besaß einen fast völlig reduzierten Schwanz, breite Flügel und einen nach vorn schmaler werdenden Kopf mit nur wenigen Zähnen. Er bewegte sich im Flatterflug und ruhte an Ästen oder auf Felsen aus, ähnlich den heutigen Fledermäusen. Die sperlings- bis habichtsgroßen, nur etwa 13 bis 15 cm langen Tiere lebten ebenfalls in Schwärmen an den Ufern und Lagunen des Jurameeres. Sie ernährten sich von Fischen und Insekten. Die lithographischen Plattenkalke des Malm ζ von Eichstätt und Solnhofen/BRD haben vollständig erhaltene Exemplare geliefert.
Den Höhepunkt in der Eroberung und Beherrschung des Luftraumes bildete im Jura das Erscheinen der ersten taubengroßen echten Vögel. Der

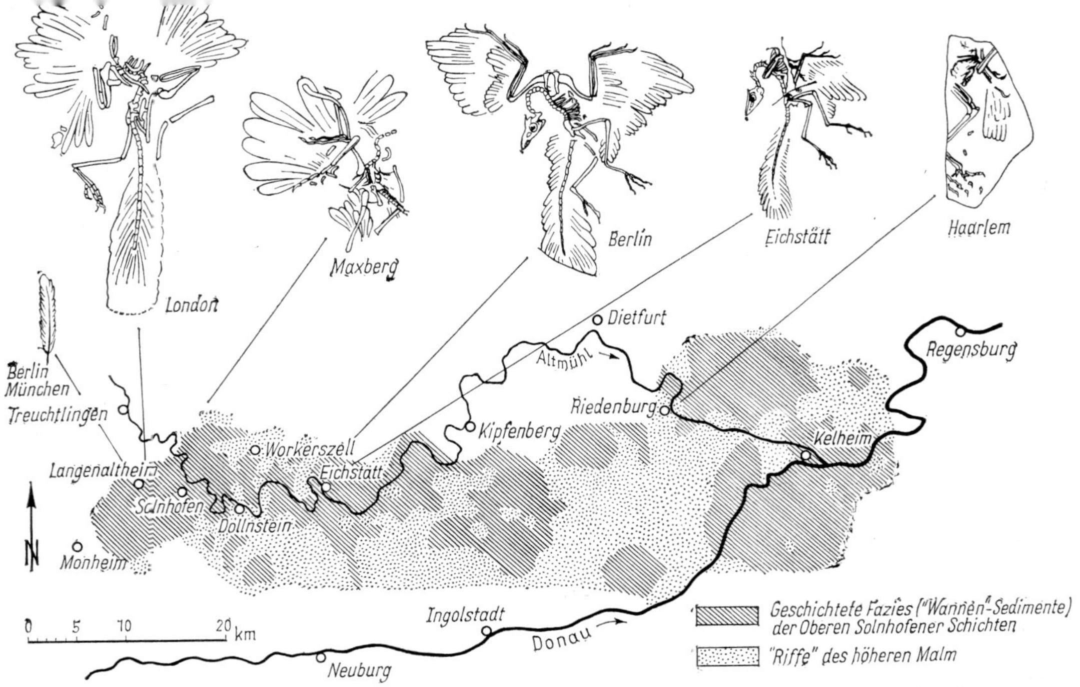

Bild 4.230. Aus dem Gebiet der Altmühl-Alb des südlichen Fränkischen Jura/BRD stammen die *Archaeopteryx*-Funde. Die Karte zeigt die Verbreitung der Oberen Solnhofener Schichten (Malm ζ 2b, Unteres Untertithon), die „Lagunenfazies“ mit geschichteten Sedimenten und die „Riffazies“, die Massenkalke, des höheren Malms (nach WELLENHOFER)

Urvogel *Archaeopteryx lithographica* aus dem Malm ζ von Solnhofen-Eichstätt/BRD repräsentiert ein Lebewesen, das in der Entwicklungsgeschichte der Tierwelt zwischen den Reptilien und echten Vögeln vermittelt (Bild 4.228). Es ist eine sog. Zwischen- oder Übergangsform zwischen Archosauriern und Vögeln. Zahlreiche seiner Körpermerkmale trugen noch Reptilcharakter, die auf eine stammesgeschichtliche Abkunft von den frühen Thecodontiern (theropode Saurischia; Coelurosaurier-Stammform)

Tabelle 4.13. Die Urvögel oder Archaeopterygiformes aus dem Malm ζ von Solnhofen-Eichstätt/BRD (vgl. Bild 4.230) und Nordamerika (Zusammengestellt nach STEPHAN 1974 und WELLENHOFER 1974)

Lfd. Nr.	Fund	Fundjahr	Bezeichnung	Heutiger Aufbewahrungsort	Fundort
1	Abdruck einer Feder	1860	München (Platte)	Bayrische Staatssammlung für Paläontologie und histor. Geologie München/BRD	Solnhofen/BRD Kohler'scher Anteil des Gemeindesteinbruches
			Berlin (Gegenplatte)	Museum für Naturkunde (Paläontologisches Museum) Berlin/DDR	
2	Vollständiges Skelett	1861	Londoner Exemplar	British Museum (Natural History) London/Großbritannien	Ottmann'scher Bruch i. d. Langenaltheimer Haardt/BRD
3	Vollständiges Skelett	1877	Berliner Exemplar	Museum für Naturkunde (Paläontologisches Museum) Berlin/DDR	Dörr'scher Steinbruch auf dem Blumenberg bei Eichstätt/BRD
4	Skelettreste m. unscharfen Federabdrücken	1956	Maxberg Exemplar	Museum Maxberg b. Solnhofen/BRD	Steinbruch Opitz auf der Langenaltheimer Haardt/BRD
5	Teilstück eines Skeletts	1855/1971	Haarlemer Exemplar	Teylor-Museum Haarlem/Niederlande	Riedenburg östl. Eichstätt/BRD
6	Vollständiges Skelett	1951/1973	Eichstätter Exemplar	Jura-Museum Willibaldsburg über Eichstätt/BRD	Steinbruch von X. Frey, Petershöhe b. Workerszell b. Eichstätt/BRD
7	Oberschenkelknochen	1978			Colorado/USA

hindeuten, von denen sich auch die Flugsaurier ableiteten. Bisher wurden sechs Exemplare von Archaeopterygiformes (Urvögel) gefunden, ein siebenter Fund, ein Oberschenkelknochen, aus Colorado/USA, ist noch nicht eindeutig identifiziert (s. Tab. 4.13; Bild 4.230). Ein weiterer zweifelhafter Fund ist eine Feder aus Spanien. Außerdem wurde bei den Ausgrabungen des Britischen Museums London am Tendaguru-Berg in Tansania zwischen 1918 und 1939 ein vermutlicher Unterschenkelknochen (Tibiotarsus) geborgen.

Die morphologischen Merkmale der Urvogelfunde ermöglichten einen genauen Einblick in ihre damalige Lebensweise. Die feinen Zähnchen deuten auf Pflanzenkost (kleinere Früchte) sowie kleinere Insekten und Würmer hin. Sie hielten sich in den Araukarien- und Zykashainen in der Nähe der Lagunen des Jurameeres auf (Bild 4.230). Wegen ihrer freien krallentragenden „Finger" an den Vordergliedmaßen waren sie gute Kletterer. Die kräftigen Hinterextremitäten befähigten sie zu raschem Laufen in freiem Gelände. Das Fliegen des Urvogels glich jedoch mehr einem Herumflattern. Sein Flug war wellenförmig und von Gleitphasen unterbrochen, im Gleitflug konnte er von Baum zu Baum schweben.

Die in der Obertrias erstmalig in Erscheinung getretenen Säugetiergruppen (s. S. 229) sind auch zu Beginn des Juras in ihren Stammlinien (Bild 4.231) durch Zahn- und Kieferfunde belegt. Es waren maus- bis rattengroße Formen, meist Dämmerungs- und Nachttiere. An die Nachweise

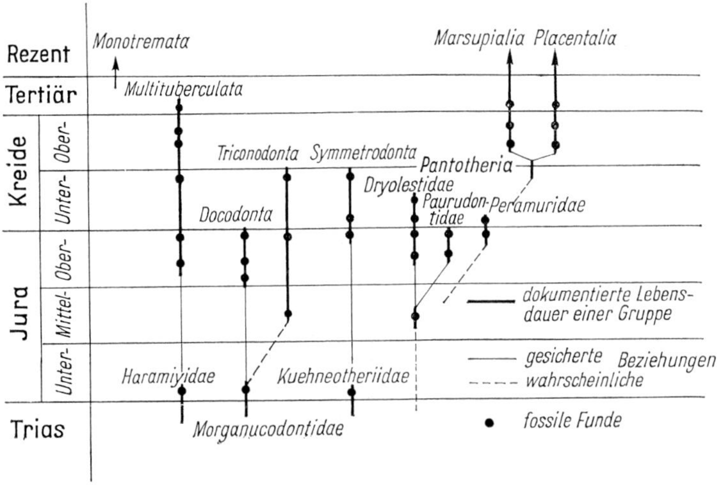

Bild 4.231. Die stammesgeschichtlichen Beziehungen der mesozoischen Säugetiere (nach Krebs)

erster Säugetiere schließt sich im Jura eine lange Zeit an, in der fast jegliche Spuren von Säugern fehlen. Erst im Dogger (Bathonium) sind Funde von Stonefield bei Oxford (Triconodonten, Pantotheren) und von Skye in Nordschottland/Hebriden/Großbritannien (Docodonten) bekannt.
Der Oberjura (Purbeck) lieferte dann formenreiche Säugetierfunde der Stammlinien, die von den therapsiden Vorfahren zu den Mammaliern führten, aus Lokalitäten in Swanage (Dorset/England) und in der Marrison-Formation bei Como Bluff/Wyoming/USA.
Die vielfältigste Gruppe der mesozoischen Säugetiere waren die Pantotheria, aus denen wahrscheinlich die höheren Säugetiere hervorgingen. Abgesehen von frühen Vertretern der Marsupialier und Placentalier sind aus dem Mesozoikum acht Gruppen ausgestorbener Säuger bekannt: Morganucodontiden, Kuehneotheriiden, Haramiyiden, Multituberculaten, Docodonten, Triconodonten, Symmetrodonten und Pantotheren. Diese Gruppen sind nicht durch Übergangsformen miteinander verbunden. Ihre Beziehungen untereinander sowie diejenigen zu den Therapsiden einerseits und zu den modernen Säugetieren andererseits ist noch sehr umstritten (Bild 4.231).

4.3.2.2. Die Juraflora

Die Pflanzenwelt des Jurs ist, wie bereits erwähnt, gegenüber der der Obertrias (Rhät) nur wenig verändert und stimmt in den wesentlichen Zügen mit dieser überein. Sie war in ihrem Pflanzenbestand auch sehr gleichförmig und bestimmte den Charakter der Flora bis in die Unterkreide. Üppige artenreiche Liasformen sind aus der Antarktis und Arktis, von Spitzbergen und Grönland, aber auch aus Süddeutschland (Franken-Bayreuth/Nürnberg/BRD) bekannt.
Es überwogen die Farne und Gymnospermen mit Gruppen wie Bennettitales, Cycadaceae, Ginkgoales und Coniferae. In Abhängigkeit von der Klimaentwicklung während des Juras und der Unterkreide unterscheiden sich zwei Etappen. Innerhalb von Unter- und Mitteljura entwickelte sich in Nordeurasien (Sibirien, Kasachstan, Spitzbergen) eine feuchtigkeitsliebende, mesophile Flora (Indoeuropäische Provinz). Vom Oberjura bis in die Unterkreide bestand dagegen ein deutlicher arider Gürtel im gesamten Südeuropa, im Kaukasus, in Kasachstan sowie in Klein-, Mittel- und Zentralasien (sibirische, mittel- und ostasiatische Provinzen).
Die marine Flora zeigte im Jura einen Rückgang der in der Trias so verbreiteten Wirtelalgen. Im Dogger mehrten sich die Rotalgen (Solenoporiden, *Solenopora* und *Pseudochaetetes*) und die Braunalgen.
Unter den Landpflanzen herrschten bei den Farnen die Leptosporangiaten vor. Höhepunkte ihrer Entwicklung waren bei den Matoniaceen und den

Dipteridaceen zu verzeichnen. Zusammen mit den Marattiaceen, Osmundaceen und Schizaeaceen stellten sie die Hauptmasse der Farne.
Zu den Matoniaceen gehört z.B. *Phlebopteris muensteri* mit einfach gefiederten Gabelästen aus der fränkischen Liasflora. Zu den Dipteridaceen ist *Dictyophyllum acutilobum* zu stellen, ebenfalls aus dem Lias Frankens/BRD.
Ein wichtiger Bestandteil und beherrschendes Element der Juraflora machten bei den Gymnospermen die Cycadophyta (*Cycas*-Gewächse) aus. Sie waren sehr formenreich vertreten durch die Nilsoniaceen *(Nilssonia)*, Caytoniaceen *(Caytonia)* und Bennettiteen, z.B. die palmenähnliche *Williamsonella* mit mehrere Meter hohen Stämmen. Die *Nilssonia*-Arten waren besonders vielgestaltig und zahlreich, allein im Mittleren Jura gab es mehr als 30 Arten. Einige Arten sind z.B. in Sibirien/UdSSR Charakterpflanzen.
Stammesgeschichtliche Bedeutung hatten die Ginkgoales. Die häufigste jurassische Gattung war *Ginkgoites*. Zusammen mit den Coniferae waren sie waldbildend und auf dem Territorium Eurasiens (außer Indien) weit verbreitet. Im Lias Frankens/BRD fanden sich *Baiera taeniata* und *Baiera muensteriana*. Die jurassischen Koniferen sind häufig durch Zapfen und Samen belegt. Eine ungewöhnlich weite Verbreitung besaß z.B. *Podozamites* während des Juras in Eurasien.
Ob im Jura schon Angiospermen vorkamen, ist noch unsicher. Manche Pflanzengruppen, wie die Caytonialen und die Bennettitalen, hatten schon „Angiospermen"-Merkmale.
Örtlich kam es im Jura in größerem Umfang zur Anhäufung von Pflanzen, so daß Kohlebildung erfolgte, z.B. in Ostasien, Korea, China und untergeordnet auch in Schonen/Schweden und Südungarn.

4.3.3. Kreide

Als jüngstes System des Mesozoikums folgen über den Ablagerungen des Juras die der Kreide. Ähnlich dem Karbon ist der Name Kreide insofern irreführend, als die namengebenden hellen, mürben, aus planktonischen Mikroorganismen aufgebauten Kalke und Kalkmergel, die sog. „Schreibkreide", nur außerhalb der Tethys, auf der Nordhalbkugel, verbreitet ist. Auch hier ist die Kreidefazies auf die stratigraphisch jüngeren Schichten beschränkt und kommt nur regional in bestimmten Gebieten, z.B. Insel Rügen/DDR, Niederlande, Südengland, Nordfrankreich, Wolgagebiet nördlich Saratow/UdSSR, vor. Ansonsten besteht in der Kreide die gleiche Mannigfaltigkeit an Gesteinen wie in den übrigen Systemen.
Bereits 1820 gliederte man in England das System in einen hangenden

„Chalk“ (Schreibkreide) und trennte davon den liegenden Grünsand und den basalen Wealden ab. In Frankreich sprach man von „Terrain crétace“. J. Thurmann bezeichnete 1832 den unteren Teil der Kreide als Neokom. Auf der Grundlage des Fossilreichtums ergab sich in den südfranzösisch-westschweizerischen Kreideablagerungen eine detaillierte Untergliederung in Stufen nach lokalen Orts- und Provinznamen. Sie wurde von 1840 bis 1870 speziell von A.d'Orbigny und anderen dort tätigen Geologen eingeführt. Die Grundlage für die deutsche Gliederung erarbeiteten u.a. H.B.Geinitz in den Jahren von 1839 bis 1842, F.A.Roemer 1841, A.E.Reuss 1845 und 1846 W.Dunker.
Das System Kreide umfaßt einen Zeitraum von etwa 75 Millionen Jahren und wird wie folgt gegliedert:

				$65 \cdot 10^6$a
Oberkreide	Maastrichtium (n. d. Stadt Maastricht/Niederlande)	Senon (n. d. gallischen Volksstamm der Senonen; vgl. heute Sens/Yonne/Zentralfrankreich	Lanceolaten-Senon	
	Campanium (n. d. Landschaft Champagne/Frankreich)		Mucronaten-Senon	
			Quadraten-Senon	
	Santonium (n. d. Landschaft Saintonge/Westfrankreich)		Granulaten-Senon	
	Coniacium (n. d. Ort Coniac/Cognac i. d. Saintonge/Westfrankreich)	Emscher (n. d. rechten Nebenfluß d. Rheins in NW-Deutschland)		
	Turonium (n. d. lt. Bezng. f. Tours bzw. Touraine/Frankreich)			
	Cenomanium (n. lt. „Cenomanum“ = Ort Le Mans/Frankreich)			

$100 \cdot 10^6 a$

Unterkreide	Albium (n. d. lt. „Alba“ = Fluß Aube/Frankreich	Gault (Gesteinsbezng. aus d. Umgebung v. Cambridge/England)
	Aptium (n. d. Ort Apt östl. von Avignon/Südfrankreich)	
	Barrêmium (n. d. Ort Barrême/Provence/Frankreich)	Neokom (n. d. lt. „Neocomium“: Neuchâtel/Schweiz)
	Hauterivium (n. d. Ort Hauterive b. Neuchâtel/Schweiz)	
	Valanginium (n. d. Ort Valangin b. Neuchâtel/Schweiz)	Wealden (n. d. Landschaft „The Weald“ in SE-England)
	(Berriasium) (n. d. Ammoniten-Gattg. *Berriasella* sp.; n. d. Ort Berre/Rhone/Frankreich)	

$140 \cdot 10^6 a$

Die Unterabteilungen und Stufen der Kreide gründen sich auf Leitfossilien. Ammoniten, Belemniten, Inoceramen und Foraminiferen sind die wichtigsten Zeitmarken. In der Oberkreide spielen daneben noch Seeigel und einige Muschelgruppen, wie die Rudisten und Coccolithophoriden, eine Rolle.

Das Ende der Kreide, die Grenze Maastricht/Danien, bedeutete biologisch gesehen das Ende des Mesozoikums. Sie stellte einen bedeutenden Faunenschnitt innerhalb der Organismenentwicklung dar. Er ist gekennzeichnet durch das Aussterben vieler Tiergruppen, wie Saurier, Ammoniten, Belemniten, Inoceramen, Rudisten, Riesen- und Flugsaurier. Diesem Ereignis ging eine Wende der bisherigen Baupläne voraus. Es entstanden die sog. aberranten Formen, meist Anzeichen einer Überspezialisierung, die zur

Lebensunfähigkeit hinführte. Die explosive Entfaltung der Säugetiere und der selektive Entwicklungsschnitt mit Beginn des Känozoikums deuteten sich am Ende der Kreide an.
Zwischen Unter- und Oberkreide lag bereits ein sehr wesentlicher Schnitt in der Florenentwicklung. Es war die Grenze zwischen Nacktsamerzeit (Mesophytikum) und Bedecktsamerzeit (Neo- oder Känophytikum), dem ersten sicheren Auftreten der Blütenpflanzen bzw. Bedecktsamer (Angiospermen). Die Pflanzenwelt eilte in ihrer Entwicklung der Tierwelt voraus, infolgedessen liegt der Florenschnitt zwischen Meso- und Känophytikum an der Grenze Unter-/Oberkreide. Hier erschienen bereits im Albium die Angiospermen, die der Pflanzenwelt modernes Gepräge verliehen.
Die marinen Lebensbereiche des Juras setzten sich in ähnlichen Umrissen bis in die Unterkreide fort. Mit Beginn des Albium setzte die große Kreidetransgression ein, die eine gleichmäßige Besiedelung mit sich brachte. Die Meeresorganismen erlebten Blütezeiten ihrer Entwicklung. Die laramischen Bewegungen der alpidischen Gebirgsbildung zogen ausholende Verschiebungen von Land und Meer nach sich, die ein Mosaik von Lebensräumen unterschiedlichster Fazies entstehen ließen (Urgon-Riff-Fazies, Schreibkreide, Pläner-Fazies).
Das Klima der Kreide war humid, wärmer als heute, zeitweise subtropisch im Bereich der Pole.

4.3.3.1. Die Fauna der Kreide

In Hinblick auf die faunistische Entwicklung ist die Kreide eine Fortsetzung des Juras, d.h., sie besitzt mesozoisches Gepräge. Ammoniten, Belemniten, Muscheln und Reptilien, die für die Kreide charakteristische Fossilien sind, standen der jurassischen Tierwelt sehr nahe. Fortschrittliche Entwicklungstendenzen zeigten bestimmte Gastropoden-Gruppen. Ein Aufblühen der Mikroorganismen, z.B. Foraminiferen, Ostracoden, oder die beginnende Entfaltung der Säugetiere, kündigte die neue Ära des Neozoikums an.
Seit der Trias hatte bei den Protozoen, insbesondere den Foraminiferen, eine intensive Vorwärtsentwicklung stattgefunden. Neue Familien und eine Vielzahl an Gattungen waren erschienen. In der Kreide wurde nun ein Höhepunkt für die Foraminiferen erreicht. Unter den Kleinforaminiferen hatten die Textulariacea (Zopfkammerlinge), die Lituolacea, die Cassidulinacea und die Robertinacea eine weite Verbreitung. Es waren überwiegend benthische, d.h. am Boden der Gewässer lebende Organismen. Einen Aufschwung erfuhren auch die Plankton-Formen, von denen die Globigerinacea (Schraubenkammerlinge) *(Globigerina, Globotruncana)* erdweit verbreitete Leitfossilien darstellten.

Bei den Großforaminiferen bzw. Riesenkammerlingen *(Orbitulina)* bahnte sich ein zweiter Entwicklungshöhepunkt an, der aber erst im Alttertiär seinen Gipfelpunkt erreichte.
Radiolarien waren ebenfalls häufig, erlangten aber nicht die Bedeutung wie im Jura.
Einen Entwicklungsgipfel erreichten in der Kreide auch die Schwämme, besonders die Silicispongiae oder Kiesel- oder Steinschwämme. Mit dem Ende der Kreide klang jedoch ihre Entfaltung aus. Sie waren wesentlich am Aufbau von Gesteinen beteiligt, wie beispielsweise in der Schreibkreide in den Feuersteinbändern und -knollen, z.B. Insel Rügen/DDR, Maastrichter Kreide/Niederlande. Hier nahm ihr Formenreichtum stark zu. Charakteristisch waren unter dem Lithistida die propellerförmige *Verruculina*, die birnenartige *Siphonia*; bei den Hexactinelliden oder Glasschwämmen der trichterförmige *Ventriculites* und der pilzförmige oder schirmförmige *Coeloptychium* (Bild 4.232).

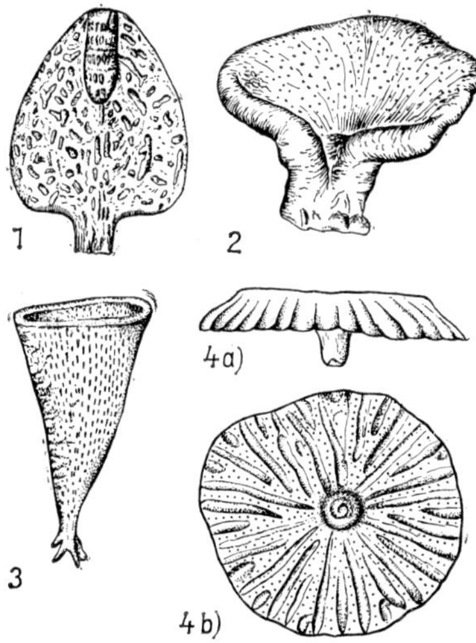

Lithistida:
1 *Siphonia tulipa*, Oberkreide; vertikaler Schnitt durch den oberen Teil mit deutlichen Kanälen; Höhe etwa 5 cm;
2 *Verruculina auriformis;* Oberkreide;
Hexactinellida:
3 *Ventriculites striatus*, Oberkreide; Exemplar mit schmaler Basis und wurzelartigen Ausläufern, Größe etwa 12 cm;
4 *Coeloptychium agaricoides*, Oberkreide, a) von der Seite, b) von unten; Schwammdurchmesser 9 cm; auf der Unterseite radiär angeordnete, sich nach außen zum Schirmrand gabelnde Falten; Kanalostien auf den Faltenrücken der Schwammunterseite

Bild 4.232. Kiesel- oder Steinschwämme (Lithistida) und Glasschwämme (Hexactinellida) aus der Oberkreide (nach A. H. Müller)

Die Formenfülle der Korallen setzte sich in der Kreide fort. Als Riffbildner hatten sie untergeordnete Bedeutung. Echte Korallen-Riffkalke, sog. weiße, spröde Trümmerkalke, traten im Tethysbereich in der Urgon-Fazies (bekannt nach der Ortschaft Orgon/Provence/Südfrankreich) der Unterkreide (Barrême bis Apt) in den südfranzösischen Alpen auf. Sie deuten auf Meeresgebiete mit geringer Wassertiefe (Seichtwassergebiete) hin. Am Aufbau dieser Kalke waren neben den Korallen auch Foraminiferen, Bryozoen, großwüchsige Schnecken und Rudisten (s. S. 292) beteiligt. Die festen Kalkschlick- und Mergelgründe wurden von Stockkorallen *(Montastraea, Thamnasteria)* (Bild 4.233), halbkugeligen Kleinkolonien und Einzelkelchen *(Aspidiscus, Cyclolites)* besiedelt.

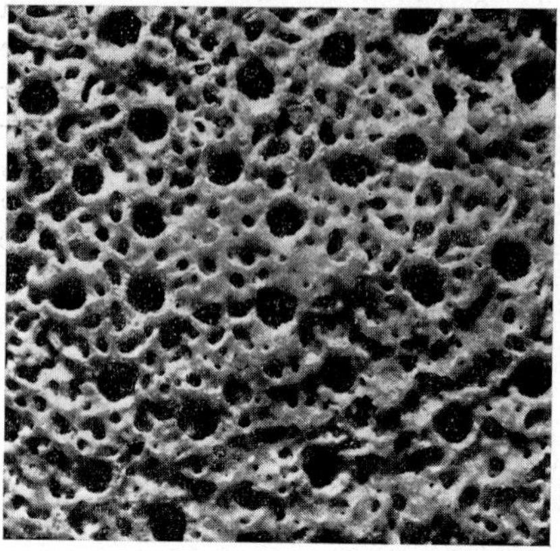

Bild 4.233
Oberfläche des verkieselten Skeletts einer Stockkoralle in kretazischem Feuerstein. Pleistozänes Geschiebe; Dornbusch bei Kloster/Hiddensee/DDR.
Breite des Ausschnittes 3,5 cm

Eine besondere Tiergruppe, die vor allem in der Oberkreide sehr häufig zu beobachten ist, sind die kleinen, koloniebildenden Bryozoen mit Tentakeln und einem sackförmigen Körper. Sie haben in den oberkretazischen Schichten bedeutenden faziellen und stratigraphischen Wert. Es sind die beiden Ordnungen der Cyclostomata, z.B. *Spiropora*, und der vielgestaltigen Cheilostomata, z.B. *Onychocella* (Bild 4.234), *Coscinopleura*. Die erste Ordnung erreichte in der Oberkreide das absolute Entwicklungsmaximum. Die Cheilostomata erschienen erstmalig in der Unterkreide, z.B. im Gault Englands. Sie entfalteten sich ab dem Cenoman derartig rasch, daß sie bereits im Campan und Maastricht die Cyclostomata an Arten- und Individuenzahl übertrafen. Ihre große horizontale Verbreitung und ihre Kurzlebigkeit ließ sie zu geeigneten Leitfossilien werden.
Die Brachiopodenfauna der Kreidezeit schließt sich eng an die des Juras an. Noch ist ihr Individuenreichtum gelegentlich groß, doch nimmt die Formenfülle ab.
Bei den schloßlosen Formen (Inarticulata) traten in den ufernahen, klastischen Ablagerungen in großer Individuenfülle Craniiden auf, mit der kalkschaligen, festgewachsenen *Isocrania.* Dieser Brachiopode wird im Volksmund auch als „Totenkopfmuschel“ oder „Totenköpfchen“ bezeichnet.

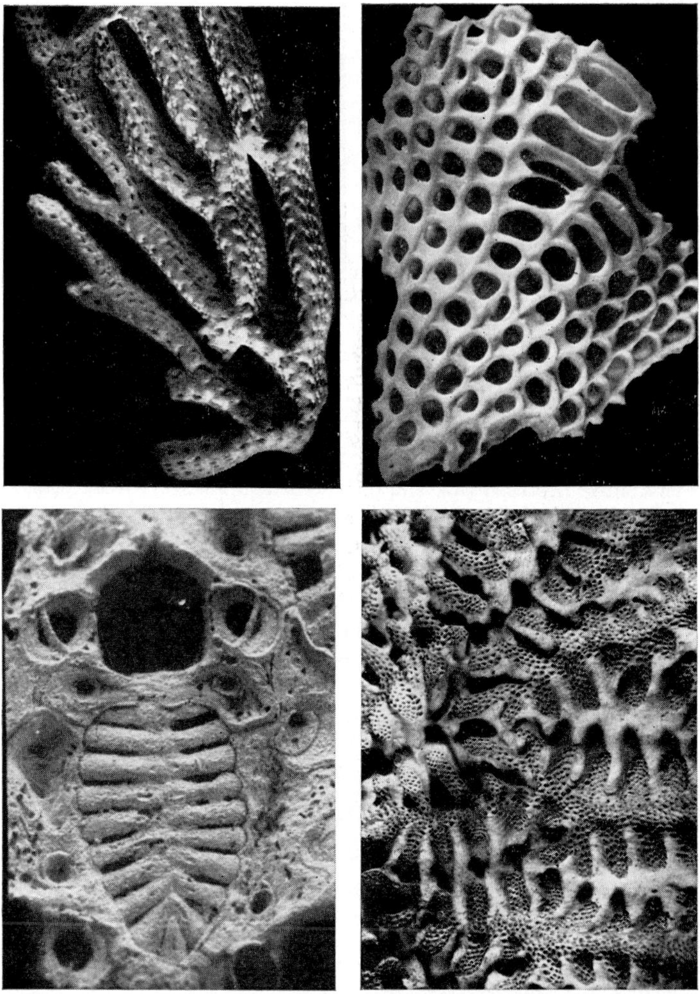

Bild 4.234. Moostierchen (Bryozoen) aus der nordeuropäischen Kreide (Maastrichter Tuffkreide, Oberes Maastrichtien). Sie gehören u.a. in der Kreidezeit zu den wichtigsten Riffbildnern des Meeres. Bild links oben: *Crisina geometrica*, Frontalseite; Vergr. etwa 11×. Bild rechts oben: *Onychocella cyclostoma*, zwei Serien anomal verbreiteter Zooecien, die vielleicht Doppelpolypide enthielten; Vergr. etwa 18× (nach Jebram und Voigt 1977). Bild links unten: *Tricephalopora* sp. (n.sp.?), Zooecium (Raster-Elektronenmikroskop-Aufnahme von R. Schallreuter); Danien-Geschiebe von Havighorst bei Hamburg/BRD; Vergr. etwa 110×. Bild rechts unten: *Lopholepis alternans;* Neercanne bei Maastricht; Vergr. etwa 6×

Bild 4.235. Das „Totenköpfchen", *Isocrania costata*, ein Brachiopode aus der Schreibkreide der Insel Rügen/Saßnitz/DDR. Links: berippte Ventralklappe von außen; rechts: von innen und gekörnelter Schalenrand. Durchmesser 8 mm

(Vier kräftige Muskelansätze und ein nasenartiger Fortsatz auf der Schaleninnenseite ergeben ein Muster, das an einen „Totenkopf" erinnert.) Bei *Isocrania* ist der Stiel zurückgebildet, und die Ventralklappe war mit der Unterlage verwachsen. Der Rand bei den aufeinanderliegenden, nahezu gleichgroßen Klappen ist gekörnelt, flach und breit. Eine Charakterform, z.B. in der Rügener Schreibkreide, ist *Isocrania costata* (Bild 4.235). Sie besitzt auf der Dorsal- und Ventralklappe vom Wirbel ausgehende, radial

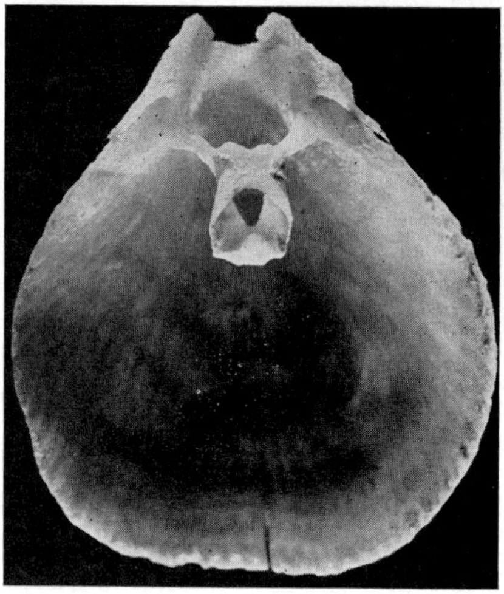

Bild 4.236
Innenansicht der Armklappe von *Terebratulina chrysalis*, einem Brachiopoden aus der Schreibkreide des Maastrichtien der Halbinsel Jasmund/Rügen/DDR. Deutliche Entwicklung des terebratuliden Brachidiums (Armgerüst) mit einer Einbuchtung der Schleife. Höhe der Klappe etwa 2 cm

angeordnete, kräftige Rippen. Der Durchmesser der fast kreisförmigen Klappen beträgt etwa 8 bis 10 mm.
Die schloßtragenden Brachiopoden (Articulata) wurden durch Rhynchonelliden und Terebratuliden vertreten. Bei den Formen der zweiten Gruppe waren besonders radial berippte Vertreter wichtig, z.B. *Terebratulina gracilis* und *Terebratulina chrysalis* mit feiner Berippung (Bilder 4.236 und 4.237) oder *Trigonosemus pulchellus* mit radialer Berippung, hoher Area und eingekrümmtem Wirbel (Bild 4.238).
Die Muschelfauna hatte in der Kreide besondere Bedeutung für die Biostratigraphie, z.B. die Inoceramen. Die Muscheln dienen aber auch als gute Faziesanzeiger, z.B. die Rudisten, Hippuriten und die Capriniden für Riffbereiche.
In erstaunlicher Mannigfaltigkeit erschienen in der Kreide die Inoceramen in weltweiter Verbreitung; sie waren zwar schon seit dem Lias bekannt, *Inoceramus dubius* (Lias ε = Posidonienschiefer). Die Gattung *Inoceramus* ist eine meist eiförmige bis rundliche, ± ungleichklappige und ungleichseitige Muschel. Die Schalen sind meist konzentrisch, seltener radial verziert. Der Wirbel liegt nahe dem Vorderrande und ist nach vorn gekrümmt. Riesenformen sind häufig; sie erreichen bis zu 1 m Durchmesser. Die Inoceramen hatten ihre Blütezeit in der Oberkreide und bevorzugten als Lebensraum kühlere Meere. Beginnend vom Alb an aufwärts, kommen sie bis ins Maastricht vor. In diesem Zeitraum entwickelten sich zahlreiche kurzlebige Ar-

Bild 4.237. *Terebratulina chrysalis*, ein Brachiopode mit radial berippten Schalen aus der Schreibkreide des Maastrichtien der Halbinsel Jasmund/Rügen/DDR. Rechts: Dorsalklappe, links: Ventralklappe mit Stielloch; Höhe der Schale 2,5 cm. Schalen in Lebensstellung stehend

Bild 4.238. *Trigonosemus pulchellus,* ein Brachiopode mit radialer Berippung der Schale, hoher Area, stark eingekrümmtem Wirbel und gefalteten Schalenoberrändern. Schreibkreide des Maastrichtien der Halbinsel Jasmund/Rügen/DDR; Höhe etwa 2 cm

ten, die Leitformen darstellen (Bild 4.239, Tab. 4.14). Die Gliederungen der Kreideablagerungen in Sachsen/DDR, Böhmen/ČSSR und in Sląsk (Schlesien)/VR Polen fußen unter anderem auf diesen Leitfossilien. Auch in den höheren Schichten der Gosau-Formation (Senon) der Tethys in Oberösterreich bilden die Inoceramen wichtige Zeitmarken, z.B. *Inoceramus regularis.*

In den Ablagerungen der warmen Meeresgebiete der Kreidezeit, vor allem in der mediterranen Riff-Fazies, z.B. den alpinen Gosau-Schichten und der mediterranen Kreide, waren ein bezeichnendes Element der Muschelfauna die Pachyodonta. Es sind eigenartige, äußerlich nur noch wenig an Muscheln erinnernde Organismen. Sie waren groß, meist mit der Spitze einer der beiden Klappen aufgewachsen, dickschalig und oft gesteinsbildend (Hippuriten- und Rudistenkalke, z.B. in den Alpen, den Pyrenäen, in

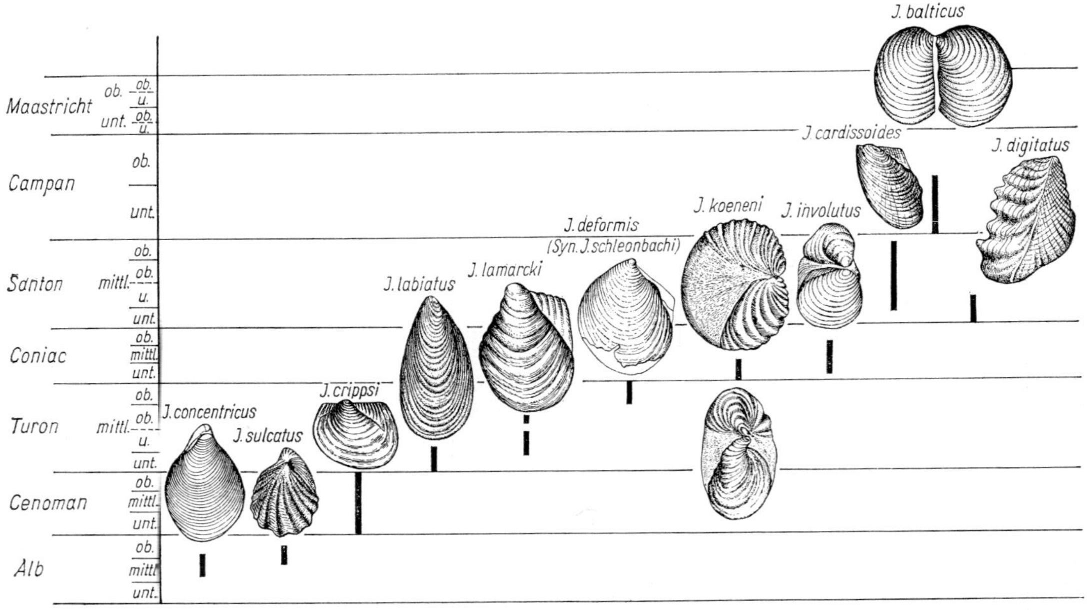

Bild 4.239. Biostratigraphische Verbreitung einiger Leitformen der Inoceramen von der obersten Unterkreide (Albium) bis zur Oberkreide (in Anlehnung an FRAAS, A.H.MÜLLER, SEITZ, TRÖGER und v. ZITTEL)

Tabelle 4.14. Morphologische Merkmale der wichtigsten Leitformen der Inoceramen (vgl. Bild 4.239)

Art I. = *Inoceramus*	Morphologische Merkmale
I. concentricus	spitz eingekrümmter Wirbel, schwach konzentrische Anwachsstreifung
I. sulcatus	mäßig groß, sehr unsymmetrisch, kräftige Radialrippen und -falten
I. crippsi	groß, breit, flach, ± quadratisch; langer Schloßrand; wenig abgesetzter, nach vorn gerückter Wirbel; kräftige, gleichmäßige, konzentrische Skulptur
I. labiatus	lang, eiförmig; ± kräftig konzentrisch berippt
I. lamarcki	groß, dickschalig, dreieckig, abgesetzter hinterer Flügel; sehr kräftige Anwachsfalten
I. („schloenbachi") deformis	breit, quadratisch; ziemlich flach, schwach flügelartiger, abgesetzter Hinterrand; kräftige, konzentrische Falten
I. koeneni	sehr stark gewölbt, schief dreieckig; kleines hinteres Ohr, starke Runzelung
I. involutus	stark gedrehter, eingerollter Wirbel in der einen Klappe
I. cardissoides	schmal, lang mit spitzem Wirbel; Hinterflügel (Ohr); schwach konzentrische Streifung, leichte Runzelung
I. digitatus	lang, mit Mittelkante, von der bogenförmig radiale Falten ausgehen, die vorn und hinten unterschiedlich sind; Hinterrand eingebuchtet
I. balticus	oval, sehr weit nach vorn gerückter Wirbel

Syrien, in Mesopotamien und im Iran). Die wichtigsten Gattungen sind Nachfahren des jurassischen *Diceras*, z.B. *Requienia* und *Monopleura* sowie *Hippurites* (Bild 4.240). Wie der Name *Diceras* (griech. di = zwei, keras = Horn) andeutet, sind die dicken Klappen dieser jurassischen Muschel hornförmig ausgezogen. Sie werden von den Steinbruchsarbeitern auch „Hörndeln" genannt und sind meist nur als Steinkerne erhalten (siehe Bild 4.199). Ihre Nachfahren in der Unterkreide (Neokom), die Gattung *Monopleura*, war mit einer konischen bzw. spiral eingedrehten rechten

Klappe festgewachsen. Die linke Klappe war meist deckelartig oder auch kegelförmig. Im höheren Neokom (Barrême bis Apt) gesellte sich dann *Requienia* hinzu (Bilder 4.240/2, 4.241). Sie besaß eine große aufgewachsene, spiral gedrehte linke Schale und eine deckelförmige, auch spirale rechte Schale.

Beide Muscheln kommen als Riffbewohner und Riffbildner hauptsächlich in der Urgon-Fazies (s. S. 287) von Südeuropa, in den Alpen und in Texas vor. In der mittleren Kreide vollzog sich eine morphologische Umwandlung, und zwar bei den Caprinidae. Hier nimmt die rechte Klappe eine horn- bis kegelförmige Gestalt an, die linke Klappe bildet eine große Spirale, z.B. bei *Caprina* (Bild 4.240/1) im Cenoman.

Ab Barrêmium erschienen die Radiolitidae, z.B. *Radiolites* (Bild 4.240/4) mit einer glatten oder quergefalteten, festgewachsenen, konischen rechten Schale. Die linke Oberschale ist flach deckelartig und glatt oder gerippt.

Im Turonium traten schließlich die eigentlichen, z.T. bis 1 m großen Hippuritidae, z.B. *Hippurites gosaviensis* (Bild 4.240/3), auf. Sie waren kennzeichnend für das sog. Gosaumeer (alpine Oberkreide) und bauten Gesteinsbänke von 0,5 bis 2 m Dicke auf. Bei den Hippuriten ist die rechte rüben- bis kreiselförmige Schale mit der Spitze (Wirbel) am Boden festgewachsen. Auf der glatten oder längsgerippten Oberfläche verlaufen drei Furchen vom Oberrand zur Spitze. Die linke Klappe ist konvex oder

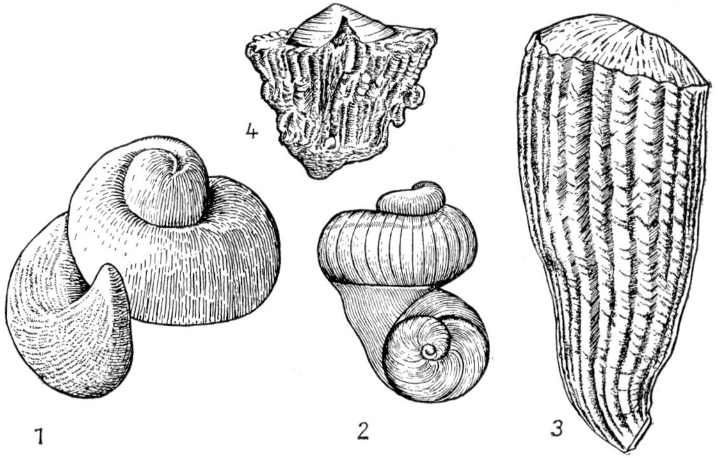

Bild 4.240. Aberrante Muscheln mit Leitcharakter in der alpin-mediterranen Kreide
1 Caprina adversa (nach HENNIG); *2 Requienia ammonea* (nach HENNIG); *3 Hippurites gosaviensis* (nach DACQUE); *4 Radiolites* sp. (nach HENNIG)

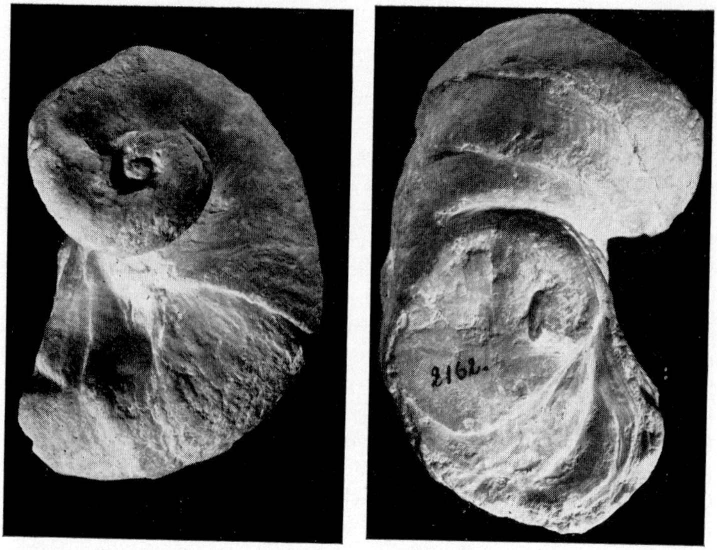

Bild 4.241. Die aberrante Muschel *Requienia ammonia*, ein Vertreter der Pachyodonta aus der Urgonfazies der alpinen Unterkreide von Vaucluse/Frankreich. Links: spiral aufgerollte linke Klappe, Höhe 10 cm; rechts: rechte, flache, deckelartige Klappe, mit ebenfalls spiraligem Aufbau; Breite 5,5 cm

konkav und wie ein flacher, runder Deckel ausgebildet, der mit langen, zapfenartigen Zähnen in die Unterklappe eingreift. Sie besaß einen sehr diffizilen inneren Bau. Die Hippuriten waren ebenfalls Riffbewohner und bevorzugten wärmeres Wasser. Auch sie sind bemerkenswerte Leitfossilien. In den sog. „Hippuritenriffen" saßen sie wie Orgelpfeifen dicht aneinander. Bedeutende Fundorte liegen bei Grünbach/Niederösterreich, am Paß Gschütt bei Gosau/Oberösterreich und bei Brandenburg/Tirol. Die Rudisten, aber auch die Inoceramen starben am Ende der Kreide nachkommenlos aus.

Die Schneckenfauna der Kreide ist weniger wichtig. Sie bildete nur örtlich in der Urgon-Fazies und in der Gosaukreide des alpinen Raumes eine Begleitfauna. Hier fanden sich jedoch stellenweise Massenvorkommen in ehemals brackischen Bereichen von dickschaligen Gastropoden der Gattungen *Actaeonella*, *Trochactaeon* und *Nerinea*. Ortsnamen, wie die „Schneckenwand" an der Traunwand bei Gosau/Oberösterreich oder der „Schneckengarten" bei Dreistätten an der Hohen Wand/Niederösterreich deuten auf massenhaftes Vorkommen der großen „Actaeonellen" hin. Sie bilden

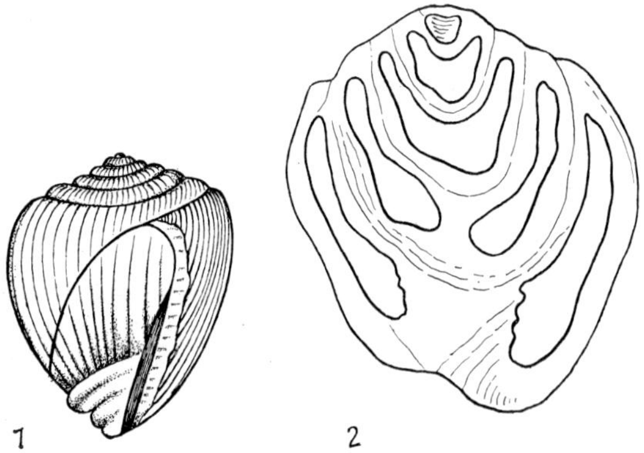

Bild 4.242. Zwei Schneckenarten aus der Oberkreide der alpinen Gosau-Schichten Österreichs (nach ZAPFE und v. BUBNOFF)
1 Actaeonella sp., die namengebende Schnecke der „Actaeonellenbank“ in der Gosau; Höhe 5 cm; *2 Trochactaeon giganteus*, Längsschnitt durch eine besonders häufige Schnecke der Gosau vom Fundpunkt Dreistätten an der Hohen Wand /Niederösterreich; Höhe 9 cm

mitunter bergmännische Leithorizonte in Form von 1 m mächtigen Gesteinsbänken (Actaeonellenbank), die aus Actaeonellen der Gattung *Trochactaeon* bestehen (Bild 4.242). Im Salzkammergut wurden früher Actaeonellen durch Verschleifen zu Reiseandenken verarbeitet.

Die kretazische Schneckenfauna zeigt den Trend der Zunahme von solchen Formen mit längerer Siphonalröhre (siphonostome Mündung), gegenüber denen mit kurzem Ausguß oder mit ganzrandiger Mündung im Jura.

Die wichtigsten Organismengruppen der Kopffüßer sind in der Kreide nach wie vor die Ammonoideen, mit einer anhaltenden Formenfülle, und

Bild 4.243
Scaphites binodosus, ein Kopffüßer der Oberkreide mit hakenförmig zurückgekrümmter Wohnkammer, die auf der Externseite mit Knoten besetzt ist und Gabelrippen besitzt. Höhe 6,5 cm, Durchmesser des eingerollten Teiles 4,3 cm

die Belemniten. Vor ihrem Aussterben am Ende der Kreide entfalteten die Ammoniten noch einmal eine Vielzahl morphologisch verschiedenster Formen. Sie machten in ihrer Entwicklung einen sog. „dreifachen Abbau“ durch: den Abbau der Gestalt, den der Lobenlinie und den der Skulptur. Neben den normal gestalteten Gattungen, die z. T. jedoch erhebliche Ausmaße annahmen, z. B. *Parapuzosia* (Syn. *Pachydiscus*) *seppenradensis* mit einem Durchmesser von bis zu 2,55 m aus der Oberkreide von Seppenrade im Münsterland/BRD, begegnet man nun den sog. aberranten Formen (Bild 4.243). Bei ihnen verwandelten sich die normal planspiral aufgerollten Gehäuse in turmförmige, schraubige oder unregelmäßig aufgewickelte, z. B. *Crioceratites*, sog. „Abrollammoniten“ und aufgewundene Formen (Bilder 4.244 und 4.245). Betrachtet man die ammonitische Lobenlinie, so zeigen viele Formen einen Abbau bzw. eine Vereinfachung. Es entstand nun wieder eine sekundär basal gezackte pseudoceratitische Lobenlinie, z. B. bei den sog. „Kreideceratiten“ mit den Gattungen *Tissotia* und *Indoceras* (Bild 4.246) oder sogar sekundär einfach gewellte, pseudogoniatiti-

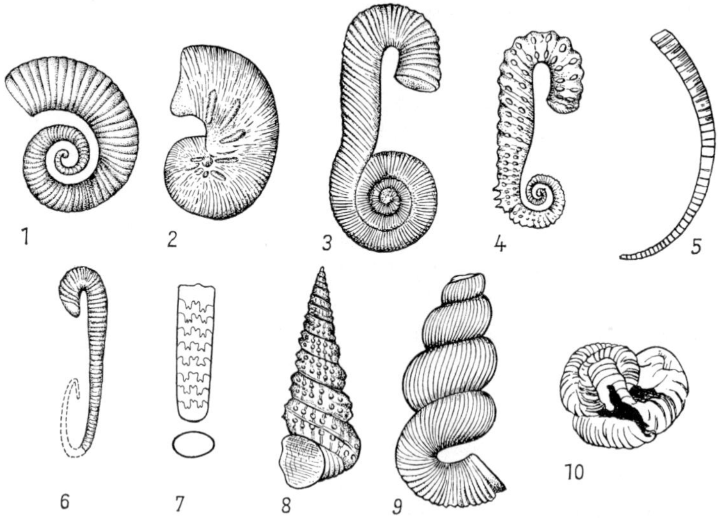

Bild 4.244. Einige Abbauformen bei Endstadien gewisser Entwicklungsreihen der Ammonoidea während der Kreide
1 Crioceratites sp.; criocon; *2 Scaphites geinitzi; 3 Macroscaphites yvani;* ancyclocon; *4 Ancyloceras matheronianum;* ancyclocon; *5 Toxoceras requieni;* toxocon; *6 Hamites;* hamiticon; *7 Baculites faujasi;* baculicon; *8 Ostlingoceras* sp. (Syn. *Turrilites cenomaniensis*); *9 Bostrychoceras polyplocum;* turriliticon; *10 Nipponites mirabilis;* torticon (unmaßstäblich) (verändert nach v. Bubnoff und A. H. Müller)

Bild 4.245. *Crioceratites gigas*, ein aberranter Ammonit mit lose planspiral aufgerolltem Gehäuse aus dem Neokom von Atherfield/Isle of Wight/Großbritannien.
Vertikaler Durchmesser 14 cm

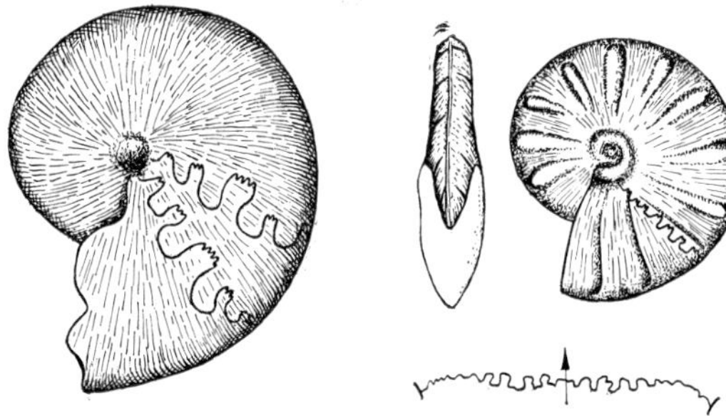

1 2

Bild 4.246. Zwei Abbauformen der Lobenlinien bei kretazischen Ammonoideen, die sog. „Kreideceratiten"
1 Tissotia ewaldi; Coniac bis unteres Santon der Tethys; nach außen zugespitzter Querschnitt, glatt oder schwache Knoten; *2 Indoceras* sp.; Obersenon; spitz, scheibenförmig, mit einfachen Rippen, zwei Knotenreihen, sehr zahlreiche gezackte Loben

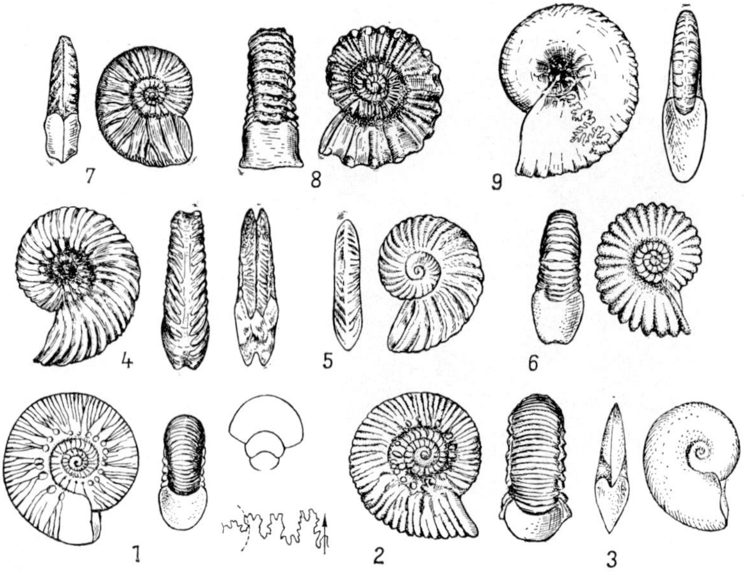

Bild 4.247. Leit-Ammoniten der Kreide (Auswahl) (zusammengestellt nach v. Bubnoff und Lehmann) (unmaßstäblich)
Unterkreide:
1 Polyptychites polyptychus; 2 Simbirskites decheni; 3 Platylenticeras sp.; *4 Hoplites dentatus; 5 Deshayesites* (Syn. *Parahoplitoides*) *deshayesi; 6 Acanthoplites* sp.
Oberkreide:
7 Schloenbachia varians; 8 Acanthoceras rhotomagense; 9 Pachydiscus sp.

sche Lobenlinien, z.B. bei den sog. „Kreidegoniatiten“ der Gattung *Neolobites* aus der Oberkreide Frankreichs. Auch bei den Skulpturen ist ein Abbau zu beobachten. Die Spaltripper, die bis in die Unterkreide hinein vorkommen, wandelten sich ab, durch Vereinfachung der Rippen und Umbildung derselben in Knoten, in Abbau-Gabelripper (Schloenbachien), Abbau-Einfachripper (Acanthoceraten) (Bild 4.247) und schließlich in völlig glatte, bzw. nur schwach skulpturierte Vertreter (z.B. *Placenticeras*). Alle diese morphologischen Veränderungsprozesse, im Zusammenhang mit dem entwicklungsgeschichtlichen Rückgang der Ammoniten, führten aber zur Entstehung einer riesigen Anzahl von Formen, die besonders in der Unterkreide zahlreiche Leitfossilien lieferten. In der jüngsten Oberkreide ging die Formenfülle dann aber deutlich zurück. Die genannten Entwicklungstendenzen verliefen nicht in allen Stammlinien der Ammoniten gleichzeitig und nicht konform.

Bei den Ammoniten (Bild 4.247) herrschten in der Unterkreide (Neokom) Nachläufer des Oberjuras, z.B. Ancyloceratacea, Lytoceratacea, Haploceratacea und Perisphinctacea vor. Typische Ammoniten der Unterkreide sind z.B.: der engnabelige, dicke *Polyptychites*, mit mehrfach vergabelten, von den Nabel- oder Bifurkationsknoten ausgehenden Rippen (Valangium); der relativ flache, engnabelige *Simbirskites* (Hauterivium-Barrêmium) mit kurzen Flankenrippen und mehrfach gegabelten Spaltrippen. Eine Sonderstellung nimmt der scheibenförmige, engnabelige *Platylenticeras* mit scharfer Außenseite ein (Valanginium).

Einen neuen Charakter hatte die Ammonitenfauna des Aptium bis Albium. Es erschienen die Hopliten, z.B. *Hoplites, Parahoplites, Acanthoplites*. Diese Arten haben eine typische Außenfurche sowie Flanken- und Außenknoten auf kräftigen Rippen.

Als Leitform der Oberkreide ist die flache, scheibenförmige *Schloenbachia varians* mit einem Mediankiel und dem Abbau von Gabel- zu Einfachrippen zu nennen. Eine weitere Charaktergattung des Cenomans ist *Acanthoceras rhotomagense* (Bild 4.247).

In der jüngeren Kreide nahm die Formenfülle der Ammoniten deutlich ab. An der Wende Kreide/Tertiär starben sie nachkommenlos aus.

Während die Ammonoideen am Ende der Kreide einen stammesgeschichtlichen Niedergang erlebten, erlangten die Belemnitida in der Kreide noch mehr Bedeutung als im Jura und avancierten in der borealen höheren Kreide zu erstklassigen Leitfossilien. Hier bestimmten sie die Fauna und gaben ihr ein Gepräge, das in den Stufennamen zum Ausdruck kommt: Granulaten-, Quadraten-, Mukronaten- und Lanceolaten-Senon (*Gonioteuthis granulata, Gonioteuthis quadrata, Belemnitella mucronata, Belemnella lanceolata*). Sie entwickelten während dieses Zeitabschnittes eine beträchtliche Formenfülle und traten massenhaft auf („Belemnitenschlachtfelder"). Am Ende der Kreide starben sie aber schlagartig aus. Nur ein seltener Vertreter, die Gattung *Bayanoteuthis*, reichte bis ins Alttertiär (Eozän). Tab. 4.15, s. S. 304 und Bild 4.248 zeigen die biostratigraphisch wichtigsten kretazischen Belemnitengattungen.

Die Arthropoden hatten bereits in der Kreide ihren heutigen Entwicklungsstand im wesentlichen erreicht. In den brackischen und limnischen Bereichen spielten die Ostracoden, insbesondere die Cytheracea und Cytherellidae als biostratigraphische Zeitmarken und z.T. massenhaft vorkommende Faziesanzeiger, besonders im Bereich der angewandten Paläontologie (Erdölgewinnung), eine wichtige Rolle. Sie entwickelten sich in großer Formenfülle.

Unter den Echinodermen waren die sessilen Gruppen, wie die Crinoiden, stark im Rückgang begriffen, sie nahmen in der Kreide an Größe und Häufigkeit ab. Es gab Crinoiden mit verkürzten oder abnormen Stielen,

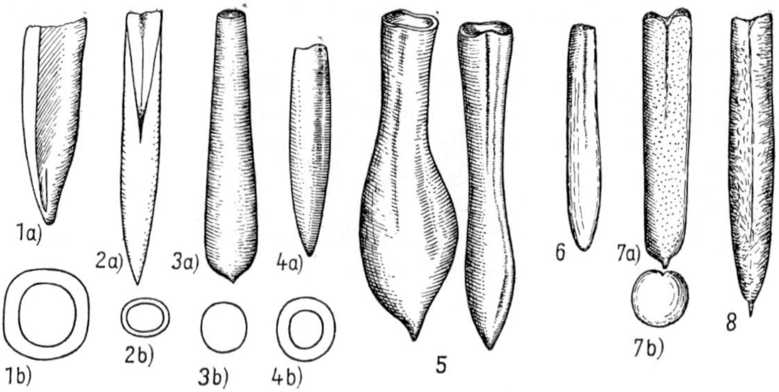

Bild 4.248. Belemniten der Kreide (unmaßstäblich)
a) Längsansicht, b) Querschnitt
Unterkreide:
1 Acroteuthis subquadratus; 2 Hibolites semicanaliculatus; 3 Pseudobelus pistilliformis; 4 Oxyteuthis brunsvicensis; 5 Duvalia lata; 6 Neohibolites minimus
Oberkreide (Leitformen):
7 Actinocamax quadratus; 8 Belemnitella mucronata

z. B. die kleine *Bourgueticrinus* aus der Kreide Frankreichs. Ihre Stielglieder sind z. T. stratigraphisch auswertbar (Bild 4.249).
Stiellose, freischwimmende Formen entwickelten sich mitunter regional massenhaft, z. B. der kugelige *Marsupites* mit großen, dünnen Kelchplatten im Granulaten-Senon (Mittel- und Obersantonium) der westfälischen „Marsupiten-Schichten" und der ebenfalls kugelige *Uintacrinus* im Senon (Coniacium – Maastrichtium), z. B. sehr häufig in der Schreibkreide der Insel Rügen/DDR. Beide besitzen Leitwert.
Die bilateral symmetrischen Gehäuse der irregulären Seeigel herrschten in der Kreide vor und entfalteten sich verstärkt und stellen zahlreiche Leitfossilien. Es traten vorwiegend drei Ordnungen auf: Holasteroida, Holectypoida und herzförmige Spatangoida (Tabelle 4.16). Als Sedimentfresser besiedelten sie die schlickigen und sandigen Meeresböden.
In der Schreibkreide sind die irregulären Seeigel fast stets als Feuerstein-Steinkerne erhalten, z. B. *Echinocorys* und *Galerites.* Eine der häufigsten und charakteristischsten Kreideformen ist *Echinocorys* (Syn. *Ananchytes*). Die größten Coronen werden bis 12 cm lang und 8 cm hoch. Häufig entstehen an ihnen die sog. „OLEARIUS-Steine", diagenetische Sammelkristallisationen in der Schreibkreide der Insel Rügen/DDR. Neben den irregulären Seeigeln waren reguläre häufig, haben aber stratigraphisch wenig Bedeutung. Erwähnenswert sind die Gattungen *Cidaris, Salenia* und

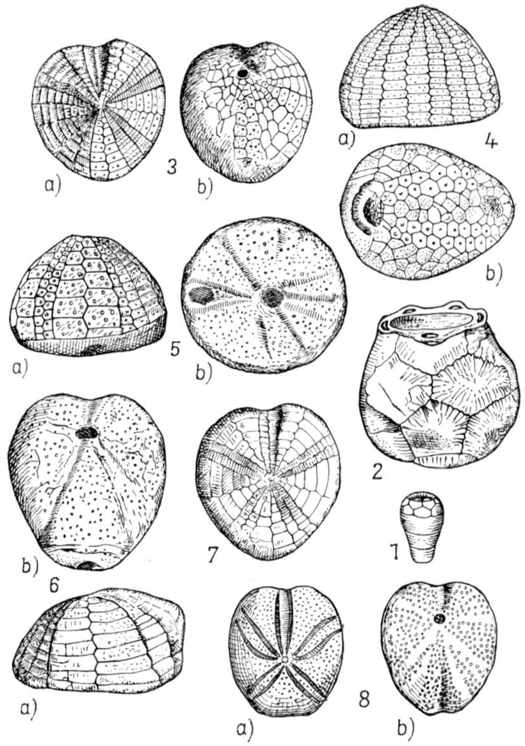

Bild 4.249. Echinodermen (Crinoiden und Irregulares) der Kreide (unmaßstäblich)
Crinoidea:
1 Bourgueticrinus ellipticus (nach Moore); *2 Marsupites testudinarius* (nach Sieverst)
Irregulares:
Holasteroidea:
3 Holaster subglobosus (nach v. Bubnoff)
a) Apikalseite, b) Oralseite
4 Echinocorys ovata (nach Stromer v. Reichenbach)
a) Lateralseite, b) Oralseite
Holectypoida:
5 Galerites vulgaris
a) Lateralseite, b) Oralseite
Spatangoida:
6 Micraster leskei (nach v. Bubnoff)
a) Lateralseite, b) Oralseite
7 Micraster cortestudinarium (nach Fraas)
8 Toxaster complanatus (nach v. Zittel)
a) Apikalseite, b) Oralseite

Tabelle 4.15. Belemnitida der Kreide, ihre biostratigraphische Verbreitung und ihre wichtigsten morphologischen Merkmale

Name	Biostratigraphische Reichweite	Morphologische Merkmale	Nr. in Bild 4.248
Acroteuthis	Jura – Hauterivium	eckiger Querschnitt; ventral abgeplattet; Spitze abgesetzt; ventral und dorsal zugeschärft; Apikallinie ventral, exzentrisch	1
Hibolites	Malm – Barrêmium	langgestrecktes, lanzettförmiges Rostrum mit deutlicher Seitenfurche; ventrale Furche nach hinten erstreckend	2
Pseudobelus	vorwiegend Hauterivium; Valangium-Barrêmium	lang, schlank; mit geraden Laterallinien; nach vorn etwas verdünnt; allmählich zulaufende Spitze	3
Oxyteuthis	Oberhauterivium-Aptium	zylindrisch bis griffelförmig; ohne Ventralschlitz; Laterallinien auf die Ventralseite umschwenkend	4
Duvalia	Berriasium – Aptium	lateral stark abgeplattet; gerundete Spitze; dorsale Alveolarfurche	5
Neohibolites *N. ewaldi* *N. minimus* *N. ultimus*	 Aptium – Albium Oberalbium Cenomanium	gedrungener Bau; Dorsallateralfurchen, kurzer Ventralschlitz, besonders wichtige Leitfossilien	6
Actinocamax	Mittel- und Obersantonium Campanium	conirostrid; zylindrisch, seltener keulen- oder kegelförmig; tiefer, kurzer Ventralschlitz; flache Alveole; Oberfläche gekörnelt	7
Belemnitella	Obersantonium – Untermaastrichtium	groß, zylindrisches Rostrum, conirostrid, tiefe Ventralfurche	8
Belemnella	Maastrichtium	clavirostrid, wellenförmige Biegung der dorsallateralen Linien im unteren Drittel; verkalkte, tiefe Alveole; tiefe Alveolarfurche	

Phymosoma. Häufiger ist bei *Phymosoma* der Kieferapparat, die sog. „Laterne des Aristoteles", mit seinen Zähnen im Mundfeld, erhalten (Bild 4.250).

Bei den Fischen zeigten die Selachier während der Kreide eine erhebliche Zunahme, bis schließlich, als bemerkenswertestes Ereignis, die Knochenfische in der marinen Tierwelt vorherrschten. Noch sind in der Unterkreide die Holostier vorhanden, wurden aber in der Oberkreide durch die Teleostier mit verknöcherter Wirbelsäule und dachziegelartig angeordneten, dünnen, elastischen Cycloidschuppen verdrängt.

Die Amphibien waren während der Kreide nur durch wenige Reste vertreten und verdienen keiner besonderen Erwähnung. Ihre Blütezeit hatten sie bereits, wie gesagt, im Perm überschritten.

Bild 4.250. *Phymosoma taeniatum*, ein Seeigel aus der Unter-Maastrichtien-Schreibkreide von Jasmund/Rügen/DDR. Im Mundfeld ist der Kieferapparat mit den Zähnen, die „Laterne des Aristoteles", erkennbar. Maximaler Durchmesser 5,7 cm

Tabelle 4.16. Wichtige irreguläre Seeigel-Gattungen der Kreide (vgl. Bild 4.249)

Holasteroida	Holectypoida	Spatangoida
Holaster (Oberkreide)	*Holectypus* (Neokom)	*Micraster* (Turon, tieferes Senon)
Echinocorys (Syn. *Ananchytes*) (Obersenon – Danien/Paläozän)	*Discoides* (Cenoman) *Galerites* (Syn. *Echinoconus*) (Turon)	*Toxaster* (Neokom)

Einen erstaunlichen Aufstieg in Hinblick auf Mannigfaltigkeit und Spezialisierung und den Höhepunkt ihrer Entfaltung erlebten die Reptilien während der Kreide. Es erschienen immer eigenartigere und immer mehr neue Formen. Das Mißverhältnis der sehr geringen Gehirnmasse im relativ kleinen Schädel zu der übrigen riesigen Körpermasse von z.T. etwa 80 Tonnen blieb typisch für diese Tiere.

Die Landsaurier oder Dinosaurier (Groß-, Riesensaurier, Donnerechsen) setzten ihre im Jura begonnene Entwicklung in unverminderter Vielfalt fort und entwickelten bis zu ihrem Aussterben am Ende der Kreide ihre mächtigsten Formen. Nur wenige kleinwüchsige Nachfahren leben bis heute fort: Schildkröten, Eidechsen, Schlangen und Krokodile (vgl. Bild 4.115). Europa kann zur Kenntnis der kretazischen Landfaunen relativ wenig beitragen, da es zu dieser Zeit vom Meer bedeckt war. Kansas/USA, Patagonien/Argentinien und die Mongolei sind klassische und wichtige Fundgebiete, in denen laufend neue Funde ausgegraben werden.

Vier Entwicklungslinien sind bei den in Sümpfen, Flüssen und auf dem trockenen Lande lebenden Ornithischiern (Vogelfuß- oder Vogelbeckendinosaurier) erkennbar: Entenschnabeldinosaurier oder Vogelfußdinosaurier (Ornithopoden), Stacheldinosaurier (Stegosaurier), Panzerdinosaurier (Ancylosaurier) und gehörnte oder Horndinosaurier (Ceratopsia) (Bild 4.251 und Bilder 4.222, S. 270 und 4.226, S. 275).

Die bipeden Ornithopoden wurden durch *Iguanodon* und den entenschnabeligen *Anatosaurus* (Syn. *Trachodon*) vertreten. Form und Anordnung der Zähne deuten darauf hin, daß es Pflanzenfresser waren. Der Rumpf war aufgerichtet, und sie liefen auf den Hinterbeinen. Ein meist langer und kräftiger Schwanz diente zum Balancehalten des Körpers. Verkürzte Arme mit oft dolchartigen Daumen wurden zum Ergreifen der Beute, aber auch zur Verteidigung gegenüber räuberischen Kommensalen gebraucht.

Besondere Berühmtheit erlangten 1877 die Saurierfunde von 29 vollständigen Skeletten von *Iguanodon* in Karstspaltenfüllungen (Wealden/Unterkreide) des Kohlenkalkes von Bernissart in Belgien. Im Wealdensandstein des Münsterlandes und der Umgebung von Hildesheim/BRD kommen

Bild 4.251. Schädel des Ornithischiers (Ceratopsia-Horndinosaurier) *Triceratops*, das Dreihorn, aus der Oberkreide Nordamerikas (Edmonton- und Lance-Formation). Trotz des schnabelförmig gestalteten Oberkiefers waren die Tiere Pflanzenfresser. Die bizarren Horngebilde dienten zur Abwehr von Feinden. Länge etwa 2 m

auch dessen Fährten (dreizehig, 20 cm lang) vor. *Iguanodon* ist 10 m lang und 6 m hoch. Der erste Finger der fünffingerigen Vorderextremität besaß einen dolchartigen Stachel. Auch aus Nordamerika wurden *Iguanodon*-Funde bekannt.

Der im Senon der Lance-Formation Nordamerikas entdeckte etwa 10 m lange und 5 m hohe *Anatosaurus* mit „Entenschnabel“ besaß ein zahnreiches sog. „Magazin-Gebiß“. Von ihm gibt es Funde mit mumifizierter Haut.

Bekanntester und typischster Stacheldinosaurier war der 4 bis 9 m lange, vierfüßige schon oberjurassische *Stegosaurus*. Sein gewölbter Rücken wurde durch eine Doppelreihe mächtiger, alternierender, aufrecht stehender, spitzer, bis zu 1 m langer Knochenplatten geschützt. Am Schwanz, der vermutlich als Verteidigungswaffe diente, saßen zwei Paar spitze, lange Knochenstacheln. Einzelexemplare sind aus der Unterkreide Europas, Nordamerikas und Südafrikas (?) bekannt.

Ein Vertreter der Panzerdinosaurier war der 5 m lange *Scolosaurus*. Er hatte einen Panzer aus Knochenplatten, Stacheln an Hals und Schwanz schützten diese Körperteile besonders gut gegen Angriffe anderer Tiere. Funde gibt

es aus der Unterkreide Englands und aus der Oberkreide der USA und Kanadas.
Besonders aus der Kreide Asiens und Nordamerikas sind die 5 bis 7 m langen, seltsamen Ceratopsia oder Horndinosaurier belegt. Ihre ein Drittel der Körperlänge messenden Schädel waren mit Hörnern und mächtigen knöchernen, kragenartigen Nackenschilden bewehrt. Die Tiere waren ebenfalls Pflanzenfresser.
Der 8 m lange, 2,6 m hohe *Triceratops* (Bild 4.251) besaß als Verteidigungswaffe auf dem Schädeldach drei Hörner, *Monoclonius* hatte ein einziges langes Nasenhorn, und dem etwa 5 m langen *Styracosaurus* bot der in lange, scharfe Hörner ausgeschlitzte Nackenschild guten Schutz (Bild 4.251).
Berühmt sind aus kontinentalen Abfolgen der Mongolei (Wüste Gobi), in der St. Victoirekette bei Aix-en-Provance/Frankreich und von Choteau/Montana/USA Funde von Dinosaurier-Eigelegen.
Die Gruppe der Saurischia (Echsen- oder Reptilbeckensaurier) mit den Sauropoden (Riesendinosaurier) und den Theropoden (Raubtierfußdinosaurier) brachte während der Kreide wohl die größten Formen hervor. Sie waren als Fleischfresser mit kräftigen Gebissen die natürlichen Feinde und Verfolger der trägen und schwerfälligen Pflanzenfresser unter den Ornithischiern. Riesige langhalsige, halbaquatile Tiere, wie *Brachiosaurus* (s. Bild 4.227, S. 276), *Atlantosaurus (Brontosaurus)* und *Diplodocus* gehören zu den Riesensauriern. Bedeutende Exemplare beherbergt in der DDR das Museum für Naturkunde Berlin, in der BRD das Naturmuseum Senckenberg in Frankfurt/Main und in den USA das American Museum of Natural History in New York.
Brachiosaurus besaß säulenförmige Beine und ragte nur zum Atemholen mit dem relativ kleinen Kopf aus dem Wasser. Er war maximal 28 m lang, etwa 13 m hoch und wog bis zu 80 Tonnen (s. Bild 4.227). *Diplodocus*, ein schlanker Sauropode, erreichte die bemerkenswerte Länge von 28 bis 30 m. Er war das größte Landtier aller Zeiten.
Schließlich sollen noch die Hohlknochensaurier (Coelurosaurier) und die Raub- oder Fleischdinosaurier (Carnosaurier) genannt werden. Sie waren ausschließlich Raubtiere. Zur ersten Gruppe gehörten die Ornithomimen der Oberkreide Nordamerikas, z.B. *Ornithomimus*. Dieser zweifüßige, leichtgebaute, schnelle Läufer war straußengroß, mit langen, schlanken Hinterextremitäten, langen, dreifingrigen Greifhänden und äußerlich vogelähnlichem Schädel. Die schwachen Kieferknochen trugen Hornscheiden. Ihre Lebensweise war sehr spezialisiert; sie lebten von den Eiern größerer Dinosaurier. Man fand sie in der Nähe solcher Eigelege.
Die Blütezeit der Carnosaurier lag in der Oberkreide. *Tyrannosaurus* war der gewaltigste landlebende, bipede Fleischfresser, der bisher bekannt ist. Er wurde über 15 m lang und 6 m hoch. Allein der mächtige Schädel ist

etwa 1,4 m lang und trug zahlreiche 15 cm große, dolchartige Zähne. Gewaltige Krallen an den Hinterfüßen bildeten wirksame Angriffswaffen.
Die marinen Reptilien waren in der Kreide in unverminderter Formenfülle vorhanden. Plesiosaurier sind aus der Unterkreide und Ichthyosaurier aus der Oberkreide bekannt. Ihnen gesellten sich die Mosasaurier, riesige an das Wasserleben angepaßte Eidechsen, zu. Es sind bis 12 m lange, mit schlangenartig gestrecktem Rumpf und paddelähnlichen Ruderextremitäten ausgestattete Räuber mit mächtigem Gebiß.

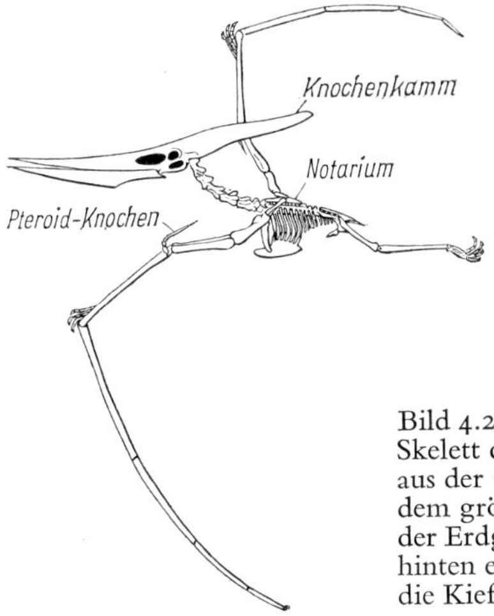

Bild 4.252
Skelett des Flugsauriers *Pteranodon* aus der Oberkreide von Kansas/USA, dem größten fliegenden Lebewesen der Erdgeschichte. Der Schädel trägt nach hinten einen langen Knochenkamm, die Kiefer waren zahnlos (nach Colbert)

Den Höhepunkt in der Entwicklung der Pterosaurier oder Flugsaurier bildeten die Pteranodonten mit der Gattung *Pteranodon* (Bild 4.252). *Pteranodon* besaß mehr als 10 m Flügelspannweite. Er hatte einen großen Schädel, der nach hinten in einen langen Knochenkamm auslief. Das lange, spitze Maul war zahnlos, dem Fang von Fischen und Weichtieren im offenen Meer angepaßt. *Pteranodon* war vermutlich ein passiver Flieger, der im Gleit- bzw. Segelflug dahinschwebte.
Neueste Pterodactylen-Funde aus der oberkretazischen Tornillo Group von Texas/USA mit Flügelspannweiten von minimal 11 m und maximal 21 m übertreffen aber die bisherigen Größen erheblich. Es waren die größten fliegenden Organismen unserer Erde.
Am Ende der Kreide starben die Riesensaurier aus. Es gibt viele Theorien über die Ursache dieses grundlegenden Ereignisses, sichere Beweise sind jedoch bisher nicht erbracht worden. Es handelt sich hier um ein Entwicklungsproblem von großer Komplexität.

So hat man daran gedacht, daß die Saurier einer weltweiten Epidemie zum Opfer gefallen sein könnten. Es ist aber nicht einzusehen, warum nicht wenigstens einzelne Tiere davon verschont geblieben sein sollten und die Art retteten. (Noch weniger wäre zu verstehen, daß die im Wasser lebenden Ammoniten und Belemniten das gleiche Schicksal getroffen haben sollte.) Man hat auch gemeint, daß die rasche Ausbreitung der Bedecktsamer und die sich damit verändernden Nahrungsquellen von einschneidender Bedeutung gewesen wären. Wie konnte das aber die marinen Organismen beeinflussen?

Es wird ferner erwogen, daß Veränderungen der Umweltbedingungen durch Gebirgsbildungen, Klimawechsel und anderes zum plötzlichen Aussterben der Riesensaurier führten.

In neuerer Zeit wird Überlegungen ein gewisser Vorzug gegeben, daß kosmische Einflüsse ein wesentlicher Faktor beim Herbeiführen der Katastrophe gewesen sein könnten. Änderungen der Intensität der UV-Strahlung, Umkehrungen und damit ein zeitlicher Ausfall des Magnetfeldes der Erde, das einen Schutz gegen Korpuskularstrahlung der Sonne bietet, oder auch der Ausbruch einer Supernova und damit verbundene schädliche Strahleneinwirkungen werden in Betracht gezogen. Mißbildungen und mutative Entartungserscheinungen in den Knochen der Saurier könnten durchaus auf solche Einflüsse hinweisen.

Die wahrscheinlichste Theorie besagt, daß in Verbindung mit Gebirgsbildungen und Meeresüberflutungen damals ein besonders intensiver Zerfall der Kontinente (Kontinentaldrift, Sea-Floor-Spreading) einsetzte und Klimaänderungen eintraten. Subtropisches wich kühlerem Klima mit jahreszeitlichem Wechsel. Diesen tiefgreifenden Wandel des damaligen Erdbildes konnten so hoch spezialisierte Tiere, deren Fortpflanzung von ganz besonderen Bedingungen abhängig war, nicht überstehen.

In der Kreide machten die Vögel große Entwicklungsfortschritte, die zu den modernen Formen hinführten. Die kretazische Vogelwelt ist durch bezahnte Formen wie *Hesperornis* oder *Ichthyornis* gekennzeichnet. Die bestbekannten Funde stammen aus dem Niobrara-Kalk von Kansas/USA.

Hesperornisse waren langhalsige, etwa 1 m lange Wasservögel, gute Schwimmer und Taucher. Sie besaßen kräftige, zum Schwimmen gut geeignete Hintergliedmaßen. Ihre Flügel waren zu Stummeln verkümmert, so daß sie nicht fliegen konnten und sich auf dem Festland unbeholfen fortbewegten; sie konnten nur in kleinen Sprüngen schwerfällig und langsam hüpfen.

Die taubengroßen, ebenfalls langhalsigen Ichthyornisse dagegen waren gute Flieger. Sie lebten in Schwärmen auf Klippen an den Küsten des Kreidemeeres, ihre Hauptnahrung waren Fische.

Mit Beginn des Neozoikums hatten die Vögel ihren heutigen Entwicklungsstand im Skelettbau erreicht.
Die Säugetiere spielten in der Kreide eine untergeordnete Rolle und überschritten den im Jura erreichten Entwicklungsstand nur wenig. Älteste Marsupialia (Beuteltiere) und Placentalier stammen aus der mittleren Kreide Nordamerikas, dem Albium von Forestburg/Texas. Hier fanden sich Zähne moderner Säugetiere. In Nordamerika erfolgte in der Oberkreide die erste Radiation (divergierende Evolution, d.h. eine Aufspaltung in sich selbständig weiterentwickelnde Stammlinien von Organismen) der Marsupialier und in Zentralasien die der Placentalier. Am Ende der Kreide erschienen auch in der Lance-Formation die ersten plazentalen Säugetiere in Nordamerika, vertreten durch die Insectivora (Insektenfresser). Auch weitere Ordnungen der höheren Säugetiere, wie Carnivora (Raubtiere), Condylarthra (Urhuftiere) und Prosimia (Halbaffen), hatten ihre Wurzeln in der Kreide. Damit kündigte sich die „explosive" Entwicklung der Säugetiere im frühen Tertiär an.

4.3.3.2. Die Flora der Kreide

In der Pflanzenwelt spielten sich innerhalb der Kreide wieder entscheidende evolutive Veränderungen ab. In der Unterkreide (Wealden und Neokom) herrschten noch Farne und Gymnospermen vor, doch dann in der Oberkreide erschienen fast gleichzeitig an vielen Stellen der Erde die Angiospermen oder Bedecktsamer, d.h. die höheren Blütenpflanzen. Dieser Entwicklungsschnitt war der Beginn des Käno- oder Neophytikums, der Pflanzenneuzeit. Der Entwicklungsumschwung in der Pflanzenwelt eilte also wieder dem Wandel in der Fauna (Säugetierentfaltung erst im Tertiär u.a.) voraus. Es mußten zuerst durch markante Veränderungen in der Pflanzenwelt die Voraussetzungen für den nachfolgenden Wandel in der Tierwelt geschaffen werden. Die Pflanzenwelt der Unterkreide schloß noch eng an die des Juras an. Bedeutende Fundpunkte liegen in der DDR, ebenso entlang dem Uralosthang und im Lenabecken der UdSSR sowie in Portugal. Der Pflanzenfundpunkt im Neokom des nördlichen Vorharzlandes bei Quedlinburg/DDR verdient hier besondere Erwähnung, wegen der eigenartigen Morphologie der dortigen Pflanzen und ihrer ökologischen Bedeutung (Farbtaf. XIX, Bild 21). Zu den wichtigsten Arten, die von stammesgeschichtlicher Bedeutung sind, gehört in dieser Flora *Nathorstiana arborea.* Dieses Bärlappgewächs nahm eine vermittelnde Stellung in einer phylogenetischen Reihe zwischen permokarbonischen Sigillarien, den triassischen Pleuromeien und den rezenten Brachsenkräutern mit *Isoëtes,* ein. *Nathorstiana* wurde nur 20 cm hoch, trug an der Sproßachse schmal-lanzettliche und an der Basis verbreiterte Blätter. Der entblätterte

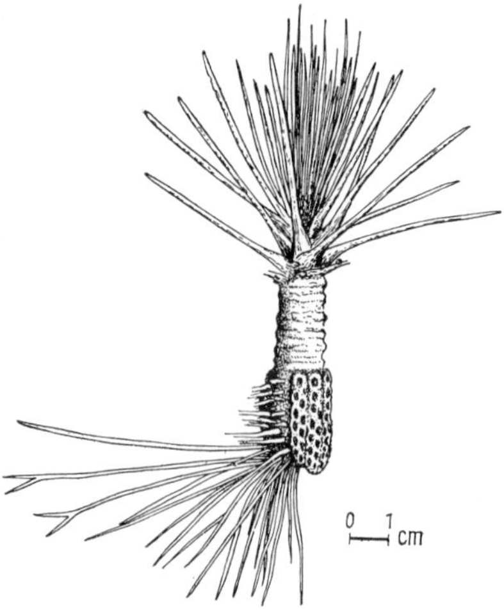

Bild 4.253
Rekonstruktion von *Nathorstiana arborea*, einem Bärlappgewächs aus dem Neokom von Quedlinburg/DDR. An der Stammbasis sind auf der rechten Seite die Wurzeln (Appendices) entfernt. Die Oberfläche der Stammbasis ist mit Narben besetzt (nach Mägdefrau)

Bild 4.254. Neokomsandstein von Quedlinburg/DDR mit einem Farnwedelstück von *Weichselia reticulata*, eine der häufigsten unterkretazischen Pflanzenfossilien. Breite des Stückes etwa 15 cm

Bild 4.255. Einzelfieder des Farnes *Weichselia reticulata* im Neokomsandstein von Quedlinburg/DDR. Breite der Fieder 1,4 cm (Ausschnitt aus Bild 4.254)

Sproßteil hatte ringförmige Wülste (Bild 4.253). Zwei weitere häufige Farnpflanzen waren *Weichselia reticulata* und *Hausmannia* (Farbtaf. XX, Bild 23; Bilder 4.254 und 4.255). Erstere besaß einen knollig verdickten Stamm mit 1 bis 2 m langen, gabeligen Wedeln. Die netznervigen Fiedern waren dickledrig, also xeromorph, auf trockene Standorte (Dünenvegetation) hindeutend. Gleichartige Funde von Hildesheim/BRD weisen aufgrund großflächiger und dünner Fiederchen auf feuchtere Standorte. *Hausmannia* gehört zu den Dipteridaceen. Sie besaß charakteristische verkehrt herzförmige, ebenfalls derbledrige, gabelig gelappte Wedelchen auf langen Stielen (Bild 4.256), die von einem dünnen, kriechenden Rhizom ausgingen.

Als Begleitflora gab es noch zahlreiche Matoniaceen *(Matonidium goepperti* (Bild 4.257), *Phlebopteris dunkeri)* und *Pseudocycas*-Arten. Die gesamte Flora des Neokoms von Quedlinburg deutet auf eine Dünenvegetation subtropischen bis tropischen Charakters in Meeresnähe hin, die mehrfach von Sandstürmen vernichtet wurde (vier Pflanzenhorizonte mit Wurzelböden). Ähnliche neokomaltrige Floren fanden sich auch im *Holma*-Sandstein (Ryedalsandstein) in Südschweden.

Aus der Vielfalt der kretazischen Gymnospermen sind vor allem die Bennettitales zu nennen (s. S. 230), die im Wealden eine neue Blütezeit erreichten. Fossil traten drei Familien besonders in Erscheinung: die William-

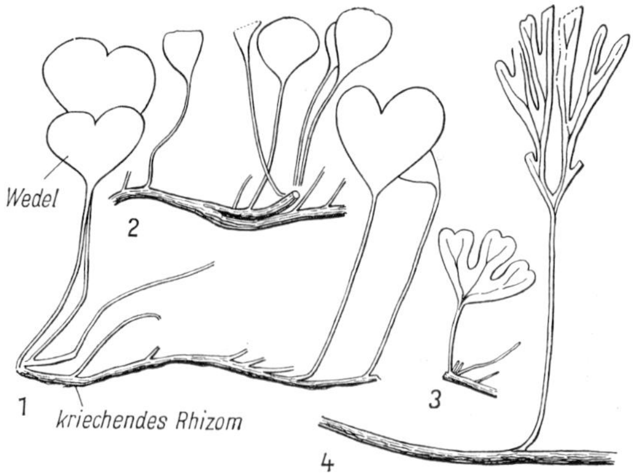

Bild 4.256. Verschiedene *Hausmannia*-Pflanzen mit langen, kriechenden Rhizomen, aus dem Neokom von Quedlinburg (nach RICHTER)
1 Hausmannia kohlmanni; 2 Hausmannia sewardi; 3 Hausmannia spuria (?); *4 Hausmannia dichotoma,* Durchmesser der größten Wedelchen etwa 5 bis 6 cm

Bild 4.257. Wedel einer Matoniaceae, *Matonidium goepperti*, aus dem Wealden (unterstes Neokom) von Bückeburg/BRD. Wedellänge ab dem Gabelungspunkt 9,5 bis 10 cm

soniacea, die Wielandiellaceae und die Bennettitaceae (Cycadeoideaceae). Die *Cycadeoides*-Arten waren im Neokom besonders häufig, z. B. die verkieselten Hölzer in den Black Hills von Dakota/USA, aber auch die berühmte „*Raumeria*“ bzw. *Cycadeoidea reichenbachiana* von Wieliczka/VR Polen. Beide waren die am höchsten entwickelten Gruppen der Bennettitales, die, bis auf wenige Nachzügler, nicht über die Unterkreidezeitgrenze hinweg lebten.

Einer der bedeutendsten Fortschritte in der Entwicklung der Pflanzenwelt war das Erscheinen der ersten Gefäßpflanzen bzw. Angiospermen (netznervige Blätter, Gefäße im Holzkörper) in der obersten Abteilung der Unterkreide (Aptium, Albium). Ab dem Cenoman, örtlich im Turon, entwickelten und breiteten sich dann die Angiospermen sehr schnell aus. Sie wurden zusammen mit den Nadelholzgewächsen beherrschende Pflanzen innerhalb der ersten Phase der Florenentwicklung (Oberkreide bis Paläozän) des Känophytikums. Diese Bedecktsamer bildeten auch die Basis für die känozoische Entfaltung der Vögel und der Säugetiere. Nach den Auffassungen amerikanischer (D. J. AXELROD) und sowjetischer Paläobotaniker (A. L. TAKHTAJAN) entwickelten sich die ältesten „Urangiospermen“ vermutlich in tropischen Gebirgen der Permotrias des heutigen Südostasiens und übersiedelten erst ab der Kreide in die Tiefländer und damit in die Sedimentationsräume, wo sie heute als Belege aufzufinden sind. Ihre stammesgeschichtliche Entwicklung stellt uns vor schwierige und bis heute noch nicht endgültig geklärte Fragen („Angiospermen-Problem“) (Bild 4.258).

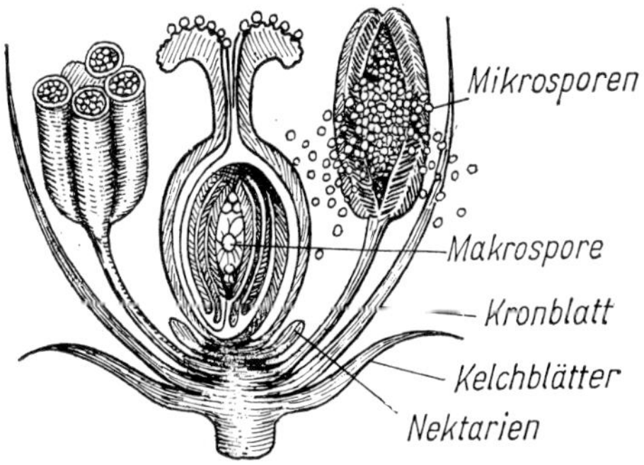

Bild 4.258
Schema einer Angiospermenblüte (nach WIELAND)

Bedeutende Unterkreide-Angiospermenfloren fanden sich an zahlreichen Orten der Erde, z. B. Sowjetunion, Nordamerika, Grönland, Portugal, England. Eine der wichtigsten Floren mit zahlreichen Angiospermen-Gattungen ist die Potomac-Flora des Albiums in Maryland/USA. Sie um-

Bild 4.259. Platanenartiges, schwach dreispitziges, ovales Blatt von *Credneria triacuminata* aus der Oberkreide (Campan) von Blankenburg bei Quedlinburg/DDR. *Credneria* gehört wahrscheinlich zu den direkten Vorfahren der Platanen. Länge 18 cm (vgl. Vorsatzblatt: Credner)

faßt Vertreter der Menispermaceae (Mondsamengewächse), der Casuarinaceae (Kasuarinengewächse), der Magnoliaceae (Magnoliengewächse), der Sapotaceae (Sapotegewächse), der Lauraceae (Lorbeergewächse) und der Salicaceae (Weidengewächse). Andere charakteristische Pflanzen dieser Flora, wie die krautförmig wachsende *Debeya (Dewalquea)* oder *Sagittaria*, lassen sich noch nicht eindeutig ins Pflanzensystem einordnen (Farbtaf. XXI, Bild 24).

Bild 4.260
Blattnervatur von *Credneria triacuminata* aus der Oberkreide (Campan) von Blankenburg bei Quedlinburg/DDR. Der Abstand zweier parallel verlaufender Adern 1,5 bis 2 cm; die Blattspitze liegt rechts im Bild

Im Verlauf der Mittelkreide (Albium – Cenomam), und in der Oberkreide (Senon) dann häufiger, erschienen Angiospermen mit Laubblättern. Der klassische Beleg sind die großen, oft etwas gelappten oder ganzrandigen, verkehrt-eiförmigen, dreispitzigen Blätter von *Credneria (Credneria triacuminata)* (benannt nach K. A. Credner, 1797 bis 1857) (Bilder 4.259 und 4.260). Sie können bis 20 cm und länger werden und haben mitunter einen 8 cm langen, kantigen Stiel. Wahrscheinlich gehören sie zu den Platanaceae (Platanengewächse). Außer in den pflanzenführenden Fundstellen der Oberkreide der DDR: Niederschöna b. Freiberg, Blankenburg/Quedlinburg/Harz, fand sich *Credneria* in der grönländischen und in der böhmi-

Bild 4.261. Nadelholzreste, Zweige und walzenförmige Zapfen, der für die Oberkreide typischen Gattung *Geinitzia formosa* aus dem Senon von Quedlinburg/DDR. Länge des Zapfens links 4,5 cm, Zweig rechts 16 cm

schen/ČSSR Kreide, dort sogar mit platanenartigen Fruchtständen, aber auch in der UdSSR in Kasachstan, in Alaska und in Neumexiko/USA. Neben *Credneria* kommen in den oberkretazischen Floren noch Vertreter der Myrtengewächse (Myrtaceae), Maulbeergewächse (Moraceae), Seerosengewächse (Nymphaceae) sowie Palmen und Gräser vor. Auch Nadelhölzer der Familien Taxodiaceen und Pinaceen wurden beobachtet. Hierher gehören *Sequoia concinna* aus der Unter- und Oberkreide Grönlands und *Geinitzia formosa* aus dem Senon des Harzvorlandes (Bild 4.261). Das Holz von *Geinitzia* ist als *Dadoxylon subhercynicum* bekannt.
Insgesamt gesehen war der Unterschied des Vegetationscharakters zwischen unter- und oberkretazischen Floren so markant und gewaltig, wie nie zuvor in der Erdgeschichte. Endgültig herrschten nun die Angiospermen mit ihrem modernen Gepräge im Pflanzenreich vor.

4.4. Känozoikum – die Erdneuzeit und ihre Systeme

Das Känozoikum oder Neozoikum (griech. kainós = neu, ungewöhnlich; zóon = Lebewesen; néos = jung) umfaßt einen Zeitraum von etwa 65 bis 70 Millionen Jahren. Der Ärenschnitt an der Wende Kreide/Tertiär war einer der schroffsten im Ablauf der Entwicklung der Organismen. Hier endete das Zeitalter der Reptilien, das im wesentlichen Trias, Jura und Kreide umfaßte. Flugsaurier und Dinosaurier auf den Festländern und Ichthyosaurier, Plesiosaurier und Mosasaurier in den Meeresregionen starben aus. Die restlichen Reptilien-Gruppen, die noch überlebten, spielten bis zur geologischen Gegenwart hin, gemessen an der vorangegangenen Formenfülle, nur noch eine untergeordnete Rolle.

Am Ende der Kreide verschwanden von den Wirbellosen eine Reihe bisher bedeutender Tiergruppen spurlos. Mit Ausnahme des *Nautilus*, der als „lebendes Fossil" die Jetztzeit erreichte, verloschen von den Cephalopoden die Masse der Ammoniten und Belemniten, Brachiopoden und Crinoiden wurden seltener. Bis auf wenige Ausnahmen, meist mesozoische Leitformen, wie Inoceramen und Rudisten, die nachkommenlos ausstarben, entfalteten sich Muscheln und Schnecken außerordentlich zahlreich. Es erschienen viele neue Typen.

Die Entwicklung der Vögel und Säugetiere kennzeichnete die Evolutionsvorgänge am Beginn des Känozoikums. Die Vögel entfalteten sich seit der Kreide nun rasch. Schon von Beginn an gab es zahlreiche noch heute lebende Gattungen. Die Vogelwelt erhielt im Alttertiär ein sehr modernes Gepräge.

Der markanteste Entwicklungsschritt war die fast „explosive" Entfaltung der Säugetiere, so daß man jetzt vom Beginn des „Zeitalters der Säugetiere" sprechen kann. Viele bestimmende Tiergruppen waren ausgestorben und hinterließen freie Lebensräume, die sich für eine Besiedlung durch die Säugetiere geradezu anboten. Ihr hoher Organisationszustand ermöglichte den Säugern, bereits während des Alttertiärs Gattungen hervorzubringen, die bis heute fortleben. Einige tertiäre Säugergruppen starben aber schon während des Tertiärs aus, z.B. die Multituberculata im Eozän. Die lange Entwicklungsverzögerung bei den Säugetieren über mehr als 100 Millionen Jahre hinweg bis zur vollen Entfaltung ist ein Beispiel für die sehr unterschiedliche Evolutionsgeschwindigkeit.

Für die rasche Säugerentwicklung im Känozoikum waren hinsichtlich ihres Körperbaues von besonderem Vorteil:

- □ die bessere Nahrungsausnutzung durch ein differenziertes und gut wandlungsfähiges Gebiß

□ ein Haarkleid machte sie klimaunempfindlicher und verlieh ihnen eine höhere Körpertemperatur
□ die schnelle Zunahme des Gehirnvolumens hatte höhere Intelligenzleistungen zur Folge.

Der Übergang von der Kreide- zur Tertiärflora war nicht so markant, denn die Entfaltung der Angiospermen hatte bereits in der Oberkreide eingesetzt.

4.4.1. Tertiär

Der Name Tertiär geht zurück auf G. Arduino, der 1759 das gesamte Känozoikum als „montes tertiarii" gegenüber dem Mesozoikum (montes secundarii) und dem Paläozoikum und Präkambrium (montes primitivi) bezeichnete. In der Gegend von Vicenza, am Fuße der oberitalienischen Alpen, beschrieb er eine Schichtenfolge mit reichem Fossilinhalt, die der heutigen Lebewelt schon sehr nahe stand. J. B. Omalius d'Halloy schilderte dann am Beginn des 19. Jahrhunderts diese Schichten eingehender. P. Deshayes und Ch. Lyell gaben 1830 aufgrund des prozentualen Gehaltes an heute lebenden Arten eine erste Untergliederung in Eozän, Miozän und Pliozän.
Das Oligozän führte E. Beyrich 1854 ein. 1874 stellte W. P. Schimper das Paläozän noch voran. Paläozän, Eozän und Oligozän wurden von C. F. Naumann 1866 zum Paläogen oder Alttertiär zusammengefaßt. Miozän und Pliozän vereinigte 1853 M. Hoernes zum Neogen oder Jungtertiär.

			1,8–2,0 · 10^6a
Tertiär	Jungtertiär (Neogen)	Pliozän (gr. pleon = mehr)	
			5 · 10^6a
		Miozän (gr. meion = kleiner, geringer, weniger)	
			22,5 · 10^6a
	Alttertiär (Paläogen)	Oligozän (gr. oligos = wenig, gering, schwach)	
			37,5 · 10^6a
		Eozän (gr. eos = Morgenröte)	
			53,5 · 10^6a
		Paläozän (gr. palaios = alt; eos = Morgenröte)	
			65 · 10^6a

Die Abgrenzung des Tertiärs zur Kreide beruht auf dem andersartigen Fossilgehalt (s. S. 285 u. 311), einem weithin unvermittelten lithologischen Fazieswechsel, dem Auftreten von Schichtlücken oder Meerestransgressionen. Im Hangenden bilden die glazialen Serien des Quartärs bzw. Pleistozäns die Grenze.

Die biostratigraphische Gliederung des Tertiärs wird durch den starken Fazieswechsel und die Annäherung des Faunenbestandes an die geologische Gegenwart erschwert. Marine Leitfossilien sind Nannoplankton (Coccolithophoriden, Hystrichosphaerideen, Radiolarien u.a.), Foraminiferen, insbesondere Großforaminiferen, wie Nummuliten, und die Mollusken (Muscheln und Schnecken).

In den kontinentalen Ablagerungen erlangten die Säugetiere Leitcharakter, vor allem solche mit durchgehenden stammesgeschichtlichen Entwicklungsreihen, z.B. Proboscidier (Rüsseltiere), Equiden (Pferde), Rhinocerotiden (Nashörner) und Rodentia (Nagetiere).

Pflanzliche Leitfossilien sind Pollen und Sporen, aber auch Charophyten (Armleuchtergewächse) (Bild 4.262).

Das warmzeitliche Klima des Mesozoikums hielt bis ins Alttertiär an. In den mitteleuropäischen Regionen (Pariser Becken, Gebiete der BRD und DDR, Südengland) lebten Tiere und Pflanzen, die heute auf Zentralamerika (Mexiko, Kuba, Florida), Indien, Südchina und Malaysia beschränkt sind. Erst nach dem Eozän/Oligozän erfolgte eine allmähliche Abkühlung bis ans Ende des Tertiärs hin. Höhepunkte im Temperaturablauf waren die Phasen der Kohlebildung (Eozän, Oligozän, Miozän). Jahreszeitliche Rhythmen spiegeln sich heute in der Feinschichtung der Sedimente (Warven), den Zuwachsringen der Holzgewächse sowie in den Otolithen (Gehörsteine) der Fische wider. Höhepunkte in der vornehmlich von Eurasien und Nordamerika ausgehenden Entwicklung erlebten die tertiären Säugetiere.

4.4.1.1. Die Tertiärfauna

Die marine Tierwelt erfährt nur noch bei wenigen Gruppen intensive stammesgeschichtliche Veränderungen, die als biostratigraphische Zeitmarken dienen können. Hierzu gehören unter anderem die Foraminiferen. Ein drittes Mal in der Erdgeschichte erlangten sie einen Entwicklungshöhepunkt und brachten Großformen hervor, die in marinen Sedimenten häufige Fossilien bildeten. Im Bereich des warmen Tethysgürtels waren Riesenkammerlinge, die Nummulitiden (Nummuliten, Assilinen) bezeichnende Bewohner und bauten mächtige Gesteinsserien auf, z.B. die eozänen Nummulitenkalke der Helvetischen Zone der Nordalpen in der Schweiz, im Pariser Becken, auf der Balkanhalbinsel, im Mokattamgebirge Ägyptens und

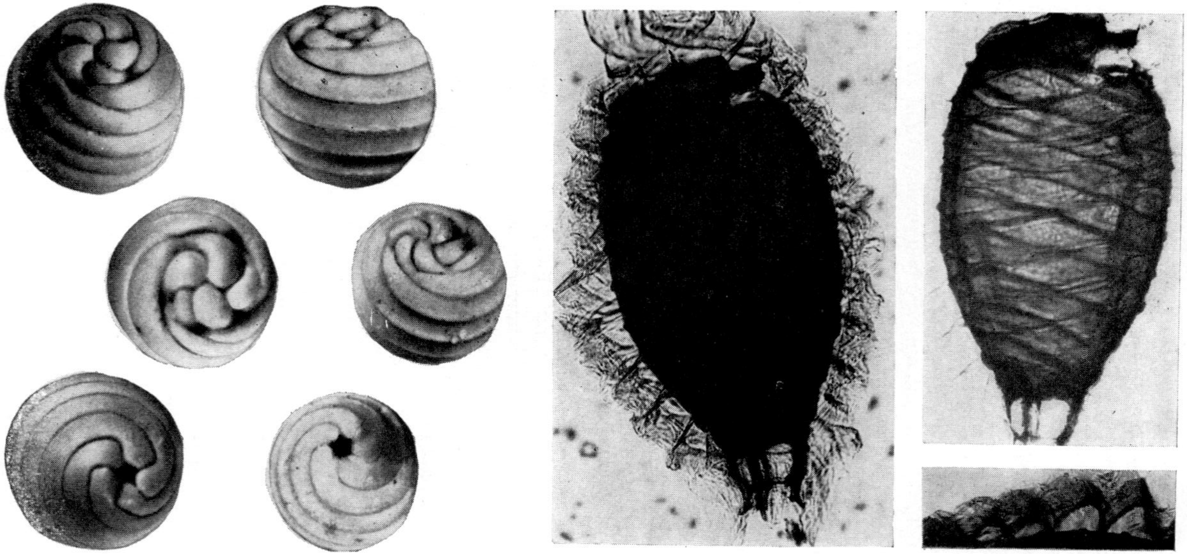

Bild 4.262. Oogonien (weibliche Geschlechtsorgane) von Charophyten (Armleuchtergewächse) aus dem Tertiär (Chatt) der Elsäßer Molasse/Frankreich und aus dem Pleistozän (Holstein-Warmzeit) von Ockrilla bei Meißen/DDR. Die beiden linken Reihen zeigen Oogonien von *Tetrochara diluviana* in Seitenansicht sowie den Gipfel und die Basis des Oogoniums (von oben nach unten) Vergr. 40×. In der rechten Bildhälfte *Tectochara coronata*, Oosporenmembran mit Hüllzellen nach Auflösung der Kalkinkrustation. Von links nach rechts das Basalkrönchen, die Oosporenmembran durchleuchtet und darunter ein Ausschnitt der Hüllzellen; Vergr. 200×

in den Gebirgsmassiven Zentralasiens. Markante Gattungen sind die spindelförmige *Alveolina*, die linsen- bis scheibenförmige *Nummulites* und *Assilina* und die zyklisch gebaute *Orbitolites*. Alle diese Gattungen sind Leitformen für das Alttertiär, besonders im Eozän. Sie erreichten Größen von 10 bis 12 cm Durchmesser (Bild 4.263). Nummuliten sind in die Sagenwelt als „Versteinerte Linsen“ oder „Münzen“ eingegangen. Nummulitenkalke sind geschätzte Bausteine, z.B. im Pariser Becken oder in den Wüsten Nordafrikas, wo sie z.T. zum Pyramidenbau verwendet wurden. Ferner haben diese Mikroorganismen u.a. im Zusammenhang mit der Erdölerkundung große Bedeutung als Indexfossilien erlangt. Sie spielen als Leitfossilien und bei der Erschließung neuer Rohstoffressourcen in der angewandten Paläontologie eine große Rolle.

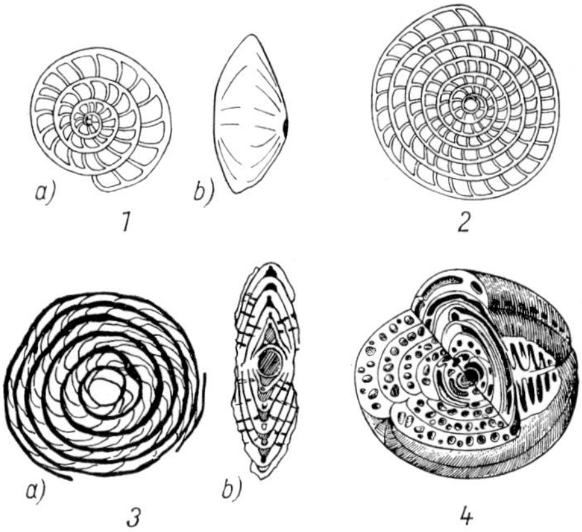

1 Nummulites solitarius; Paläozän
a) Medianschnitt,
b) Seitenansicht
2 Assilina spira; Eozän
3 Nummulites tchihatcheffi; Eozän
a) Medianschnitt,
b) senkrechter Schnitt
4 Borelis melo; Miozän

Bild 4.263. Großforaminiferen (Einzeller, Riesenkammerlinge) des Tertiärs (zusammengestellt nach Brinkmann und Krömmelbein)
Die *Nummulites*-Formen werden im Volksmund auch als „Versteinerte Linsen“ oder „Münzen“ bezeichnet.

Einige tertiäre Wirbellose besaßen nur noch untergeordnete Bedeutung oder spielten kaum eine Rolle. Hierzu gehörten die Schwämme, die sich in Tiefseegebiete zurückgezogen hatten. Auch die Bryozoen gingen zurück, traten aber als Riffbildner noch in Erscheinung. Bei den Brachiopoden erschienen nur noch Reliktformen, mit Ausnahme der sehr großen *Terebratula*. Etwas zahlreicher waren in mediterranen Bereichen die Korallen, insbesondere die Scleractiniden; Astraeiden und Thamnasteriden waren seltener. Im Miozän erreichten die Korallen einen Entwicklungshöhepunkt.
Die Mollusken verzeichneten bei den Kopffüßern einen Rückgang, demgegenüber erlangten Muscheln und Schnecken eine bemerkenswerte Blüte-

Bild 4.264. Oligozänes Turritellengestein mit Anhäufung von *Turritella (Haustator) geinitzi*. Die Schneckenschalen sind kalkig erhalten, z.T. treten Steinkerne auf. Längen zwischen 15 und 20 mm. Pleistozänes Geschiebe; Dornbusch bei Kloster/Hiddensee/DDR; horizontaler Durchmesser des Geschiebes 13,5 cm

zeit. Die tertiären limnischen und marinen Sedimente enthalten eine Fülle fossiler Oryktozönosen (Totengemeinschaften). Ganze Schichtenkomplexe in verschiedenen Tertiärbecken sind nach dem gehäuften Vorkommen bestimmter Molluskenarten benannt, z.B. Cerithien-Kalke, *Corbicula*-Schichten im Mainzer Becken/BRD, das Turritellen-Gestein als Leitgeschiebe (Bilder 4.264, 4.265, 4.266) und in der Schweiz Paludinen-Sande, Cardien-Schichten, Dreissensien-Bänke, *Unio*-Schichten und Hydrobien-Kalke.
Die Muscheln hatten bereits in der Oberkreide den Höhepunkt hinsichtlich Anzahl ihrer Gattungen erreicht, und schon im Paläogen bestand eine generische Übereinstimmung mit den Gattungen der Gegenwart.
Lokal entwickelten sich zahlreiche Leitformen. Faziell standen dickschalige Großformen einer litoralen (küstennahen) Kalksandsteinfazies den dünnschaligen Formen aus Schlickbereichen von Stillwasser-Faziesgebieten gegenüber. Diese Faziesabhängigkeit der Muscheln führte im Verlauf des Jungtertiärs zur Herausbildung von biogeographischen Provinzen: die mediterrane, die indo-pazifische und die karibische Provinz.
Unter den verschiedenen Ordnungen der tertiären Lamellibranchiaten (Muscheln) haben folgende Bedeutung:

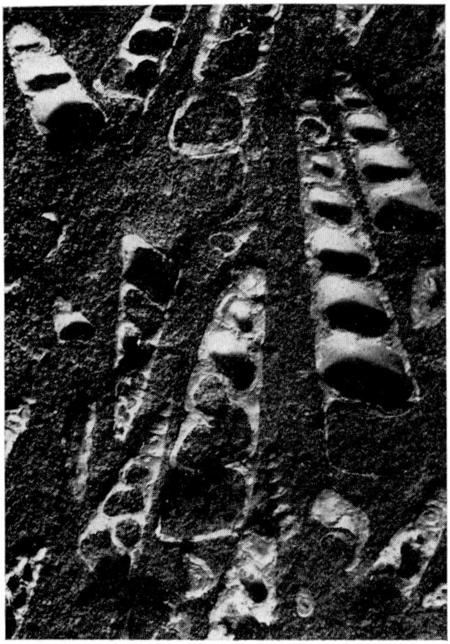

Bild 4.265
In Schalenerhaltung oder als Steinkern vorliegende Schnecken im oligozänen Turritellengestein *Turritella (Haustator) geinitzi;* Größe der Exemplare 15 bis 20 mm. Pleistozänes Geschiebe; Dornbusch bei Kloster/Hiddensee/DDR. (vgl. Bild 4.264)

Bild 4.266
Gehäuse in Schalenerhaltung einer mitteleozänen Tellerschnecke, *Australorbis pseudoammonius pseudoammonius,* aus einem Kohlenkalkstein (Anthrakonit) des Geiseltales bei Merseburg/DDR. Diese Schnecke ist Leitfossil in zahlreichen mitteleuropäischen Tertiär- (Mitteleozän) Vorkommen (Pariser Becken, Elsaß-Lothringen, Oberitalien). Gehäusedurchmesser 20 mm

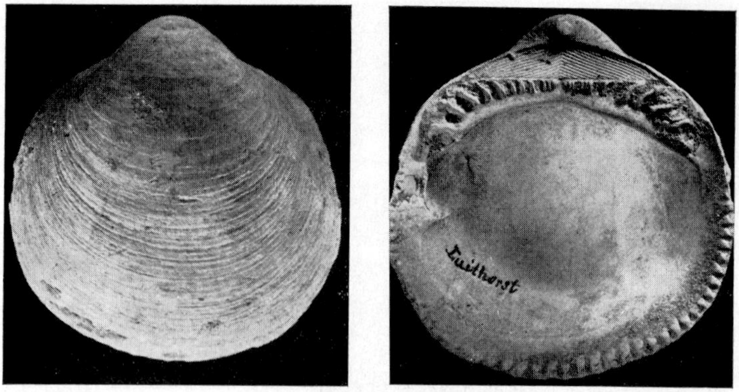

Bild 4.267. Linke Klappe der taxodonten Muschel *Glycymeris* (Syn. *Pectunculus*) *philippi* aus dem Mitteloligozän. Links: Klappe von außen, rechts: Klappe von innen, deutlich erkennbare Muskeleindrücke und Mantelrand sowie dreieckige, gefurchte Ligamentarea, Schloßzähne und vorspringender Wirbel; Höhe 4 cm, Länge 3,8 cm

Taxodonta

Nuculana deshayesiana (Syn. *Leda*), Leitform für das tonige Mitteloligozän; kleine Kerbzähne im taxodonten Schloß; rostrumartig nach hinten verlängerte Schale.

Arca: oval-vierseitig, mit radialer Berippung und konzentrischen Zuwachsstreifen.

Glycymeris (Syn. *Petcunculus*) (Bilder 4.267 und 4.268), dicke Schale mit dreieckiger Bandarea und bogenförmigen Zahnleisten; im Oligozän und Miozän gibt es zahlreiche Leitformen dieser Gattung, z.B. *G. philippi*.

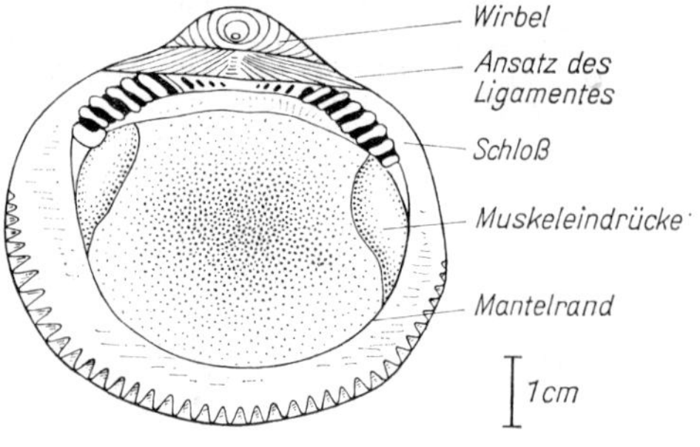

Bild 4.268. Morphologie von *Axinea obovata*, einer taxodonten Muschel mit Leitcharakter für das Mitteloligozän, z.B. Tertiär des Weißelsterbeckens/DDR (ergänzt nach VANGEROW)

Schizodonta

Unio und *Anodonta*, letztere erst seit dem Alttertiär; Süß- und Brackwasserformen.

Dysodonta

Pectiniden (Kamm-Muscheln) kommen mit zahlreichen Gattungen vor und haben stratigraphischen Leitwert. Es überwiegen große kräftige, berippte und bestachelte Formen: *Amussiopecten*, *Chlamys*, *Pecten* (Bild 4.269), *Isognomon* (Syn. *Perna*) besitzt ein großes Ligamentfeld; *I. soldanii* Leitform im Mainzer Becken/BRD; Ostreen, z.B. *Ostrea*, sind Leitformen im Ter-

Bild 4.269. Eine oberoligozäne Kamm-Muschel, *Pecten stettinensis*, von Gozław (Gotzlow) – Szczecin (Stettin)/VR Polen. Die Muschel ist als Steinkern innerhalb einer Brauneisengeode erhalten. Breite 10 cm

tiär des Wiener Beckens. *Congeria*, die Gattung ist namengebend für die Congerien-Schichten im osteuropäischen Neogen.

Heterodonta

Crassatella: dicke Schale, rundlich-oval mit konzentrischer Streifung, Alttertiär bis Miozän; fossil fast 70 Arten bekannt.

Cyprina: rundlich-eiförmig, fein konzentrisch gestreift, Wirbel vor der Mitte; stratigraphisch mit einigen Arten als Leitformen von Bedeutung; *C. morrisi* (Paläozän), *C. rotundata* (Miozän), *C. islandica* (Pliozän und Quartär).

Cyrena: namengebend für den Cyrenen-Mergel des Oberrheintales und Mainzer Beckens/BRD; rundlich, konzentrisch gestreift, leistenförmige Seitenzähne.

Corbicula: ähnlich *Cyrena* mit quergestreiften Seitenzähnen.

C. fluminalis: wichtigste Leitform; Pliozän bis Quartär; dickschalig ± ungleichseitig, rundlich dreieckig, konzentrisch berippt; Vorkommen: Kaukasus, Griechenland, Ungarn, Italien, Frankreich, England.

Cardium (Herzmuschel): Tertiär der DDR; *C. cingulatum* (Bild 4.270) gleichklappige Schale, radial berippt; gekerbte innere Schalenränder.

Meretrix (Syn. *Cytherea*) (Bild 4.271) Maximum der Entwicklung liegt im Eozän; glatter Schalenrand, rundliche Schalen, kräftiger Wirbel.

Bild 4.270. Klappen der heterodonten Muschel *Cardium cingulatum* aus dem Unteroligozän von Latdorf und Westeregeln/DDR. Links: rechte Klappe von außen mit radialer Berippung und besonders innen gekerbtem Schalenrand; rechts: linke Klappe von innen mit Cardinal- und Seitenzähnen des Schlosses, zwei Muskeleindrücken und ganzrandigem Mantelrand; Höhe 4,3 cm, Länge 4,4 cm

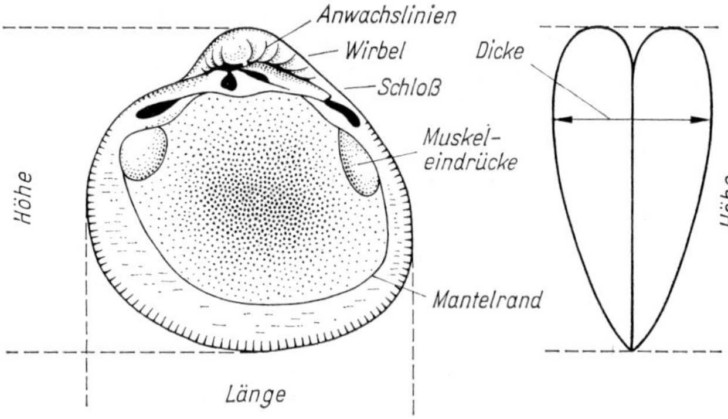

Bild 4.271. Morphologie von *Meretrix* (Syn. *Cytherea*), einer heterodonten Muschel mit Leitcharakter für das Eozän/Oligozän, z.B. des Mainzer Beckens/BRD (ergänzt nach VANGEROW)

Die als Faziesanzeiger wichtigen Schnecken erreichten im Tertiär die größte Formenfülle. Es kamen marine und Süßwasserformen in Massen vor, außerdem breiteten sie sich weiter auf dem Land aus und erlangten dort größere Bedeutung. Aus der Vielzahl dieser Gattungen sollen nur wenige genannt werden:

Cerithiacea

Cerithium: zahlreiche, schwach gewölbte Umgänge, hohes spitzkonisches Gehäuse; Mündung schief-eiförmig, kurzer Ausguß; z.T. Riesenformen bildend, z.B. *Campanile (Campanile) giganteum,* Leitform im Mitteleozän der Tethys; im Mainzer Becken/BRD, Cerithien-Kalke.

Rissoacea

Hydrobia: ± kegel- bis turmförmige, zugespitzte, glatte Gehäuse; eiförmige Mündung; gesteinsbildend in den jungtertiären Hydrobien-Schichten des Mainzer Beckens/BRD und im Süßwasserkalk von Nördlingen/BRD, z.B. *H. acuta.*
Bythinia: ähnlich *Hydrobia,* aber mit Nabelspalte; z.B. *B. gracilis* Leitform der obermiozänen Süßwassermolasse des Oberrheintalgrabens und des Mainzer Beckens/BRD.

Strombacea

Drepanocheilus (Syn. *Aporrhais*): turm- bis spindelförmig, dickschalig; Überentwicklung der Außenlippe zu einem Flügel (4 oder 5 spitze fingerartige Lappen); Leitform im Oligozän, z.B. Weißelsterbecken/DDR, Mainzer Becken/BRD.

Bild 4.272. *Turritella turris* aus den miozänen Cerithien-Schichten des Mainzer Beckens/BRD. Das hochgetürmte Gehäuse besitzt kräftige Längsfurchen und -kiele. Höhe der linken Schnecke 3,9 cm, der rechten 4,7 cm

Bild 4.273. „*Fusus*“ sp. aus dem Miozän des Mainzer Beckens/BRD. Gehäuse mit Längsstreifung und Knoten besetzt; rundliche Mündung mit anschließendem langem Siphonalkanal (Ausguß) Höhe 6,5 cm

Loxonematacea

Turritella (Bild 4.272): festschalig, hochgetürmte Gehäusespitze; zahlreiche Umgänge; ganzrandige Mündung; spirale Skulptur; gelegentlich gesteinsbildend, z. B. Mainzer Becken/BRD (Turritellen-Kalke) Weißelsterbecken/DDR.

Buccinacea

Fusinus (Syn. *Fusus*) (Bilder 4.273 und 4.274): turmförmig mit langem Ausgußkanal, wechselnde Berippung; Leitformen sind: *F. elongatus*, *F. multisulcatus* für Oligozän; *F. longirostris* für Miozän.

Pulmonata

Die Pulmonaten stellen vor allem zahlreiche Brack- und Süßwasserformen, z. B.

Bild 4.274. *Fusinus longirostris*, eine hochgetürmte, schlanke Schnecke mit schwach gewölbten Umgängen und feiner Längsstreifung; ovale Mündung, die in einen langen Ausguß übergeht. Miozän des Mainzer Beckens/BRD. Höhe 6,5 cm

Lymnaea: im gesamten Tertiär häufig, leitend im Oligozän; wenige, schnell anwachsende Umgänge, eiförmige Mündung.
Planorbis: scheibenförmig, planspiral, z. T. eingesenktes Gewinde, rundliche Mündung; leitend im Eozän, z. B. Geiseltal bei Merseburg/DDR, Pariser Becken, Rhonebecken/Frankreich (s. Bild 4.266, S. 325).

Zu den Pulmonaten oder Lungenschnecken gehören auch die im Tertiär weit verbreiteten Landschnecken. Sie umfassen etwa 7800 Arten, davon sind etwa 800 Arten fossil wichtig. Hier kommen zahlreiche Leitformen vor: *Pupa, Clausilia, Succinea, Cepaea, Plebecula* u.a.
Von den Scaphopoden ist vor allem *Dentalium* in marinen Horizonten häufig und bildete z.T. sehr große Formen.
Die Echinodermen waren im Tertiär hauptsächlich durch die Echinoiden vertreten. Noch mehr als in den vorangegangenen Systemen standen hier die irregulären Seeigel im Vordergrund. Schlickbewohner waren die herzförmigen Spatangiden, z.B. *Schizaster* mit einem nach hinten gerücktem Scheitel und *Spatangus*. Die sandigen Meeresgründe bis zur Nähe der Brandungszone besiedelten z.B. *Clypeaster* (mit flacher Unterseite und aufgewölbter Oberseite). Von ihm sind sehr große Exemplare aus dem mediterranen Jungtertiär bekannt. Der rundlich-ovale *Echinolampas* mit fast zentralem Mund und nahe dem Hinterrand gelegenem Periprokt und *Maretia hofmanni* sind leitend im Oberoligozän und weit verbreitet (Bild 4.275).
Die tertiären Fische tragen ein junges Gepräge. Von den Haifischen sind fast nur die Zähne bekannt. Sie bilden in den Ablagerungen des Oligozäns und Miozäns ein bedeutendes Sammelobjekt. Hier gibt es Haifischzähne in den sandigen Horizonten (mitteloligozäner Meeressand) der Braunkohlentagebaue und in Sand- und Kiesgruben oft massenweise, z.B. Weißelsterbekken/DDR, Mainzer Becken/BRD, Hessische Senke/BRD. Von den Berg-

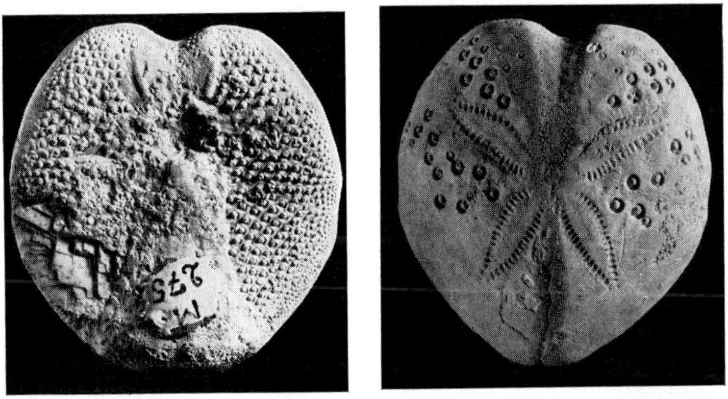

Bild 4.275. Der tertiäre, irreguläre Seeigel *Maretia* (Syn. *Spatangus*) *(Hemipatagus) hofmanni*, aus dem Oligozän vom Doberg bei Bünde/Westfalen/BRD. Rechts: gewölbte Apikalseite mit blumenblattartig verbreiterten Petalodien, deutlicher Floszelle und Genitalporen sowie Stachelwarzen auf den Interambulakralplatten; links: abgeplattete Oralseite mit Peristom und Periprokt sowie Stachelwarzen. Vertikaldurchmesser 6 cm

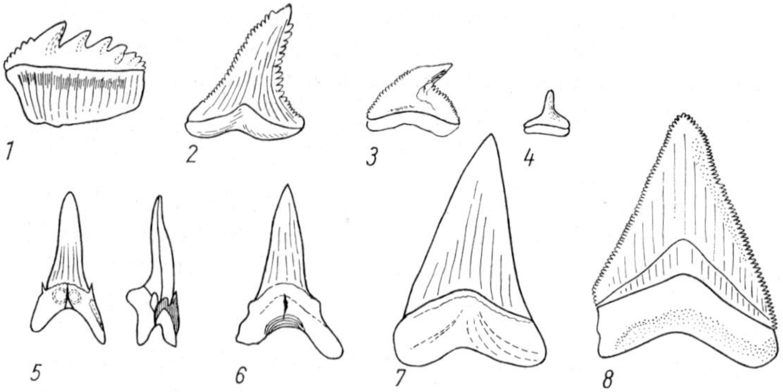

Bild 4.276. Verschiedene Zahnformen tertiärer Haifische, sog. „Vogelzungen" (zusammengestellt nach FRAAS und A.H. MÜLLER)
1 *Hexanchus* (Syn. *Notidanus*) *primigenius*, Oligozän; 2 bis 2,5 cm breit; 2 *Hemipristis serra*, Mittleres Miozän; 2,5 bis 3,0 cm breit; 3 *Galeus* (Syn. *Pristiurus*) *latidens*, Miozän; 1,2 bis 1,5 cm breit; 4 *Sequatina* (Syn. *Aprion*) *stellatus*, Oligozän; 5 *Isurus* (Syn. *Lamna*, *Oxyrhina*) *concordidens*, Oligozän; bis 2,5 cm lang; 6 *Isurus crassidens*, Oligozän; bis 2,5 cm lang; 7 *Isurus hastalis*, Oligozän; bis 3 cm lang; 8 *Carcharodon megalodon*, Oligozän; 7 bis 10 cm lang (vgl. Bild 4.277)

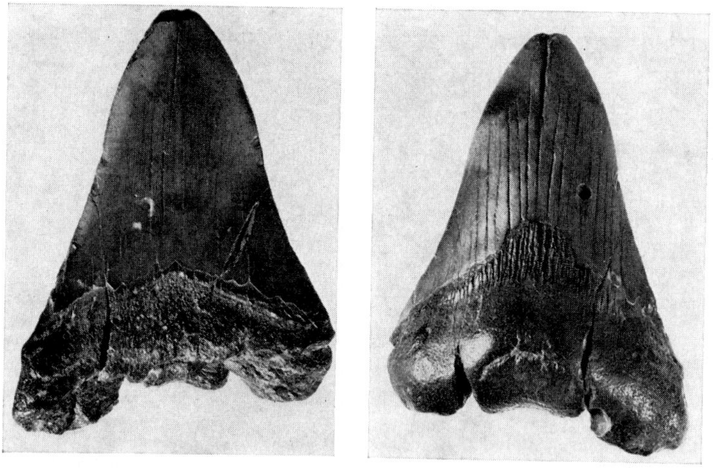

Bild 4.277. Zahn eines Riesenhaies, *Carcharodon megalodon*, links von der Innenseite (linguale Fläche) und rechts von außen, aus dem Miozän (Phosphorite) von Südcarolina/USA. Höhe des Zahns 10 cm, Breite an der Basis 9 cm

Bild 4.278. Tertiärer Knochenfisch, *Lates gracilis* (Familie Labroidei), aus dem Eozän von Monte Bolca bei Verona/Norditalien. Länge etwa 11 bis 12 cm

arbeitern werden sie „Vogelzungen" genannt. Fünf Gattungen sind von Bedeutung (Bild 4.276):

Hexanchus (Syn. *Notidanus*): Grauhaie; mehrzackige Zähne auf breitem Zahnsockel *(H. primigenius)*.

Hemipristis: Glatt- oder Menschenhaie; mäßig große, gedrungene Zähne, die hohl, sehr breit und seitlich sägeblattartig grob gezähnelt sind.

Squatina (Syn. *Aprion*): kleine, spitze, gerade Zähne mit scharfen Rändern, großer Zahnsockel.

Isurus (Syn. *Lamna*): Riesenhaie; schlanke, kräftige, stark zugespitzte Zähne, oft mit Nebenspitzen; Zahnbasis in zwei spitze oft zungenartig geschweifte Wurzeln auslaufend.

Carcharodon: bis 10 cm lange Zähne, flach-dreieckig, gezähnelte Kanten (Bild 4.277).

Bei den tertiären Knochenfischen waren bereits alle wichtigen, heute lebenden Gruppen vorhanden. Als bedeutende tertiäre Fischfaunen sollen genannt werden:

Mitteleozäne Braunkohle des Geiseltales bei Merseburg/DDR (Umbridae – Hechte; Thaumaturidae – Lachse; Serranidae – Barsche; Amiidae – Schlammfische);

Eozän von Monte Bolca (Vicentin)/Italien (Bild 4.278);

Green River Schichten im westlichen Nordamerika;

Mitteloligozänes Polierschiefervorkommen von Seifhennersdorf/OL./

Bild 4.279. Der fossile Frosch *Eopelobates hinschei* aus der mitteleozänen Braunkohle des Geiseltales bei Merseburg/DDR. Zufließende Kalkwässer neutralisierten die pflanzlichen Huminsäuren der fossilen Moorgebiete des Geiseltales, dadurch wurde die Auflösung der Knochensubstanz verhindert. Länge etwa 10 cm

DDR (Cyprinidae: Karpfenfische – *Varhostichthys*); Unteroligozäne *Meletta*-Schiefer des Oberrheintalgrabens und des Mainzer Beckens/BRD (*Meletta* und *Amphisyle*, beide heringsähnliche Fische, haben Leitcharakter); Oligozäne Fischschiefer der Molassezone Oberösterreichs: der sog. Schlier mit *Meletta;*
Obermiozäne Süßwassermolasse von Öhningen (Baden) am Bodensee/BRD mit Fischen wie Gründel, Schleien, Lebias und Poecilia, aber auch Flußbewohner, wie Gründlinge und Bitterlinge. Sogar Aale wurden beobachtet.

Überreste von Amphibien, insbesondere Froschlurchen und Schwanzlurchen in paläogenen und neogenen Tertiärablagerungen sind selten und nur in wenigen Vorkommen, dann jedoch in guter Erhaltung, gefunden worden, z.B. im Mitteleozän des Geiseltales bei Merseburg/DDR mit Erhaltung von Weichteilen (Zellstrukturen) (Bild 4.279), z.B. *Eopelobates hinschei* (Knoblauchskröten); *Pelobatinopsis grandipes* (Kröten);
im Mitteloligozän des Polierschiefervorkommens von Seifhennersdorf/OL./DDR: *Palaeobatrachus diluvianus*, mit Larven (Kaulquappen);
in der obermiozänen Süßwassermolasse von Öhningen (Baden)/BRD am Bodensee: Skelett eines Riesensalamanders *(Andrias scheuchzeri)* als Nachkomme der ältesten Salamander (Urodela). Weitere Funde stammen aus dem Miozän und Pliozän Nordamerikas.

Häufiger als Amphibien finden sich in tertiären Ablagerungen Reptilien, vor allem Schildkröten, Krokodile, Eidechsen und Schlangen (Bilder 4.280 bis 4.284). Wegen ihres vorzüglichen Erhaltungszustandes sollen hier zwei Fundstellen besonders genannt werden, das Mitteleozän des Geiseltales bei Merseburg/DDR (Farbtaf. XIX, Bild 22, Farbtaf. XXII, Bild 25 und XXIII, Bild 26) und die mitteleozäne Ölschieferlagerstätte von Messel bei Darmstadt/BRD.

Mit Beginn des Känozoikums hatten die Vögel ihren heutigen Entwicklungsstand im Skelettbau erreicht. Besonders auffällig sind die Ratiden, flugunfähige Laufvögel. Sie hatten in ihrem Lebensbereich keine Feinde, so daß für sie das Fliegen als Fluchtmöglichkeit überflüssig war. Viele Ratiden waren grasende Pflanzenfresser. Zwei Gruppen müssen allerdings Fleischfresser gewesen sein, denn sie besaßen große Schädel mit kräftigen Schnäbeln. Hierzu gehörte vom oberen Paläozän bis ins Mitteleozän der 2,5 m hohe, schwere Riesenlaufvogel *Diatryma*. Er lebte wahrscheinlich von terrestrischer Nahrung auch in den Waldgebieten des mitteleozänen Geiseltales bei Merseburg/DDR. In seiner Lebensweise war er dem australischen *Kasuar*, in seinem Laufvermögen und seiner Ernährung der südamerikanischen *Cariama* ähnlich.

Zu diesen Giganten aus der Verwandtschaft der Rallen gehört der miozäne, 3 m große *Phororhacos*. Sein scharfer Schnabel und starke, lange Krallen

weisen darauf hin, daß er räuberisch von Reptilien und kleinen Säugern lebte. Lebensbereiche waren Niederungen und Hügellandschaften in Patagonien/Südamerika.
Die bisher nur durch kleine Formen vertretenen Säugetiere gelangten nun zu Beginn des Tertiärs, nach einem 100 Millionen Jahre dauernden verborgenen Dasein während Jura und Kreide, schlagartig zu rascher Entfaltung und Ausbreitung. Vielgestaltigkeit, Artenfülle, Kurzlebigkeit und

Bild 4.280. Flachgedrückte Landschildkröte, *Geoemyda (Geiselemys) ptychogastroides*, Rückenpanzer (Carapax) mit Kopf (rechts oben), aus der mitteleozänen Braunkohle des Geiseltales bei Merseburg/DDR (Tagebau Neumark-West). Länge 19 cm, Breite 15 cm

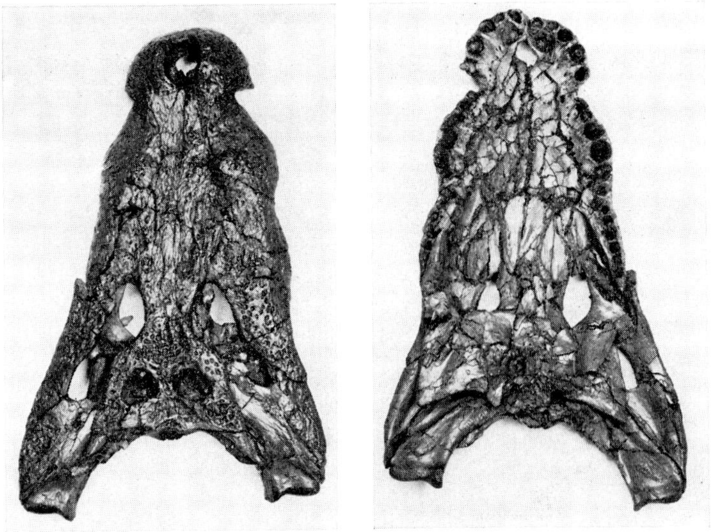

Bild 4.281. Schädel (Cranium) des Krokodils *Asiatosuchus germanicus* aus der mitteleozänen Braunkohle des Geiseltales bei Merseburg/DDR. Links: Oberseite, rechts: Gaumenseite; Schädellänge 55 cm

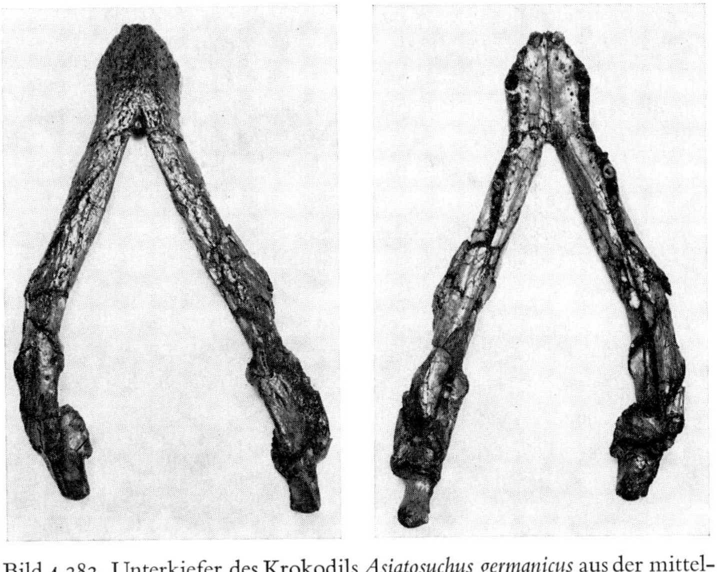

Bild 4.282. Unterkiefer des Krokodils *Asiatosuchus germanicus* aus der mitteleozänen Braunkohle des Geiseltales bei Merseburg/DDR. Links: Unterseite, rechts: Innenseite; Länge 55 cm

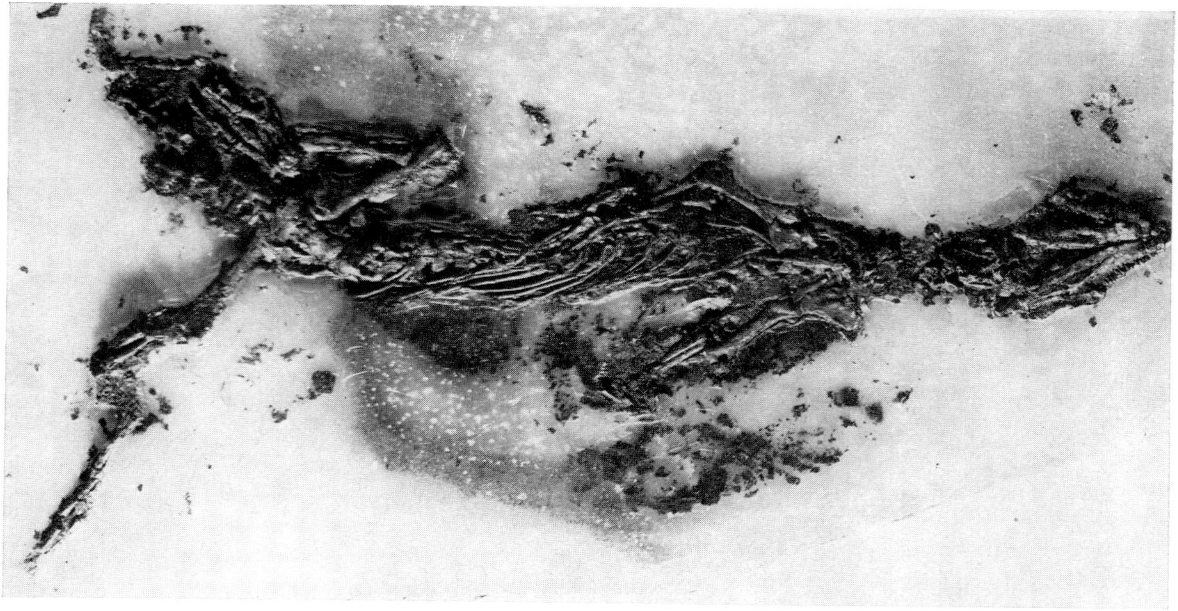

Bild 4.283. Eine langschwänzige, zierliche Baumeidechse, *Eolacerta robusta*, aus der mitteleozänen Braunkohle des Geiseltales bei Merseburg/DDR. Länge des Skeletts etwa 40 cm

Bild 4.284. Schlangenskelett aus der mitteleozänen Braunkohle des Geiseltales bei Merseburg/DDR. Das Skelett zeigt deutlich den vom Rumpf abgesetzten Kopf. Am Rumpf sind zahlreiche zarte Rippen sichtbar. Länge des Skeletts etwa 65 bis 70 cm

▼

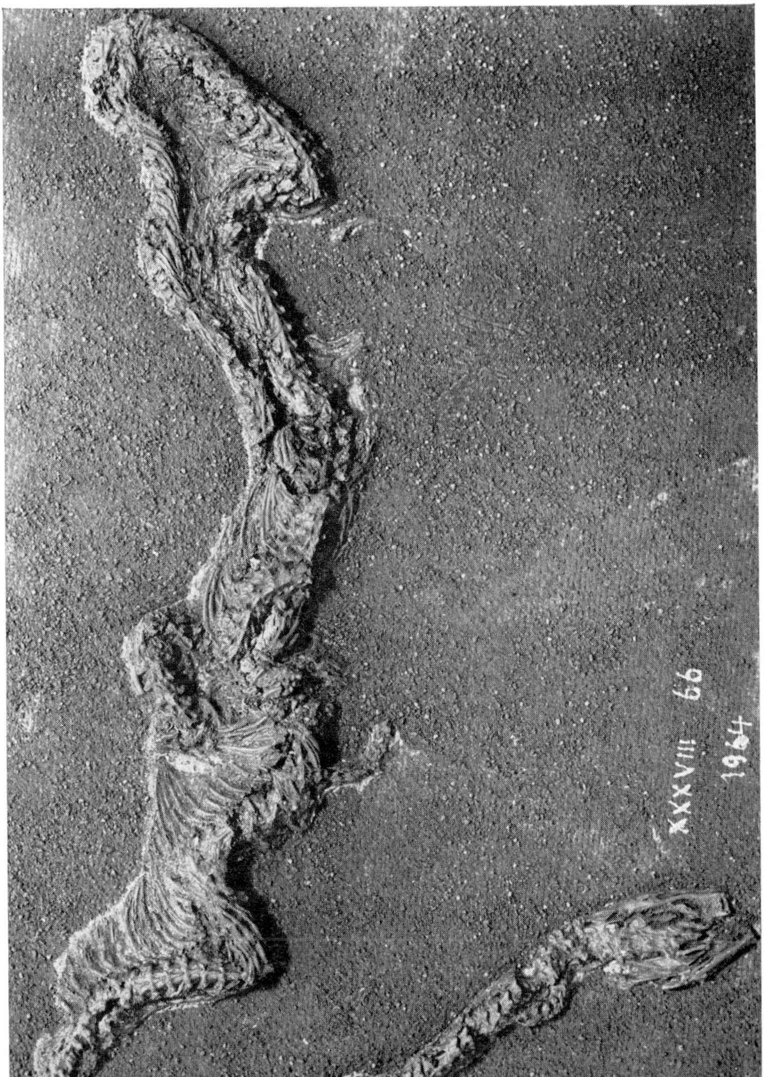
XXXVIII 66
1964

teils weite regionale Verbreitung kennzeichnen die sich während des Känozoikums rasant entwickelnden Säugetiere. Sie lieferten während Tertiär und Quartär hervorragende Zeitmarken und Evolutionsbeweise. Die wichtigsten morphologischen Merkmale der Säugetiere, im Unterschied zu den Reptilien, sind im Bild 4.189 auf Seite 228 zusammengestellt.
Für die Entwicklung der tertiären Säuger waren neben den evolutionären Faktoren maßgeblich paläogeographische Gesetzmäßigkeiten verantwortlich, wie das Vorhandensein oder Fehlen von Landbrücken zwischen den damaligen Kontinenten und palökologische Gegebenheiten (Bild 4.285). So existierten für sie unüberwindbare Schranken, z.B. die Ural- bzw. Westsibirische Straße. Dagegen wurden Landverbindungen (Landbrükken), wie zwischen Nordamerika und Osteuropa mit Asien (Bering-Landbrücke) und mit Südamerika (Mittelamerikanische Landbrücke), von den Säugetieren als Wanderwege genutzt. Infolgedessen entstanden teilweise eigenständige Faunen in isolierten Landbereichen mit paradisischer Evolution der Organismen, z.B. Australien, Tasmanien. Dies belegen vor allem die eierlegenden Kloakentiere (Monotremata) und die Beuteltiere (Marsupialia). Die fossile Überlieferung dieser Säugetiere ist geographisch so fragmentarisch und begrenzt und ihre Verbreitung auf

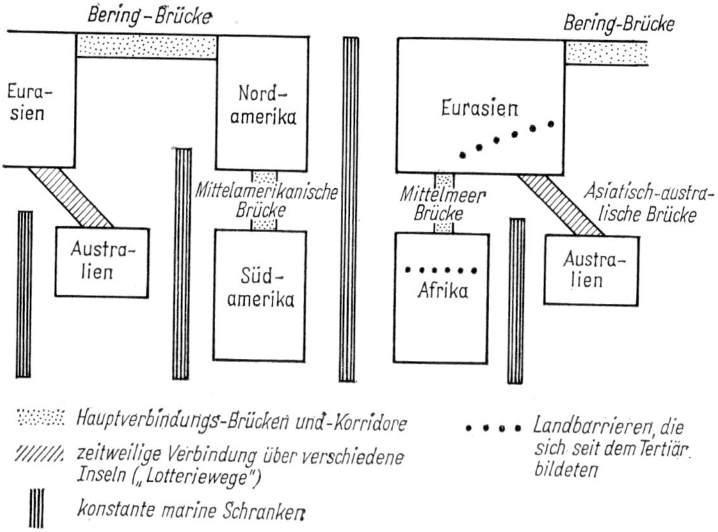

Bild 4.285. Die Erde im Zeitalter der Säugetiere (Känozoikum), Barrieren und Landbrücken beeinflussen die Verbreitung der Lebewelt (verändert nach SIMPSON)

Australien und Südamerika beschränkt, daß das nur eine Folge der paläogeographischen Gegebenheiten zu Beginn und während des Känozoikums sein kann. Australien war seit Ende der Kreidezeit ein isolierter Kontinent. Daher überlebten hier – geschützt von der Konkurrenz der sich andernorts höherentwickelnden plazentalen Säuger – zwei ihrer primitiven Typen: Schnabeltier und Ameisenigel. Beide legen reptilähnliche Eier, die Jungen werden mit Milch aus umgewandelten Schweißdrüsen gesäugt. Einige Skelettelemente erinnern an Reptilien, so ist z. B. der Schultergürtel urtümlich, ferner besitzen sie eine Kloake.

Das Schnabeltier lebt in Flüssen und bewohnt unterirdische Baue entlang den Uferbänken; der Ameisenigel lebt igelartig in dichten Wäldern. Beide bilden eine völlig isolierte Abstammungslinie der säugetierähnlichen Reptilien und sind ein vermittelndes Entwicklungsstadium zu den höheren Säugetieren. Die Beuteltiere stehen phylogenetisch und morphologisch zwischen den eierlegenden und den plazentalen Säugern. Typisch ist für diese Tiergruppe, daß die weiblichen Tiere die Jungen in einer beutelartigen Hautfalte bzw. Tasche (Marsupium) tragen und dort ernähren.

Das amerikanische Opossum – ein „lebendes Fossil" – gilt als der Ahne der Beuteltiere. Es ist ein katzengroßer, auf Bäumen lebender Allesfresser, mit einem nackten, rattenähnlichen Schwanz. Als Nahrung bevorzugt er Insekten. Die ältesten, sicheren Beuteltierreste wurden in der Oberkreide Nordamerikas gefunden. Die Heimat der Beuteltiere jedoch war und ist Australien, wo sich fossile Reste vom Oligozän an bis in die eiszeitlichen Schichten hinein finden. Wolf- und maulwurfähnliche Formen, wie der fleischfressende Tasmanische Wolf oder der Beutel„maulwurf", traten hier auf, neben ameisenfressenden Formen, wie dem Ameisenbeutler, und zahlreichen pflanzenfressenden Gruppen, wie Koala (Beutelbär) und Wombat. Als Pflanzenfresser ist noch das Känguruh zu nennen, dessen pleistozäne Riesenform, das kurzschnauzige *Procoptodon*, in aufrechter Haltung über 3 m hoch war.

Das Hauptgewicht der Tertiärfauna aber lag bei den höheren bzw. plazentalen Säugetieren (Eutheria). Es gab 28 Ordnungen mit 2648 Gattungen. Von allen fossilen Hartteilen sind ihre Zähne von größter Bedeutung, da sie am häufigsten und oft in Zusammenhang mit Kieferknochen erhalten blieben. Die starke Differenzierung von Mahlzähnen (Molaren) und Vormahlzähnen (Praemolaren) ist für die paläontologische Entwicklung der Säugetiere besonders wichtig, denn sie geben Aufschluß über die verwandtschaftlichen Beziehungen der Eutheria.

Die Säugetiere entwickelten sich während des Känozoikums in zwei Phasen (Radiationen). Die erste lag im Paläozän und Eozän, die zweite im Oligozän, in der der Habitus der modernen Säugetierfauna geprägt wurde. Die Insektenfresser (Insectivora) sind die eigentliche Stammgruppe der hö-

heren Säuger. Von ihnen aus entwickelten sich in üppiger Vielfalt und vielen evolutiven Linien die einzelnen Ordnungen. Diese frühe Tierwelt ist gekennzeichnet durch größere pflanzenfressende Säugetiere.
Nach G. G. Simpson gliedert man die Säugetiere in vier große Gruppen (Kohorten). Die direkten Abkömmlinge der primitiven Insektenfresser sind die Unguiculata, die u.a. die Insektenfresser (Spitzmäuse, Maulwürfe, Igel), die Fledermäuse (Chiroptera), die Zahnarmen (Edentata), die Schuppentiere (Pholidota) und die Herrentiere (Primates) umfassen. Eine zweite Gruppe, die Glires, werden durch die Nagetiere (Rodentia) und die Lagomorphen (Kaninchen und Hasen) vertreten, in die dritte Kohorte sind die Mutica, Delphine, Wale, Seekühe *(Halitherium)*, Robben (Pinnipedia), also sekundär zum Wasserleben zurückgekehrte Säuger, eingeordnet. Die vierte Gruppe, die Ferungulata, umfassen die Raubtiere (Fleischfresser oder Carnivora) (Bild 4.286) und alle Huftiere (fleischfressende Säuger, primitive Huftiere, pflanzenfressende Säuger, Unpaarhufer und Paarhufer).
Aus der Vielfalt sollen nur die Unpaarhufer (Pferde, Titanotherien, Chalicotherien, Tapire (Bild 4.287), Rhinozerosse) und die Rüsseltiere (Moeritherien, Dinotherien, Mastodontier, Mammute, Elefanten) als die besonders bedeutenden Gruppen näher betrachtet werden.
Den wohl besten Einblick in die Entwicklungsgeschichte gewährt die Stammesgeschichte der Pferde (Bild 4.288). Schon seit Beginn ihrer phylogenetischen Geschichte, im Alttertiär (frühes Eozän) bis zur Gegenwart, ist paläontologisches Beweismaterial sehr vollständig überliefert. Nordameri-

Bild 4.286. Unterkiefer eines Urraubtieres (Creodonta), *Prodissopsalis eocaenicus*, aus der mitteleozänen Braunkohle des Geiseltales bei Merseburg/DDR (Tagebau Neumark-West). Länge 16 cm

Bild 4.287. Vollständiger Schädel (Cranium) von *Lophiodon remensis*, einem tapirähnlichen Unpaarhufer (Perissodactyla) aus der mitteleozänen Braunkohle des Geiseltales bei Merseburg/DDR (Tagebau Neumark-Süd). Breite des Fundkomplexes 40 cm

kanische Sedimentablagerungen aus Steppengebieten bilden die Fundgruben für diese Stufenreihe und ihre Beweise. Körpergröße, Gehirnentwicklung, Entwicklung der Vorder- und Hinterextremitäten und ihres Mechanismus, Zahnhöhe und Zahnkronenmuster sowie deren Veränderungen in zeitlicher Abfolge sind für die Stammesgeschichte der Pferde von Wichtigkeit.

Der Ahn der Pferde aus dem Untereozän ist *Hyracotherium („Eohippus")*. Er war ein fast fuchsgroßer, vierfingeriger bzw. dreizehiger Zehengänger (funktionell dreistrahlige Extremität), und er besaß vierhöckerige, niedrigkronige Zähne. In tropischen Urwaldgebieten lebte er als Buschschlüpfer, der sich von Laub ernährte. In Nordamerika entwickelten sich die eozänen Pferde in nur einer Linie über *Orohippus* zu *Epihippus* weiter, in Europa dagegen spalteten sie sich in sechs Entwicklungslinien auf. Im Braunkohlentertiär des Geiseltales bei Merseburg/DDR und in dem Ölschiefervorkommen von Messel bei Darmstadt/BRD fand man einmaliges Material über diese Pferdeahnen. Jedoch repräsentieren diese Funde einen am Ende des Eozäns wieder aussterbenden Seitenzweig der Entwicklung (s. Bild 2.3)

(Propalaeotherium hassiacum, P. messelense, Lophiotherium voigti). Die weitere Entwicklung der Pferde war dann auf den nordamerikanischen Kontinent beschränkt. Es wanderten jedoch im mittleren und im jüngeren Tertiär immer wieder einzelne Gruppen nach Südamerika oder über die landfeste Beringstraße nach Eurasien und Afrika ein. Am Ende des Oligozäns sind dann weitere entscheidende Fortschritte bei *Miohippus* zu beobachten. Die Zwergpferde erreichten die Größe eines Schafes; alle Füße wurden drei-

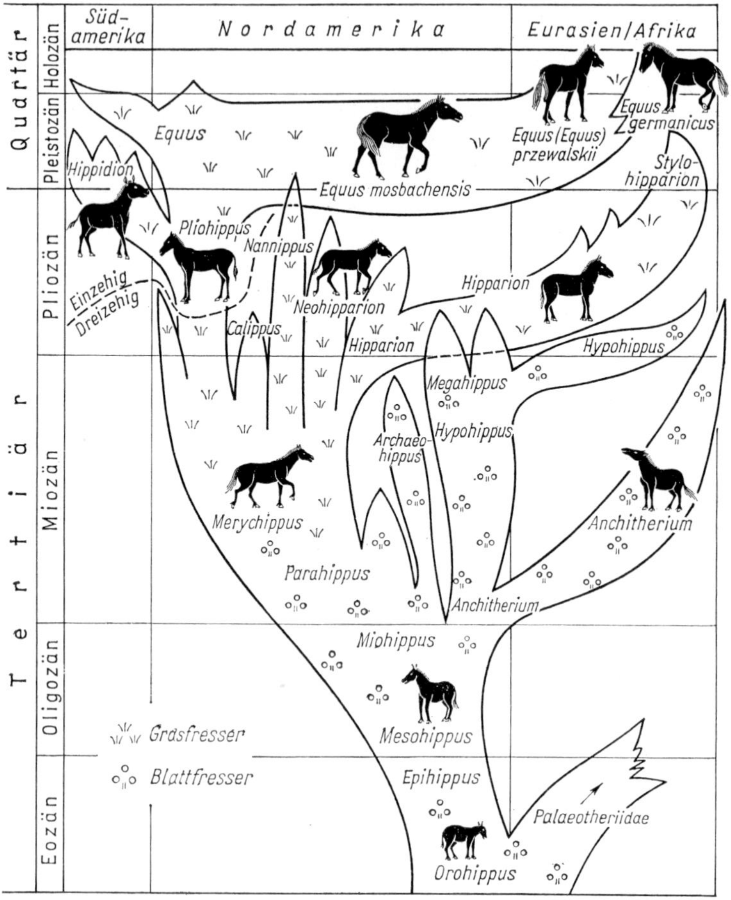

Bild 4.288. Der Stammbaum der Pferde (Rekonstruktion maßstäblich) (nach SIMPSON und THENIUS)

zehig; die Kronen der Backenzähne besaßen bereits V-förmige Leisten. Es waren fortgeschrittene Laubfresser oder Blattäser, die recht schnell und ausdauernd über festen und harten Boden laufen konnten. Im Zusammenhang mit der Verbreitung der frühen Gräser und Blütenpflanzen erschienen ab Miozän mehrere Entwicklungslinien von Waldpferden, z.B. *Archaeohippus*, *Hypohippus* und *Anchitherium*. Die Hauptlinie setzte sich im Spätmiozän mit dem ponygroßen *Merychippus* fort. Es hatte hochkronige Backzähne mit Leisten, die über Schmelz und Dentin herausragten. Damit wurden harte Pflanzenfasern und Samen zermahlen. Diese sog. Equinen waren die ersten grasfressenden Steppenpferde. Aus ihnen gingen über *Pliohippus* an der Pliozän-Pleistozän-Grenze die modernen Einhufer hervor, und über die Beringbrücke gelangten auch sie wieder nach Eurasien und Afrika. Diese Gruppe der weltweit verbreiteten Pferde mit der Gattung *Equus* ist groß, einzehig und hat hohe Zähne mit einem komplizierten Schmelzfaltenmuster. Am Ende der Eiszeit starb das Pferd in Nordamerika aus.

Die Stammesgeschichte der Pferde hat also keine geradlinige Entwicklungsreihe, vielmehr wechselten zahlreiche Körpermerkmale im Verlauf ihrer Entwicklung. Raschen und intensiven Umwandlungen folgten Stillstandsphasen, oder einzelne Merkmale änderten sich stetig und über lange Zeiträume. Die Entwicklungsreihe der Pferde zeigt besonders gut Zusammenhänge und Beziehungen zwischen Umweltbedingungen, Auslesemechanismen und Anpassungen, die die Entwicklung einer Tiergruppe im erdgeschichtlichen Zeitablauf festlegen.

Der Formenkreis der Rüsseltiere oder Proboscidier (Bild 4.296, s. S. 360) vermittelt einen Einblick in die erdgeschichtliche Entwicklung der ehemals fast weltweit (außer in Australien) verbreiteten, interessanten Säugetiergruppe.

Die geologisch ältesten Rüsseltiere im Alttertiär lebten in Afrika. Das tapirgroße *Moeritherium* ist der älteste Vertreter der Rüsseltiere, wenngleich noch ohne Rüssel. Wegen seiner einseitigen Anpassung starb *Moeritherium* am Beginn des Oligozäns wieder aus und ist nicht als direkte Ahnenform der Rüsseltiere anzusehen. Das zwergelefantengroße *Palaeomastodon* hat dagegen schon proboscidierartige Merkmale, wie Verlängerung der Kieferknochen, die im Ober- und Unterkiefer wenn auch noch nicht voll entwickelte Stoßzähne trugen. Erst im Altmiozän hatten die Mastodonten vergrößerte Oberkieferstoßzähne. Sie breiteten sich während dieser Zeit in Europa und Asien aus und wanderten über die Beringbrücke nach Nordamerika, in der Eiszeit erreichten sie sogar Südamerika. Ursprünglich langkieferig, entwickelten sich die Mastodonten zu kurzkieferigen, rüsseltragenden, elefantenartigen Formen, die stoßzahnlose Unterkiefer besaßen. Sie starben im Altpleistozän in Europa aus.

Nun traten in Eurasien und Afrika die ersten echten Elefanten (Elephanti-

dae) in zwei Stammlinien auf, von ihnen leiten sich die rezenten afrikanischen *(Loxodonta)* und indischen Elefanten *(Elephas)* ab. Charakteristisch für die modernen Elefanten sind hochkronige Backenzähne und Lamellenzähne mit zunehmender Zahl der Querjoche (Lamellen). Die Backenzähne werden im Laufe der Entwicklung größer, nahmen aber an Zahl ab. Der Südelefant *(Archidiskodon)* ist die Ausgangsform der *Elephas*-Gruppe Asiens und der eiszeitlichen Altelefanten *(Palaeoloxodon)* und Mammute. Letztere Gruppe wurde in ganz Europa und Nordasien (sibirische Mammutfunde) durch Waldsteppenformen mit *Mammuthus trogontherii* (s. Bild 4.294) (z.B. Mammut von Sangerhausen/Voigtstedt/DDR) und Kältesteppenformen, wie *Mammuthus primigenius* (z.B. das Geiseltal-Mammut (s. Bild 4.295) und das Bornaer Mammut) vertreten.
Ähnlich wie bei den Pferden war die Ausbreitung der Elefanten abhängig von der Umstellung ihrer Nahrungsgewohnheiten. Aus zunächst reinen Blattäsern wurden sie im Laufe der geologischen Entwicklung Kraut- und Grasfresser.
Die am höchsten entwickelten Säugetiere, die Primaten oder Herrentiere, gingen, wie bereits erwähnt, aus den Insektenfressern hervor. Mit ihren niederen Formen, wie Halbaffen (Prosimier), reichen sie bis an den Beginn des Tertiärs zurück. Sie waren weltweit verbreitet, außer in Australien. Echte Affen (Anthropoidea), auch erste Menschenaffen (Pongiden), sind aus dem Oligozän bekannt.

4.4.1.2. Die Tertiärflora

Die Florenentwicklung verlief im Känophytikum zweiphasig. Die erste Phase umfaßte Oberkreide bis Paläozän, die zweite Eozän bis Neogen, d.h., sie setzte sich bis in die Gegenwart fort. Beginnend mit einer sehr schnellen Entwicklung und Ausbreitung der Angiospermen seit dem Alb, waren diese zusammen mit Nadelholzgewächsen zunächst das vorherrschende Florenelement. Die zweite Phase kennzeichnet eine immer deutlichere klimatische und botanisch-geographische Zonengliederung. Das Eozän war der wärmste Zeitabschnitt. Hier erstreckten sich die Wälder der gemäßigten Zone von 50 bis 60° nördlicher Breite. Eine schmalblättrige Flora mit Palmenbeständen reichte bis zum Südural, West-Kasachstan, Hokkaido/Japan, Kamtschatka und Alaska. Eine subtropische Vegetation mit Palmen und örtlich Mangrovegewächsen erstreckte sich bis in den Südural, die Ukraine, Südengland und den Südosten der USA. Die Flora trug örtlich xerophyllen Charakter.
Im Oligozän kühlte das Klima ab und entsprach etwa dem heutigen gemäßigten Klima. Es bildete sich eine Zone von Wäldern mit gemäßigten Florenelementen aus, die sich nach Süden ausbreitete und bis zum Mittelmiozän dauerte. Zum Ende der Epoche hin breiteten sich Steppen aus (Zen-

tralasien bis Kasachstan, Ukraine, Nordamerika) und in den Tropengebieten Savannen. Hier entfalteten sich besonders die krautigen Angiospermen, wie die riesige Gruppe der Compositae (Korbblütler). Die weitere klimatische Abkühlung während des Neogens hatte die Entstehung einer Taiga-Zone zur Folge, und mit Beginn des Anthropogens (Pleistozän) eine Zone kalter periglazialer Steppen und Tundren (s. S. 354, 356).

Die Tertiärflora näherte sich in ihrer Zusammensetzung schon sehr der heutigen Pflanzenwelt. Das Tertiär war neben dem Karbon das zweite geologische System mit den mächtigsten Kohlebildungen, vorwiegend sind es Braunkohlen. Daher wird das System auch Braunkohlenzeit genannt. Im Zusammenhang mit der intensiven Braunkohlengewinnung in Europa (in der DDR und in der BRD sowie in der ČSSR und der VR Polen befinden sich die größten und bedeutendsten Lagerstätten) wurden große Mengen pflanzlicher Fossilien aus diesem geologischen Zeitabschnitt geborgen und wissenschaftlich palökologisch und paläoklimatologisch ausgewertet. Die Reste der Pflanzen, wie Stämme, Blätter (s. Bild 2.5), Früchte, Samen, sind hauptsächlich inkohlt erhalten. Neben inkohlten Früchten und Samen, die gehäuft in der Braunkohle und ihren Begleitschichten auftreten können, sind inkohlte Blattreste (Abdrücke) in tonigen Schichten zu finden. Spezielle Untersuchungsmethoden gestatten es, neben der Morphologie auch histologische Einzelheiten, z. B. epidermale Strukturen, zu erkennen (Farbtaf. XIX, Bild 22).

Neben inkohlten Pflanzenresten spielten im Tertiär pflanzliche und tierische Einschlüsse (Inklusen) in Bernstein wegen ihrer einmaligen Erhaltung eine wichtige Rolle. Bernstein ist das fossilisierte Harz verschiedenster Pflanzenfamilien bzw. -gattungen. Im europäischen Alttertiär waren die Harzlieferanten Pinaceae (*Pinus succinifera*, die Bernsteinkiefer) und Burseraceae (Weihrauch- und Myrrhengewächse).

In Europa wurde Bernstein mehrfach aus seinem Ursprungsgebiet, einem Festland im Bereich der mittleren Ostsee und Südskandinaviens, umgelagert. Heute ist er angereichert anzutreffen auf sekundärer Lagerstätte in der oligozänen „Blauen Erde" des Samlandes zwischen dem Kaliningradsky Zaliv (Frisches Haff) und dem Karskij Zaliv (Kurisches Haff) bei Kaliningrad (Königsberg)/UdSSR sowie an den Küsten der Ostsee (s. Bild 2.10). Während der Inlandvereisung des Pleistozäns wurde der Bernstein dann von dort durch Gletscher und Schmelzwässer erneut umgelagert.

In erstaunlicher Menge wurden in Bernstein, aber auch in Braunkohle, neben Flechten, Laub- und Lebermoosen viele Koniferen, wie Cupressaceen, Taxodiaceen (Sumpfzypressengewächse, *Sequoia* = Mammutbaum, *Taxodium* = Sumpfzypresse) und Pinaceen *(Pinus, Tsuga)* nachgewiesen. Die Gymnospermen waren immer noch recht häufig, obwohl sie den Höhepunkt ihrer Entwicklung bereits überschritten hatten.

Die Angiospermen stellten nach Artenzahl und Menge den Hauptanteil der tertiären Pflanzenwelt. Zahlreiche dieser Reste erlangten paläobotanische und biostratigraphische Bedeutung. Anhand der Morphologie und Epidermisstruktur von Blätterfloren lassen sich Artenzusammensetzung der tertiären Floren und Klimaablauf im Tertiär gut rekonstruieren.

Bild 4.289
Tertiärquarzit von Schkopau bei Merseburg/DDR mit Blattabdrücken (*Laurophyllum*-artiges Blatt); Länge 7 cm

Die Florenzusammensetzung deutet auf drei Klimaperioden hin:

□ eine laurophylle Flora (*Laurus* = Lorbeer) im Alttertiär in Europa verbreitet, umfaßte vor allem immergrüne, xeromorphe (hartlaubige) Pflanzen (Bilder 4.289 und 4.290). Ihre Blätter waren klein, dicht geadert und stumpf zugespitzt, mit dicht gezähnten oder glatten Blatträndern. Beispiele sind Lorbeer-, Stinkbaum-, Buchengewächse, ganzrandige Eichen.

□ Die arktotertiäre Flora war im Oligozän und untersten Miozän in arktischen Bereichen verbreitet und drang später nach Süden vor mit vorwiegend sommergrünen laubwerfenden Pflanzen. Beispiele sind Ahorn-, Platanen-, Lorbeer-, Buchen-, Ulmen-, Weiden-, Nußbaumgewächse, Pekannuß.

Zwischen diesen beiden Floren gab es zahlreiche Übergänge, bei denen die einzelnen Formengruppen unterschiedlichen Anteil an der Zusammensetzung der Gesamtflora haben.

Bild 4.290. Tertiärquarzit von Schkopau bei Merseburg/DDR mit Blattabdrücken (*Dicotylophyllum* sp.); Länge 7 cm

□ Eine Trockenflora, die sog. trocken-atlantische Flora, entwickelte sich als dritter Florentyp vorwiegend in Westeuropa. Sie ist der Ursprung für die heutige Mittelmeerflora.

4.4.2. Quartär

Das Quartär ist das kürzeste System in der Erdgeschichte, es dauerte 2 bis 2,5 Millionen Jahre. Seine Ablagerungen sind jedoch auf der Erde am weitesten verbreitet. (Hauptvereisungsgebiete waren Nordamerika, Europa und Asien.) Bereits 1829 wurde das Quartär von J. DESNOYERS als selbständiges geologisches System, das bis in die Gegenwart andauert, vom Tertiär abgetrennt.

Quartär	Holozän („Alluvium“) = Nacheiszeit (griech. holos = ganz; lat. alluvio = Anschwemmung)	10000 a v.d.ZW.
	Pleistozän („Diluvium“) = Eiszeitalter (griech. pleistos = meist, am meisten; lat. diluvium = Sintflut, Überschwemmung)	etwa $1{,}8–2{,}0 \cdot 10^6$ a

4.4.2.1. Pleistozän

Dieses System ist gekennzeichnet durch die klimatisch bedingten Kaltzeiten („Eiszeiten“, Glaziale) mit großräumigen Vereisungen (Inlandvergletscherungen) und die Entwicklung des Menschen. Das „glaziale“ Klima sowie seine Fauna und Flora bilden die, wenn auch nicht scharfe, Abgrenzung des Quartärs gegenüber dem Tertiär. O. TORELL gab 1875 mit seiner „Inlandeis-Theorie“, bei der Entdeckung von Gletscherschrammen auf den Rüdersdorfer Muschelkalkhöhen, die grundlegenden Denkanstöße für weitere quartäre Forschungen in Europa und der übrigen Welt. A. PENCK und K. KEILHACK entdeckten 1880 fossilführende Glazialablagerungen (Ablagerungen zwischen Moränen) und kamen zu der Erkenntnis, daß Vorstöße und Rückzüge der Inlandeisgletscher stattgefunden hatten. Es hatte also mehrmals einen Wechsel von Kaltzeiten („Eiszeiten“) und Warmzeiten („Interglaziale“, „Zwischeneiszeiten“) gegeben. Diese Vorgänge hatten Sedimentbildungen, Landschaftsverformungen und Klimaveränderungen zur Folge und sind die Grundlage für die heute übliche Großgliederung des Quartärs in Mitteleuropa (die alpinen Bezeichnungen stehen in Klammern):

		Holozän	
	Jung-Quartär	Weichsel-(Würm-)Kaltzeit	Pleistozän
		Eem-Warmzeit	
		Saale-(Riß-)Kaltzeit	
		Holstein-Warmzeit	
Quartär		Elster-(Mindel-)Kaltzeit	
	Mittel-Quartär	„*Cromer*"-Warmzeit	
		Menap-(Günz-)Kaltzeit	
		Waal-Warmzeit	
		Eburon-(Donau-)Kaltzeit	
	Alt-Quartär	*Tegelen*-Warmzeit	
		Prätegelen-(Biber-)Kaltzeit	
		Übergangsschichten	
Tertiär		Pliozän	

Eine biostratigraphische Gliederung ist sehr schwer, weil die quartäre Lebewelt der heutigen sehr ähnelt; es gab in diesem Zeitabschnitt nur relativ wenige evolutive Veränderungen. Grundlage für die Biochronologie bieten einige sich rasch entwickelnde Säugetiergruppen, wie Proboscidier (Elephantiden), Rodentier (Nagetiere) und die fossilen Hominiden oder Menschenstämmlinge bzw. Menschenartigen. Sie lieferten wichtige Leitfossilien. Auch Mikrofossilien, z.B. Foraminiferen, Radiolarien, Pollen und Sporen, ermöglichten Aussagen zur Faunen- und Floren- sowie Klimageschichte des Quartärs. Der seit dem Ausgang des Tertiärs verstrichene Zeitraum reichte jedoch im allgemeinen nicht aus, um wesentliche Umbildungen bei den Organismen hervorzurufen. Dafür gibt es pleistozäne Fossilgemeinschaften, die die damaligen Biotope charakterisieren. Hier haben die erhaltenen Fossilien eine hervorragende Bedeutung als Umweltindikatoren.

4.4.2.1.1. Die Tierwelt des Pleistozäns

Der ständige Milieuwechsel, hauptsächlich durch das Klima verursacht, forderte, sofern die Organismen nicht ausstarben, immer wieder Anpassungen der pleistozänen Tiere heraus oder veranlaßte sie auszuwandern. Es ist außerdem belegt, daß Tierarten, die anderenorts umgeformt worden waren, einwanderten. So kam es während des Pleistozäns wiederholt zu markanten Verschiebungen der Lebensareale der Tiergesellschaften.

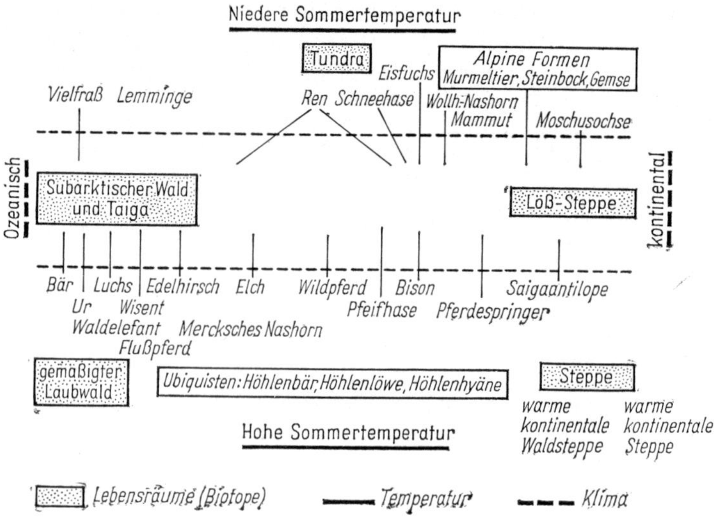

Bild 4.291. Lebensräume (Biotope) und Klimata während des Pleistozäns in Europa sowie einige sie charakterisierende Säugetierarten (nach HESCHELER, KUHN, TOEPFER und ZEUNER)

Im pleistozänen Europa und Amerika gab es einige Haupttypen von Biotopen (Lebensbereiche) (Bild 4.291):

- □ Tundra: Die Tundra war baumlos mit einer dichten Bodenvegetation. Der feuchte Boden war häufig dauernd gefroren (sog. Tjäle = schwed. Bodeneis). Im Winter lag eine ständige Schneedecke.
- □ Subarktischer Wald (einschließlich Taiga): Dieser Nadelwald war gelegentlich verkümmert oder sumpfig. Heute herrschen ähnliche Verhältnisse im nördlichen Kanada, in Labrador, in der nördlichen Sowjetunion, in Sibirien.
- □ Gemäßigter Laubwald mit laubwerfendem Baumbestand.
- □ Warme, kontinentale Waldsteppe: Charakteristisch war eine parkähnliche Landschaft mit laubwerfenden Bäumen, durchsetzt von Wiesen und Weiden. Heute trifft man diesen Landschaftstyp an der Südgrenze des Waldes zur Steppe in Rußland und Sibirien an.
- □ Warme, kontinentale Steppe: Wiesen und Weiden, mit und ohne Gestrüpp, herrschten vor, ähnlich dem heutigen Südrußland. Die Sommer waren heiß, die Winter schneereich.
- □ Lößsteppe: Sie bestand aus baumlosen Wiesen, Weiden oder Gestrüpp, das weniger dicht und niedriger als in der warmen kontinentalen Steppe

war. Im Gestrüpp verfing sich der vom Wind verblasene Staub und wurde angereichert. Das Klima war auch im Sommer kalt, im Winter war die Steppe von einer Schneedecke überzogen. Der Boden war häufig dauernd gefroren. Lößsteppen gibt es gegenwärtig in Europa nicht mehr.

Diese pleistozänen Biotope waren von sie charakterisierenden Tieren, insbesondere Säugetiergemeinschaften (Tab. 4.17), bewohnt (Bilder 4.292 und 4.293).

Die pleistozänen Säugetierfaunen Europas kannte man schon im Altertum. Damals wurden an diese Funde häufig abergläubische und abenteuerliche Vorstellungen geknüpft: Knochenreste sah man z.B. teils als solche von Riesen (Lindwurm-Denkmal von Klagenfurt/Österreich), teils als Reliquien von Heiligen an. Wissenschaftlich erfaßt und erforscht wurden die pleistozänen Säugetiere erst seit Ende des 18. Jahrhunderts. Stellvertretend für

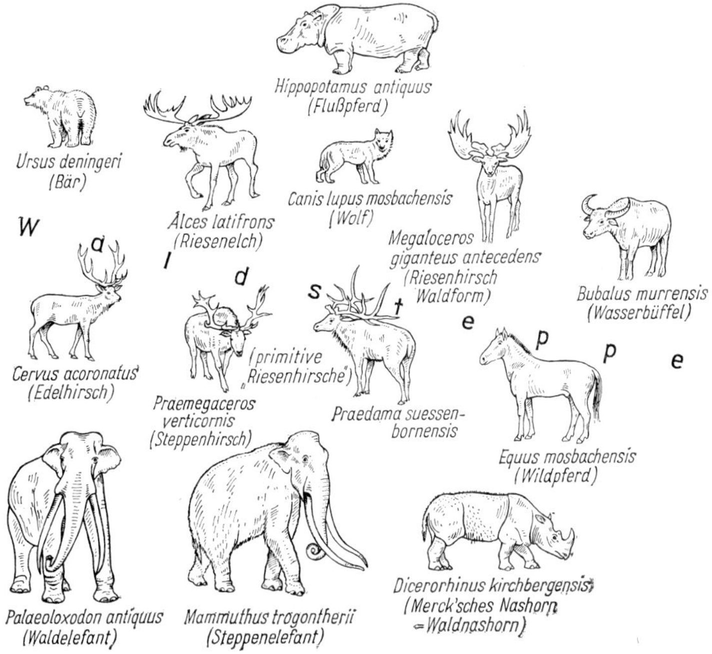

Bild 4.292. Wärmeliebende Großsäugetiere des Alt- und Mittelpleistozäns in Europa. Sämtliche Tierformen sind im gleichen Größenverhältnis dargestellt (Einzelabbildungen der Tiere nach THENIUS)

Tabelle 4.17. Die Faunen der Biotope des Pleistozäns in Europa (nach Kuhn-Schnyder und Thenius)

Tundra 1	Subarktischer Wald einschließlich Taiga 2	Gemäßigter Laubwald 3	Warme kontinentale Waldsteppe 4	Warme kontinentale Steppe 5	Lößsteppe 6
Eisfuchs *(Alopex lagopus)* Vielfraß *(Gulo gulo)* Schneehase *(Lepus timidus)* Lemminge *(Dicrostonyx)* Wollhaarnashorn *(Coelodonta antiquitatis)* Ren (Tundraform) *(Rangifer tarandus)* Moschusochse *(Ovibos moschatus)* Mammut *(Mammuthus primigenius)*	Braunbär *(Ursus arctos)* Vielfraß *(Gulo gulo)* Luchs *(Lynx lynx)* Edelhirsch *(Cervus elaphus)* Elch *(Alces alces)* Ren (Waldform) *(Rangifer tarandus)* Ur *(Bos primigenius)*	Braunbär *(Ursus arctos)* Luchs *(Lynx lynx)* Flußpferd *(Hippopotamus)* (nur bei milden Wintern) Merck'sches Nashorn *(Dicerorhinus kirchbergensis)* Edelhirsch *(Cervus elaphus)* Elch *(Alces alces)* Ur *(Bos primigenius)* Wisent *(Bison* cf. *bosanus)* Waldelefant *(Palaeoloxodon antiquus)*	Fauna war eine Mischung von 3. und 5.	Pfeifhasen (*Lagomys* ssp.) Pferdespringer *(Allactaga jaculus)* Ziesel (*Citellus* sp.) Bobak oder Steppenmurmeltier *(Marmota bobak)* Przewalski-Pferd und andere Wildpferde *(Equus przewalskii)* Kulan *(Equus hemionus)* Saigaantilope *(Saiga tartarica)*	Fauna wie 5. außerdem: Eisfuchs *(Alopex lagopus)* Schneehase *(Lepus timidus)* Wollhaarnashorn *(Coelodonta antiquitatis)* Ren *(Rangifer tarandus)* Steppenwisent *(Bison priscus)* Moschusochse *(Ovibos moschatus)* Mammut *(Mammuthus primigenius)*

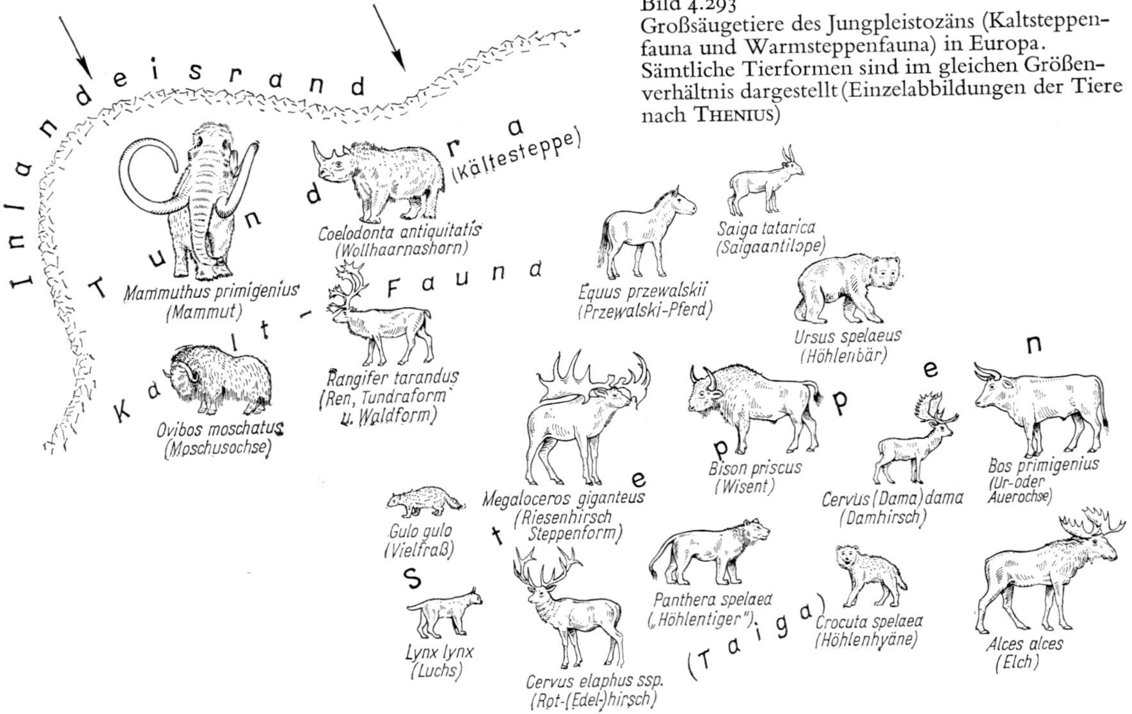

Bild 4.293
Großsäugetiere des Jungpleistozäns (Kaltsteppenfauna und Warmsteppenfauna) in Europa. Sämtliche Tierformen sind im gleichen Größenverhältnis dargestellt (Einzelabbildungen der Tiere nach THENIUS)

noch viele andere Pleistozänfundpunkte in der DDR sollen genannt werden: Voigtstedt bei Sangerhausen, Ehringsdorf und Süßenborn bei Weimar, Burgtonna, Bilzingsleben. In der BRD sind Wiesbaden-Biebrich-Mosbach, Mauer bei Heidelberg u.a. durch bedeutende Funde bekannt geworden.

Ein besonderer Fundpunkt der Glazialfauna und -flora liegt bei Starunia südlich Lwow (Ukrainische SSR). Hier fand man 1907 ein in Salz und Erdwachs eingelagertes Jungtier und 1929 ein vollständiges weibliches Wollhaarnashorn *(Coelodonta antiquitatis)* mit Hautresten; Salzwasser und

Bild 4.294. Das altpleistozäne Mammut, *Mammuthus trogontherii* („Altmammut"), ein Steppenelefant aus der Kiesgrube von Voigtstedt-Edersleben bei Sangerhausen/DDR. Schulterhöhe etwa 3,5 m, Länge 5 m. Das Skelett ist im SPENGLER-Museum Sangerhausen aufgestellt. Es handelt sich, aufgrund der Skelett- und Zahnausbildung, um ein 50- bis 60 jähriges weibliches Tier.

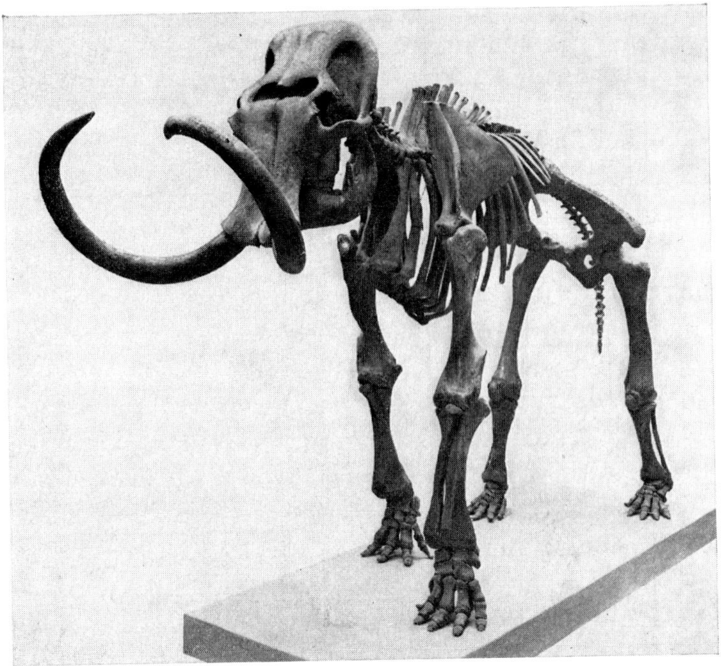

Bild 4.295. Das jungpleistozäne Mammut, *Mammuthus primigenius*, von Pfännerhall im Geiseltal bei Merseburg/DDR. Fund aus Unstrut-Flußschottern der Deckgebirgsschichten der Braunkohle. Die Länge beträgt zwischen der äußersten Ausladung der Stoßzähne und Schwanzwölbung 4,60 m. Der Schädelscheitel liegt am aufgestellten Skelett in 3,20 m Höhe. Es handelt sich um ein weibliches Tier mit knapp 60 Jahren Individualalter.

Erdwachs hatten das Tier in einem ehemaligen Erdwachssumpf auf natürliche Weise „eingepökelt".

In Sibirien/UdSSR wurden an der Beresowka und anderen Orten mit Haut und Haaren „eingefrorene" Mammute entdeckt. Jungpleistozäne und frühholozäne Wirbeltiere starben und wurden fossil erhalten in den „Fossilfallen" der Asphaltsümpfe von Rancho La Brea in Los Angeles /USA.

Besonders erwähnt werden sollen hier noch einmal die Groß- bzw. Riesenformen von Säugetieren aus pleistozänen Ablagerungen. Berühmt sind die zahlreichen Mammutfunde in der DDR, die vollständigen Skelette von Borna bei Leipzig (1943 durch Kriegseinwirkung zerstört), von Voigtstedt bei Sangerhausen (*Mammuthus trogontherii*, Bild 4.294), aus dem Geiseltal bei Merseburg (*Mammuthus primigenius*, Bild 4.295). Weitere europäische

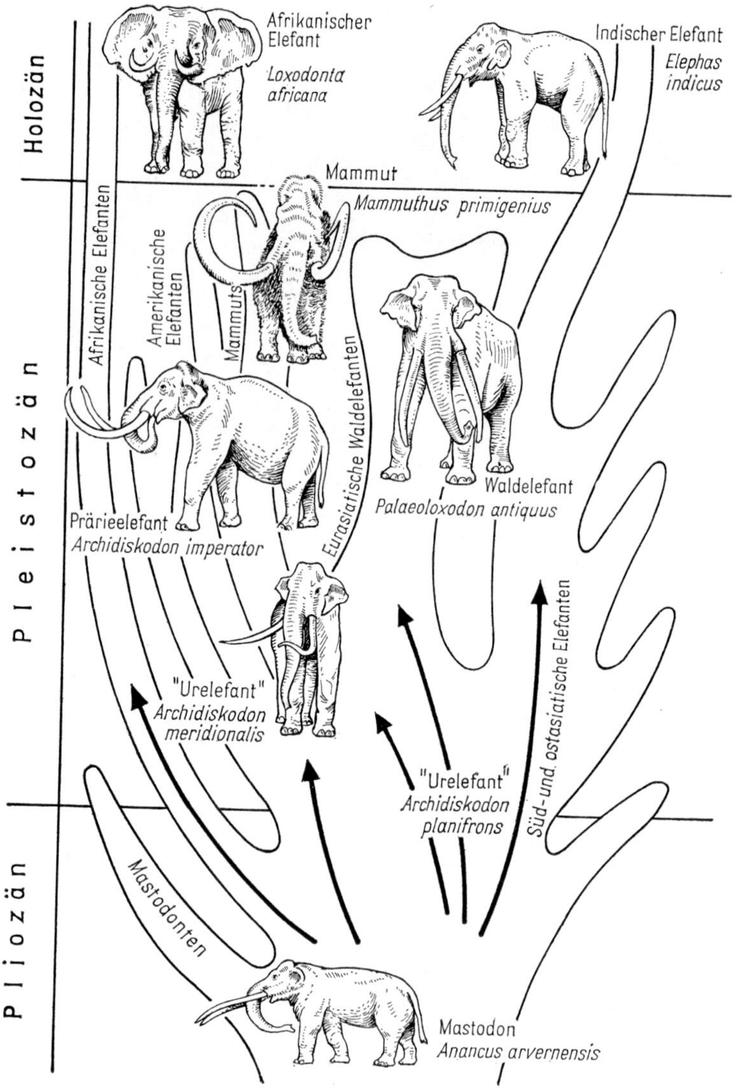

Bild 4.296. Stammbaum der Rüsseltiere (Proboscidier): pleistozäne und rezente Elefanten (nach DIETRICH und KAHLKE)

mittel- bis jungpleistozäne Mammutskelette befinden sich in Münster und Stuttgart/BRD sowie in Krakow/VR Polen, Leningrad/UdSSR, Budapest/VR Ungarn, Brüssel/Belgien, Paris und Lyon/Frankreich (Bilder 4.293 und 4.296). Viele Skelettreste und Einzelknochen (Zähne, Wirbel, Knochenzapfen u. a.) finden sich in den pleistozänen Terrassenschottern der ehemaligen Vereisungsgebiete.

Zu den Großfunden gehören auch Reste des Riesenhirsches und seiner Verwandten, z. B. *Megaloceros* (Bilder 4.293 und 4.297), des Riesen- oder Breitstirnelches (*Alces latifrons* und *A. alces*) und des Höhlenbären *(Ursus spelaeus)*.

Bild 4.297
Ausgestorbene Gattungen der Hirsche (Cerviden) des Alt- bis Jungpleistozäns. Sämtliche Arten im gleichen Größenverhältnis in Anlehnung an Thenius
1 *Praedama suessenbornensis*
2 *Praemegaceros verticornis*
3 *Megaloceras giganteus antecedens*
4 *Megaloceras giganteus germanicus*

Aus Südamerika sind Riesenfaultiere *(Megatherium, Mylodon)* und Riesengürteltiere *(Glyptodon, Doedicurus)* bekannt geworden. Von hier aus wanderten sie im Pleistozän nach Nordamerika ein. Australien war während des Pleistozäns von Riesenbeuteltieren, Riesenwaranen und Riesenschildkröten bevölkert. Neben diesen Großformen wurden auf einigen Mittelmeerinseln (Kreta, Malta, Sizilien, Zypern u. a.) Zwergformen gefunden, z. B. Zwergelefanten, Zwergflußpferde, Zwergriesenhirsche. Es waren Abkömmlinge von Großformen, die auf alte, während des Pleistozäns versunkene Landbrücken im Mittelmeerraum hindeuten.

Außer den Lebensgemeinschaften hauptsächlich aus Säugetieren, gab es im Pleistozän einige wirbellose Leitfossilien. Es waren vor allem Mollusken, insbesondere Muscheln und Schnecken. Sie ermöglichen es, bestimmte tiergeographische Provinzen auszugliedern: eine arktische jenseits des Nordkaps, eine boreale in der Nordsee und dem Mittelmeer und eine lusitanische Provinz südlich des Ärmelkanals an der Küste Portugals. In Abhängigkeit vom Klimawechsel verschoben sich ebenfalls die Lebensbezirke der Molluskenfaunen, die jedoch relativ einheitlich waren. Ausgestorbene und abgewanderte Arten kennzeichnen sie gegenüber der heutigen Fauna.
Unter den pleistozänen Süßwasserschnecken haben einige Leitcharakter. So ist *Viviparus* (Syn. *Paludina*) *diluvianus* Leitfossil für die Holstein-Warmzeit. Charakteristische festländische Lößschnecken waren *Pupilla loessica*, *Succinea oblonga* und *Fruticicola hispida*. Sie besaßen ein kleines, gedrungenes Gehäuse und waren an trockenes Klima angepaßt.
Die eiszeitliche Lebewelt läßt aus entwicklungsgeschichtlicher Sicht erkennen, daß sie sich ohne große Einschnitte aus der tertiären bis zur Gegenwart fortentwickelt hat. Pflanzen und Tiere zogen sich zwar beim Vorrücken des Inlandeises aus dem Norden nach dem Süden zurück und folgten dem Eis erneut bei dessen Rückzug nach Norden. Das Mittelmeer und ostwestverlaufende Gebirgsbarrieren behinderten in Europa diesen Rückzug, doch in Asien und in Nordamerika war ein ungehindertes Wandern möglich.
Entwicklungshöhepunkt der Organismen im Pleistozän war die Menschwerdung. Im Grenzbereich Tertiär/Quartär (vor möglicherweise etwa 4, vielleicht sogar vor $5{,}5 \cdot 10^6$ Jahren) differenzierte sie sich unter der Einwirkung der Inlandvereisung Eurasiens während des Eiszeitalters.
Der Mensch als biosoziales Wesen leitete in der Erdgeschichte einen neuen, bedeutenden Abschnitt in der Organismenentwicklung ein. Als bewußter Gestalter seiner Umwelt wirkten er und seine Vorläufer schon frühzeitig auf die Umgestaltung der Natur ein.
Der Mensch gehört zu den Primaten oder Herrentieren. Die heutigen und fossilen Menschen werden zu Hominiden oder Menschenstämmlingen bzw. Menschenartigen zusammengefaßt.
Es gibt vier große Entwicklungsstufen bei der Menschwerdung.

□ Ur- oder Vormenschen (Australopithecinae)
Die primitivsten menschenähnlichen Wesen waren Zwischenglieder zwischen Affen und Menschen und werden auch Halb- oder Vormenschen genannt. Diese Australopithecinen oder „Südaffen" lebten in den süd- und ostafrikanischen Halbwüsten (Savannen). Sie wurden belegt z.B. durch die Funde vom Rudolfsee/Kenia, aus der Oldoway-Schlucht/Tansania und von Swartkrans/Transvaal/Südafrika.

□ Frühmenschen (Archanthropini)

Gleichzeitig mit den jüngsten Halbmenschen lebten die Frühmenschen während des Altpleistozäns. Sie waren hauptsächlich in Südost- und Südasien (Indonesien) weit verbreitet. Einige Funde sind auch aus Europa und aus Südafrika bekannt. Bei ihnen war die körperliche Entwicklung zum Menschen im wesentlichen abgeschlossen, z.B. bei *Pithecanthropus* auf Djava und bei *Sinanthropus (Homo erectus pekinensis)* in China. Zweckgebunden hergestellte Steingeräte und aufrechter Gang deuten auf diesen Abschluß der Menschwerdung hin. Der erste Fund des Frühmenschen *(Homo erectus)* zusammen mit seinen Werkzeugen, z.B. Äxten und Kratzern, stammt aus der Oldoway-Schlucht in Tansania. Der erste europäische Fund eines Frühmenschen war der Unterkiefer von Mauer bei Heidelberg/BRD, 1907 in einer Kiesgrube entdeckt („Cromer"-Warmzeit). Sensationelle Frühmenschenfunde lieferte 1974 die Altsteinzeit-Grabungsstätte Bilzingsleben bei Artern/DDR. Es ist das der älteste fossile Menschenfund in der DDR.

□ Altmenschen (Palaeoanthropinae)

Die Altmenschen- oder Neandertal-Gruppe mit den „Praeneandertalern" und den Neandertal-Menschen aus dem Mittel- bis Jungpleistozän umfaßt Menschenformen der Gattung *Homo*. Ihr Schädel hat jedoch noch einige urtümliche Merkmale, wie die fliehende Stirn, starke Überaugenbögen und ein gerundetes Kinn. Der namengebende klassische Fund, ein Schädeldach sowie Oberarm- und Oberschenkelknochen, wurde von J.C. Fuhlrott 1858 in der Feldhofer Höhle im Neandertal zwischen Düsseldorf und Elberfeld/BRD geborgen. Bis heute wurden weitere Schädel des Neandertalers aus Europa (Ehringsdorf bei Weimar/DDR, Engis bei Lüttich/Belgien, Krapina/Jugoslawien u.a.) und Vorderasien bekannt, meist sind es Höhlenfunde.

Die Funde der *Praesapiens*-Gruppe, zu der die des Steinheim-Menschen/BRD und des Swanscombe-Menschen/England gehören, lassen erkennen, daß die Entwicklung zum Altmenschen schon sehr frühzeitig eingesetzt haben muß. Das würde bedeuten, daß es in Europa bereits zur Zeit des asiatischen *Sinanthropus* Menschen gab, die sich deutlich auf den heutigen Menschen hinentwickelten.

□ Jetztmenschen (Neanthropini)

Der „moderne" Mensch oder Jetztmensch *(Homo sapiens sapiens)* der *Sapiens*-Gruppe erschien erst während und am Ende der letzten Kaltzeit vor etwa 40000 Jahren, vermutlich von Asien her. Vorformen (*Praesapiens*-Gruppe) gab es jedoch schon in der letzten Warmzeit. Vom heutigen Menschen unterschied er sich durch eine rassenmäßige Typenvielfalt. So kennen wir z.B. die Rassen von Grimaldi, Cromagnon und Brünn. Aus allen Erdteilen sind solche Funde bekannt, die meisten aus

Europa (Spanien, Frankreich, Italien und der Sowjetunion). Ihre künstlerischen Hinterlassenschaften, wie farbige Felsmalereien und Plastiken, sind oft von hoher Vollendung und kennzeichnen den Menschen als die Krone in der Entwicklung der Organismenwelt der Erde.

4.4.2.1.2. Die Pflanzenwelt des Pleistozäns

In Abhängigkeit vom Klimageschehen bildeten sich Vegetationsgürtel aus, ähnlich denen der Gegenwart. Es herrschten in den baumlosen Tundrengebieten vor dem Inlandeisrand arktisch-alpine Pflanzen vor, z.B. Silberwurz (*Dryas octopetala*, Farbtaf. XXIV, Bild 27), Polar- oder Zwergbirke *(Betula nana)*, Polarweide *(Salix polaris)*. Diese Pflanzen deuten auf ein kühles Klima hin. In der subarktischen Klimazone der Waldsteppen wuchsen in Nordeuropa Mischwälder mit vorwiegend Nadelholzanteil (Kiefer, *Pinus silvestris*); in Mitteleuropa waren die Mischwälder von Laubbäumen geprägt (Birke, *Betula pubescens*). In kühl-kontinentalen Bereichen gediehen Fichten *(Picea excelsa)*. Die gemäßigte Laubwaldzone wurde charakterisiert durch Rotbuche *(Fagus silvatica)* und Hainbuche *(Carpinus betulus)*. Als wärmebedürftige Pflanzen erschienen Haselnuß *(Corylus)*, Eiche *(Quercus)*, Linde *(Tilia)*, Ulme *(Ulmus)*, Ahorn *(Acer)* u.a., der sog. Eichenmischwald. Kennzeichnend war eine weiträumige Verschiebung dieser Florengemeinschaften von Norden nach Süden und zurück, in Abhängigkeit von den Temperaturschwankungen.
Im ganzen glichen sich pleistozänes und rezentes Waldbild schon sehr.

4.4.2.2. Holozän

Nach etappeweisem Rückzug des Inlandeises wurden weite Landstriche des nördlichen Mitteleuropas eisfrei. Damit begann vor etwa 10300 Jahren das Holozän, die geologische Gegenwart.
Dieser nacheiszeitliche Abschnitt und seine Vegetationsentwicklung spiegelt sich vor allem in der sehr wechselvollen Waldgeschichte wider. Einer arktischen Zeit folgte durch fortschreitende Erwärmung ein Boreal. Es schließt sich ein atlantisch-subborealer Zeitabschnitt an, mit einem feuchtwarmen Klimaoptimum. Mit der folgenden subatlantischen Zeitperiode, gekennzeichnet durch eine Klimaverschlechterung, war die Gegenwart erreicht.
Die holozänen Tiere paßten sich den nacheiszeitlichen Klimaten an.

Quellenverzeichnis und weiterführende Literatur

AUTORENKOLLEKTIV: Leben der Vorzeit. – Eine Einführung in die Paläontologie und historische Geologie. München: Bayr. Staatsslg. f. Paläont. u. histor. Geol., S. 1–40, 1977

AUTORENKOLLEKTIV: Die Entwicklungsgeschichte der Erde. Brockhaus Nachschlagewerk der Geologie. Bd. 1 u. 2, 4. Aufl., Leipzig: F. A. Brockhaus Verlag 1970

BACHMANN, G. H., u. M. P. GWINNER: Nordwürttemberg. Berlin/Stuttgart: Sammlg. Geol. Führer, Bd. 54, Gebr. Borntraeger, 1971

BACHMAYER, F., u. H. A. KOLLMANN: Schätze im Boden, Bilder aus Österreichs geologischer Vergangenheit. Wien: Veröffentl. a. d. Naturhistor. Museum, N. F., Nr. 5, 2. Aufl., 1969

BARTHEL, K.: Solnhofen. Ein Blick in die Erdgeschichte. 1. Aufl., Thun: Ott Verlag/Franckhsche Verlagshandlg., Stuttgart: 1978

BARTHEL, M., u. S. M. CHROBOK: Der Beitrag der geologischen Wissenschaften zur naturwissenschaftlich-weltanschaulichen Bildung und Weiterbildung in der Deutschen Demokratischen Republik. Berlin: Ber. Deut. Ges. Geol. Wiss., A, Geol. Paläont., Bd. 15, H. 6, S. 779–819, 1970

BARTHEL, M., mit Beiträgen von V. GÖTZELT u. G. URBAN: Die Rotliegendflora Sachsens. Dresden: Abh. Staatl. Mus. Mineral. Geol., Bd. 24, S. 1–190, 1976

BECHTLE, W.: Fossil-Schatzkammer. Das Frankfurter Senckenberg Naturmuseum. Stuttgart: Mineralien Magazin, 2. Jhrg., H. 1, S. 13–20, 1978

BEEGER, D., H. PRESCHER, W. QUELLMALZ u. H. WALTHER: Staatliches Museum für Mineralogie und Geologie zu Dresden. Kamenz: Ausstellungsführer, 1978

BEHMEL, H., M. P. GWINNER, K. HINKELBEIN u. W. SIEWERT: Geologie (Eine Einführung für Studierende). Stuttgart: Arb. Inst. Geol. Paläont. Univ. Stuttgart, N. F., Bd. 73, S. 1–161, 1979

BERLINGER, C. Ch.: Geschichte der Geologie und des Geologischen Weltbildes. Stuttgart: Ferdinand Enke Verl., 1954

BEURLEN, K.: Welche Versteinerung ist das? 10. Aufl., Stuttgart: KOSMOS-Verl., Franckhsche Verlagshandlg., 1978

BRINKMANN, R., u. K. KRÖMMELBEIN: Abriß der Geologie, Bd. 2 Historische Geologie. 10./11. Aufl., Stuttgart: Ferdinand Enke Verl., 1977

BUBNOFF, S. v.: Einführung in die Erdgeschichte. 3. Aufl., Berlin: Akademie Verlag, 1956
COLBERT, E.H.: Die Evolution der Wirbeltiere. Stuttgart: G. Fischer Verl., 1965
DABER, R., u. J. HELMS: Das große Fossilienbuch. 2. Aufl., Leipzig/Jena/Berlin: Urania-Verl., 1980
DIENER, J. (Hrsg.): Stratigraphisches Korrelationsschema für die Kreide der Deutschen Demokratischen Republik und angrenzender Gebiete. Berlin: Abh. zentr. geol. Inst., H. 5, S. 1–137, 1966
ENGELS, F: Dialektik der Natur. Bücherei Marxism.-Leninism., Bd. 18, Berlin: Dietz Verl., 1952
FEUSTEL, R.: Abstammungsgeschichte des Menschen. Jena: VEB G. Fischer Verl., 1978
FISCHER, J. C.: Faszination in Stein (Die schönsten Fossilien in Farbe). Freiburg/B.: Verlag Herder, 1977
FISCHER, K.-H.: „Saurier – Urvögel". Halberstadt: Ausstellungsführer „Museum Heineanum", 1975
FRAAS, E., u. H. RIEBER: Der Petrefaktensammler. Ein Leitfaden zum Bestimmen von Versteinerungen. 5. Aufl., Stuttgart: KOSMOS-Verl., Franckhsche Verlagshandlg., 1978
FRANZEN, J.: Urpferdchen und Krokodile. Messel vor 50 Millionen Jahren. Frankfurt/M.: Kleine Senckenberg-Reihe, Nr. 7, S. 1–36, 1977
GEISSLER, E.: Nachkommen der Urorganismen. Wahrscheinlich eine dritte Art von Leben entdeckt. Neues Deutschland, Jg. 33, Nr. 77, S. 12, Berlin: 1978
GEYER, O., u. M. P. GWINNER: Der Schwäbische Jura. Berlin: Sammlg. Geol. Führer, Bd. 40, Gebr. Borntraeger, 1962
GEYER, O. F.: Grundzüge der Stratigraphie und Fazieskunde. 1. Bd.: Paläontologische Grundlagen I., Das geologische Profil, Stratigraphie und Geochronologie. 1973. 2. Bd.: Paläontologische Grundlagen II., Paläogeographie, Fazieskunde. 1977. Stuttgart: Verl. Schweizerbart
GLAESSNER, M. F.: Die Entwicklung des Lebens im Präkambrium und seine geologische Bedeutung. Stuttgart: Geol. Rdsch., Bd. 60, H. 4, S. 1323 bis 1339, 1971
GLAESSNER, M. F.: Geographic distribution and time range of the Ediacara Precambrian Fauna. Boulder: Bull. Geol. Soc. Amer., Bd. 82, S. 509–514, 1971
GOTHAN, W., u. H. WEYLAND: Lehrbuch der Paläobotanik. 3. Aufl., Berlin: Akademie Verl., 1973
GRABERT, H.: Die Biologie des Präkambriums. Stuttgart: Zbl. Geol. Paläont., T. I (1972), H. 5/6, S. 316–346, 1973
HALLMANN, A. (Hrsg.): Patterns of Evolution. Amsterdam, Oxford, New York: Developm. Paleont. Stratigraph., Bd. 5, Elsevier Scient. Publ. Comp. 1977
HAUBOLD, H., u. O. KUHN: Lebensbilder und Evolution fossiler Saurier. Wittenberg: Die Neue Brehm-Bücherei, H. 509, A. Ziemsen Verl., 1977
HEBERER, G. (Hrsg.): Die Evolution der Organismen. Stuttgart: Bd. 1, G. Fischer Verl., 1967

HENSEL, W., u. G. DONATO (Hrsg.): Ambra oro del Nord. Venezia: Alfieri-Edizioni d'Arte, 1978

HILLMER, G., u. W. WEITSCHAT: Fische erobern das Land. Hamburg: Sonderausstellung „Evolution der Fische", Geol. Paläont. Inst. Univ., 1977

HINKELBEIN, K., u. W. SIEWERT: Erdgeschichte – Historische Geologie. Stuttgart: Arb. a. d. Inst. f. Geol. u. Paläont. a. d. Univ. Stuttgart, N. F., Bd. 73, S. 98–123, 1979

HOHL, R. (Hrsg.): Unsere Erde – eine moderne Geologie. 2. Aufl., Leipzig/Jena/Berlin: Urania-Verl., 1977

HÖLDER, H.: Jura. Stuttgart: Handb. Stratigraph. Geologie, IV. Bd., Ferdinand Enke Verl., 1964

HÖLDER, H.: Naturgeschichte des Lebens. Berlin/Heidelberg/New York: Verständliche Wissenschaft, H. 93, Springer Verl., 1968

HÖLDER, H., u. H. STEINHORST: Lebendige Urwelt. Flora und Fauna der Vorzeit. Stuttgart: Spectrum Verl., 1964

HUCKE, K., u. E. VOIGT: Einführung in die Geschiebeforschung. (Sedimentärgeschiebe). Oldenzaal: Verl. Nederlandse Geolog. Vereniging, 1967

KAHLKE, H.-D.: Ausgrabungen auf vier Kontinenten. 2. Aufl., Leipzig/Jena/Berlin: Urania-Verl., 1967

KOSMOWSKA-CERANOVICZ, B.: Katalog výstavy Jantar nerostná pryskyřice z polských sbirek. Praha: Narodni Muzeum v Praze, 1977

KRÄUSEL, W., u. W. SIMON: Über Fossilien. Hundert Buchtitel ausgewählt. Roßdorf b. Darmstadt: Der Aufschluß, Jg. 19, H. 9, S. 227–234, 1968

KREBS, B.: Zur frühen Geschichte der Säugetiere. Frankfurt/M.: Natur u. Museum, Bd. 105, H. 5, S. 147–155, 1975

KRÜGER, S.: Zur Taxonomie und Systematik isolierter Schwammskleren mit Beispielen aus der Unter-Kreide Ostniedersachsens. Hannover: Mitt. geol. Inst. Techn. Univ. Hannover, H. 15, S. 3–84, 1978

KRUMBIEGEL, G.: Die tertiäre Pflanzen- und Tierwelt der Braunkohle des Geiseltales. Wittenberg: Die Neue Brehm-Bücherei, H. 237, A. Ziemsen Verl., 1959

KRUMBIEGEL, G.: Zur Palökologie der tertiären Fossilfundstellen des Geiseltales. Leipzig: Hercynia, N. F., 12 (1975), H. 3, S. 400–417, 1975

KRUMBIEGEL, G.: Tiere und Pflanzen der Vorzeit. 2. Aufl., Leipzig/Jena/Berlin: „akzent", H. 24, Domino-Taschenbuch, H. 395, Urania-Verl., 1979

KRUMBIEGEL, G.: Geiseltalfossilien. Merseburg: Ausstellungskatalog, Sonderausstellung „Geiseltalfossilien", S. 1–34, 1978

KRUMBIEGEL, G., u. H. WALTHER: Fossilien – Sammeln, Präparieren, Bestimmen, Auswerten. 2. Aufl., Leipzig: VEB Deut. Verl. f. Grundstoffindustrie, 1979. Moskau: Verl. „MIR", (russ.), 1980

KUHN, O.: Die Tierwelt der Bundenbacher Schiefer. Wittenberg: Die Neue Brehm-Bücherei, H. 274, A. Ziemsen Verl., 1961

KUHN, O.: Die Tierwelt des Mansfelder Kupferschiefers. Wittenberg: Die Neue Brehm-Bücherei, H. 333, A. Ziemsen Verl., 1964

KUHN, O.: Die Tierwelt des Solnhofener Schiefers. 4. Aufl., Wittenberg: Die Neue Brehm-Bücherei, H. 318, A. Ziemsen Verl., 1973

KUHN-SCHNYDER, E.: Geschichte der Wirbeltiere. Basel: Verl. Schwabe u. Co., 1953
KUHN-SCHNYDER, E.: Die Geschichte der Tierwelt des Pleistozäns und Alt-Holozäns. Zürich: Ur- u. Frühgeschichtl. Archäologie d. Schweiz, S.43 bis 68, 1968
KUHN-SCHNYDER, E.: Die Triasfauna der Tessiner Kalkalpen. Zürich: Naturforsch. Ges. Zürich, Neujahrsblatt, 1974
KUHN-SCHNYDER, E.: Die Geschichte des Lebens auf der Erde. Solothurn: Mitt. Naturforsch. Ges. Kanton Solothurn. H.27, S.1–124, 1977
KUHN-SCHNYDER, E.: Paläozoologie zwischen gestern und heute. Zürich: Vierteljahresschr. Naturforsch. Ges. Zürich, Jg. 122, H.2, S.159–195, 1977
KUMMEL, B.: History of the earth. An introduction to historical geology. 2.Aufl., San Francisco: Verl. Freeman, 1970
KUMMEL, B., u. D.RAUP: Handbook of Paleontological Techniques. San Francisco/London: W.H.Freeman u. Co., 1965
LEHMANN, U.: Ammoniten. Ihr Leben und ihre Umwelt. 1.Aufl., Stuttgart: Ferdinand Enke Verl., 1976
LEHMANN, U.: Paläontologisches Wörterbuch. 2.Aufl., Stuttgart: Ferdinand Enke Verl., 1977
LEONOW, G.P.: Historische Geologie. (russ.). Moskau: Isdatelstwo Moskowskogo Universiteta, 1956
LEVI-SETTI, R.: Trilobits – A Photographic Atlas. Chicago/London: University of Chicago Press, 1975
LOTZE, F., u. K. SCHMIDT: Präkambrium. 1.Teil: Nördliche Halbkugel. 2.Teil: Südliche Halbkugel. Stuttgart: Handb. Stratigraph. Geol., Bd.13, T.1 (1966), T.2 (1968), Ferdinand Enke Verl.
MÄGDEFRAU, K.: Paläobiologie der Pflanzen, 4.Aufl., Jena: VEB G.Fischer-Verl., 1968
MEJEN S. V.: Kamený Herbár. Praha: Pyramida Orbis (tsch.), 1973
MÜLLER, A.H.: Lehrbuch der Paläozoologie. Bd. 1-3, 2. Aufl., Jena: VEB G. Fischer Verl., 1957, 1963-1978
MUNDLOS, R.: Wunderwelt in Stein, Fossilien – Zeugen der Urzeit. Gütersloh/Berlin: Bertelsmann Lexikon Verl., 1976
MURAWSKI, H.: Geologisches Wörterbuch, 7.Aufl., Stuttgart: Ferdinand Enke Verl., 1977
NESTLER, H.: Die Fossilien der Rügener Schreibkreide. Wittenberg: Die Neue Brehm-Bücherei, H.486, A.Ziemsen Verl., 1975
OKULITCH, V.J.: Archaeocyatha. In: Treatise on Invertebrate Paleontology, Part E, S. E 1–E 20, Lawrence/Kansas: 1955
ORLOW, J.A.: In der Welt der Urtiere (Abriß der Paläontologie der Wirbeltiere). (russ.) Moskau: Verl. Akad. Wiss. d. UdSSR, 1961
ORLOW, J.A. (Hrsg.): Osnovy paleontologii. (russ.). Moskau: 1958
ORLOW, J.A. (Hrsg.): Paläontologie der Wirbellosen. (russ.). Moskau: Isdatelstwo Moskowskogo Universiteta, 1962
PAJAUD u. BARIAND: Fossilien – Versteinertes Leben aus Jahrmillionen. Stuttgart: KOSMOS-Verl , Franckhsche Verlagshandlg., 1978

Paleontologitscheskii Shurnal Akademii Nauk. (russ.). Isdatelstwo Nauka, Moskau

PETERS, D. S., u. W. F. GUTMANN: Die Stellung des „Urvogels" Archaeopteryx im Ableitungsmodell der Vögel. Frankfurt/M.: Natur u. Museum, Bd. 106, H. 9, S. 265–275, 1976

PFLUG, H. D.: Neue Fossilfunde im Jung-Präkambrium und ihre Aussagen zur Entstehung der höheren Tiere. Stuttgart: Geol. Rdsch., Bd. 60, H. 4, S. 1340–1350, 1971

PFLUG, H. D.: Neue Zeugnisse zum Ursprung der höheren Tiere. Berlin: Naturwissenschaften, Jg. 58, H. 7, S. 348–352, 1971

PFLUG, H. D.: Strukturiert erhaltene Fossilien aus dem Archaikum von Südafrika. Stuttgart: Paläont. Zeitschr., Jg. 50, H. 1/2, S. 15–26, 1976

PIETRZAK, T.: Bursztyn Bałtycki w Piémiennictwie Polskim 1534 bis 1967. Warszawa: Polska Akad. Nauk, Muzeum Ziemi, 1972

PIVETEAU, J. (Hrsg.): Traité de paléontologie. Paris: Masson, 1952–1969

RAST, H.: Aus dem Tagebuch der Erde. 2. Aufl., „akzent"-Taschenbuch, H. 6, Leipzig/Jena/Berlin: Urania-Verl., 1976

REMY, W., u. R. REMY: Die Floren des Erdaltertums. Essen: Verl. Glückauf, 1977

RICHTER, A. E.: Jura mit Lücken. Fossilien von Mistelgau. Stuttgart: Mineralien Magazin, 2. Jg., H. 1, S. 44–49, 1978

RIETSCHEL, S.: Archaeopteryx – Tod und Einbettung. Frankfurt/M.: Natur u. Museum, Bd. 106, H. 9, S. 280–286, 1976

RIETSCHEL, S.: Ein Belemnitentier mit Weichteilerhaltung und Rostrum in Senckenberg. Frankfurt/M.: Natur u. Museum, Jg. 107, H. 5, S. 121–130, 1977

ROMER, A. S.: Man and the Vertebrates. 2 Bde., Baltimore: Pelican Book, 1957

SCHAARSCHMIDT, F.: Paläobotanik I., Einführung und Paläophytikum. Mannheim: Bibliograph. Inst., 1968

SCHAARSCHMIDT, F.: Paläobotanik II., Mesophytikum und Känophytikum. Mannheim: Bibliograph. Inst., 1968

SCHEIBNER, E., u. V. SCHEIBNEROVA: Sa tajomstvanni vyhynuteho sivata. (tsch.). Bratislava: Osveta, 1962

SCHLEGELMILCH, R.: Die Ammoniten des süddeutschen Lias. Ein Bestimmungsbuch für Fossilsammler und Geologen. Stuttgart/New York: G. Fischer Verl., 1976

SCHLÜTER, T.: Die Fossilfalle Harz – der gegenwärtige Erforschungsstand. Stuttgart: Naturwiss. Rdsch., 29. Jg., H. 10, S. 350–354, 1976

SCHMIDT, H.: Einführung in die Paläontologie. Stuttgart: Ferdinand Enke Verl., 1935

SCHMIDT, H.: Geologie, Teil II: Geologische Vorgänge der Vergangenheit. Wolfenbüttel/Hannover: Bücher d. Mathem. u. Naturwiss., Wolfenbütteler Verlagsanst., 1949

SCHMIDT, K.: Erdgeschichte. 3. Aufl., Berlin/New York: Samml. Göschen, H. 2616, Verl. de Gruyter, 1978

SCHNIEPP, H.: Evolution der Erde. Vergangenheit und Zukunft unseres Planeten. Stuttgart: KOSMOS-Verl., Franckhsche Verlagshandlg., 1971

SCHOPF, J. W.: Das Zeitalter des mikroskopischen Lebens. London: Endeavour, Bd. XXXIV, 122, S. 51–58, 1975
SCHRANK, E.: Vor fast 600 Millionen Jahren: Beginn des Fossilien-Zeitalters. Berlin: URANIA, Jg. 52, H. 9, S. 65–69, 1967
SCHWARZBACH, M.: Das Klima der Vorzeit. Eine Einführung in die Paläoklimatologie. 3. Aufl., Stuttgart: Ferdinand Enke Verl., 1974
SIMON, W., u. J. LIPPOLT: Geochronologie als Zeitgerüst der Phylogenie. In: HEBERER, G.: Die Evolution der Organismen, Bd. 1, 3. Aufl., S. 161–237, Stuttgart: G. Fischer Verl., 1967
SIMPSON, G. G.: Leben der Vorzeit. Einführung in die Paläontologie. Stuttgart: Ferdinand Enke Verl., 1972
ŠPINAR, Z., u. Z. BURIAN: Leben der Urzeit. Praha: Artia Verl., 1975
STEPHAN, B.: Urvögel. – Archaeopterygiformes. 2. Aufl., Wittenberg: Die Neue Brehm-Bücherei, H. 465, A. Ziemsen Verl., 1978
THENIUS, E.: Die Großsäugetiere des Pleistozäns von Mitteleuropa. Hamburg/Berlin: Ztschr. f. Säugetierkunde, Bd. 27 (1962), H. 2, S. 65–83, 1962
THENIUS, E.: Versteinerte Urkunden. 2. Aufl., Berlin/Heidelberg/New York: Springer Verl., 1972
THIERBACH, H., u. H. REICHERT: Kleines paläontologisches Wörterbuch, Berlin/Freiberg: Bergakademie Freiberg, Fernstudium, 1952
TOBIEN, H.: Paläontologie (Tier- und Pflanzenwelt der Vorzeit). Frankfurt/M./ Wien/Zürich: Wissen unserer Zeit, Bd. 1, S. 407–440, 1968
TOEPFER, V.: Tierwelt des Eiszeitalters. Leipzig: Akadem. Verlagsgesellschaft Geest & Portig, 1963
URBAN, G.: Der versteinerte Wald von Karl-Marx-Stadt. 2. Aufl., Karl-Marx-Stadt: Städt. Museen Karl-Marx-Stadt. Bereich Museum f. Naturkunde, 1976
VAKHRAMEEV, V. A., J. A. DOBRUSKINA, S. V. MEYEN u. E. D. ZAKLINSKAJA: Paläozoische und mesozoische Floren Eurasiens und die Phytogeographie dieser Zeit. Moskau: Abhandl. Akad. Wiss. UdSSR, Bd. 208, Verl. Nauka, 1970 (russ.). Jena: VEB G. Fischer Verl., 1978 (dtsch.)
VANGEROW, E.-F.: Grundriß der Paläontologie. Stuttgart: Teubner Studienbücher der Biologie. B. G. Teubner, 1973
VOLOGDIN, A. G.: Erde und Leben. Moskau: Nedra Verl. (russ.), 1976
WALTHER, H.: Die geologische, paläontologische und bergbaugeschichtliche Ausstellung des Museums Seifhennersdorf. Neugersdorf/OL., 1975
WELLENHOFER, P.: Das neue Eichstätter Archaeopteryx-Exemplar. Frankfurt/M.: Natur u. Museum, Bd. 106, H. 9, S. 257–264, 1976
WINDELBAND, A.: Woher der Mensch kam. Leipzig/Jena/Berlin: 2. Aufl., „akzent"-Taschenbuch, H. 25, Urania-Verl., 1979
WOLDSTEDT, P.: Das Eiszeitalter. Grundlagen einer Geologie des Quartärs. Bd. 1–3, Stuttgart: Ferdinand Enke Verl., 1954–1965
WOLDSTEDT, P.: Quartär. Stuttgart: Handb. stratigraph. Geol., Bd. 2, Ferdinand Enke Verl., 1969
ZALEWSA, Z.: Amber in Poland. A guide to the exhibition. Warszawa: Polish Acad. Science, Museum of the Earth, 1974

Ziegler, B.: Einführung in die Paläontologie. Teil 1: Allgemeine Paläontologie. Stuttgart: Verl. Schweizerbart, 1972

Nachtrag

Dunning, F., I. F. Mercer, M. P. Owen et. al.: Britain before Man. Birmingham: Office Inst. Geol. Science, 1978

Halstead, L. B., u. G. Caselli: The evolution and ecology of the dinosaurs. Frome/Sommerset: Eurobook Limited, Peter Lowe, 1975

Kämpfe, L.: Evolution und Stammesgeschichte der Organismen. Jena: VEB G. Fischer Verl., 1980

Kaplan, R. W.: Frühe Verzweigungen des Organismenstammbaumes. Stuttgart: Naturwiss. Rdschau, Jg. 32, H. 11, S. 440–448, 1979

Krumbiegel, G., H., u. H. Deichfuss: Ein neuer Fund von *Xenusion*. Gotha/Leipzig: Hall. Jb. Geowiss., Bd. 5, S. 97–99, 1980

Kühne, W. G.: Paläontologie und dialektischer Materialismus. Jena: VEB G. Fischer Verl., 1979

Lehmann, U., u. G. Hillmer: Wirbellose Tiere der Vorzeit. Leitfaden der systematischen Paläontologie. Stuttgart: Ferdinand Enke Verl., 1980

Mania, D., u. A. Dietzel: Begegnung mit dem Urmenschen. – Die Funde von Bilzingsleben. 1. Aufl., Leipzig/Jena/Berlin: Urania Verl., 1980

N. N.: The Story of the Earth. 3. Aufl., Birmingham: Office Inst. Geol. Science, 1977

Pflug, H. D.: Früheste, bisher bekannte Lebewesen: *Isuasphaera isua* n. gen. n. spec. aus der Isua-Serie von Grönland (ca. 3800 Mio. J.). Gießen: Oberhess. Naturwiss. Ztschr., Jg. 44, S. 131–145, 1978

Reichstein, M.: Die Erde – Planet unter Planeten. Berlin: Verl. Neues Leben, 1979

Thenius, E.: Meere und Länder im Wechsel der Zeiten. Die Paläogeographie als Grundlage für die Biogeographie. Berlin/Heidelberg/New York: Verständl. Wissenschaft, Bd. 114, Springer Verl., 1977

Schaumberg, G.: Der Richelsdorfer Kupferschiefer und seine Fossilien.
I. Bergbautätigkeit, Genese und Erforschungsgeschichte des Kupferschiefers. Heidelberg: Aufschluss, Jg. 28, S. 81–104, 1977.
II. Die tierischen Fossilien des Kupferschiefers. 1. Invertebraten l. c., S. 189–198.
III. Die tierischen Fossilien des Kupferschiefers. 2. Vertebraten. l. c., S. 297 bis 352.
IV. Die pflanzlichen Fossilien des Kupferschiefers, sonstige Lebensspuren, Aufrechnung der Fundhäufigkeit. l. c., S. 427–442

Schaumberg, G.: Neue Erkenntnisse über die Anatomie von *Janassa bituminosa* (Schlotheim), Holocephali, Chondrichthyes aus dem permischen Kupferschiefer. Stuttgart: Paläont. Z., Jg. 53, H. 3/4, S. 334–346, 1979

Wolf, J., u. Z. Burian: Menschen der Urzeit. 1. Aufl., Praha: Artia Verl., Leipzig/Jena/Berlin: Urania Verl., 1979

Quellenverzeichnis der Farb- und Schwarzweißfotos

Photoaufnahmen, sofern nicht anders angegeben, von D. Brandt/Halle/Saale, UFBS der Martin-Luther-Universität Halle-Wittenberg
Alfieri: Ambra oro del Nord; Edizioni d'Arte – Venezia 1978: 2.10
Bachmayer, F.; Wien (Österreich): 4.177, 4.199
Barthel, M.; Berlin: 4.121, 4.129
Beygang, G.; Karl-Marx-Stadt: 4.170
Brieke, Fachfotozentrum Foto-Rotation; Frankfurt/Main (BRD): 4.251
Daber, R.; Berlin: 2.9, 4.215, Farbtafel XIX, Bild 21 (E. Tanger)
Daily, B.; Australien: 4.8
Defner, K.; Igels b. Innsbruck (Österreich): Farbtafel XXIV, Bild 27
Glaessner, M. F.; Australien: 4.8
Haupt, K.; Berlin: 4.227
Helms, J.; Berlin: 4.35, 4.46, 4.50, 4.63
Herrig, E.; Greifswald: 4.208, 4.219, 4.250, 4.269
Krumbiegel, G.; Halle/Saale: 2.8, 4.65
Landesmuseum für Vorgeschichte; Halle/Saale: 4.295
Meyer, O.; Wülfrath (BRD): Farbtafel XIII, Bild 15
Milner, A. C.; London (Großbritannien): 2.4
Nötzhold, T.; Berlin: 4.262
Reichstein, M.; Halle/Saale: 4.81, 4.89
Steinich, G.; Greifswald: 4.236, 4.237, 4.238
Steinmann, B.; Berlin: 4.229, 4.278
Voigt, E.; Hamburg (BRD): 4.234
Westphal, F. (Fotograph Wetzel); Tübingen (BRD): 4.171, 4.183, 4.186, 4.188, 4.200, 4.201, 4.202, 4.206, 4.207, 4.212, 4.213, 4.214, 4.217, 4.218, 4.220, 4.223, 4.225
Muséum National d'Histoire Naturelle Paris, Institut de Paléontologie, Paris (Frankreich): Farbtafel IX, Bild 10

Fossilmaterial

Die auf den Tafeln abgebildeten Fossilien befinden sich in den Sammlungen folgender wissenschaftlicher Museen sowie Hochschul- und Akademieeinrichtungen und Privatsammlungen:

Deichfuss, H. u. H., Privatsammlung, Halle/Saale

Geiseltalmuseum, WB Geologische Wissenschaften und Geiseltalmuseum, Sektion Geographie der Martin-Luther-Universität Halle-Wittenberg, Halle/Saale

Landesmuseum für Vorgeschichte Halle, Halle/Saale

Museum für Naturkunde, Sterzeleanum, Karl-Marx-Stadt

Museum für Naturkunde, Paläontologisches Museum, der Humboldt-Universität zu Berlin, Berlin

Museum „Heineanum", Halberstadt

Nötzold, T., Berlin

Sektion Geologische Wissenschaften der Ernst-Moritz-Arndt-Universität Greifswald, Greifswald

Spengler-Museum, Sangerhausen

British Museum (Natural History), London, Großbritannien

Geologisch-Paläontologisches Institut der Universität Hamburg, Hamburg, BRD, Prof. Dr. E. Voigt

Institut und Museum für Geologie und Paläontologie der Universität Tübingen, Tübingen, BRD

Meyer, O., Privatsammlung, Wülfrath, BRD

Muséum National d'Histoire Naturelle Paris, Paris, Frankreich

Naturhistorisches Museum Wien, Geologisch-Paläontologische Abteilung, Wien, Österreich

Naturmuseum Senckenberg, Frankfurt/Main, BRD

Fossilienverzeichnis

Zur Erläuterung
Die mit einem Stern gekennzeichneten Seitenzahlen weisen auf Bilder im Text hin.
Kursiv gesetzte Seitenzahlen enthalten die umfassenden Erläuterungen zum Begriff.

A

B

C

D

E

F

G

H

I

J

K

L

M

N

O

P

Q

R

S

T

U

V

W

X

Z

Sachwörter- und Namenverzeichnis

Zur Erläuterung
Es sind nur die Personennamen aufgeführt, die nicht im Quellenverzeichnis und in der weiterführenden Literatur bereits genannt sind.

A

G

H

I

J

K

L

M

N

Q

R

S

T

U

V

W

X

Z